EUL VERLAG

WIRTSCHAFTSINFORMATIK

Herausgegeben von Prof. Dr. Dietrich Seibt, Köln, Prof. Dr. Hans-Georg Kemper, Stuttgart, Prof. Dr. Georg Herzwurm, Stuttgart, Prof. Dr. Dirk Stelzer, Ilmenau, und Prof. Dr. Detlef Schoder, Köln

Band 73
Rolf Schillinger
Semantic Service Oriented Architectures in Research and Practice
Lohmar – Köln 2011 ◆ 304 S. ◆ € 59,- (D) ◆ ISBN 978-3-8441-0062-4

Band 74
Martin Mikusz
Koordination der Standardsoftwareentwicklung – Ein situativer Ansatz
Lohmar – Köln 2011 ◆ 296 S. ◆ € 59,- (D) ◆ ISBN 978-3-8441-0073-0

Band 75
Carsten Unger
Entwicklung eines Rahmenkonzepts für das Management von Business-Intelligence-Systemen
Lohmar – Köln 2011 ◆ 384 S. ◆ € 65,- (D) ◆ ISBN 978-3-8441-0087-7

Band 76
Waldemar Meinzer
Preisverhandlung von Standardsoftware im Investitionsgütergeschäft – Eine spieltheoretische Analyse
Lohmar – Köln 2013 ◆ 348 S. ◆ € 63,- (D) ◆ ISBN 978-3-8441-0260-4

Band 77
Sandra Seiz
Gestaltung eines strategiekonformen Informationsmanagements in der Pre-Merger-Phase bei Mergers & Acquisitions
Lohmar – Köln 2013 ◆ 248 S. ◆ € 56,- (D) ◆ ISBN 978-3-8441-0279-6

Band 78
Margarete Koch
Entwicklung eines Informationsversorgungskonzepts als Basis unternehmensspezifischer Business-Intelligence-Lösungen industrieller Unternehmen
Lohmar – Köln 2014 ◆ 344 S. ◆ € 63,- (D) ◆ ISBN 978-3-8441-0311-3

JOSEF EUL VERLAG

Reihe: Wirtschaftsinformatik · Band 78

Herausgegeben von Prof. Dr. Dietrich Seibt, Köln, Prof. Dr. Hans-Georg Kemper, Stuttgart, Prof. Dr. Georg Herzwurm, Stuttgart, Prof. Dr. Dirk Stelzer, Ilmenau, und Prof. Dr. Detlef Schoder, Köln

Dr. Margarete Koch

Entwicklung eines Informationsversorgungskonzepts als Basis unternehmensspezifischer Business-Intelligence-Lösungen industrieller Unternehmen

Mit einem Geleitwort von Prof. Dr. Hans-Georg Kemper, Universität Stuttgart

EUL VERLAG

Bibliografische Information der Deutschen Nationalbibliothek

Die Deutsche Nationalbibliothek verzeichnet diese Publikation in der Deutschen Nationalbibliografie; detaillierte bibliografische Daten sind im Internet über <http://dnb.d-nb.de> abrufbar.

Dissertation, Universität Stuttgart, 2013

D 93

ISBN 978-3-8441-0311-3
1. Auflage Februar 2014

JOSEF EUL VERLAG GmbH
Brandsberg 6
53797 Lohmar
Tel.: 0 22 05 / 90 10 6-6
Fax: 0 22 05 / 90 10 6-88
E-Mail: info@eul-verlag.de
http://www.eul-verlag.de

Bei der Herstellung unserer Bücher möchten wir die Umwelt schonen. Dieses Buch ist daher auf säurefreiem, 100% chlorfrei gebleichtem, alterungsbeständigem Papier nach DIN 6738 gedruckt.

Geleitwort

Wandlungsfähigkeit, Ressourceneffizienz sowie Time-to-Market sind Schlüsselfaktoren für den Erfolg industrieller Unternehmen. „Fabriken der Zukunft" haben sich diesen Herausforderungen zu stellen und wirksame produktionstechnische bzw. organisatorische Strukturen zu implementieren, wobei dem zielgerichteten Einsatz von IuK-Technologien eine maßgebliche Bedeutung zukommt. So entstanden in den letzten Jahren – befeuert durch die Verfügbarkeit innovativer Systeme wie CAx, MES oder PDM/PLM – erste leistungsfähige Konzepte, die als „Digitale Fabrik", „Smart Factory" oder „Industrie 4.0" in Forschung und Praxis intensiv diskutiert werden. Da die durch den Einsatz technischer IT-Systeme möglichen innovativen Produktionsstrukturen selbstverständlich Auswirkungen auf die Gestaltung der Aufgabensegmentierung sowie der -koordination ausüben, sind Analysen zur adäquaten IT-Unterstützung dispositiver Aufgaben involvierter Aufgabenträger in den veränderten Aufbau- und Ablaufstrukturen unabdingbar.

Diesem Themengebiet ist die Arbeit von Frau Margarete Koch gewidmet. So erstellt Frau Koch zunächst in Form empirischer Explorationen eine eindrucksvolle Dokumentation des Standes der Informationsversorgung im Produktionsbereich industrieller Unternehmen und leitet Anforderungen an innovative Informationsversorgungskonzepte ab. Auf dieser Basis erarbeitet sie ein leistungsfähiges Komponentenkonzept der Informationsversorgung, bei dem sie begründet zwischen objektivem, subjektivem, zielsystembezogenem, koordinativem und strategiebezogenem Informationsbedarf unterscheidet. Umgesetzt wird das Konzept mit Hilfe eines dynamischen Template-Ansatzes, mit dem aufgabenträgerorientierte Informationsbedarfe situativ erfasst und adäquat dokumentiert werden können.

Die anschließende praxisorientierte Evaluation verdeutlicht die Leistungsfähigkeit des Ansatzes, der zweifellos neue Impulse für Gestaltungsoptionen umfassender Informationsmanagement-Konzepte liefert.

Stuttgart, im Januar 2014 Hans-Georg Kemper

Vorwort

An dieser Stelle möchte ich mich bei den Menschen bedanken, die mich bei der Erstellung der vorliegenden Arbeit begleitet haben und ohne die diese Arbeit nicht möglich gewesen wäre.

Mein tiefster Dank gebührt meinem Doktorvater Prof. Dr. Hans-Georg Kemper, der mich während meiner Zeit am Lehrstuhl für Wirtschaftsinformatik I an der Universität Stuttgart stets unterstützt hat. Herzlichen Dank für die Zeit, die fachlichen Impulse sowie insbesondere den akademischen Freiraum bei der Erstellung der Dissertation. Weiterhin möchte ich Herrn Prof. Dr. Burkhard Pedell für die Verfassung des Zweitgutachtens und Herrn Prof. Dr. Georg Herzwurm für die Übernahme des Vorsitzes des Promotionsausschusses danken.

Ebenfalls bedanken möchte ich mich bei meinen Kollegen, namentlich Herrn Dr. Henning Baars, Herrn Clemens Haußmann, Herrn Philip Hollstein, Frau Viola Koppetzki, Herrn Jens Lachenmaier, Herrn Dominik Morar, Herrn Xuanpu Sun, Herrn Michael Zimmer und besonders Herrn Dr. Heiner Lasi für die sehr gute Zusammenarbeit, die freundliche, heitere Arbeitsatmosphäre und die zahlreichen fruchtbaren sowie auch kritischen Diskussionen, die wesentlich zum Gelingen der Arbeit beigetragen haben. Die Zeit am Lehrstuhl wird mir immer in sehr positiver Erinnerung bleiben.

Mein Dank gilt auch Herrn Simon Möhrer, Herrn Thomas Rupek und Herrn Christian Walter für ihre unermüdlichen Korrekturschleifen zur Verbesserung der Lesbarkeit. Weiterhin möchte ich Herrn Thomas Müllerleile für die technische Unterstützung bei der Konzeption der empirischen Studie danken. Frau Natalie Ebert, Frau Nilay Kilic und Frau Katrin Pross danke ich für die Unterstützung bei der Evaluation des entwickelten Konzepts.

Schließlich gilt mein besonderer Dank meinem persönlichen Umfeld, besonders meiner Familie, meinem Ehemann sowie meiner Freundin Frau Katharina Peine, die mir stets eine emotionale Stütze waren.

Stuttgart, im Januar 2014 Margarete Koch

Inhaltsübersicht

Inhaltsverzeichnis

Abbildungsverzeichnis

Tabellenverzeichnis

Abkürzungsverzeichnis

AAPOR .... American Association for Public Opinion Research
AJAX .... Asynchronous JavaScript and XML
APS .... Advanced Planning and Scheduling
AT .... Aufgabenträger
BDE .... Betriebsdatenerfassung
BI .... Business Intelligence
BSC .... Balanced Scorecard
CA .... Computer Aided
CAD .... Computer Aided Design
CAE .... Computer Aided Engineering
CAM .... Computer Aided Manufacturing
CAP .... Computer Aided Planning
CAQ .... Computer Aided Quality
C-DWH .... Core Data Warehouse
CIM .... Computer Integrated Manufacturing
CMS .... Content Management Systems
CRM .... Customer Relationship Management
CSF .... Kritische Erfolgsfaktoren (englisch Critical Success Factors)
DMS .... Document Management Systems
DNC .... Distributed Numerical Control
DSS .... Decision Support Systems
DWH .... Data Warehouse
EA .... Elementaraufgabe
ERP .... Enterprise Resource Planning
ETL .... Extraktion, Transformation und Laden
H .... Hypothese
IB .... Informationsbedarf
IuK .... Informations- und Kommunikation
IEEE .... Institute of Electrical and Electronics Engineers
ISA .... The International Society of Automation
koord .... koordinativ
MDE .... Maschinendatenerfassung
MES .... Manufacturing Execution Systeme

MESA ....Manufacturing Enterprise Solutions Association
MRP.................................Material Requirement bzw. Manufacturing Resource Planning
MSS.................................Management Support Systeme
NAMUR ....Normenarbeitsgemeinschaft für Mess- und Regelungstechnik in der chemischen Industrie
NC ....Numerical Control
ODS.................................Operational Data Store
OEE.................................Overall Equipment Effectiveness
OLAP...............................Online Analytical Processing
PEP ....Personaleinsatzplanung
PHP ....PHP: Hypertext Preprocessor
PPS ....Produktionsplanung und -steuerung
PZE..................................Personalzeiterfassung
RE....................................Requirements Engineering
RFID ....Radio Frequency Identification
SCM.................................Supply Chain Management
SQL ....Structured Query Language
TCP ....Transmission Control Protocol
US....................................Unternehmensstrategie
ZKS..................................Zutrittskontrolle
ZS ....Zielsystem

Zusammenfassung

Die vorliegende Arbeit liefert ein Informationsversorgungskonzept für den Produktionsbereich industrieller Unternehmen. Das Konzept setzt sich zum einen aus Informationsbedarfsprofilen zur Dokumentation und einem Vorgehen zur Erhebung des Informationsbedarfs zusammen, zum anderen beinhaltet es eine Vorgabe für eine BI-basierte informationstechnische Realisierung. Das Konzept leistet einen Beitrag dazu, industrielle Unternehmen dabei zu unterstützen, Aufgabenträger bei der Lösung der komplexer werdenden produktionsbezogenen Aufgaben adäquat mit Informationen zu versorgen, um so eine effizientere und effektivere Bewältigung der Aufgaben zu erreichen und dadurch einen wettbewerbsfähigen Wertschöpfungsprozess realisieren zu können. Zusätzlich stellt das Konzept eine Lösung für das Informationsmanagement bereit, um die Informationsversorgung kontinuierlich an die sich ändernden Rahmenbedingungen anzupassen.

Die aktuelle Situation der industriellen Produktion ist geprägt durch einen fundamentalen Umbruch von der klassischen Fabrik zu wissensintensiven, wandlungsfähigen Produktionsbetrieben, die zum einen veränderte Informationsbedarfe und zum anderen ein zunehmendes Informationsangebot nach sich ziehen. Ansätze wie ‚Fabriken in Fabriken', ‚Modularisierung' und ‚Lean Production' bewirken einen Wandel der Organisation der Produktion, der mit einer Umverteilung der Aufgaben und Kompetenzen einhergeht. Diese organisatorischen Veränderungen haben einen unmittelbaren Einfluss auf den Informationsbedarf der verantwortlichen Aufgabenträger. Informationstechnische Innovationen liefern gleichzeitig Anwendungsmöglichkeiten, die, beispielsweise durch den Einsatz von RFID oder Sensoren, zu einem wachsenden operativen Datenbestand führen. Durch das potentielle Informationsangebot schafft der Einsatz dieser innovativen Technologien neuartige Möglichkeiten.

Die veränderten Informationsbedarfe und die Potentiale durch das Informationsangebot schaffen neue Möglichkeiten in der Informationsversorgung in industriellen Unternehmen.

Die Kenntnis über den Informationsbedarf der Aufgabenträger bildet die Basis für die Gestaltung einer befriedigenden Informationsversorgung. Eine adäquate Informationsversorgung ist unabdingbare Voraussetzung für jede Entscheidungsfindung und jedes Handeln in industriellen Unternehmen. Hierfür wurden mithilfe zweier quantitativer Studien Anforderungen an eine Informationsversorgung abgeleitet. Die empirischen Ergebnisse verdeutlichen die aktuelle Situation der Informationsversorgung. Auffallend ist, dass in den befragten Unternehmen sämtliche relevanten Informationen verfügbar sind, jedoch die Potentiale in Bezug auf die Aufbereitung und Verteilung nicht ausgeschöpft wurden.

Die Studien machen zudem deutlich, dass es sich bei der Informationsversorgung um eine permanente Aufgabe handelt, die durch ein geeignetes Vorgehen umgesetzt werden muss.

Mit der Entwicklung von Informationsbedarfsprofilen bietet die vorliegende Arbeit zunächst eine geeignete Dokumentationsform, durch welche die notwendigen Informationen in der erforderlichen Informationsqualität individuell für die Aufgabenträger erfasst werden können. Die Informationsqualität beinhaltet hierbei u.a. Angaben bezüglich der Darstellung der Ergebnisse und der Notwendigkeit, selbständig Informationen auswerten oder auf historische Informationen zugreifen zu können. Zur Erstellung und Füllung der Informationsbedarfsprofile wurde ein Vorgehen entwickelt, welches in ein erstmaliges Durchlaufen und anschließende Folgeläufe unterschieden wird. Die Umsetzung von Folgeläufen soll sicherstellen, dass die Informationsversorgung auch bei Änderung der den Informationsbedarf beeinflussenden Faktoren weiterhin gewährleistet wird.

Die Informationsbedarfsprofile und das Vorgehen wurden in zwei industriellen Unternehmen evaluiert.

Eine zusätzliche Erkenntnis ist die individuelle Ausprägung der Informationsbedarfsprofile, die durch eine geeignete informationstechnische Realisierung umgesetzt werden muss. Bestehende Informationsversorgungskonzepte sollten durch die aufgabenträgerbezogene Sichtweise ergänzt werden. Zur Umsetzung der individuellen Anforderungen der Aufgabenträger an eine Informationsversorgung wurde eine BI-basierte Lösung erarbeitet, die die individuellen Analysepfade der Aufgabenträger ermöglichen kann. Hierzu wurde ein Ansatz erarbeitet, der die Anforderungen an die Bestandteile einer BI-Lösung aus den Informationsbedarfsprofilen ableitet.

Abstract

This paper provides an information supply concept for production of industrial companies. On the one hand, the concept includes information need profiles for documentation concerns and a procedure to survey the information need and on the other hand a proposal for a BI-based IT realization.

The concept supports industrial companies at achieving a more efficient and effective management of tasks by providing the responsible task owners with the appropriate information for reaching a competitive value-added process. In addition, the concept provides a solution for information management to continuously adapt the information supply to the changing environment.

The current situation of industrial production is characterized by the fundamental change from the classic to the skill-intensive and versatile plant, involving a changing information need and a growing information basis.

Approaches like 'factory in factory', 'modularization' and 'lean production' cause an alteration of production's organization that comes along with a redistribution of task responsibilities and competences. These organizational changes have a direct influence on the information need of the responsible task owners. At the same time, IT-based innovations enable application possibilities which cause a growing operational data basis, for example by using RFID and sensors. As a consequence, the application of these innovative technologies creates new possibilities, supported by the gained information basis.

Changed information needs and possibilities through the information basis allow new potentialities in the information supply of industrial companies.

The knowledge about the task owner's information need is the basis for designing a satisfying information supply. An appropriate information supply is a crucial requirement for every decision-making and every activity in industrial companies. Therefore, requirements for information supply have been derived from two quantitative studies. The empirical results show the current situation of information supply.

When analyzing the results, it is conspicuous that all relevant information is available in asked companies, but the potentialities of information preparation and distribution are not exhausted. Moreover, the studies show that the information supply is a permanent task which has to be implemented in an appropriate procedure.

At first, the paper provides a suitable documentation form by developing information need profiles by which allow the required information in the necessary quality to be entered individually for every task owner. Amongst others, the information quality includes specifications concerning the presentation of results and the necessity to analyze information independently or to access historical information. A procedure which differentiates between first and following runs has been developed for building and filling the information need profiles. The implementation of following runs shall ensure an updated information supply.

The information need profiles and the procedure have been evaluated in two industrial companies.

An additional finding is the individual specification of the information need profiles that have to be implemented by an appropriate IT-based realization. Existing information supply concepts should be complemented from a task owner's point of view.

In this paper a BI-based solution realizing the individual analyzing paths has been developed to implement the individual task owner's requirements. Therefore, an approach has been created, deriving the requirements of a BI-solution from the information need profiles.

1. Einleitung

1.1 Motivation und Problemumfeld

Veränderungen des Wettbewerbs sowie technologische Innovationen schaffen ein neues Marktumfeld industrieller[1] Unternehmen.[2] Als zentrale Veränderungen des Wettbewerbs werden bspw. die Internationalisierung der Märkte, der Wandel von Verkäufer- zu Käufermärkten oder die Ressourcenverknappung genannt.[3] Unternehmen reagieren auf diese veränderten Rahmenbedingungen u.a. mit einer Abkehr von der klassischen Fabrik mit traditionellen Organisationsformen[4] hin zu wandlungsfähigen Unternehmen mit dezentralen Organisationseinheiten.[5] Das Ziel dieser dezentralen Organisationsstrukturen ist es, die Handlungs- und Entscheidungsspielräume im Produktionsbereich industrieller Unternehmen derart zu gestalten, dass eine Erhöhung der Reaktionsfähigkeit[6] erreicht wird.[7] Diese Reaktionsfähigkeit wird als ein entscheidender Wettbewerbsfaktor angesehen.[8] Eine Dezentralisierung der Organisationsstrukturen bewirkt eine Verschiebung vormals zentralisierter Entscheidungskompetenzen der oberen Hierarchieebenen auf die nun autonomen Einheiten der unteren Hierarchieebenen.[9]

Innerhalb der technologischen Innovationen nimmt die Informations- und Kommunikationstechnik (IuK-Technik) eine herausragende Stellung als Enabler von Wandlungs- und

[1] Zu industriellen Unternehmen vgl. Kapitel 3.1

[2] vgl. Westkämper, E. und Zahn, E. (2009), S. 1, vgl. Gronau, N. und Lindemann, M. (2007), S. 148, vgl. Picot, A. u.a. (2003), S. 2. Picot nennt an dieser Stelle noch den Wertewandel in der Arbeitswelt und der Gesellschaft. Dies wird im Rahmen der vorliegenden Arbeit nicht betrachtet.

[3] vgl. Picot, A. u.a. (2003), S. 2-4, vgl. Friedli, T. und Schuh, G. (2012), S. 11, vgl. Kletti, J. (2006), S. 10, vgl. Reichwald, R. (1993), URL siehe Literaturverzeichnis, S. 3. Eine Übersicht von Veränderungen aufgrund der Dezentralisierung sind bspw. bei Stair, R. und Reynolds, G. (2012), S. 35 zu finden.

[4] Klassisch werden bei der Aufgabenanalyse Ausführungsaufgaben und Entscheidungsaufgaben unterschieden. In der Aufgabensynthese werden die Entscheidungsaufgaben den übergeordneten Aufgabenträgern mit Leitungsfunktion zugeordnet (vgl. Kosiol, E. (1962), S. 53).

[5] vgl. Westkämper, E. u.a. (1998), S. 409, vgl. Hirsch-Kreinsen, H. (1995), S. 424

[6] Reaktionsfähigkeit kann als ein Teil der Wandlungsfähigkeit gesehen. Reaktionsfähigkeit stellt die Fähigkeit dar auch auf nicht vorhersehbare Ereignisse adäquat reagieren zu können (vgl. Reinhart, G. u.a. (1999), S. 21ff., vgl. Dürrschmidt, S. (2001), S. 15). Unter der Wandlungsfähigkeit wird die Fähigkeit verstanden rechtzeitig Veränderungen der Umwelt zu erkennen, diese zu interpretieren und ggf. notwendige Änderungen in der Strategie, den Ressourcen, den Strukturen und /oder den Verhaltensweisen zu entwickeln. Wandlungsfähigkeit beinhaltet sowohl reaktive als auch antizipative Maßnahmen (vgl. Zahn, E. u.a. (2005), S. 72, vgl. Westkämper, E. u.a. (2000), S. 25).

[7] vgl. Stair, R. und Reynolds, G. (2012), S. 53, vgl. Westkämper, E. u.a. (1998), S. 409, vgl. Picot, A. u.a. (2003), S. 2, vgl. Gronau, N. und Lindemann, M. (2007), S. 148, vgl. Hirsch-Kreinsen, H. (1995), S. 424, vgl. Dhinesh Kumar, K., Karunamoorthy, L., Roth, H., Mirnalinee, T.T. (2005), S. 484.

[8] vgl. Picot, A. u.a. (2003), S. 4, vgl. Westkämper, E. und Zahn, E. (2009), S. 1, vgl. Friedli, T. und Schuh, G. (2012), S. 8ff., vgl. Dhinesh Kumar, K., Karunamoorthy, L., Roth, H., Mirnalinee, T.T. (2005), S. 477

[9] vgl. Westkämper, E. u.a. (1998), S. 407, vgl. Wildemann, H. (2009), S. 182-197, vgl. Hirsch-Kreinsen, H. (1995), S. 424. Flache Hierarchien und dezentrale Entscheidungsfindung werden heute als Charakteristika zukunftsgerichteter Organisationen gesehen (vgl. Kiechel, W. (2013), S. 40).

Umstrukturierungsprozessen industrieller Unternehmen ein.[10] Dies kann aufgrund der fortschreitenden Digitalisierung bzw. zunehmender Rechnerunterstützung zu einem wachsenden operativen Datenbestand und somit zu neuen Möglichkeiten der Informationsversorgung führen.[11]

Die Veränderungen der Organisationsstrukturen sowie die technologischen Innovationen haben Einfluss auf das Informationsmanagement im Produktionsbereich industrieller Unternehmen. Die Zielsetzung des Informationsmanagements wird im Allgemeinen in dem bestmöglichen Einsatz der Ressource Information zur Erreichung der Unternehmensziele gesehen.[12] Hierbei können die Aufgaben des Informationsmanagements gemäß dem etablierten Ebenenmodell nach Krcmar/Wollnik[13] in Ebenen unterschieden und in Zusammenhang gebracht werden[14]: Die oberste Ebene, das *Management der Informationswirtschaft*, beschäftigt sich mit der Ressource Information. Hierunter fallen Aufgaben, die den Informationsbedarf sowie die Informationsversorgung bzw. das Informationsangebot zum Inhalt haben. Basierend auf der betrieblichen Aufgabenerfüllung werden Anforderungen an Informationssysteme[15] formuliert, um den Informationsbedarf zu befriedigen.[16] Betrachtungsgegenstand auf der mittleren Ebene des *Managements der Informationssysteme* sind Anwendungen zur Deckung des Informationsbedarfs.[17] Die Aufgabe des *Managements der IuK-Technik* ist die Bereitstellung und Verwaltung der technischen Infrastruktur sowie die Anpassungsplanung der eingesetzten Systeme bzw. Infrastruktur im Unternehmen.[18] Die *Ebene der Führungsaufgaben* beinhaltet bspw. Aufgaben wie die Gestaltung der Governance des Informationsmanagements oder die Festlegung der IT-Strategie und betrifft somit alle Ebenen.[19]

Die durch die Dezentralisierung ausgelösten Aufgabenverschiebungen haben einen elementaren Einfluss auf den Informationsbedarf der Aufgabenträger. Die tradierte Trennung von dispositiver und objektbezogener Arbeit innerhalb des Produktionsbe-

---

[10] vgl. Picot, A. u.a. (2003), S. 5, vgl. Gunasekaran, A. (2002), S. 1f.
[11] vgl. Coronado M., A. E. u.a. (2002), S. 59, vgl. Dhinesh Kumar, K., Karunamoorthy, L., Roth, H., Mirnalinee, T.T. (2005), S. 478, vgl. Barton, D. und Court, D. (2012), S. 46
[12] vgl. Krcmar, H. (2010), S. 52, vgl. Picot, A. u.a. (2003), S. 144, vgl. Laudon, K. C. u.a. (2010), S. 791
[13] vgl. Wollnik, M. (1988), S. 38, vgl. Krcmar, H. (2010), S. 50
[14] vgl. Krcmar, H. (2010), S. 50. Auf die Ebenen wird in Kapitel 2 eingegangen.
[15] Zur Definition von Informationssystemen vgl. Kapitel 2.3.1
[16] vgl. Krcmar, H. (2010), S. 51, vgl. auch Fink, A. u.a. (2005), S. 69, vgl. Picot, A. u.a. (2003), S. 144 (hier Ebene des Informationseinsatzes)
[17] vgl. Krcmar, H. (2010), S. 51, vgl. auch Fink, A. u.a. (2005), S. 70, vgl. Picot, A. u.a. (2003), S. 145 (hier Ebene der IuK-Systeme)
[18] vgl. Picot, A. u.a. (2003), S. 145, vgl. Krcmar, H. (2010), S. 51
[19] vgl. Krcmar, H. (2010), S. 51

reichs kann nicht weiter angenommen werden.[20] Zur Unterstützung der Aufgabenträger aller Hierarchieebenen ist somit eine adäquate, d.h. an die Aufgaben der Aufgabenträger angepasste, Informationsversorgung notwendig.[21] Auf IuK-Technik basierte Innovationen führen mit der oben erwähnten fortschreitenden Digitalisierung und der zunehmenden Rechnerunterstützung zu einem potentiellen neuen Informationsangebot.[22]

Die vorliegende Forschungsarbeit fokussiert den Produktionsbereich und berücksichtigt die spezifischen Anforderungen, die innerhalb dieser Domäne an die Gestaltung einer bedarfsangemessenen Informationsversorgung bestehen.

Die nachfolgende Abbildung stellt die beschriebenen Entwicklungen und deren Auswirkungen auf den Produktionsbereich industrieller Unternehmen dar.

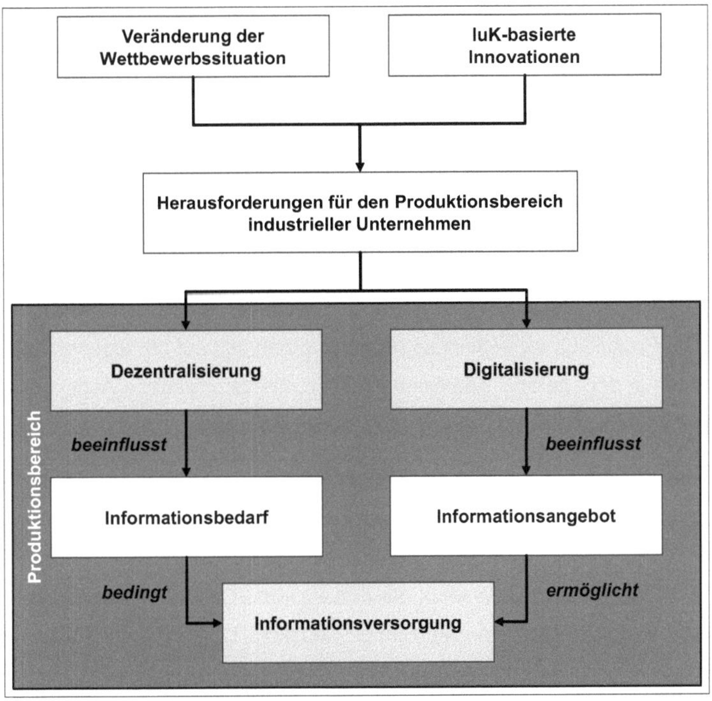

Abbildung 1: Motivation und Problemstellung[23]

[20] vgl. Picot, A. u.a. (2003), S. 9
[21] vgl. Gunasekaran, A. (2002), S. 1,3
[22] vgl. Coronado M., A. E. u.a. (2002), S. 59, vgl. Dhinesh Kumar, K., Karunamoorthy, L., Roth, H., Mirnalinee, T.T. (2005), S. 478, vgl. Kletti, J. (2006), S. 9, vgl. Sigrist, H. U. (2007)
[23] Eigene Darstellung

Aufgrund der oben skizzierten Entwicklungen ist es daher notwendig, die bestehende Informationsversorgung in industriellen Unternehmen an die veränderten Informationsbedarfe sowie das veränderte Informationsangebot anzupassen, um entsprechend auf die Herausforderungen, die aus der veränderten Wettbewerbssituation und den auf IuK-Technik basierten Innovationen resultieren, reagieren zu können. Durch eine adäquate Informationsversorgung, die Voraussetzung jeder Entscheidungsfindung ist, können die Aufgabenträger im Produktionsbereich mit den notwendigen Informationen in der notwendigen Aufbereitung versorgt werden.[24]

Das *Problemumfeld*, in das die vorliegende Forschungsarbeit einzuordnen ist, kann wie folgt beschrieben werden:

> Dezentralisierung und Digitalisierung führen zu veränderten Anforderungen an das Informationsmanagement industrieller Unternehmen. Hierzu bedarf es leistungsfähiger Konzepte, die Lösungen für das Management der Informationswirtschaft, der Informationssysteme sowie der IuK-Technik und für die Führungsaufgaben des Informationsmanagements im Produktionsbereich liefern.[25]

1.2 Zielsetzung und Forschungsfrage

Das dargestellte Problemumfeld zeigt die Anforderungen an ein Informationsmanagement für den Produktionsbereich industrieller Unternehmen auf. Zu diesem Problemumfeld existieren in der Literatur zahlreiche Arbeiten, die verschiedene Aspekte des Informationsmanagements für den Produktionsbereich beleuchten.

Hier sind primär Arbeiten mit technisch orientierten Themenstellungen zu nennen, die auf die unteren Informationsmanagementebenen eingeordnet werden können: Client/Server Technologie, Numerical Control (NC)-Maschinen, Local Area Networks (LANs), Wide Area Networks (WANs), der Einsatz von PCs in der Steuerungs- und Regelungstechnik, der Einsatz von Webtechnologien bzw. TCP[26]/IP-Protokollen, die Standardisierungen durch Feldbus und Industrial Ethernet sowie Ubiquitous Computing mit z.B. Radio Frequency Identification (RFID).[27] Die Computerunterstützung hat seit ca. Mitte des letzten Jahrhunderts nahezu alle Phasen des Produktlebenszyklus durch-

[24] vgl. Krcmar, H. (2010), S. 51
[25] In Anlehnung an das Ebenenmodell nach Krcmar/Wollnik (vgl. Krcmar, H. (2010), S. 51)
[26] Transmission Control Protocol
[27] vgl. z.B. Dhinesh Kumar, K., Karunamoorthy, L., Roth, H., Mirnalinee, T.T. (2005), S. 479-481, vgl. Cho, H. und Jung, M. (1996), S. 324-328

drungen. Dies wird unter der Bezeichnung Computer Aided (‚CAx')[28] zusammengefasst.[29]

Im Kontext industrieller Unternehmen hat sich für die genannten Ansätze im Allgemeinen der Begriff der *Digitalen Fabrik* herausgebildet. Unter der Digitalen Fabrik wird in Anlehnung an die VDI-Richtlinie 4499 ein „[...]Oberbegriff für ein umfassendes Netzwerk von digitalen Modellen, Methoden und Werkzeugen – u. a. der Simulation und der dreidimensionalen Visualisierung – , die durch ein durchgängiges Datenmanagement integriert werden"[30] verstanden. Die Zielsetzung der Digitalisierung bzw. der Digitalen Fabrik ist eine ganzheitliche Planung und Verbesserung der Produktionsprozesse in der realen Fabrik.[31]

Die obige Aufzählung macht deutlich, dass der Fokus bisheriger Arbeiten auf der Betrachtung der Potentiale liegt, die sich aus Innovationen in der Daten- und Informationsbereitstellung ergeben. Die Arbeiten beleuchten hier insb. die Möglichkeiten der Gestaltung des Informationsangebots. Bislang ist ein Mangel an Forschungsarbeiten festzustellen[32], die die Auswirkungen organisatorischer Veränderungen wie der Dezentralisierung auf der Ebene der Informationswirtschaft des Produktionsbereichs beleuchten.[33] Die vorliegende Arbeit ist in dieses Themenfeld einzuordnen und will einen Beitrag bei der Schließung dieser Forschungslücke leisten. Hierbei besteht die Zielsetzung der vorliegenden Forschungsarbeit in der Entwicklung eines Informationsversorgungskonzepts zur Unterstützung des Produktionsbereichs industrieller Unternehmen. Dies erfolgt mit der Intention, eine adäquate, an den Aufgaben der Aufgabenträger ausgerichtete Informationsversorgung zu gewährleisten.

Die zentrale *Forschungsfrage* des Forschungsvorhabens wird wie folgt formuliert:

> *Wie kann ein generisches Informationsversorgungskonzept zur Unterstützung des Produktionsbereichs als Referenz für industrielle Unternehmen ausgestaltet sein, um eine adäquate Informationsversorgung gewährleisten zu können?*

---

[28] Das 'x' steht hierbei für unterschiedliche Anwendungsgebiete (vgl. hierzu Kapitel 3.4)
[29] vgl. Warnecke, H.-J. (1993), S. 34
[30] VDI (2008), S. 3
[31] vgl. VDI (2008), S. 3
[32] Basierend auf Vorarbeiten des Autors
[33] Ebenfalls nicht fokussiert wird die Themenstellung der Führungsaufgaben des Informationsmanagements im Produktionsbereich vor den aufgezeigten Entwicklungen. Dieser Themenbereich wird in der vorliegenden Arbeit zur Komplexitätsreduktion nicht behandelt und befindet sich außerhalb des Untersuchungsbereichs (vgl. Abbildung 2).

Zur Beantwortung der zentralen Forschungsfrage sind Teilforschungsfragen, die die nachfolgenden Bereiche betreffen, zu behandeln:

1. Identifikation von relevanten Determinanten, die bei der Bestimmung des Informationsbedarfs eine Rolle spielen.
2. Dokumentation des Informationsbedarfs zur Ableitung der Anforderungen an eine Informationsversorgung.
3. Strukturierte Ermittlung des Informationsbedarfs im Produktionsbereich unter Berücksichtigung der Aufgabenträger und der Aufgaben.
4. Informationstechnische Realisierung zur Unterstützung des Produktionsbereichs.

Auf Basis der zentralen Forschungsfrage bzw. der Teilforschungsfragen wurde der Bezugsrahmen für die vorliegende Forschungsarbeit abgeleitet (vgl. Abbildung 2).

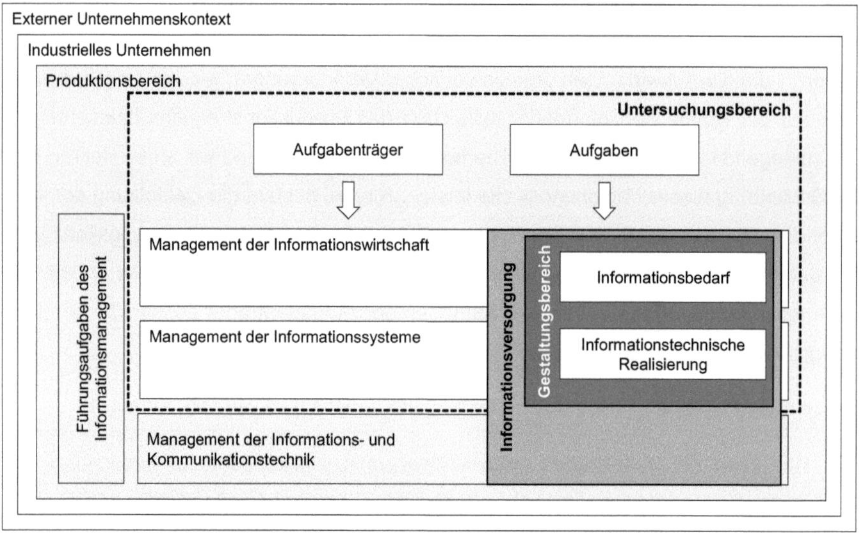

Abbildung 2: Bezugsrahmen der Forschungsarbeit[34]

Der Untersuchungsbereich umfasst den Produktionsbereich industrieller Unternehmen. Darin enthalten sind zum einen die für die vorliegende Forschungsarbeit relevanten Ebenen des Informationsmanagements: die Ebene der Informationswirtschaft und die

[34] Ebenenmodell in Anlehnung an Wollnik, M. (1988), S. 38, Krcmar, H. (2010), S. 50

Ebene der Informationssysteme. Zum anderen sind die den Informationsraum beeinflussenden Faktoren ‚Aufgabenträger' und ‚Aufgaben' enthalten.

Mit der Zielsetzung der Entwicklung eines Informationsversorgungskonzepts ergibt sich durch die Teilforschungsfragen der in Abbildung 2 dargestellte Gestaltungsbereich mit den zu gestaltenden Elementen Informationsbedarf und informationstechnische Realisierung. Die Ebene der Führungsaufgaben des Informationsmanagements und die Ebene der IuK-Technik werden in der vorliegenden Arbeit nicht fokussiert.

Im nachfolgenden Abschnitt wird auf die Einordnung der Arbeit in die entsprechende Forschungsdisziplin eingegangen sowie die Forschungsmethodik dargelegt.

1.3 Einordnung der Arbeit und Forschungsmethodik

Wirtschaftsinformatik, Informatik und Betriebswirtschaftslehre sind den Realwissenschaften zuzuordnen.[35] Gegenstand dieser Disziplinen ist der Erkenntnisgewinn in Bezug auf reale Betriebe bzw. betriebliche Informationssysteme sowie deren Interaktion und Eigenschaften in Zusammenhang mit der Realität.[36] Sowohl die Wirtschaftsinformatik als auch die Betriebswirtschaftslehre sind der anwendungsorientierten[37] Forschung zuzurechnen. Die gestaltungsorientierte Wirtschaftsinformatik thematisiert die innovative Gestaltung von Informationssystemen.[38]

Die vorliegende Forschungsarbeit kann mit dem beschriebenen Untersuchungsbereich der gestaltungsorientierten Wirtschaftsinformatik zugeordnet werden.[39] Erkenntnisgegenstand der Wirtschaftsinformatik sind Informationssysteme, die zum einen aus den Objekttypen personelle Aufgabenträger (Mensch), maschinelle Aufgabenträger (IuK-Technik) und Organisation, zum anderen aus den Beziehungen zwischen diesen Objekttypen zusammengesetzt sind.[40] Innerhalb der Arbeit werden die Beziehungstypen

[35] vgl. Kurbel, K. und Strunz, H. (1990), S. 5, vgl. Fink, A. u.a. (2005), S. 2, vgl. Heinrich, L. (2000), S. 8, vgl. Töpfer, A. (2007), S. 6

[36] vgl. Kurbel, K. und Strunz, H. (1990), S. 5, vgl. Österle, H. u.a. (2010a), S. 3, vgl. Heinrich, L. (2000), S. 8, vgl. Töpfer, A. (2007), S. 18

[37] Neben der Anwendungsforschung wird in der empirischen Sozialforschung die Grundlagenforschung unterschieden (vgl. Kromrey, H. (2002), S. 19f., vgl. Töpfer, A. (2007), S. 5).

[38] Diese Ausrichtung gilt für den deutschsprachigen Raum im Gegensatz zum angloamerikanischen Bereich, in dem der Behaviorismus im Bereich des Information Systems (IS) Research Anwendung findet. Ein neuer Zweig der IS-Forschung geht in die Richtung der deutschsprachigen gestaltungsorientierten Wirtschaftsinformatik und ist unter der Bezeichnung Design Science Research bekannt (vgl. Österle, H. u.a. (2010a)).

[39] Eine detaillierte Abhandlung über die wissenschaftliche Disziplin der Wirtschaftsinformatik vgl. Österle, H. u.a. (2010b)

[40] vgl. Österle, H. u.a. (2010a), S. 3, vgl. Hess, T. (2010), S. 10. Zur Abgrenzung der Wirtschaftsinformatik zum Forschungsbereich Information Systems vgl. z.B. Herzwurm, G. und Stelzer, D. (2008), S. 1ff.

zwischen den Aufgaben und Aufgabenträgern im Produktionsbereich sowie der Informationsversorgung untersucht, was einem ganzheitlichen Forschungsfeld entspricht.[41] Das Erkenntnisziel der Arbeit ist die Gestaltung eines Informationsversorgungskonzepts für den Produktionsbereich vor dem Hintergrund der Digitalisierung und der Dezentralisierung, um Aufgabenträger bei der Lösung produktionsbezogener Aufgaben adäquat zu unterstützen. Der Erkenntnistyp hierbei ist das zu entwickelnde (Informationsversorgungs-)Konzept.[42]

Bewertungsmaßstab ist die Praxisrelevanz und die unmittelbare Brauchbarkeit für das zu lösende Problem.[43] Der Erkenntnisfortschritt wird an der Anwendbarkeit auf reale betriebliche Herausforderungen gemessen.[44] Dies erfordert die methodengestützte Erhebung der Realität und somit den Einsatz empirischer[45] Forschungsmethoden.

Zur Erreichung der Zielsetzung ist zunächst eine geeignete Forschungsstrategie zu erarbeiten. Hierbei ist zu entscheiden, ob eine hypothesentestende oder hypothesengenerierende, explorative Forschung zum Einsatz kommt. Der Untersuchungsbereich legt die Verfolgung einer *Explorationsstrategie* nahe.[46] Vorhandene wissenschaftliche Arbeiten[47] beschäftigen sich mit Teilaspekten, daher ist es nicht möglich, eine geschlossene Theorie basierend auf zu falsifizierenden Hypothesen abzuleiten.[48]

Neben der Forschungsstrategie sind im Forschungsdesign geeignete Forschungsmethoden zu wählen. Hierbei werden qualitative und quantitative Methoden unterschieden.[49] Im Rahmen dieser Arbeit wurde ein kombinatorischer Ansatz aus qualitativen und quantitativen Erhebungsmethoden[50] gewählt.[51]

---

[41] vgl. Sinz, E. J. (2010), S. 31
[42] vgl. Österle, H. u.a. (2010a), S. 3f.
[43] vgl. Kromrey, H. (2002), S. 19f., vgl. Österle, H. u.a. (2010a), S. 5. In der gestaltungsorientierten Wirtschaftsinformatik werden die Prinzipien der Abstraktion, der Originalität, der Begründung und des Nutzens genannt (vgl. Österle, H. u.a. (2010a), S. 5).
[44] vgl. Kurbel, K. und Strunz, H. (1990), S. 5f.
[45] vgl. hierzu Kapitel 4.1
[46] Zur Anwendung eines explorativen Forschungsansatzes in der gestaltungsorientierten Wirtschaftsinformatik vgl. Österle, H. u.a. (2010a), S. 5.
[47] vgl. Kapitel 1.5
[48] vgl. Kluck, M. (2004), S. 273, vgl. Bortz, J. und Döring, N. (2006), S. 4. Unter zu falsifizierenden, wissenschaftlichen Hypothesen werden Annahmen über reale Sachverhalte verstanden, die generalisierbar sind und einen Allgemeinheitsgrad aufweisen. Des Weiteren sind Hypothesen durch Erfahrungsdaten widerlegbar (vgl. Bortz, J. und Döring, N. (2006), S. 4).
[49] vgl. Atteslander, P. (2008), S. 48, vgl. Frank, U. (2010), S. 36f. Zu den Datenerhebungsinstrumenten vgl. z.B. Atteslander, P. (2008), S. 49
[50] vgl. Mayring, P. (2002), S. 19, 148
[51] Eine der häufigsten Forschungsmethoden innerhalb der qualitativen Forschung ist das Interview, meist in Form eines teilstandardisierten Interviews, in dem der Interviewte frei antworten kann. Zur Klassifizierung von Befragungen vgl. hierzu Bortz, J. und Döring, N. (2006), S. 238, vgl. Atteslander, P. (2008),

Die Vorgehensweise der Arbeit entspricht dem Erkenntnisprozess der gestaltungsorientierten Wirtschaftsinformatik mit den Phasen Analyse, Entwurf, Evaluation und Diffusion. Innerhalb der Analysephase wird explorativ die Forschungslücke identifiziert; hierzu wurden in einer Voruntersuchung Literaturanalysen und eine qualitative Erhebung in Form teilstandardisierter Interviews durchgeführt. Basierend sowohl auf den Erkenntnissen aus den Literaturanalysen als auch auf den Ergebnissen der Voruntersuchung wurden das Ziel sowie die Forschungsfragen der Arbeit formuliert. Darauf aufbauend wurden onlinebasierte quantitative Studien entwickelt. Diese hatten das Ziel Anforderungen an die Informationsversorgung für den Produktionsbereich abzuleiten. Der Erkenntnisprozess innerhalb der gestaltungsorientierten Wirtschaftsinformatik verlangt die Evaluation der generierten Artefakte. Die Evaluation erfolgte im Rahmen der vorliegenden Arbeit zum einen über Begutachtungsverfahren von Publikationen sowie zum anderen über den Einsatz der generierten Artefakte in zwei Fallstudien.[52] Die Diffusion erfolgt über die vorliegende Arbeit.[53]

1.4 Stand der Forschung

Vor dem Hintergrund der beschriebenen Entwicklungen liegt die Forschungslücke in einem Mangel an Konzepten und Lösungen für den Produktionsbereich im Bereich der Ebene des Managements der Informationswirtschaft (vgl. Kapitel 1.2). Auf der Ebene der Informationswirtschaft sind die zentralen Themenstellungen die Bestimmung des Informationsbedarfs und die Gestaltung des Informationsangebots. Die zentrale Forschungsfrage der vorliegenden Arbeit widmet sich beiden Teilaspekten. Im Nachfolgenden werden die in der Wissenschaft behandelten Teilaspekte der Forschungsfrage untersucht.

1.4.1 Stand der Forschung zum Informationsbedarf

Die Entwicklung der Informationsversorgung für den Produktionsbereich erfolgt im Rahmen der vorliegenden Arbeit ausgehend vom Informationsbedarf der Aufgabenträ-

S. 123, vgl. Schnell, R. u.a. (2008), S. 321ff., vgl. Lamnek, S. (2005), S. 329ff., vgl. Kluck, M. (2004), S. 279. In der quantitativen Forschung hingegen kommen meist Fragebögen zum Einsatz, die durch vorgegebene Fragen gekennzeichnet sind und eine höhere Anzahl an befragten Personen zulassen. Zu online-gestützten Fragebögen vgl. hierzu Bortz, J. und Döring, N. (2006), S. 260f. Die Online-Befragung wird als standardisierte, schriftliche Befragung klassifiziert (vgl. Hollaus, M. (2007), S. 11).

[52] Zum Forschungsdesign vgl. Kapitel 4.1

[53] vgl. Becker, J. (2010), S. 13-16

ger. Dies entspricht einer Top-Down-Vorgehensweise.[54] Auf die Ansätze zur Entwicklung einer Informationsversorgung wird in Kapitel 2.4 eingegangen.

Die Teilforschungsfragen 1, 2 und 3 thematisieren den Informationsbedarf im Produktionsbereich. Die Untersuchung des Informationsbedarfs ist eines der grundlegendsten Themen in der Wirtschaftsinformatik. Die Kenntnis des Informationsbedarfs ist die Voraussetzung zur Entwicklung eines Informationsversorgungskonzepts.[55] Angesichts der Bedeutung des Informationsbedarfs zur Lösung betrieblicher Aufgaben wird der Themenbereich auch in anderen betriebswirtschaftlichen Disziplinen beleuchtet. Hierzu existieren zahlreiche Arbeiten, die in den unterschiedlichen Disziplinen vereinzelt unter anderen Bezeichnungen und unterschiedlicher inhaltlicher Betonung untersucht werden.

Die Identifikation des Informationsbedarfs erfolgt in sog. Informationsbedarfsanalysen, die die notwendigen Informationen zur betrieblichen Aufgabenlösung ermitteln. Hierzu können prinzipiell in der Literatur zwei Ansätze unterschieden werden.

Zum einen wird die Erhebung von notwendigen Informationen in der adäquaten Qualität im Kontext der Systementwicklung im Rahmen des Requirements Engineering (RE) untersucht.[56] Dies erfolgt in der Phase der Anforderungsermittlung nicht funktionaler Anforderungen – den Anstoß bildet zumeist ein Softwareentwicklungsprojekt. Nach IEEE[57]-Standard versteht man unter einer *Anforderung* eine Eigenschaft oder Bedingung, die von einem Nutzer verlangt wird, um ein Problem zu lösen oder ein bestimmtes Ziel zu erreichen. Bezogen wird die Definition auf ein System oder eine Systemkomponente.[58]

Zum anderen wird die Thematik aus einer eher ganzheitlichen Sicht beleuchtet, in der der Aufgabenträger und die ihm zugeordneten betrieblichen Aufgaben im Mittelpunkt stehen. Der resultierende Informationsbedarf kann durch unterschiedliche Informationssysteme[59] gedeckt werden. Der in der Informationsbedarfsanalyse erhobene Bedarf wird für alle Aufgabenträger gesammelt, auf Übereinstimmung untersucht und gebündelt. Auf die Bündelung des Informationsbedarfs, basierend auf homogenen Gruppen

[54] vgl. Nusselein, M. A. (2003), S. 40-46
[55] vgl. Heinrich, L. u.a. (2011), S. 180. Eine Definition und Operationalisierung des Informationsbedarfs erfolgt in Kapitel 2.2.1.
[56] vgl. z.B. Herzwurm, G. und Pietsch, W. (2009), S. 156
[57] Institute of Electrical and Electronics Engineers (IEEE)
[58] vgl. IEEE (1990), URL siehe Literaturverzeichnis, S. 62
[59] Zu Informationssystemen vgl. Kapitel 2.3.1

von Aufgabenträgern, wird in Kapitel 2.2.1.2 eingegangen. Zur ganzheitlichen Sicht können insb. Arbeiten aus dem Informationsmanagement und der betriebswirtschaftlichen Disziplin des Controllings[60] gezählt werden. In den hier thematisierten Informationsbedarfsanalysen muss kein konkretes Softwareentwicklungsprojekt initialisierend vorhanden sein. Innerhalb des Informationsmanagements wird die Thematik insb. innerhalb des Themenbereichs analytischer Informationssysteme behandelt. Hier wird der Ermittlung des Informationsbedarfs eine elementare Rolle zugeschrieben.[61] Abbildung 3 veranschaulicht den Zusammenhang.

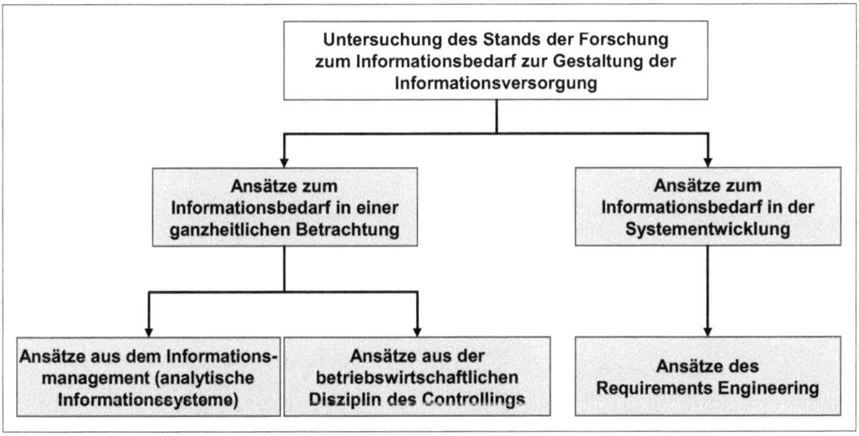

Abbildung 3: Untersuchung des Stands der Forschung zum Informationsbedarf[62]

Daher wurden im Rahmen der vorliegenden Arbeit zur Untersuchung des Stands der Forschung wissenschaftliche Veröffentlichungen aus dem Bereich des RE, der analytischen Informationssysteme sowie Arbeiten aus der betriebswirtschaftlichen Disziplin des Controllings betrachtet.

Die in der Literaturanalyse untersuchten Arbeiten sind in Tabelle 1 dargestellt. Die Auswahl der Arbeiten im Bereich der analytischen Informationssysteme erfolgte basierend

[60] Der Fokus wurde im Rahmen der Arbeit auf die betriebswirtschaftliche Domäne des Controllings gelegt, da die Informationsversorgung hier als ein wesentlicher Bestandteil von Controllingaufgaben gesehen wird (vgl. Schaefer, S. und Lange, C. (2004), URL siehe Literaturverzeichnis, S. 6ff., vgl. Becker, W. und Baltzer, B. (2009), URL siehe Literaturverzeichnis, S. 13ff.).
[61] vgl. Holten, R. (2003), S. 709ff., vgl. Totok, A. (2010), S. 51ff.
[62] Eigene Darstellung

auf der Veröffentlichung von *Stroh u.a.*[63]. Für die Bereiche des RE und des Controllings wurden häufig zitierte, etablierte Arbeiten ausgewählt.[64]

Autor(en)	**Titel/Ansatz**	**Erheben von Informationen**	**Inhaltliche Betonung**
Ansätze des RE			
Kotonya und Sommerville (1998)[65]	Requirements Engineering	Requirements elicitation	Gesamtheitlicher Prozess der Systementwicklung, keine Betonung der Anforderungserhebung, phasenorientiert, Viewpoint-orientierte Methode
Pohl (2008)[66]	Requirements Engineering	Gewinnung	Unterscheiden von funktionalen und nicht funktionalen Anforderungen, Qualitätsanforderungen und Rahmenbedingungen, RE-Rahmenwerk: Kontextfacetten, Aktivitäten des RE, Anforderungsartefakte, keine Betonung der Aktivität der Gewinnung, Identifikation von Anforderungsquellen, Gewinnung existierender Anforderungen, Entwicklung innovativer Anforderungen, Techniken zur Erhebung (inkl. Bewertung)
Ansätze im Themenfeld analytischer Informationssysteme			
Bonifati u.a. (2001)[67]	Designing Data Marts for Data Warehouses	Identifikation von Zielen und Beschreibung in "abstraction sheets", Überführung in Star Schemata	Erheben von Anforderungen, Ableiten von Zielen, Bilden von Star-Schemata, Gegenüberstellung mit möglichen Star-Schemata
Davis (1982)[68]	Strategies for information requirements determination	Auswahl einer Strategie zur Erhebung von Informationsbedarfen	Strategie zur Auswahl von Erhebungsmethoden zur Ermittlung des Informationsbedarfs, zwei Sichten „organization-level" und „application-level" von Informationsbedarfen, Berücksichtigung verschiedener Rahmenbedingungen, u.a. Kompetenz der Nutzer, Unterscheiden strukturierter und unstrukturierter Entscheidungen

[63] vgl. Stroh, F. u.a. (2011)
[64] vgl. Stroh, F. (2010), S. 27, vgl. Becker, W. und Baltzer, B. (2009), URL siehe Literaturverzeichnis, S. 13ff.
[65] vgl. Kotonya, G. und Sommerville, I. (1998), S. 53ff.
[66] vgl. Pohl, K. (2008), S. 309ff.
[67] vgl. Bonifati, A. u.a. (2001), S. 452ff.
[68] vgl. Davis, G. B. (1982), S. 4ff.

Autor(en)	Titel/Ansatz	Erheben von Informationen	Inhaltliche Betonung
Goeken (2006)[69]	Entwicklung von Data-Warehouse-Systemen	Erheben des Informationsbedarfs mittels der Viewpoint-Methode	Unterstützung der Kommunikation zwischen Nutzer und Analyst, Systemzerlegung in Data Warehouse (DWH)-Module nach z.B. Informations- und Entscheidungsobjekten, anwenderorientiert (individuelle-subjektive Sichtweise), Betonung der betriebswirtschaftlichen-fachlichen Perspektive, Viewpoint-orientierter Ansatz der Systementwicklung
Kivijärvi (1997)[70]	A substance-theory-oriented approach to the implementation of Organizational DSS	Review Phase	Phasenmodell zur Implementierung von Organizational Decision Support Systems (DSS), Review Phase thematisiert Anforderungserhebung, Untersuchung des unternehmensweiten holistischen Entscheidungsprozesses, Analyse u.a. existierender Ziele, Strategien, Organisationsstrukturen, Umwelt, Informationssysteme; Anwendung grundlegender Theorien
Munro und Wheeler (1980)[71]	Critical Success Factors, and Management's Information Requirements	Ableiten des Informationsbedarfs für den Planungsprozess	Erheben des Informationsbedarfs anhand von strukturierten Interviews, Ziele und Kritische Erfolgsfaktoren (CSF) im Vorfeld bestimmen, Middle und Top Management
Prakash und Gosain (2008)[72]	An approach to engineering the requirements of data warehouses	Informationsbedarfe abgeleitet aus unternehmerischen Zielen	Ansatz lehnt sich am RE an, Informationsbedarfe eines DWH leiten sich aus Unternehmenszielen ab, „Organizational perspective" wird in „technical perspective" überführt, Decision und Non-Decision Requirements
Strauch (2002)[73]	Entwicklung einer Methode für die Informationsbedarfsanalyse im Data Warehousing	Methode zur Informationsbedarfsanalyse als Bestandteil des Vorgehensmodells im Data Warehousing	Beachtung des zukünftigen Informationsbedarfs, Berücksichtigung der Ist-Situation, Entwicklung einer Methode zur Anwendung innerhalb von DWH-Projekten, Vorgehensmodell mit Phasen Vorgabe, Ist-Analyse, Soll-Analyse, Fachkonzeptentwurf (Datensicht)

[69] vgl. Goeken, M. (2006)
[70] vgl. Kivijärvi, H. (1997), S. 215ff.
[71] vgl. Munro, M. C. und Wheeler, B. R. (1980), S. 27ff.
[72] vgl. Prakash, N. und Gosain, A. (2008), S. 49ff.
[73] vgl. Strauch, B. und Winter, R. (2002), S. 359ff.

Autor(en)	Titel/Ansatz	Erheben von Informationen	Inhaltliche Betonung
Stroh (2010)[74]	Methodische Unterstützung von Informationsbedarfsanalysen für die Gestaltung und den Betrieb analytischer Informationssysteme	Methodischer Ansatz zur Informationsbedarfsanalyse für analytische Informationssysteme	Kombination deduktiver und induktiver Erhebungsmethoden, Projekttypen, Stakeholder-orientierte Informationsbedarfsanalyse (Viewpoint-Orientierung), Berücksichtigung zukünftiger Bedarfe
Ansätze aus der betriebswirtschaftlichen Disziplin des Controllings			
Horváth (2011)[75]	Controlling	Controllingaufgabe innerhalb der Informationsversorgung	Identifikation des Informationsbedarfs ist eine Aufgabe im Rahmen der Informationsversorgungsplanung, Berücksichtigung der inhaltlichen Dimension von Informationen und der Aufbereitung
Küpper (2013)[76]	Controlling: Konzeption, Aufgaben und Instrumente	Controllingaufgabe bezogen auf das Informationssystem, Koordination des Informationssystems mit anderen Führungsteilsystemen	Zentrale Aufgabe zur Einbindung des Informationssystems in die Führung, detaillierte Unterscheidung in Informationsart und deren Aufbereitung, Unterscheidung in subjektiven, objektiven und geäußerten Informationsbedarf

Tabelle 1: Literaturanalyse zu Informationsbedarfsanalysen

Ansätze des RE

Im Bereich der Systementwicklung existieren zahlreiche Arbeiten – stellvertretend hierfür wurden die Arbeiten von *Pohl* und *Kotonya & Sommerville* untersucht, die als Standardwerke in diesem Bereich angesehen werden können. In beiden Arbeiten wird die Systementwicklung in Phasen eingeteilt, wobei für die vorliegende Forschungsfrage die Phase der Anforderungserhebung (‚*Gewinnung*' und ‚*Requirements elicitation*') von Bedeutung ist. Neben den inhaltlichen Anforderungen, welche Informationen von dem zukünftigen System bereitgestellt werden sollen, werden weitere Anforderungen an das zu entwickelnde System erhoben. Dies sind zum einen Qualitätsanforderungen und Rahmenbedingungen sowie zum anderen nicht-funktionale Anforderungen. In beiden Arbeiten werden hierfür Erhebungsmethoden aufgezeigt. Die Anforderungserhebung im RE erfolgt zumeist im Rahmen eines Projekts zur Entwicklung eines Systems.

[74] vgl. Stroh, F. (2010)
[75] vgl. Horváth, P. (2011)
[76] vgl. Küpper, H.-U. u.a. (2013)

Gegenstand der vorliegenden Arbeit ist die Erhebung der notwendigen Informationsbedarfe im Produktionsbereich und das Aufzeigen einer informationstechnischen Realisierung. Nach Abgleich mit dem bestehenden Informationsangebot können anschließend Softwareentwicklungsprojekte angestoßen werden.

Ansätze im Themenfeld analytischer Informationssysteme

Die Auswahl der Forschungsarbeiten, die in der Literaturanalyse im Themenfeld der analytischen Informationssysteme untersucht wurden, erfolgte in Anlehnung an *Stroh u.a.*[77] Die Autoren haben in einer methodenvergleichenden Veröffentlichung Ansätze von Informationsbedarfsanalysen zur Entwicklung analytischer Systeme untersucht und gegenübergestellt. Zur Analyse der bestehenden Ansätze wurde der RE-Prozess von *Pohl* zugrunde gelegt und der Beitrag der untersuchten Ansätze zu den einzelnen Phasen gewichtet. Von Bedeutung für die vorliegende Arbeit ist die Phase der Anforderungserhebung (Phase Gewinnung und Methode). Aus diesem Grund wurden diejenigen Arbeiten mit einer hohen Gewichtung[78] in dieser Phase im Rahmen dieser Arbeit näher untersucht. Neben den in der Veröffentlichung von *Stroh u.a.* untersuchten Arbeiten wurden in der Literaturanalyse der vorliegenden Arbeit die Arbeiten von *Davis* und *Stroh u.a.* berücksichtigt.[79]

Die untersuchten Arbeiten unterscheiden sich vor allem in der Miteinbeziehung von Nutzeranforderungen. Besondere Berücksichtigung erfahren die Nutzeranforderungen in den Arbeiten von *Goeken*, *Munro & Wheeler*, *Strauch* und *Stroh*. Hier kommen Erhebungsmethoden zum Einsatz, bei denen die Nutzer involviert sind. Im Gegensatz hierzu ist die Arbeit von *Prakash & Gosain* zu sehen. Hier werden die Anforderungen allein aus den Unternehmenszielen abgeleitet. *Strauch* und *Stroh* wenden eine Kombination von induktiven und deduktiven Erhebungsmethoden an. In den meisten untersuchten Arbeiten wird die Erhebung des Informationsbedarfs bezogen auf *ein* zukünftiges Anwendungssystem thematisiert. *Munro & Wheeler* bilden hier eine Ausnahme. Der dort vorgestellte Ansatz leitet den Informationsbedarf für den Planungsprozess des Middle und Top Managements ab. Alle untersuchten Arbeiten gehen von gegebenen Aufgaben

[77] vgl. Stroh, F. u.a. (2011)
[78] Die Gewichtung wurde in der Veröffentlichung von *Stroh u.a.* vorgenommen (vgl. Stroh, F. u.a. (2011)).
[79] *Stroh* (vgl. Stroh, F. (2010)) entwickelt u.a. aus den Erkenntnissen der methodenvergleichenden Veröffentlichung ein Vorgehen zur Informationsbedarfsanalyse, welches in der vorliegenden Forschungsarbeit betrachtet wird. Die Arbeit von *Davis* (vgl. Davis, G. B. (1982)) ist aufgrund der Losgelöstheit von einem zukünftigen Anwendungssystem (vgl. Kapitel 2.3.1) für die vorliegende Forschungsarbeit relevant.

aus und untersuchen diese nicht weiter. Eine Ausnahme bildet *Davis*, der in strukturierte und unstrukturierte Aufgaben differenziert.

Allgemein wird bei der Erhebung des Informationsbedarfs in den betrachteten Arbeiten ein enger Fokus auf das zu realisierende Anwendungssystem gelegt.

Ansätze aus der betriebswirtschaftlichen Disziplin des Controllings

Stellvertretend[80] hierzu wurden die häufig zitierten Ansätze von *Horváth* und *Küpper* aus der betriebswirtschaftlichen Disziplin des Controllings näher betrachtet. *Horváth* ordnet die Informationsversorgung als eine Aufgabe neben der Planung und der Kontrolle ein, die ergebniszielorientiert koordiniert werden müssen. Neben der inhaltlichen Dimension, die beschreibt welche Informationen notwendig sind, sollen die Informationen in einem geeigneten Genauigkeits- und Verdichtungsgrad zur richtigen Zeit am richtigen Ort zur Verfügung gestellt werden. Die Identifikation des Informationsbedarfs ist eine Aufgabe in der Phase der Informationsversorgungsplanung. *Horváth* unterscheidet weiter Methoden der Informationsbedarfsermittlung für die operative, die taktische und die strategische Planung.[81] Der Ansatz von *Küpper* differenziert in objektiven, subjektiven und geäußerten Informationsbedarf. Die Aufgaben- und Kompetenzverteilung im Unternehmen stellt einen entscheidenden Einflussfaktor auf den Informationsbedarf dar.[82] *Horváth* und *Küpper* unterscheiden in ihren Ansätzen induktive und deduktive Methoden der Informationsbedarfsermittlung, sowie eine Kombination beider. In beiden Ansätzen wird primär der Informationsbedarf der Führung in einem Unternehmen adressiert. Ein anschließender informationstechnischer Zusammenhang wird nicht hergestellt.

Neben den erwähnten Ansätzen sind in der Literatur zudem Arbeiten zu bestimmten Erhebungsmethoden[83] oder zur Auswahl einer geeigneten Erhebungsmethode des In-

[80] Innerhalb der betriebswirtschaftlichen Domäne des Controllings können unterschiedliche Konzeptionen unterschieden werden (vgl. hierzu bspw. Becker, W. und Baltzer, B. (2009), URL siehe Literaturverzeichnis, S. 13ff.). Hierzu wurde zum einen die Controlling-Konzeption nach *Horváth* gewählt, da hier die Informationsversorgung explizit als eine Aufgabe des Controllings genannt wird. Zum anderen wurde die Controlling-Konzeption nach *Küpper* gewählt, in der die Aufgabe des Controllings in der Koordination des Führungssystems besteht, welches aus diversen Subsystemen, u.a. dem Informationssystem besteht (vgl. Becker, W. und Baltzer, B. (2009), URL siehe Literaturverzeichnis, S. 17-19).

[81] vgl. Horváth, P. (2011), S. 295-325

[82] vgl. Küpper, H.-U. u.a. (2013), S. 218-222

[83] vgl. Kapitel 2.2.1.2

formationsbedarfs zu finden. Erhebungsmethoden können bspw. Interviews, Dokumentenanalysen oder Workshops sein.[84]

Arbeiten, die den Informationsbedarf vor dem Hintergrund der Dezentralisierung im spezifischen Kontext der Produktion thematisieren, stellen bislang einen Mangel dar. In allen untersuchten Arbeiten erfolgt keine detaillierte Analyse der zu unterstützenden Aufgaben. In der vorliegenden Arbeit soll ein Informationsversorgungskonzept für den Produktionsbereich entwickelt werden. Die Erhebung des Informationsbedarfs erfolgt hierbei unabhängig von einer *bestimmten* IT-Unterstützung sowie unabhängig von einem IT-Projekt.

Aus dem Stand der Forschung wird die Notwendigkeit abgeleitet, die Anforderungen zu bestimmen, die ein Vorgehen zur Erhebung des Informationsbedarfs im Produktionsbereich erfüllen muss. In einem nächsten Schritt sind die bestehenden Arbeiten zur Informationsbedarfsanalyse auf Erfüllung dieser identifizierten Anforderungen zu überprüfen bzw. ggf. anzupassen oder ein Vorgehen ist zu entwickeln.

1.4.2 Stand der Forschung zur Informationsversorgung im Produktionskontext

Zum Kontext der Informationsversorgung können Arbeiten gezählt werden, die zum einen die Informationsversorgung losgelöst von Informationssystemen oder zum anderen die Anforderungen an Informationssysteme (Zweite Ebene des Ebenenmodells) im Produktionsbereich fokussieren. In den letzten Jahren kann die Integration von Informationssystemen als die zentrale Herausforderung gesehen werden.[85] Mit der Fokussierung auf die Themenstellung der Integration wird die Zielsetzung verfolgt, die bislang datengetriebenen Unternehmen zu informations- und wissensbasierten, ganzheitlichen Systemen zu wandeln, um auf die gegenwärtigen Anforderungen des Wettbewerbs reagieren zu können.[86]

Die Thematik der Integration ist nicht neu. Bereits in den 1980er Jahren wurde die Integration im Produktionsbereich unter dem Begriff CIM (Computer Integrated Manufacturing) behandelt. Das Konzept CIM verfolgte das Ziel, die technischen und administrativen Prozesse und die hierfür notwendigen Daten zu integrieren.[87] Die Ausgangssituation bildeten isolierte Bereiche mit spezialisierten Erfassungssystemen. Zum damaligen

[84] vgl. z.B. Koreimann, D. S. (1976), vgl. Maiden, N. A. M. und Rugg, G. (1996a)
[85] vgl. Coronado M., A. E. u.a. (2002), S. 58, vgl. Dhinesh Kumar, K., Karunamoorthy, L., Roth, H., Mirnalinee, T.T. (2005), S. 482, vgl. Kletti, J. (2006), S. 11
[86] vgl. Panetto, H., Molina, A. (2008), S. 641
[87] vgl. Kappel, G. und Vieweg, S. (1995), S. 136f.

Zeitpunkt konnte sich das CIM-Konzept nicht durchsetzen. Vor allem ist dies darauf zurückzuführen, dass es den Wettbewerbsanforderungen nicht gerecht werden konnte.[88] In der gegenwärtigen Literatur wird die Integration in Zusammenhang mit MES (Manufacturing Execution Systemen) behandelt. In der vorliegenden Arbeit steht hierbei nicht das Anwendungssystem im Mittelpunkt, sondern das dahinterstehende Konzept.[89] Dieser Unterscheidung wird in der vorliegenden Arbeit durch die Verwendung der Begriffe ‚MES' für das Anwendungssystem und ‚MES-Konzept' für das Konzept Rechnung getragen.

MES werden insb. von der Praxis und den Softwarelieferanten vorangetrieben und verbreitet. Eine wissenschaftliche Fundierung sowie ein einheitliches Begriffsverständnis sind noch nicht erfolgt.[90] Erste Definitionen wurden in erster Linie von Standardisierungsgremien wie bspw. Manufacturing Enterprise Solutions Association (MESA), The International Society of Automation (ISA), Interessengemeinschaft Automatisierungstechnik der Prozessindustrie NAMUR[91] und VDI in Form von Normen erarbeitet. Diese entstehen zumeist in Zusammenarbeit mit den Softwareanbietern und definieren den ‚notwendigen' Funktionsumfang eines MES.[92]

Das MES-Konzept zielt darauf ab, die technisch orientierten Daten auf der Shopfloor-Ebene bzw. der Automatisierungsebene mit den betriebswirtschaftlich orientierten Daten aus der unternehmensweiten Planungsebene zu integrieren. In zahlreichen wissenschaftlichen Arbeiten wird an dieser Stelle bislang eine Lücke konstatiert.[93] Der IT-Einsatz im Produktionsbereich konzentrierte sich zunächst auf die Unterstützung der administrativen Prozesse in der Produktion, hier insb. der Planung, die bspw. unter den Begriffen Material Requirement Planning (MRP I), Manufacturing Resource Planning (MRP II), Produktionsplanung und -steuerung (PPS) und Enterprise Resource Planning

[88] vgl. Gerberich, T. (2011), S. 38, vgl. Kletti, J. (2006), S. 21

[89] Panetto und Molina stellen fest, dass neben der IT-basierten Unterstützung zur Integration ein Konzept notwendig ist, das die strategischen und organisatorischen Herausforderungen fokussiert (vgl. Panetto, H., Molina, A. (2008), S. 641, vgl. Louis, P. (2009), S. 2,7).

[90] vgl. Mertens, P. (2005), S. 1744, vgl. Lindemann, M. u.a. (2006), S. 32-36, vgl. Louis, P. (2009), S. 3, vgl. Saenz de Ugarte, B. u.a. (2009), S. 526, vgl. Gerberich, T. (2011), S. 40f. Als eine erste wissenschaftliche Arbeit zu MES kann die Dissertation von Louis gesehen werden (vgl. Louis, P. (2009)).

[91] Normenarbeitsgemeinschaft für Mess- und Regelungstechnik in der chemischen Industrie

[92] vgl. hierzu Kletti, J. (2006), S. 25-30, vgl. Saenz de Ugarte, B. u.a. (2009), S. 526-528, vgl. VDI (2007), VDMA (2009)

[93] vgl. Saenz de Ugarte, B. u.a. (2009), S. 535, vgl. Kletti, J. (2006), S. 11, vgl. Louis, P. (2009), S. 18

(ERP) behandelt werden.[94] Auf Shopfloor-Ebene hat die in Kapitel 1.2 beschriebene Digitalisierung bereits stattgefunden.[95]

Anhand der Untersuchung des Stands der Forschung kann das MES-Konzept als wesentlicher Einflussfaktor auf die Informationsversorgung des Produktionsbereichs industrieller Unternehmen gesehen werden, das in der Praxis als informatorisches Rückgrat der Produktion bezeichnet wird.[96] Aufgrund dessen erfährt das MES bzw. das MES-Konzept im Rahmen der empirischen Untersuchung der vorliegenden Forschungsarbeit eine vertiefende Untersuchung.

Bislang wird das MES-Konzept von einem systemtechnischen Blickwinkel beleuchtet, wie auch *Saenz de Ugarte u.a.* 2009 in ihrer Literaturanalyse zu MES feststellen.[97] In einer weiteren Studie zu Anwendungssystemen sowie deren Einfluss auf die Performance von Fabriken wurde der positive Effekt von MES aufgezeigt, jedoch mit dem Hinweis, dass dieser nicht signifikant ist.[98]

Im Allgemeinen werden die Informationssysteme im Produktionsbereich drei Ebenen zugeordnet: der Automatisierungsebene, der Fertigungsmanagementebene sowie dem Unternehmensmanagement (vgl. Abbildung 4).[99]

Diese Einteilung in drei Ebenen, in der das Unternehmensmanagement, unterstützt von ERP/PPS-Systemen, die oberste Ebene darstellt, wird vornehmlich in der technischen bzw. produktionsbezogenen Literatur vertreten. Eine Einteilung der Informationssysteme aus Gesamtunternehmenssicht wird in Kapitel 2.3.1 dargestellt. Das Ziel von MES-Konzepten besteht darin, sowohl eine horizontale als auch eine vertikale Integration der drei Ebenen zu unterstützen. Die horizontale Integration fokussiert die Informationen entlang des Wertschöpfungsprozesses auf der Ebene des Fertigungsmanagement, wohingegen die vertikale Integration die zuvor beschriebene Lücke zwischen der Unternehmensebene und der Automatisierungsebene zu schließen versucht.[100]

Auf der *Unternehmensmanagementebene* werden aus Sicht der produktionsbezogenen Literatur unternehmensweite Entscheidungen getroffen, wie bspw. die Produktionspro-

[94] vgl. Saenz de Ugarte, B. u.a. (2009), S. 525. Zur historischen Entwicklung der IT-Unterstützung vgl. Kapitel 3.2
[95] vgl. auch Banker, R. D. u.a. (2006), S. 315f.
[96] vgl. Sigrist, H. U. (2007)
[97] vgl. Saenz de Ugarte, B. u.a. (2009), S. 535f.
[98] vgl. Banker, R. D. u.a. (2006)
[99] vgl. Kletti, J. (2006), S. 16f., vgl. Coronado M., A. E. u.a. (2002), S. 59, vgl. Dhinesh Kumar, K., Karunamoorthy, L., Roth, H., Mirnalinee, T.T. (2005), S. 482, vgl. Saenz de Ugarte, B. u.a. (2009), S. 527
[100] vgl. Kletti, J. (2006), S. 10f., vgl. Panetto, H., Molina, A. (2008), S. 644

grammplanung und die damit verbundene Mengenplanung. Die Entscheidungen werden dem Produktionsbereich in Form einer Grobplanung zur Verfügung gestellt.

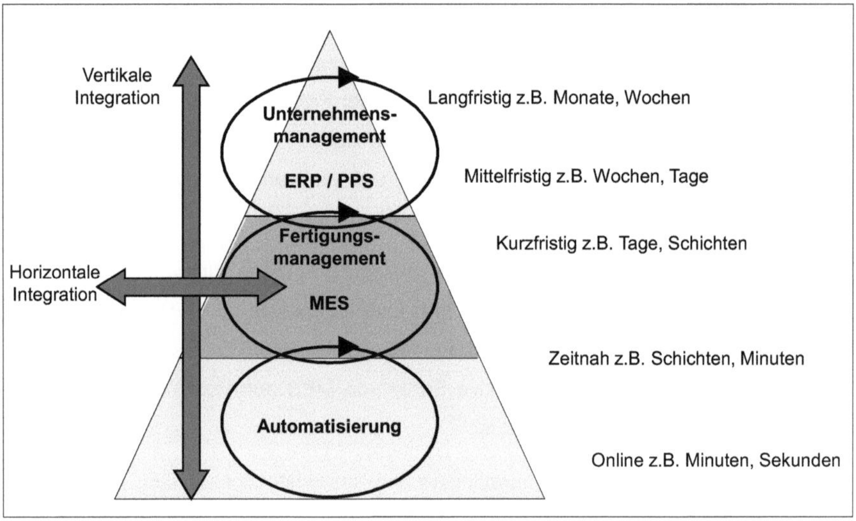

Abbildung 4: Unternehmensebenen und Einordnung von MES in der produktionsbezogenen, wissenschaftlichen Literatur[101]

Auf der Ebene des *Fertigungsmanagements* wird darauf basierend die Feinplanung durchgeführt. Dies beinhaltet bspw. die Reihenfolge- und Belegungsplanung unter Berücksichtigung der vorhandenen Kapazitäten. Auf der *Automatisierungsebene* findet die eigentliche Fertigung mit der Maschinen-, Anlagen- und Lagersteuerung statt. Das MES-Konzept ist aus den Disziplinen der Betriebsdatenerfassung, der Personalzeiterfassung, der Qualitätssicherung und der Fertigungsfeinplanung entwickelt worden.[102]

Zu den Kernfunktionalitäten von MES werden heute u.a. gezählt: Betriebsdatenerfassung (BDE), Maschinendatenerfassung (MDE), Distributed Numerical Control (DNC), Leitstand, Personalzeiterfassung (PZE), Zutrittskontrolle (ZKS), Personaleinsatzplanung (PEP), Computer Aided Quality (CAQ) sowie Messdatenerfassung. Diese Funktionalitäten decken die für ein MES relevanten Bereiche Fertigung, Personal und Qualitätssi-

[101] In Anlehnung an Kletti, J. (2006), S. 23,37,39,40, vgl. VDI (2007), S. 10, vgl. Coronado M., A. E. u.a. (2002), S. 59, vgl. Dhinesh Kumar, K., Karunamoorthy, L., Roth, H., Mirnalinee, T.T. (2005), S. 482, vgl. Saenz de Ugarte, B. u.a. (2009), S. 527
[102] vgl. Kletti, J. (2006), S. 16f.

cherung ab.[103] Wie zuvor erwähnt, ist weder der Begriff noch der Funktionsumfang einheitlich definiert. Die MESA beschreibt ein MES darüber hinaus als Integrationsdrehscheibe der Informationsversorgung des *gesamten* industriellen Unternehmens.[104]

Aufgrund der Bedeutung des MES-Konzepts im Produktionsbereich hat dieses eine besondere Berücksichtigung in der vorliegenden Forschungsarbeit erfahren. Abbildung 4 verdeutlicht zudem gegenwärtige Annahmen bzgl. des Informationsbedarfs im Produktionsbereich durch Angabe der Aktualisierungszyklen. Es wird angenommen, dass die Aktualisierungszyklen der notwendigen Informationsversorgung von der untersten Ebene (Automatisierung) zur obersten Ebene (Unternehmensmanagement) hin abnehmen. Im Gegensatz hierzu steigt die notwendige Detaillierung der Information von der Unternehmensmanagementebene zur Automatisierung.[105] Auch in Zusammenhang mit dem MES-Konzept erfolgt keine Thematisierung des Informationsbedarfs der von dem MES zu unterstützenden Aufgabenträger.

Zur Beantwortung der zentralen Forschungsfrage ist daher eine Erhebung des aktuellen Stands der Informationsversorgung in industriellen Unternehmen unter besonderer Berücksichtigung der MES bzw. MES-Konzepte zielführend.

Als Ergebnis des Stands der Forschung kann festgehalten werden, dass bislang nach Kenntnis des Autors keine Arbeiten existieren, die die Forschungsfrage vollumfänglich behandeln.

1.5 Aufbau der Arbeit

Der Aufbau der Arbeit orientiert sich zum einen am Stand der Forschung, der in Kapitel 1.4 dargestellt wurde, und zum anderen an der identifizierten Forschungslücke sowie der Zielsetzung der Forschungsarbeit (vgl. Kapitel 1.2). In Abhängigkeit vom Stand der Forschung werden zur Beantwortung der Teilforschungsfragen die Forschungsmethoden gewählt.

Der Gang der Arbeit ist in Abbildung 5 dargestellt. Die Arbeit besteht aus drei thematischen Blöcken: Den theoretischen Grundlagen (Kapitel 2 und 3), der empirischen Untersuchung (Kapitel 4 und 5) sowie der Entwicklung des Informationsversorgungskonzepts (Kapitel 6 und 7).

---

[103] vgl. Kletti, J. (2006), S. 22. Eine andere Definition zu den möglichen Funktionsumfängen vgl. Louis, P. (2009), S. 34

[104] vgl. hierzu Kletti, J. (2006), S. 25

[105] vgl. Louis, P. (2009), S. 19, vgl. Kletti, J. (2006), S. 36f.

Zunächst werden die relevanten theoretischen Grundlagen für die Forschungsarbeit in den Kapiteln 2 und 3 gesetzt. Zu diesem Zweck wird in Kapitel 2 auf die für die Arbeit wesentlichen Ebenen des Informationsmanagements, der Ebene Management der Informationswirtschaft und der Ebene Management der Informationssysteme eingegangen. Kapitel 3 geht anschließend auf die relevanten informationellen Grundlagen der Produktion ein und beleuchtet zunächst die Entwicklungslinien der Digitalisierung und der Dezentralisierung. Anschließend werden die Aufgaben und die Aufgabenträger sowie die Informationsversorgung in der Produktion dargestellt.

Abbildung 5: Gang der Arbeit

Basierend auf den theoretischen Grundlagen erfolgt zur Beantwortung der Forschungsfragen eine explorative empirische Untersuchung, die sich zum einen aus der empirischen Erhebung ‚Stand der Informationsversorgung in industriellen Unternehmen' (Studie 1) und zum anderen aus der empirischen Erhebung ‚Studie zur Aufgabenzuordnung' (Studie 2) zusammensetzt. In Kapitel 4 werden das Forschungsdesign der Arbeit und die Konzeptualisierung der empirischen Studien dargestellt. Kapitel 5 stellt die Ergebnisse der empirischen Studien dar. Aus der Synthese der empirischen Ergebnisse aus Studie 1 und den theoretischen Grundlagen werden Teilergebnisse entwickelt, die die Basis der empirischen Studie 2 darstellen.

Kapitel 6 und 7 bildet mit der Entwicklung des Informationsversorgungskonzepts für den Produktionsbereich den Kern der vorliegenden Arbeit. Auf Basis der empirischen Ergebnisse werden die Anforderungen an das Informationsversorgungskonzept abgeleitet und darauf basierend auf der Ebene des Managements der Informationswirtschaft Informationsbedarfsprofiltemplates zur strukturierten Dokumentation des Informationsbedarfs (1. Konzeptteilbereich) und ein Vorgehen zur Erhebung des Informationsbedarfs im Produktionsbereich (2. Konzeptteilbereich) sowie auf der Ebene Management der Informationssysteme eine mögliche informationstechnische Realisierung (3. Konzeptteilbereich) entwickelt.

- Zur Entwicklung des ersten Teilbereichs des Informationsversorgungskonzepts, den Informationsbedarfsprofiltemplates, wird zunächst die Zusammensetzung des Informationsbedarfs detailliert beleuchtet und es werden Komponenten des Informationsbedarfs hergeleitet. Anschließend wird eine mögliche Dokumentation des Informationsbedarfs in Informationsbedarfsprofiltemplates konzipiert.
- Im zweiten Konzeptteilbereich wird ein Vorgehen entwickelt, welches mit einer strukturierten Erhebung der Informationsbedarfe in der Produktion die entwickelten Informationsbedarfsprofiltemplates füllt.

Die Informationsbedarfsprofiltemplates und das Vorgehen werden prototypisch umgesetzt und fallstudienbasiert erprobt.

- Der dritte Teilbereich (Kapitel 8) des Informationsversorgungskonzepts zeigt zunächst BI-basierte informationstechnische Lösungen auf den Gestaltungsebenen des Bezugsrahmens auf und geht anschließend auf eine Ableitung von Anforderungen an eine Gestaltung des Informationsangebots aus den entwickelten Informationsbedarfsprofiltemplates ein.

Kapitel 8 schließt mit einem Fazit und einem Aufzeigen des weiteren Forschungsbedarfs.

2. Relevante Begriffe und Konzepte innerhalb des Informationsmanagements

Grundlegend für die vorliegende Forschungsarbeit ist die Betrachtung der Begriffe und Konzepte des Informationsmanagements, die sich innerhalb des Untersuchungsbereichs befinden.

Zur Strukturierung und Darstellung der Zusammenhänge der Aufgaben innerhalb des Informationsmanagements sind in der Literatur zahlreiche Konzepte zu finden – die vorliegende Forschungsarbeit orientiert sich an dem in Kapitel 1 beschriebenen Ebenenmodell nach *Wollnik/Krcmar*. Die relevanten Ebenen zur Erreichung der Zielsetzung sind die Ebene des Managements der Informationswirtschaft und die Ebene des Managements der Informationssysteme (vgl. Bezugsrahmen der Arbeit in Abbildung 2).

Im Folgenden wird zunächst auf den Begriff des Informationsmanagements eingegangen. Hieran schließt in Kapitel 2.2 die Betrachtung der für die Arbeit relevanten Themen auf der Ebene der Informationswirtschaft an. Die Ermittlung des Informationsbedarfs spielt für die Entwicklung eines Informationsversorgungskonzepts eine elementare Rolle. Auf die Methoden der Informationsbedarfsanalyse im Rahmen der Informationswirtschaft wird in Kapitel 2.2.1 eingegangen. In Kapitel 2.2.2 werden die Grundlagen für die Planung der Informationsbereitstellung gelegt. Kapitel 2.3 beschäftigt sich anschließend mit der Ebene des Managements der Informationssysteme. Diese werden zunächst in Kapitel 2.3.1 abgegrenzt und es wird auf die Informationssysteme in industriellen Unternehmen eingegangen. Hierbei wird zwischen operativen und dispositiven Informationssystemen unterschieden.[106] Kapitel 2.3.2 geht auf die Informationssysteme zur Entscheidungsunterstützung im dispositiven Bereich ein, die für die Beantwortung der vierten Forschungsfrage, die die informationstechnische Realisierung thematisiert, wesentlich sind. Abschließend werden die in der Literatur vertretenen Ansätze zur Entwicklung einer Informationsversorgung in Kapitel 2.4 dargestellt.

2.1 Begriffliche Abgrenzung des Informationsmanagements im Kontext der Arbeit

Wesentlich für die Abgrenzung des Informationsmanagement ist die Unterscheidung von Daten und Informationen. Im Allgemeinen wird in der Wirtschaftsinformatikliteratur

[106] Die operativen Informationssysteme industrieller Unternehmen werden in Kapitel 3.4 untersucht.

in Zeichen, Daten, Informationen und Wissen differenziert.[107] Unter Zeichen werden Buchstaben, Ziffern und Sonderzeichen verstanden, die durch Ordnungsregeln, wie einem Code oder einer Syntax, zu Daten werden. Daten sind ohne Semantik und werden zu Informationen, wenn diese in einen Kontext des Problemzusammenhangs gestellt werden. Informationen dienen aus betriebswirtschaftlicher Sicht als Grundlage von Entscheidungen und Handlungen. Wissen stellt die individuelle Interpretation und zweckorientierte Vernetzung der Informationen dar.[108] Der Nutzen einer Information ist abhängig von dem Situations- und Kontextbezug. Dieser hängt somit von der Art der Verwendung und dem aktuellen Verwendungszusammenhang ab.[109]

Des Weiteren werden strukturierte und unstrukturierte Daten unterschieden. Strukturierte Daten liegen in gleichartiger, vordefinierter Form vor und können relational abgelegt sowie direkt computergestützt verarbeitet werden.[110] In diesem Zusammenhang sind strukturierte Datenquellen bspw. Datenbanken, wohingegen unstrukturierte Datenquellen keiner bestimmten Form entsprechen. Dies können z.B. Berichte, Emails oder Dokumente sein.[111]

Die Bedeutung der Ressource Information für industrielle Unternehmen ist heute unumstritten.[112] Der Fokus wird hierbei insb. auf den Einsatz von Informationssystemen und IuK-Technik zur Erzielung von Wettbewerbsvorteilen gelegt.[113] Dieser Einsatz beeinflusst nach *Porter* alle Wettbewerbskräfte und somit die Wettbewerbsfähigkeit eines Unternehmens.[114] Welchen Einfluss die Bedeutung der Erfüllung der IuK-Technikaufgaben auf die Unternehmensstrategie hat, beschreibt *Heinrich* mit der stra-

[107] North unterscheidet über das Wissen hinaus in Können, Handeln, Kompetenz und Wettbewerbsfähigkeit. Dies ist für die vorliegende Arbeit jedoch nicht relevant (vgl. North, K. (2005), S. 32f.).
[108] vgl. North, K. (2005), S. 32, vgl. Gluchowski, P. u.a. (2008), S. 26, vgl. Glazer, R. (1991), S. 2, vgl. Heinrich, L. und Stelzer, D. (2011), S.1, vgl. Rehäuser, J. und Krcmar, H. (1996), S. 7, vgl. Detlor, B. (2010), S. 104f., vgl. Fink, A. u.a. (2005), S. 66f., vgl. Stair, R. und Reynolds, G. (2012), S. 5. Die Abgrenzung von Informationen und Wissen ist in der wissenschaftlichen Literatur nicht eindeutig und für die vorliegende Arbeit nicht relevant (vgl. hierzu z.B. Engelmann, F. und Großmann, C. (2008), S. 5f.,11, vgl. Voß, S. und Gutenschwager, K. (2001), S. 9-15).
[109] vgl. Picot, A. und Maier, M. (1993), S. 34
[110] vgl. Baars, H. und Kemper, H.-G. (2008), S. 132, vgl. Negash, S. (2004), S. 180, vgl. Kemper, H.-G. u.a. (2010), S. 11
[111] vgl. Fink, A. u.a. (2005), S. 79, vgl. Detlor, B. (2010), S. 104
[112] vgl. z.B. Picot, A. und Maier, M. (1993), S. 32, vgl. Schwarze, J. (1998), S. 28, vgl. McGovern, T. (1983), vgl. Zijlker, A. W. (1986), S. 211ff., vgl. hier vor allem Porter, M. und Millar, V. (1985), vgl. Barton, D. und Court, D. (2012), S. 45
[113] vgl. Picot, A. (1990), S. 4, vgl. Voß, S. und Gutenschwager, K. (2001), S. 88
[114] vgl. Porter, M. und Millar, V. (1985), S. 155, vgl. Picot, A. und Maier, M. (1993), S. 38. Die Wettbewerbskräfte nach Porter sind die Verhandlungsstärke der Lieferanten und Kunden, potentielle Mitbewerber und Ersatzprodukte (vgl. vertiefend hierzu Porter, M. E. (1991)).

tegischen Rolle der Informationsfunktion.[115] *Picot* betont, dass neben dem Fokus auf IuK-Technik, der strategiegerechte Einsatz der Ressource Information vor den veränderten Wettbewerbsbedingungen notwendig ist. Auf der Ebene der Informationswirtschaft ist der Informationsbedarf unter Berücksichtigung der externen und internen Belange zu bestimmen.[116] Information wird daher in zahlreichen Publikationen als ein Produktionsfaktor[117] oder eine strategische Ressource in industriellen Unternehmen gesehen.[118] Diese strategische Ressource muss, wie die restlichen im Unternehmen befindlichen eingesetzten Ressourcen, geplant, gesteuert und kontrolliert werden.[119] Picot beschreibt dies wie folgt: „Voraussetzung für die Schaffung von Wettbewerbsvorteilen durch die Informationsverarbeitung ist ein abgestimmtes Rahmenkonzept, das eine strategische Orientierung des Informationseinsatzes sichert.“[120]

Zur Planung, Steuerung und Kontrolle der Informationsressource ist die Kenntnis über den Situations- und Kontextbezug notwendig. Zu diesem Zweck müssen die zu lösenden Aufgaben und die betreffenden Aufgabenträger im Untersuchungsbereich bekannt sein, um aus Daten relevante Informationen gewinnen zu können. Nach *Barton und Court* verfügen die meisten Unternehmen bereits über die notwendigen Daten, jedoch ist hierzu die Kenntnis notwendig, wie diese genutzt werden können.[121]

Nach *Schwarze* bedeutet dies für die Aufgaben des Informationsmanagements, dass bei deren Ausführung die einwirkenden Einflussfaktoren berücksichtigt werden müssen. Hierbei können interne und externe Einflussfaktoren unterschieden werden. Zu den internen Einflussfaktoren können bspw. die Unternehmensstruktur, die Wettbewerbsposition sowie das vorhandene Finanzpotential gezählt werden. Externe Einflussfaktoren sind bspw. das politische, rechtliche, soziale, wirtschaftliche Umfeld sowie am Markt verfügbare IuK-Technologien.[122] Auf die Determinanten des Informationsbedarfs geht Kapitel 2.2.1.3 ein.

[115] vgl. Heinrich, L. und Stelzer, D. (2011), S. 92
[116] vgl. Picot, A. (1990), S. 4f., vgl. Picot, A. und Maier, M. (1993), S. 33
[117] Unter dem Begriff Produktionsfaktor wird der Input von Produktionsprozessen verstanden. Produktionsfaktoren können materiell oder immateriell sein (vgl. Seidenberg, U. (1998), URL siehe Literaturverzeichnis, S. 12).
[118] vgl. Picot, A. und Franck, E. (1988a), S. 544, vgl. Lassmann, W. (2006), S. 5f., vgl. Schwarze, J. (1998), S. 29. Die Einordnung von Informationen als Produktionsfaktor ist nicht unumstritten. Einen guten Überblick zu den Aussagen zum Thema Information als Produktionsfaktor vgl. Seidenberg, U. (1998), URL siehe Literaturverzeichnis, S. 3-5.
[119] vgl. Detlor, B. (2010), S. 104, vgl. Voß, S. und Gutenschwager, K. (2001), S. 64
[120] Picot, A. und Maier, M. (1993), S. 50
[121] vgl. Barton, D. und Court, D. (2012), S. 46f.
[122] vgl. Schwarze, J. (1998), S. 79

Zur Strukturierung der Aufgaben des Informationsmanagement existieren verschiedene Ansätze, die vielfach auf dem Ansatz von *Wollnik* aus dem Jahre 1988 beruhen und diesen erweitern. *Wollnik* stellt das Management der Informationshandhabung zur Erfüllung der gestellten Aufgaben in den Mittelpunkt. Unterschieden werden die Ebenen des Informationseinsatzes, der Informations- und Kommunikationssysteme sowie der Infrastrukturen der Informationsverarbeitung und Kommunikation.[123]

Die vorliegende Arbeit lehnt sich, wie in Kapitel 1.1 dargestellt, an das Ebenenmodell nach *Krcmar* an, da dieses neben der Beschreibung der Aufgaben des Informationsmanagement auf die Zusammenhänge zwischen diesen Aufgaben eingeht. Das Ebenenmodell basiert und erweitert das Modell nach *Wollnik*.[124] Das Modell nach *Krcmar* beinhaltet zum einen eine dreigeteilte Managementaufgabe, auf welcher jeweils die Information selbst, die Anwendungen und die Technik als Basis fokussiert werden. Zum anderen beinhaltet das Modell Führungsaufgaben, die nicht einer Ebene zugeordnet werden können.

Informationsmanagement spielt im Bereich der Wirtschaftsinformatik bereits seit Jahrzenten eine bedeutende Rolle, jedoch fokussieren die häufig zitierten Definitionen[125] jeweils einen anderen Aspekt des Informationsmanagements.[126] Allen gemein ist die

---

[123] vgl. Wollnik, M. (1988), S.37ff. Aus den jeweils übergeordneten Ebenen werden Anforderungen an die darunterliegenden Ebenen gestellt, welche ihrerseits Unterstützungsleistungen empfangen. In der Ebene des Informationseinsatzes wird der geschäftsprozessbezogene IT-Gebrauch zur Unterstützung der Unternehmensziele thematisiert. Die Ebene der Informations- und Kommunikationssysteme beinhaltet das Management aller Strukturen für einen lebenszyklusorientierten Einsatz von Anwendungssystemen sowie die hierfür erforderlichen Ressourcen. Auf der Ebene der Infrastrukturen der Informationsverarbeitung und Kommunikation sind die erforderlichen technischen Infrastrukturen zur Erfüllung der Anforderungen aufzubauen (vgl. Wollnik, M. (1988), S.37ff.). Der Ansatz von Wollnik ist den ebenenorientierten Ansätzen zuzuordnen. Daneben werden aufgabenorientierte, prozessorientierte und problemorientierte sowie architekturorientierte Konzepte des Informationsmanagements unterschieden, auf die an dieser Stelle nicht näher eingegangen wird (vgl. hierzu z.B. Krcmar, H. (2010), S. 31ff., vgl. Laudon, K. C. u.a. (2010), S. 791).

[124] Im Weiteren als ‚Ebenenmodell nach Wollnik/Krcmar' bezeichnet.

[125] Von der in der vorliegenden Arbeit zugrunde gelegten Definition nach Krcmar, werden in der Literatur weitere Auffassungen unterschieden, z.B.: Stahlknecht/Hasenkamp verstehen unter Informationsmanagement vor allem die Aufgabe „... den für das Unternehmen (nach Kapital und Arbeit) ‚*dritten Produktionsfaktor*' Information zu beschaffen und in einer geeigneten *Informationsstruktur* bereitzustellen, und davon ausgehend die Aufgabe, die dafür erforderliche IT-Infrastruktur, d.h. die informationstechnischen und personellen Ressourcen für die Informationsbereitstellung langfristig zu planen, mittel- und kurzfristig zu beschaffen und einzusetzen." (Stahlknecht, P. und Hasenkamp, U. (2005), S. 437). Heinrich und Stelzer verstehen unter Informationsmanagement das Leitungshandeln bzw. alle Führungsaufgaben bezüglich Information und Kommunikation (vgl. Heinrich, L. und Stelzer, D. (2011), S. 2). Picot bemängelt bei den Diskussionen um das Informationsmanagement, dass die IuK-Technik zu stark im Mittelpunkt stehen und die vorgelagerte Problematik der Bestimmung der relevanten Informationen außen vor bleibt. Picot stützt sich bei seiner Definition des Informationsmanagements auf das Ebenenmodell nach Wollnik (vgl. Picot, A. (1990), S. 7f.). Eine Auflistung der unterschiedlichen Definitionen zum Informationsmanagement ist bei Voß, S. und Gutenschwager, K. (2001), S. 58-60 zu finden.

[126] vgl. Detlor, B. (2010), S. 103

Zielsetzung des bestmöglichen, professionalisierten Einsatzes der betrieblichen Ressource Information hinsichtlich der Erreichung der Unternehmensziele.[127]

In Anlehnung an das Ebenenmodell wird Informationsmanagement im Rahmen dieser Arbeit nach *Krcmar* verstanden als „... das Management der Informationswirtschaft, der Informationssysteme, der Informations- und Kommunikationstechniken sowie der übergreifenden Führungsaufgaben."[128]

Im Weiteren wird detailliert auf die für die vorliegende Arbeit relevanten Managementebenen der Informationswirtschaft und der Informationssysteme eingegangen.

2.2 Management der Informationswirtschaft

Zentrale Aufgabenstellungen des Informationsmanagements auf der Ebene des Managements der Informationswirtschaft sind die Ermittlung des Informationsbedarfs und die Planung der Informationsbereitstellung.[129]

Der Informationsbedarf kann gedeckt werden, wenn dem Informationsnutzer die für einen betrieblichen Zweck notwendigen Informationen in einer geeigneten Qualität zur Verfügung stehen.[130] Der Informationsnutzer interpretiert die ihm zugegangenen Informationen zweckorientiert, bearbeitet diese gegebenenfalls und bewertet die Informationsversorgung als ausreichend bzw. nicht ausreichend. Darauf basierend wird die Informationsversorgung bzw. das Informationsangebot angepasst.[131] Voraussetzung hierfür ist eine genaue Kenntnis des Informationsbedarfs, auf den im nächsten Abschnitt eingegangen wird.

2.2.1 Informationsbedarf

Die Bestimmung des Informationsbedarfs stellt die Voraussetzung zur Entwicklung von Informationsversorgungskonzepten und Informationssystemen dar.[132,133] Zur Zielerrei-

---

[127] vgl. Krcmar, H. (2010), S. 52, vgl. Picot, A. u.a. (2003), S. 144, vgl. Laudon, K. C. u.a. (2010), S. 791

[128] Krcmar, H. (2010), S. 52.

[129] vgl. Voß, S. und Gutenschwager, K. (2001), S. 73f.,76, vgl. Fink, A. u.a. (2005), S. 73, vgl. Krcmar, H. (2010), S. 53,63. Die Bereitstellung der Informationen zur richtigen Zeit, am richtigen Ort, zu den richtigen Kosten wird in der Literatur auch unter dem Begriff Informationslogistik zusammengefasst (vgl. Fink, A. u.a. (2005), S. 73).

[130] vgl. Fink, A. u.a. (2005), S. 73, vgl. Gemünden, H. G. (1993), S. 1728, vgl. Berthel, J. (1992), S. 873. Zur Erreichung von Wettbewerbsvorteilen ist eine gezielte und systematische Analyse, Planung und Kontrolle des Informationseinsatzes notwendig (vgl. Picot, A. und Maier, M. (1993), S. 33).

[131] vgl. Krcmar, H. (2010), S. 59

[132] vgl. Burmester, L. und Goeken, M. (2005), S. 1421f., vgl. Szyperski, N. (1980), S. 910, vgl. Heinrich, L. und Stelzer, D. (2011), S. 426, vgl. Navrade, F. (2008), S. 2. Auf die unterschiedlichen Ansätze zur Entwicklung der Informationsversorgung wird in Kapitel 2.4 eingegangen.

chung der vorliegenden Arbeit ist daher eine genaue Kenntnis des Informationsbedarfs der Aufgabenträger im Untersuchungsbereich notwendig. Auf den Begriff des Informationsbedarfs geht das nachfolgende Kapitel ein.

2.2.1.1 Begriff des Informationsbedarfs

Unter Informationsbedarf wird im Allgemeinen die Summe aller Informationen verstanden, die notwendig sind, um eine bestimmte betriebliche Aufgabe zu bewältigen.[134] Eine häufig in der Literatur zu findende Unterscheidung des Informationsbedarfs ist die Unterscheidung in objektiven und subjektiven Informationsbedarf. Die Verwendung der Begriffe objektiv und subjektiv erfolgt hierbei in der wissenschaftlichen Literatur nicht einheitlich. Es können im Wesentlichen zwei Sichtweisen unterschieden werden.

- Zum einen die Sichtweise, dass der objektive Informationsbedarf der für eine Aufgabe tatsächlich notwendige ist und als ‚richtig' bezeichnet werden kann. Der subjektive Informationsbedarf ist hier dem objektiven Informationsbedarf anzunähern. Abweichungen ergeben sich bspw. aus einer mangelnden Qualifikation des Aufgabenträgers. Der subjektive Informationsbedarf ist derjenige Bedarf, der dem einzelnen Aufgabenträger bei Erfüllung seiner Aufgaben als notwendig erscheint.[135]

- Zum anderen existiert die Sichtweise, dass der objektive und subjektive Informationsbedarf vom Aufgabentyp der zu lösenden Aufgabe abhängt. Objektiver und subjektiver Informationsbedarf stehen gleichbedeutend nebeneinander.[136,137]

Der vorliegenden Arbeit wird die letztere Sichtweise zugrunde gelegt, die im weiteren Verlauf der Arbeit als *aufgabenbezogene* Sichtweise bezeichnet wird. Die Unterschei-

---

133 In Kapitel 1 wurde bereits eine Abgrenzung zur Anforderungserhebung im Requirements Engineering vorgenommen.

134 vgl. Koreimann, D. S. (1976), S. 65

135 vgl. z.B. Szyperski, N. (1980), S. 903ff., vgl. Michelson, M. (2001), S. 23f., vgl. Janssen, H. (1997), S. 150, vgl. Fink, A. u.a. (2005), S. 74, vgl. Heinrich, L. und Stelzer, D. (2011), S. 425 (Heinrich spricht hier vom Informationsbedürfnis), vgl. Greschner, J. und Zahn, E. (1992), S. 17f., vgl. besonders Schwarze, J. (1998), S. 88-106, vgl. Picot, A. u.a. (2003), S. 81 (Picot u.a. merken jedoch an, dass, je nach Aufgabentyp, die Erhebung des objektiven Informationsbedarfs schwierig ist.) Stelzer bezeichnet den objektiven Informationsbedarf als lediglich „theoretisch bedeutend" (vgl. Stelzer, D. (2001), S. 193).

136 vgl. Brockhoff, K. (1983), S. 53ff, vgl. Picot, A. und Franck, E. (1992), S. 891-893, vgl. Stelzer, D. (2001), S. 193, vgl. Seidenschwarz, B. (2003), S. 286-288, vgl. Gemünden, H. G. (1993), S. 1726-1728 (Gemünden spricht wie Heinrich von Informationsbedürfnis), vgl. Schwarz, S. u.a. (2001), S.4, vgl. Navrade, F. (2008), S. 71, vgl. Byström, K. und Järvelin, K. (1995), vgl. Voß, S. und Gutenschwager, K. (2001), S. 132.

137 Dervin und Nilan beschreiben in einer häufig zitierten Metaanalyse die Entwicklungen in der Forschung zum Informationsbedarf. Hierbei stellen sie eine Entwicklung von der objektiven Betrachtungsweise zur Berücksichtigung des subjektiven Informationsbedarfs in den konzeptionellen Arbeiten fest (vgl. Dervin, B. und Nilan, M. (1986)).

dung des Informationsbedarfs in objektiv und subjektiv beruht im Rahmen dieser Arbeit auf der Differenzierung anhand des Aufgabentyps. Die Unterscheidung des Aufgabentyps erfolgt in der Literatur nach unterschiedlichen Kriterien wie bspw. der Veränderlichkeit, dem Umfang oder nach dem Strukturiertheitsgrad.[138] Der Strukturiertheitsgrad kann unter den Kriterien als ein wesentliches Unterscheidungsmerkmal angesehen werden.[139] Das Kriterium der Strukturiertheit wird im Folgenden operationalisiert.

In der vorliegenden Arbeit werden die Aufgabentypen mit den Ausprägungen strukturierter, semi-strukturierter und unstrukturierter Aufgaben unterschieden (vgl. Tabelle 2).[140]

Ursache-Wirkungs-Beziehung / **Lösungsweg**	**bekannt**	**nicht bekannt**
vorhanden	strukturierte Aufgabe	semi-strukturierte Aufgabe
nicht vorhanden	semi-strukturierte Aufgabe	unstrukturierte Aufgabe

Tabelle 2: Aufgabentypisierung nach der Strukturiertheit[141]

Unter strukturierten Aufgaben werden solche verstanden, deren Lösungsprozess eindeutig definiert ist, z.B. durch die Vorgabe einer bestimmten Berechnungsformel und deren Ursache-Wirkungs-Beziehung bekannt ist. Die notwendigen Informationen können aus dem Lösungsprozess abgeleitet werden. Der Grad der Strukturiertheit[142] bestimmt die Möglichkeit zur Automatisierung einer Aufgabe.[143] Unstrukturierte Aufgaben hingegen besitzen keinen eindeutig definierten Lösungsweg und keine bekannte Ursache-Wirkungs-Beziehung. Zur Lösung einer Aufgabe können unterschiedliche Lö-

---

[138] z.B. vgl. Picot, A. und Franck, E. (1988a), S. 548, vgl. Voß, S. und Gutenschwager, K. (2001), S. 132

[139] vgl. Greschner, J. und Zahn, E. (1992), S. 20f., vgl. Byström, K. und Järvelin, K. (1995), S. 194

[140] In einer Untersuchung von Byström und Järvelin wurde der Zusammenhang zwischen der Aufgabenkomplexität und dem Informationsbedarf sowie dem Suchverhalten analysiert. Die Komplexität der Aufgabe wurde hierbei mit der Bestimmbarkeit, der Kenntnis der notwendigen Inputs, der Outputs und dem Problemlösungsprozess beschrieben. Unterschieden werden fünf Aufgabentypen: von automatisierbaren Aufgaben (strukturiert) bis zu unstrukturierten Aufgaben mit entsprechenden Zwischenformen (Genuine Decision Task; Known, Genuine Decision Task; Normal Decision Task; Normal Information Processing Task; Automatic Information Processing Task). Als zentrales Ergebnis wird u.a. genannt: Bei unstrukturierten Aufgaben besteht ein Bedarf, flexibel nach Informationen suchen zu können. Ein weiteres Ergebnis ist, dass mit steigender Aufgabenkomplexität der domänenspezifische Informationsbedarf sowie das notwendige Problemlösungswissen steigen (vgl. Byström, K. und Järvelin, K. (1995), S. 191ff.). Greschner und Zahn unterscheiden in unstrukturierte, teilstrukturierte und strukturierte Entscheidungen. Strukturierte Aufgaben schließen hierbei eine automatische Bearbeitung ein (vgl. Greschner, J. und Zahn, E. (1992), S. 21). Munro und Wheeler untersuchen ebenfalls den Zusammenhang zwischen Informationsbedarf und strukturierten bzw. unstrukturierten Aufgaben (vgl. Munro, M. C. und Wheeler, B. R. (1980), S. 29).

[141] Eigene Darstellung

[142] In der vorliegenden Arbeit wird zwischen strukturierten, semi-strukturierten und unstrukturierten Aufgaben unterschieden.

[143] vgl. Greschner, J. und Zahn, E. (1992), S. 21, vgl. Gluchowski, P. u.a. (2008), S. 25

sungswege eingesetzt werden, die zu einem gleichen Ergebnis führen.[144] Bei semi-strukturierten Aufgaben ist der Lösungsweg nicht vorhanden oder die Ursache-Wirkungs-Beziehung nicht bekannt.

Der *objektive* Informationsbedarf kann bei strukturierten Aufgaben erhoben werden.[145] Aus der Definition des Lösungswegs lassen sich die notwendigen Informationen ableiten. Die Ermittlung des objektiven Informationsbedarfs ist umso präziser, je strukturierter die zu lösende Aufgabe ist. Bei unstrukturierten Aufgaben existiert daher kein objektiver Informationsbedarf.[146]

Hieraus abgeleitet, wird im Rahmen dieser Arbeit der objektive Informationsbedarf wie folgt definiert:

> *Unter dem objektiven Informationsbedarf wird der Informationsbedarf verstanden, den ein Aufgabenträger zur Lösung strukturierter Aufgaben benötigt.*

Der *subjektive* Informationsbedarf liegt bei semi-strukturierten oder unstrukturierten Aufgaben vor. Bei diesem Aufgabentyp existiert kein objektiver Informationsbedarf. Der Informationsbedarf zur Lösung dieser Aufgaben ist abhängig vom Aufgabenträger.[147] Hierbei kann der Aufgabenträger bei der Lösung dieser komplexen Aufgaben verschiedene Lösungswege einsetzen. Die Komplexität kann sich zum einen aus der Aufgabe selbst und zum anderen aus der Kombination von Aufgaben ergeben.[148] Die Bestimmung des subjektiven Informationsbedarfs erfordert demnach eine aufgabenträgerbezogene Sichtweise, die eine Berücksichtigung des Aufgabenbündels eines Aufgabenträgers bedingt. Unter dem Aufgabenbündel eines Aufgabenträgers wird die Summe

---

[144] vgl. Brockhoff, K. (1983), S. 55, vgl. Ackoff, R. (1967), S. 154, vgl. Picot, A. (2005), S. 61, vgl. Gluchowski, P. u.a. (2008), S. 20. Picot / Franck definieren: „Die Strukturiertheit der Aufgabe fragt nach dem Ausmaß, in dem eine Problemstellung in exakte, einander eindeutig zuzuordnende Lösungsschritte zerlegbar ist. Das angestrebte Ergebnis, die notwendigen Inputs wie auch die Ursache-Wirkungs-Beziehungen,
die zur Lösung führen, sind im Falle hoch strukturierter Aufgaben bekannt, im Falle gering strukturierter weitgehend unbekannt.“, Picot, A. und Franck, E. (1988a), S. 548. Ähnlich differenzieren Schwarz, S. u.a. (2001) in Routinefall, sachbezogener Fall und Einzelfall. Auch Stelzer stellt den Zusammenhang zwischen Strukturiertheit einer Aufgabe und Informationsbedarf her (vgl. Stelzer, D. (2001), S. 193).

[145] vgl. Brockhoff, K. (1983), S. 53f., vgl. Voß, S. und Gutenschwager, K. (2001), S. 133

[146] vgl. Navrade, F. (2008), S. 71, vgl. Picot, A. (1990), S. 9, vgl. Schwarz, S. u.a. (2001), S. 4, vgl. Laux, H. und Liermann, F. (2005), S. 259

[147] vgl. Brockhoff, K. (1983), S. 55, vgl. Stelzer, D. (2001), S. 193

[148] vgl. Brockhoff, K. (1983), S. 54, vgl. Munro, M. C. und Wheeler, B. R. (1980), S. 33

aller Aufgaben verstanden, die einem Aufgabenträger zugeordnet sind.[149] Dies können sowohl strukturierte als auch unstrukturierte Aufgaben sein.[150]

Hieraus abgeleitet, wird im Rahmen dieser Arbeit der subjektive Informationsbedarf wie folgt definiert:

> *Unter dem subjektiven Informationsbedarf wird der Informationsbedarf verstanden, den ein Aufgabenträger zur Lösung von Aufgaben mit einem unstrukturierten Anteil benötigt.*

Unstrukturierte Aufgaben werden insb. im Bereich der Managementaufgaben genannt. In diesem Zusammenhang wird betont, dass ein objektiver Informationsbedarf nicht vorliegen kann.[151]

Neben dem Informationsbedarf spielt auf der Ebene des Managements der Informationswirtschaft das Informationsangebot eine bedeutende Rolle. Unter Informationsangebot wird im Rahmen der vorliegenden Arbeit die Summe aller Informationen verstanden, die in einem Unternehmen verfügbar sind. Das Informationsangebot wird in der Regel von betrieblichen Informationssystemen bereitgestellt.[152]

Zur Deckung des Informationsbedarfs wird die Informationsbereitstellung geplant. Die Planung der Informationsbereitstellung beinhaltet, an wen welche Informationen wie verteilt werden (vgl. Kapitel 2.2.2) und ist der Teil der Informationsversorgung auf der Ebene des Managements der Informationswirtschaft.[153] Aus der auf die Belange der Aufgabenträger ausgerichteten Informationsbereitstellung werden die Anforderungen an die darunter liegenden Ebenen der Informationssysteme und der IuK-Technik abgeleitet. Unter der *Informationsversorgung* wird in der vorliegenden Arbeit die auf die Belan-

[149] Der Informationsbedarf eines Aufgabenbündels wird in der Literatur nicht umfassend behandelt und wird daher in der vorliegenden Arbeit konzipiert.

[150] Der objektive Informationsbedarf kann bei unstrukturierten Aufgaben eine Grundversorgung darstellen und als Ausgangspunkt des Lösungsprozesses betrachtet werden, wenn noch keine Erhebung des subjektiven Informationsbedarfs erfolgt ist.

[151] vgl. Henneböle, J. (1995), S. 66, vgl. Struckmeier, H. (1997), S. 34, vgl. Munro, M. C. und Wheeler, B. R. (1980), S. 27ff., vgl. Rockart, J. F. (1979), S. 81ff.

[152] vgl. Koreimann, D. S. (1976), S. 67, vgl. Fink, A. u.a. (2005), S. 74, vgl. Picot, A. (1990), S. 9. Das innerbetriebliche Informationsangebot kann durch externe Informationen ergänz werden (vgl. Kapitel 2.3.2).

[153] vgl. Voß, S. und Gutenschwager, K. (2001), S. 76

ge der Aufgabenträger über alle Ebenen des Informationsmanagement realisierte Informationsbereitstellung verstanden.[154]

Der Informationsbedarf eines Aufgabenträgers setzt sich somit aus dem objektiven Informationsbedarf aus strukturierten Aufgaben und dem subjektiven Informationsbedarf aus unstrukturierten Aufgaben bzw. unstrukturierten Aufgabenteilen zusammen.[155]

Hieraus abgeleitet, wird im Rahmen dieser Arbeit der Informationsbedarf eines Aufgabenträgers wie folgt definiert:

Unter dem Informationsbedarf eines Aufgabenträgers wird die Summe aus objektivem Informationsbedarf, abgeleitet aus strukturierten Aufgabenteilen, und subjektivem Informationsbedarf, abgeleitet aus unstrukturierten Aufgabenteilen, verstanden.

Abbildung 6 stellt den Zusammenhang dar.

Das Ziel innerhalb der Informationswirtschaft ist es, den Informationsbedarf mittels eines adäquaten Informationsangebots zu befriedigen und dem Aufgabenträger in der Informationsversorgung bestmöglich zugänglich zu machen.[156] Um eine effektive und effiziente Informationsversorgung zu erreichen, wird ein Konzept benötigt, dass sowohl den Informationsbedarf als auch das Informationsangebot berücksichtigt.[157]

---

[154] Das Ziel der vorliegenden Forschungsarbeit ist es, ein Informationsversorgungskonzept für den Produktionsbereich zu entwickeln. Wesentlich hierfür ist die Identifikation des Informationsbedarfs von Aufgabenträgern, der zur Lösung derer Aufgaben notwendig ist. Nicht betrachtet werden in der Arbeit die organisatorische Verankerung von Aufgabenträgern in Unternehmen, was in der Literatur unter der ‚Stelle' (vgl. z.B. Kosiol, E. (1962), Laux, H. und Liermann, F. (2005), S. 178ff.) thematisiert wird, noch die Bildung konkreter, typischer Aufgabenbündel, die in der Literatur unter den Begriff ‚Rolle' (vgl. z.B. Walther, I. (2005), URL siehe Literaturverzeichnis, vgl. Ferraiolo, D. u.a. (1995)) behandelt werden.

[155] Wird im Folgenden von Informationsbedarf gesprochen, wird hierunter die Summe aus objektivem und subjektivem Informationsbedarf verstanden. Zur Abhängigkeit des subjektiven Informationsbedarfs (vgl. auch Brockhoff, K. (1983), S. 54). In einem Aufgabenbündel müssen nicht zwingend Aufgaben beider Aufgabentypen enthalten sein.

[156] An dieser Stelle existieren in der Wissenschaft unterschiedliche Ansätze zur Gestaltung des Informationsangebots, auf die hier nur kurz eingegangen werden soll: Szyperski empfiehlt mittels einer aufgabenorientierte Bedarfsanalyse die Schnittmenge an Informationen zu bestimmen, die jeder Aufgabenträger zur Lösung der Aufgabe benötigt. Darüber hinaus soll ein Zusatzangebot je nach Fähigkeit und Neigung des Aufgabenträgers bereitgestellt werden (vgl. Szyperski, N. (1980), S. 903ff., vgl. Gemünden, H. G. (1993), S. 1727). Brockhoff hingegen schlägt eine Vereinigungsmenge aller subjektiven Informationsbedarfe vor (vgl. Brockhoff, K. (1983), S. 53ff.). Hier ist eine Abwägung zwischen ökonomischen Gesichtspunkten und einer Befriedigung der Aufgabenträger notwendig (vgl. hierzu auch Gemünden, H. G. (1993), S. 1727f.). Eine Abwägung nach ökonomischen Gesichtspunkten ist nicht Gegenstand der Arbeit.

[157] Ausgangspunkt der Planung des Informationsangebots ist der subjektive und der objektive Informationsbedarf. Dieser kann auf verschiede Arten erhoben werden (vgl. Krcmar, H. (2010), S. 62f., vgl. Heinrich, L. und Stelzer, D. (2011), S. 420).

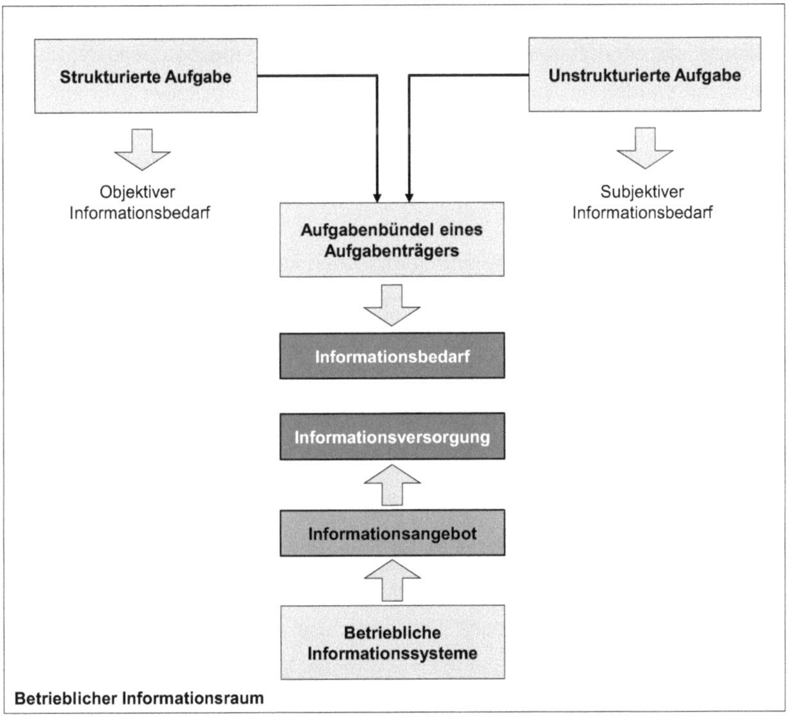

Abbildung 6: Informationsbedarf eines Aufgabenträgers[158]

Zur Bestimmung des Informationsbedarfs erfolgt im Weiteren zunächst eine Operationalisierung des Begriffs Informationsbedarf.[159] In der vorliegenden Arbeit wird Informa-

[158] Eigene Darstellung. In der Literatur wird zudem die Informationsnachfrage thematisiert. Hierunter wird der tatsächlich geäußerte Informationsbedarf eines Aufgabenträgers verstanden (vgl. z.B. Heinrich, L. und Stelzer, D. (2011), S. 425, vgl. Picot, A. (1990), S. 9, vgl. Berthel, J. (1992), S. 873). Die Informationsnachfrage hängt vom aktiven Wissen des Aufgabenträgers ab. Bei strukturierten Aufgaben ist anzunehmen, dass mit dem Wiederholungsgrad das aktive Wissen zunimmt (vgl. Brockhoff, K. (1983), S. 55). Je unstrukturierter eine Aufgabe ist, desto mehr Informationen werden nachgefragt (vgl. Ackoff, R. (1967), S. 149). Auf die Unterscheidung zwischen subjektivem Informationsbedarf und aktiv nachgefragtem subjektiven Informationsbedarf wird in der vorliegenden Arbeit nicht eingegangen.

[159] Die Definition von Koreimann fokussiert vornehmlich die inhaltliche Dimension (vgl. Koreimann, D. S. (1976), S. 65). Berthel knüpft an die Definition von Koreimann an, fügt jedoch weitere Konkretisierungen in Bezug auf die Eigenschaft der Information an, die diese in einem bestimmten Bedarfsfall haben sollte. Hierunter versteht Berthel Qualitätskategorien, die als Anforderungen an den Informationsbedarf zu stellen sind (vgl. Berthel, J. (1992), S.873). Ähnliche Auffassungen sind auch bei Horváth, Küpper, Szyperski, Picot, Heinrich zu finden (vgl. Horváth, P. (2011), S. 311, vgl. Küpper, H.-U. u.a. (2013), S. 215f., vgl. Szyperski, N. (1980), S. 904f., vgl. Picot, A. und Franck, E. (1988b), S. 608f. oder vgl. Picot, A. u.a. (2003), S. 81, vgl. Heinrich, L. und Stelzer, D. (2011), S. 425). Auch Gemünden beschreibt, dass neben den relevanten Informationen die Informationsqualität zur Güte von Entscheidungen und Akzeptanz von Informationen wesentlich ist (vgl. Gemünden, H. G. (1993), S. 1725f.). Auch Berthel vertritt die Sichtweise, dass zu der inhaltlichen Dimension Qualitätskriterien hinzugefügt werden müssen. Informationsbedarf

tionsbedarf in Anlehnung an Picot verstanden als *Art, Beschaffenheit und Menge* von Informationen, die ein Aufgabenträger zur Erfüllung seiner Aufgaben benötigt. Unter der Informationsart werden im Rahmen dieser Arbeit sowohl quantitative Informationen in Form von Kennzahlen als auch qualitative Informationen verstanden.[160] Die Informationsart fokussiert somit die Fragestellung, *welche* Informationen zur Deckung des Informationsbedarfs notwendig sind.

Die Beschaffenheit und die Menge an Informationen können nicht losgelöst voneinander betrachtet werden. Die Menge an Informationen wird in der Literatur definiert als Anzahl an Datensätzen sowie Anzahl an Attributen je Datensatz.[161] Die Beschaffenheit von Informationen wird in der vorliegenden Arbeit mit der Informationsqualität beschrieben. Die Informationsqualität gibt an, *wie* die Informationen zur Deckung des Informationsbedarfs beschaffen sein müssen. Hierzu existiert in der Literatur eine Vielzahl an Konzepten, auf die im Folgenden kurz eingegangen wird.

In Bezug auf die Informationsqualität gibt es keine allgemeinen Standards oder Vorgaben. In wissenschaftlichen Publikationen der Wirtschaftsinformatik hat sich zur Definition der Informationsqualität der Begriff ‚Fitness for use' durchgesetzt, der auch der vorliegenden Arbeit zugrunde liegt. Beurteilungskriterium ist hierbei die Eignung der Information für den betreffenden Einsatzzweck.[162] Diese Definition lässt jedoch noch keine praktische Umsetzung zu und muss aus diesem Grund weiter operationalisiert werden. Zu diesem Zweck existieren in der Wissenschaft zahlreiche Ansätze und Modelle. Tabelle 3 gibt einen Überblick über die in wissenschaftlichen Veröffentlichungen vorzufindenden Konzepte der Informationsqualität.[163]

---

ist eine zusammengesetzte Größe aus einer Mehrzahl von Eigenschaften, die der Information anhaften (vgl. Berthel, J. (1992), S. 874).

[160] Janssen subsummiert unter der Informationsart Mengen-, Wert- und Zeitangaben, faktische, prognostische sowie präskiptive Informationen (vgl. Janssen, H. (1997), S. 150). Informationsart kann nach Mertens verstanden werden als quantitative oder qualitative Informationen (vgl. Mertens, P. und Meier, M. (2009), S. 3). Dieser Arbeit liegt ein weiter Kennzahlenbegriff zugrunde. Kennzahlen besitzen hier einen Informationscharakter, sind quantifizierbar sowie spezifisch aufbereitet (vgl. hierzu z.B. Sandt, J. (2004), S. 10-13, vgl. Reichmann, T. (2006), S. 18f., vgl. Horváth, P. (2011), S. 504f., vgl. Meyer, C. (2008), S. 17)

[161] vgl. Mertens, P. und Meier, M. (2009), S. 17, vgl. Lassmann, W. (2006), S. 219 sowie vgl. Krcmar, H. (2010), S. 53

[162] vgl. Krcmar, H. (2010), S. 77, vgl. Wang, R. Y. u.a. (2005), S. 53

[163] Die Tabelle enthält bewährte und häufig zitierte Konzepte der Wirtschaftsinformatik (vgl. z.B. Krcmar, H. (2010), S. 78, vgl. Lee, Y. W. u.a. (2002), S. 136) und kann nicht als erschöpfend angesehen werden. Ergänzend ist der Ansatz von Ballou und Pazer zu nennen, der jedoch kein vollständiges Konzept darstellt. Der Ansatz stellt eine der ersten Arbeiten im Bereich der Informationsqualität dar und basiert auf Arbeiten aus dem Controllingbereich (vgl. Ballou, D. P. und Pazer, H. L. (1985)). In anderen betriebswirtschaftlichen Disziplinen wie bspw. dem Controlling existieren ähnliche Konzepte, die vergleichbare Krite-

Autor	Kategorien	Dimensionen/Kriterien
Wang/Strong[164]	Intrinsic, accessibility, contextual, representational information quality (sound, useful, dependable, usable information)	Accessibility, appropriate amount of information, believability, completeness, concise representation, consistent representation, ease of manipulation, free-of-error, interpretability, objectivity, relevancy, reputation, security, timeliness, understandability, value-added
English[165]	Inherent and pragmatic information quality	Data definition and information architecture quality, data content quality, data presentation quality
Redmann[166]	Conceptual view, data values and data representation and recording	content, scope, level of detail, composition, view consistency, reaction to change, accuracy, completeness, currency, value consistency, appropriateness, interpretability, portability, format precision, format flexibility, ability to present null values, efficient usage of recording media, representation consistency
Königer/ Reithmayer[167]	Innere Qualität, Zugangsqualität, kontextuelle Qualität, Darstellungsqualität, Qualität der Metainformationen, Qualität der Strukturierung	Genauigkeit, Objektivität, Vertrauenswürdigkeit, Zugänglichkeit, Sicherheit, Bedeutung, Mehrwert, Zeitgerechtheit, Vollständigkeit, Informationsgehalt, Interpretierbarkeit, Verstehbarkeit, Knappheit, Durchgängigkeit, Existenz, Angemessenheit, Nachvollziehbarkeit
Nohr[168]	Datenmanagement, Informationsmanagement, Informationsdesign, Wissensmanagement	Hardware/Software, Datengewinnung, Datenlogistik, Datensicherheit, Fehlerfreiheit, Bedarfsanalyse, Interpretation, Versorgung, Organisation, Korrektheit, Aufbereitung, Transformation, Präsentation, Entwicklung, Verteilung, Bewahrung, Bewertung
Eppler[169]	Relevant information, sound information, optimized process, reliable infrastructure	Comprehensive, accurate, clear enough for the intended use, easily applicable, concise, consistent, correct, current, timely, traceable, interactive manner, accessibility, security, maintainability, reasonable costs, performance

Tabelle 3: Überblick über Konzepte der Informationsqualität[170]

---

rien beinhalten (vgl. hierzu z.B. Preißler, P. R. (2007), S. 81f.). Frühe Arbeiten zu Informationsqualität vgl. auch Berthel, J. (1975), S. 39-46 (hier Merkmale und Eigenschaften von Informationen). Im Anwendungsbereich des Data Warehousing bzw. Business Intelligence existieren Arbeiten, die die vorgestellten Konzepte der Informationsqualität für diesen Bereich erweitern bzw. anpassen. Die Arbeit von Larry English (vgl. English, L. P. (1999)) ist zwar dem Bereich des Data Warehousing zuzuordnen, jedoch ist das Konzept allgemein formuliert und wird nicht anwendungsbezogen eingegrenzt. Hinrichs passt das Konzept von Wang/Strong auf den Anwendungsbereich des Data Warehousing an. So werden relevante Kriterien wie bspw. Redundanzfreiheit oder Schlüsseleindeutigkeit hinzugefügt. Das Konzept von Hinrichs fokussiert die Qualität in Bezug auf die Daten. So klammert er Kriterien, die die Informationssysteme betreffen, aus (z.B. Zugang). Hinrichs selbst erhebt keinen Anspruch auf Vollständigkeit und betont, dass die Auswahl der Informationsqualitätskriterien dazu diente, eine optimale Grundlage für seine Arbeit zu schaffen (vgl. Hinrichs, H. (2002), URL siehe Literaturverzeichnis, S. 29-31). Weitere Arbeiten im Bereich des Data Warehousing vgl. z.B. Jarke, M. und Vassiliou, Y. (1997). Die Konzepte der Informationsqualität im Data Warehousing erweitern die allgemeinen Konzepte in erster Linie um technische Aspekte, die nicht Ziel der vorliegenden Arbeit sind.

164 vgl. Wang, R. Y. und Strong, D. M. (1996), S. 1ff., vgl. Kahn, B. K. u.a. (2002), S. 1ff.

165 vgl. English, L. P. (1999), S. 22ff.

166 vgl. Redman, T. C. (1996), S. 18ff.

167 vgl. Königer, P. und Reithmayer, W. (1998), S. 91-100, basiert auf dem Ansatz von Wang/Strong

168 vgl. Nohr (2001), S. 57ff., basiert auf dem Konzept von Königer/Reithmayer

169 vgl. Eppler, M. J. (2006), S. 67

Allen hier genannten Konzepten der Informationsqualität ist gemein, dass die Informationsqualität in Kriterien beschrieben wird, welche wiederum in Kategorien zusammengefasst werden.[171] Meist wird auf die einzelnen Kriterien nicht explizit eingegangen, was eine Operationalisierung und Anwendung für die vorliegende Arbeit erschwert. Größtenteils werden Kriterien aus Aufgabenträgersicht betrachtet. Eine Ausnahme bildet das Konzept von *Königer/Reithmayer*, welches unabhängige Kriterien in Bezug z.B. auf Sicherheit mitberücksichtigt. Der Mehrzahl der Konzepte liegt eine statische Betrachtung der Kriterien zugrunde, *Nohr und Eppler* betrachten die Informationsqualität aus Prozesssicht.

Einen vergleichenden Überblick über die Aspekte, die die verschiedenen Konzepte beinhalten, gibt Tabelle 4.

Aspekt / Konzept	Inhalt	Zugang	Güte	Präsentation/ Darstellung
Wang/Strong	enthalten	enthalten	enthalten	enthalten
English	enthalten	nicht enthalten	enthalten	enthalten
Redmann	enthalten	nicht enthalten	enthalten	enthalten
Königer/Reithmayer	teilweise enthalten	enthalten	enthalten	enthalten
Nohr	teilweise enthalten	enthalten	enthalten	enthalten
Eppler	enthalten	enthalten	enthalten	nicht enthalten

Legende	enthalten	teilweise enthalten	nicht enthalten

Tabelle 4: Vergleich der Konzepte der Informationsqualität[172]

Prinzipiell sprechen die Konzepte Aspekte in Bezug auf den Informationsinhalt[173], den Zugang zu Informationen, deren Güte und deren Präsentation an. Unter dem Aspekt Inhalt werden Kriterien subsummiert, die die Fragestellung nach der inhaltlichen Ausprägung (d.h. welche) von Informationen beinhalten. Der Zugang beschreibt Kriterien bezüglich Erreichbarkeit und Art des Zugangs. Unter der Güte der Informationen wer-

[170] Wissenschaftliche Konzepte der Informationsqualität können in drei Typen eingeteilt werden. Es werden Typen unterschieden, die die Kriterien empirisch erheben (Wang/Strong), welche, die aufgrund von Literaturrecherche vorliegenden Konzepte weiterentwickeln und Konzepte, die zu den meist subjektiven objektive Kriterien hinzufügen (vgl. Lee, Y. W. u.a. (2002), S. 134-136).
[171] vgl. Krcmar, H. (2010), S. 82
[172] Eigene Darstellung
[173] Um Überschneidungen mit der Definition der Informationsart zu vermeiden, wird die inhaltliche Dimension in der Informationsqualität im weiteren Verlauf nicht betrachtet.

den Kriterien zusammengefasst, die die Beschaffenheit der Information an sich beschreiben. Häufig wird dieser Aspekt in den Kategorien ‚intrinsic quality' oder ‚sound quality' beschrieben. Der Aspekt der Darstellung oder Präsentation zielt auf eine adäquate Aufbereitung der Informationen ab.

Auf Basis des Vergleichs der Konzepte werden im Rahmen dieser Arbeit folgende Kategorien bzw. Kriterien zur Operationalisierung der Beschaffenheit von Informationen festgelegt (vgl. hierzu Tabelle 5).

Kategorien	Dimensionen/Kriterien	Ausprägung
Informationspräsentation	Darstellung der Ergebnisse sowie graphische Aufbereitung	Dieses Kriterium gibt Auskunft über das äußere Erscheinungsbild der Informationen. Diese können bspw. als Tabellen oder Graphiken aufbereitet sein.
Informationsgüte	Detaillierungsgrad	Der Detaillierungsgrad einer Information gibt an, inwieweit die bei einer Transaktion angefallenen Daten bei der Informationsgenerierung verdichtet wurden.[174]
	Qualität (Richtigkeit)	Informationen können als richtig bezeichnet werden, wenn diese mit der Realität übereinstimmen.
	Verfügbarkeit sowie Vollständigkeit	Die Kriterien der Verfügbarkeit und Vollständigkeit sind erfüllt, wenn diese zu dem festgelegten Zeitpunkt in vollem Umfang, d.h. ohne fehlende Werte, zur Verfügung stehen.
	Aktualität	Mit der Aktualität wird der zeitliche Abstand zum beschriebenen Zustand eines betreffenden Objekts bezeichnet. Bewertungsmaßstab ist der richtige Zeitpunkt.
Informationszugang	Flexible Analysemöglichkeiten	Das Kriterium der flexiblen Analysemöglichkeiten beschreibt die Notwendigkeit, selbständig nach den betreffenden Informationen suchen zu können.
	Zeitaufwand der Informationsbeschaffung	Das Kriterium des Zeitaufwands der Datenbeschaffung beschreibt die Zeitspanne zwischen dem aktiv realisierten Informationsbedarf und der Verfügbarkeit dieser Informationen.
	Zugriff auf historische Informationen	Das Kriterium beschreibt die Notwendigkeit, auf dauerhaft abgelegte Informationen zugreifen zu können.[175]

Tabelle 5: Kategorien und Kriterien der vorliegenden Arbeit[176]

[174] Der Detaillierungsgrad ist im Sinne von Granularität zu verstehen (vgl. Kapitel 2.3.2.2).
[175] Zur Historisierung vgl. Kapitel 2.3.2.2

Die Kategorie Inhalt wird dabei nicht betrachtet, da diese bereits in der Informationsart abgedeckt ist. Die einzelnen Kriterien werden im Folgenden für die vorliegende Arbeit definiert. Die Informationsgüte, hier insb. der Detaillierungsgrad und die Verfügbarkeit bzw. Vollständigkeit, bestimmen die Informationsmenge. Aufgrund dessen werden zur Beschreibung des Informationsbedarfs die Informationsart und -qualität im weiteren Verlauf der Arbeit berücksichtigt.

In Abbildung 7 ist die beschriebene Operationalisierung des Informationsbedarfs zusammenfassend dargestellt.

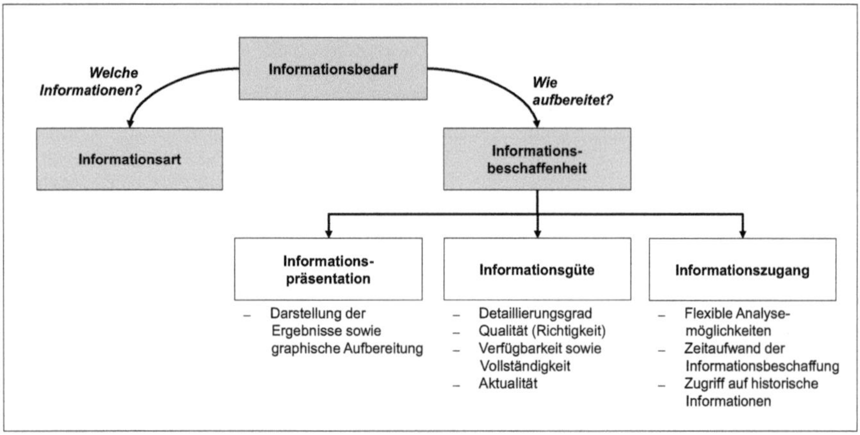

Abbildung 7: Operationalisierung des Informationsbedarfs im Rahmen der Forschungsarbeit[177]

2.2.1.2 Erheben des Informationsbedarfs

Zur Gestaltung der Informationsversorgung ist eine Erhebung des Informationsbedarfs notwendig, daher wird im Folgenden auf die in der Literatur genannten Vorgehen zur Erhebung des Informationsbedarfs eingegangen. Diese werden in der Literatur als sog. *Informationsbedarfsanalysen*[178] bezeichnet. In der vorliegenden Forschungsarbeit wird unter der Informationsbedarfsanalyse der Einsatz von Methoden zur Erhebung des objektiven und/oder subjektiven Informationsbedarfs von Aufgabenträgern verstanden.

---

[176] Hierbei z.T. in Anlehnung an Rohweder, J. P. u.a. (2008), S. 28 und Stair, R. und Reynolds, G. (2012), S. 7

[177] Eigene Darstellung

[178] Nach Koreimann versteht man unter einer Informationsbedarfsanalyse jene Verfahren und Methoden, die den Informationsbedarf mitsamt allen Merkmalsausprägungen und Formen erheben (vgl. Koreimann, D. S. (1976), S. 65).

Basierend auf dem Verständnis von Informationsbedarf ist zur Bestimmung des Informationsbedarfs zunächst die Identifikation der Aufgaben, die Identifikation der Aufgabenträger, die Bildung der Aufgabenbündel sowie die Erhebung des Informationsbedarfs mittels geeigneter Methoden (Informationsbedarfsanalyse) notwendig. Auf die einzelnen Schritte wird im Folgenden eingegangen.

Identifikation der Aufgaben

Der Informationsbedarf wird in der vorliegenden Arbeit durch die Aufgaben eines Aufgabenträgers und den Typ dieser Aufgaben determiniert. Aus diesem Grund ist zur Identifikation des Informationsbedarfs zunächst eine detaillierte Kenntnis über die Aufgaben im Untersuchungsbereich der Produktion notwendig. Zu diesem Zweck wird in der Literatur eine *Aufgabenanalyse*[179] vorgeschlagen.[180]

Merkmal	Inhalt
Verrichtung	Art der Leistung
Objekt	Materieller/immaterieller Art, persönlich/sachlich
Rang	Entscheidungs-/ Ausführungsaufgaben
Phase	Planung, Realisation, Kontrolle
Zweck	Primäre/sekundäre Aufgaben
Hilfsmittel	Produktions- und Informationstechnik
Zeit	Zeitraum/Zeitpunkt einer Aufgabenerfüllung
Raum	Ort der Aufgabenerfüllung

Tabelle 6: Aufgabenanalyse[181]

Mittels einer Aufgabenanalyse werden die Teilaufgaben innerhalb der Produktion identifiziert. Diese Teilaufgaben werden soweit in Elementaraufgaben aufgegliedert, bis diese einem Aufgabenträger zuordenbar sind.[182] Die Zerlegung der Aufgaben innerhalb einer

[179] Die Aufgabenanalyse wird in der Literatur ebenfalls als Differenzierung oder Dekomposition bezeichnet (vgl. Nicolai, C. (2009), S. 26).

[180] So stellt bspw. Holten die Identifikation und Analyse der Entscheidungsaufgaben in den Mittelpunkt der Informationsbedarfsermittlung. Erst anschließend erfolgt die Zuordnung zu den Aufgabenträgern (vgl. Holten, R. (1999), S. 169).

[181] Synthese aus den nachfolgenden Quellen: vgl. Scherm, E. und Pietsch, G. (2007), S. 150-154, vgl. Dangelmaier, W. (2001), S. 83f., vgl. Kämpf, R. (2007b), S. 43f., vgl. Bühner, R. (2004), S. 20-27, vgl. Kosiol, E. (1962), S. 43

[182] vgl. Heinrich, L. und Stelzer, D. (2011), S. 427f., vgl. Dangelmaier, W. (2001), S. 83f., vgl. Bühner, R. (2004), S. 21, vgl. Kosiol, E. (1962), S. 32. Aus Sicht des Prozessmanagements können die Teilaufgaben eines Prozesses auch als Aktivitäten bezeichnet werden. Innerhalb von Aktivitäten oder Arbeitsschritten

Aufgabenanalyse erfolgt hierbei anhand von Merkmalen einer Aufgabe. Merkmale, die in einer Aufgabenanalyse zum Einsatz kommen können, sind in Tabelle 6 dargestellt. Bei der Zerlegung in Teilaufgaben kommt jeweils ein Merkmal zur Anwendung. An dieser Stelle können die Merkmale wiederholt und die Reihenfolge dem Zweck entsprechend gewählt werden.[183]

Identifikation der Aufgabenträger

Die in der Aufgabenanalyse identifizierten Aufgaben werden in einem nächsten Schritt den Aufgabenträgern zugeordnet (*Aufgabensynthese*). Es entstehen Aufgabenbündel.[184] Notwendige Voraussetzung hierfür ist die Identifikation der Aufgabenträger.[185] In der vorliegenden Arbeit sind dies alle Aufgabenträger, die sich im Untersuchungsbereich der Produktion befinden.

In der Literatur wird in einem nächsten Schritt vorgeschlagen, die Aufgabenträger zu möglichst *homogenen Gruppen* zusammenzufassen. Dies beruht auf der Annahme, dass der Informationsbedarf dieser Gruppen sich weitestgehend ähnelt und mittels einer auf diese Gruppen ausgerichteten Informationsversorgung befriedigt werden kann. Die gruppenbasierte Informationsversorgung wird in der Literatur unter sog. Rollenkonzepten behandelt.[186]

Erhebung des Informationsbedarfs

Nach Kenntnis der Aufgabenträger und der Aufgaben kann entsprechend dem jeweiligen Aufgabentyp der Informationsbedarf erhoben werden. Bei strukturierten Aufgaben ist der objektive, bei unstrukturierten Aufgaben der subjektive Informationsbedarf zu erheben. Zur Erhebung des vollständigen Informationsbedarfs eines Aufgabenträgers

---

werden Teilaufgaben bearbeitet und Teilergebnisse erzeugt (vgl. Schmelzer, H. J. und Sesselmann, W. (2010), S. 62f.). Eine Aufgabenanalyse beginnt in aller Regel mit der Gesamtaufgabe eines Unternehmens (vgl. Kosiol, E. (1962), S. 41,47). Aufgrund des Untersuchungsbereichs (Produktionsbereich) wird die Gesamtaufgabe des Unternehmens als gegeben angenommen. Diese liegt in der möglichst effizienten und effektiven Ausgestaltung des Produktionsprozesses.

[183] vgl. Scherm, E. und Pietsch, G. (2007), S. 151, vgl. Kiener, S. u.a. (2009), S. 42, vgl. Dangelmaier, W. (2001), S. 83f., vgl. Kämpf, R. (2007b), S. 44

[184] In der Literatur wird auch von Aufgabenkomplexen gesprochen (vgl. Bühner, R. (2004), S. 21, vgl. Kosiol, E. (1962), S. 33, 42, 76-79).

[185] Dies wird in der Literatur ebenfalls als notwendige Voraussetzung einer Informationsbedarfsanalyse gesehen (vgl. Krcmar, H. (2010), S. 61-64, vgl. Leßweng, H.-P. (2003), S. 72, vgl. Gemünden, H. G. (1993),
S. 1728).

[186] vgl. Chamoni, P. u.a. (2005), S. 2ff., vgl. Krcmar, H. (2010), S. 61-64, vgl. Leßweng, H.-P. (2003), S. 72, vgl. Gemünden, H. G. (1993), S. 1728. Die Rollenkonzepte, die nicht Bestandteil der Zielsetzung der vorliegenden Arbeit sind. Zu Rollenkonzepten vgl. z.B. Walther, I. (2005), URL siehe Literaturverzeichnis, vgl. Ferraiolo, D. u.a. (1995)

mit strukturierten und unstrukturierten Aufgaben wird in der Literatur eine Kombination an Methoden vorgeschlagen, die den objektiven sowie den subjektiven Informationsbedarf erhebt.[187] Abbildung 8 stellt den Zusammenhang zusammenfassend dar.

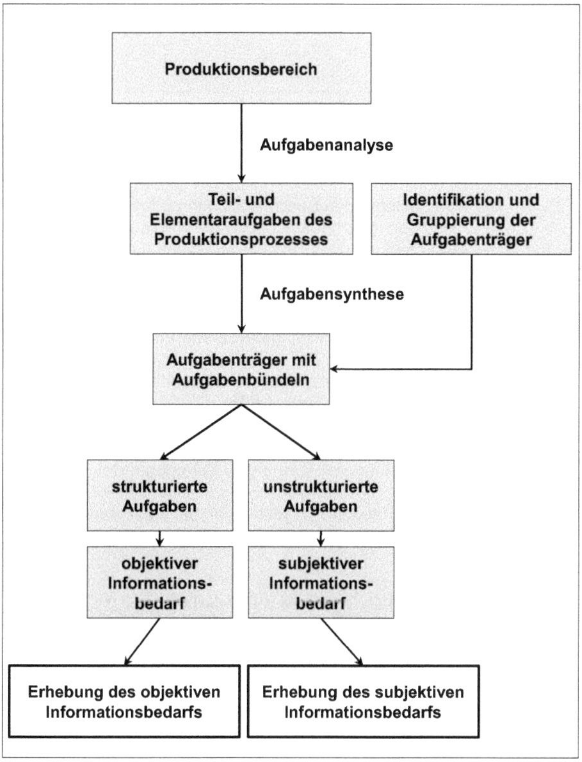

Abbildung 8: Vorgehen zur Ermittlung des Informationsbedarfs[188]

Zur Erhebung des Informationsbedarfs wird in der Literatur eine Vielzahl von Methoden genannt. Diese können nach verschieden Prinzipien klassifiziert werden.[189]

[187] vgl. Fink, A. u.a. (2005), S. 75, vgl. Picot, A. (1990), S. 9, In der Literatur werden zusätzlich folgende Argumente erwähnt, um eine Kombination objektiver und subjektiver Informationsbedarfsanalysen zu befürworten: Zum einen wird die adressatenadäquate Entwicklung eines Informationsversorgungskonzepts aufgeführt, damit kein Konzept erstellt wird, welches am Anwender vorbei entwickelt wird. Zum anderen wird eine den Fähigkeiten des Informationsnutzers entsprechende Konzeption gefordert, damit dieser mit den zur Verfügung gestellten Informationen seine Aufgabe nach seinen Fähigkeiten lösen kann (vgl. Berthel, J. (1992), S. 877f., vgl. Koreimann, D. S. (1976), vgl. Nusselein, M. A. (2003), S.42).

[188] Eigene Darstellung

[189] Die verschiedenen Methoden unterscheiden sich bspw. nach dem Aufgabenträger (Fach- oder Führungskraft), nach der Aufgabenart (strukturiert bzw. unstrukturiert) oder nach der Ableitungsrichtung (induktiv oder deduktiv). Häufig kommt es zu einer Kombination der Methoden (vgl. Heinrich, L. und Stelzer, D. (2011), S. 426, vgl. Fink, A. u.a. (2005), S. 75, vgl. Berthel, J. (1992), S. 879). Deduktive Methoden

In der vorliegenden Arbeit wird zwischen Erhebungsmethoden unterschieden, die zum einen den objektiven und zum anderen den subjektiven Informationsbedarf identifizieren.[190]

In Tabelle 7 sind überblickartig die in der Literatur häufig zu findenden Erhebungsmethoden zusammengestellt.

Bezeichnung	**Beschreibung**
Methoden zur Erhebung des objektiven Informationsbedarfs	
Arbeitsanalyse/ Dokumentenanalyse	Aus bestehenden Beschreibungen zu Arbeitsabläufen werden die notwendigen Informationen abgeleitet. Abläufe werden soweit zerlegt, bis der Lösungsprozess ersichtlich ist und die notwendigen Informationen ablesbar sind. Die Gliederung kann nach den gleichen Kriterien wie die Aufgabenanalyse erfolgen (vgl. Tabelle 6)
Introspektion	Die Introspektion wird als ein erster Schritt in der Informationsbedarfserhebung gesehen. Der Erhebende versetzt sich in die Rolle des Aufgabenträgers und bestimmt die notwendigen Informationen so, als ob er diese Aufgabe zu lösen hätte.
Strategieanalyse	Aus der Strategie werden die Zielsetzungen und damit notwendigen Informationen von Führungskräften abgeleitet.
Prozessanalyse	Aus den Entscheidungsabläufen der Ressourcensteuerungen in einem Unternehmen wird der Informationsbedarf der Prozessbeteiligten bestimmt.
Methoden zur Erhebung des subjektiven Informationsbedarfs	
Interview/Offene Befragung	Eine der am häufigsten genannten Erhebungsmethoden. Der Aufgabenträger wird direkt nach seinem Informationsbedarf befragt. Hierbei kann zwischen einem strukturierten oder unstrukturierten Interview unterschieden werden.
Schriftliche Befragung	Die schriftliche Befragung kann bspw. in Form von Fragebögen mit offenen oder geschlossenen Fragen erfolgen.
Workshops/Brainstorming	Es wird bewusst von einer individuellen Befragung abgesehen. Zweck eines Workshops bzw. eines Brainstorming ist die Ideensammlung zu einem konkreten Problem.

Tabelle 7: Überblick ausgewählter Erhebungsmethoden[191]

werden aus der Aufgabe abgeleitet und zur Ermittlung des objektiven Informationsbedarfs eingesetzt. Induktive Methoden berücksichtigen den subjektiven bzw. personenbezogenen Informationsbedarf (vgl. z.B. Holten, R. (1999), S. 122, vgl. Küpper, H.-U. u.a. (2013), S. 222-230). Im Bereich des Data Warehousing werden zudem angebotsorientierte und nachfrageorientierte Methoden unterschieden (vgl. hierzu Strauch, B. und Winter, R. (2002), S. 370).

190 vgl. Voß, S. und Gutenschwager, K. (2001), S. 139. Voß und Gutenschwager unterschieden des Weiteren in gemischte Methoden. Auf diese Unterscheidung soll in der vorliegenden Arbeit verzichtet werden.

191 vgl. Kosiol, E. (1962), S. 47. Zur Arbeitsanalyse (Diese wird in der Literatur auch als Aufgabenanalyse bezeichnet): vgl. Schneider, U. (1990), S. 234-237, vgl. Voß, S. und Gutenschwager, K. (2001), S. 141-148, vgl. Davis, A. u.a. (2006), vgl. Davis, G. B. (1982), S. 12ff., vgl. Krcmar, H. (2010), S. 62, vgl.

Methoden zur Erhebung des objektiven Informationsbedarfs versuchen, den Informationsbedarf analytisch aus der zu lösenden Aufgabe zu erheben.[192] Im Allgemeinen können zur Bestimmung des objektiven Informationsbedarfs Arbeitsanalysen[193] eingesetzt werden. Zu den Methoden zur Erhebung des subjektiven Informationsbedarfs werden alle Werkzeuge gezählt, bei denen der Aufgabenträger als Erhebungsquelle dient. Dies wird häufig in Form von Befragungen durchgeführt[194], wobei die Befragung in unterschiedlicher Art und Weise erfolgen kann.[195] Denkbar sind Interviews, Fragebögen oder Workshops.[196]

Nachdem eine geeignete Methode zur Informationsbedarfserhebung gewählt worden und der Informationsbedarf erhoben ist, kann in einem nächsten Schritt der zu deckende Informationsbedarf für verschiedene Nutzergruppen abstrahiert und zu Informationsbedarfsprofilen aggregiert und dadurch dokumentiert werden.[197]

2.2.1.3 Determinanten des Informationsbedarfs

Nach der Darstellung, wie der Informationsbedarf erhoben werden kann, zielt der nachfolgende Abschnitt auf die inhaltliche Ausprägung des Informationsbedarfs ab. In der Literatur werden neben der Unterscheidung in objektiven und subjektiven Informationsbedarf Determinanten thematisiert, die bei der Erhebung des Informationsbedarfs berücksichtigt werden sollen. Die nachfolgende Untersuchung der Determinanten fokussiert die *Teilforschungsfrage 1* (vgl. Kapitel 1.2).

Zowghi, D. und Coulin, C. (2005), S. 25-31, vgl. Koreimann, D. S. (1976), S. 71ff., vgl. Maiden, N. A. M. und Rugg, G. (1996b), S. 184f., vgl. Goguen, J. A. und Linde, C. (1993), vgl. Fink, A. u.a. (2005), S. 75, vgl. Picot, A. (1990), S. 9. Die Auflistung erhebt keinen Anspruch auf Vollständigkeit und soll nur die Möglichkeiten einer Erhebung aufzeigen. Weitere Methoden sind, z.B. experimentelle Erhebungsmethoden vgl. Gutierrez, O. (1989), eine Übersicht über verschiedene Erhebungsmethoden vgl. Holten, R. (1999), S. 122-127.

[192] vgl. z.B. Voß, S. und Gutenschwager, K. (2001), S. 146

[193] vgl. Kosiol, E. (1962), S. 47. An dieser Stelle wird in der Literatur auch von Aufgabenanalyse gesprochen.

[194] Bei der Durchführung einer subjektiven Informationsbedarfsanalyse sind prinzipiell zwei Situationen möglich. Zum einen ist der Aufgabenträger mit der Informationsversorgung zufrieden und empfindet seinen Informationsbedarf als gedeckt. Ergänzend ist hier noch zu nennen, dass der Aufgabenträger zwar zufrieden ist, jedoch ein ungedeckter, unbewusster Informationsbedarf vorherrschen kann.[194] Zum anderen kann es zu einem Empfinden des nicht gedeckten Informationsbedarfs kommen. Hierbei kann jedoch weiter unterschieden werden. Einerseits kann der Aufgabenträger seine mangelnde Informationsversorgung nach Art, Qualität und Menge benennen (spezifischer Bedarf). Anderseits empfindet der Aufgabenträger einen Mangel, kann diesen jedoch nicht definieren (unspezifischer Bedarf) (vgl. Leßweng, H.-P. (2003), S.431-433). Auf die Unterscheidung nach gedecktem und ungedecktem Informationsbedarf wird in der vorliegenden Arbeit nicht eingegangen.

[195] vgl. Nusselein, M. A. (2003), S. 56f, 67., vgl. Fink, A. u.a. (2005), S. 75

[196] vgl. Nusselein, M. A. (2003), S. 69f., vgl. Küpper, H.-U. u.a. (2013), S. 224f.

[197] vgl. Krcmar, H. (2010), S. 59

Zunächst ist der Einfluss, der aus der *Unternehmensstrategie* resultiert, zu nennen. Eine Berücksichtigung der Unternehmensstrategie bzw. der strategischen Ziele wird vorwiegend in wissenschaftlichen Arbeiten aufgeführt, die in Zusammenhang mit dem Informationsbedarf Erhebungsmethoden, wie die Balanced Scorecard (BSC) oder die CSF, thematisieren.[198] Des Weiteren werden in diesem Zusammenhang *Ziele von Führungskräften* aufgeführt, die bei der Erhebung des Informationsbedarfs Berücksichtigung finden sollen.[199] In der Regel werden die Ziele in Zielsystemen formuliert und aus der Unternehmensstrategie abgeleitet und Ziele für Funktionsbereiche, Abteilungen bis hin zur Arbeitsplatzebene heruntergebrochen.[200] Die Ziele werden jedoch durch die individuellen Ziele der Aufgabenträger beeinflusst, wodurch widersprüchliche Zielsysteme entstehen können.[201]

Munro und Wheeler halten in ihrer Arbeit zur Informationsbedarfsermittlung im Managementbereich fest, dass Aufgaben nicht isoliert voneinander, sondern in ihrem Zusammenhang, also in *Koordination* zu anderen Aufgaben untersucht werden sollen.[202] Hierbei wird die Koordination von der Arbeitsteilung in einem Unternehmen bestimmt. Mit steigender Arbeitsteilung steigt der Koordinationsaufwand zwischen den Aufgabenträgern, welcher in einem erhöhten Kommunikationsaufwand feststellbar ist. Die Ursache für den erhöhten Kommunikationsaufwand wird in einem entstandenen Informationsbedarf gesehen.[203]

Eine in der Literatur häufig aufgeführte Determinante ist die Berücksichtigung der internen und externen Umweltbedingungen eines Unternehmens. Bezogen auf den Untersuchungsbereich der vorliegenden Arbeit, können dies Umweltbedingen, wie bspw. der Fertigungstyp, das Fertigungsprinzip oder der Grad der Dezentralisierung sowie der Digitalisierung sein.[204]

[198] vgl. Holten, R. (1999), S. 125, vgl. Picot, A. (1990), S. 9

[199] vgl. Schwarze, J. (1998), S. 105, vgl. Schneider, U. (1990), S. 232, vgl. Gluchowski, P. u.a. (2008), S. 22, vgl. Küpper, H.-U. u.a. (2013), S. 219

[200] vgl. Kricsfalussy, A. (2008), S. 12

[201] vgl. Gluchowski, P. u.a. (2008), S. 22, vgl. Eyer, E. und Haussmann, T. (2011), S. 35

[202] vgl. Munro, M. C. und Wheeler, B. R. (1980), S. 33, *Küpper u.a.* führen in diesem Zusammenhang die Verteilung der Aufgaben sowie die Entscheidungs- und Weisungskompetenzen als eine der wichtigsten Einflussfaktoren auf den Informationsbedarf auf (vgl. Küpper, H.-U. u.a. (2013), S. 220)

[203] Schwarze erläutert den Zusammenhang zwischen dem Kommunikations- und Informationsbedarf in der Informationsherkunft. Die Informationsbedarfsanalyse stellt die Grundlage der Kommunikationsanalyse dar. Die Informationsherkunft beschreibt die erforderlichen Kommunikationsbedürfnisse (vgl. Schwarze, J. (1998), S. 107).

[204] vgl. Petzold, H. J. u.a. (1974), S. 23, vgl. Biethahn, J. und Huch, B. (1994), S. 41, vgl. Gemünden, H. G. (1993), S. 1726, vgl. Heinrich, L. und Stelzer, D. (2011), S. 425, vgl. Picot, A. und Franck, E. (1992),

Eine weitere Determinante, die insb. in Zusammenhang mit dem subjektiven Informationsbedarf aufgeführt wird, ist die *Qualifikation*, die *Erfahrung* sowie der *Wissensstand* der betreffenden Aufgabenträger. *Gemünden* führt bspw. auf, dass der Informationsbedarf über das vorhandene Wissen eines Aufgabenträgers hinausgeht. Vorhandene Informationen werden nicht explizit als Informationsbedarf artikuliert.[205] Dies spielt insb. in Zusammenhang mit der zuvor identifizierten Determinante der Koordination eine Rolle. Vor dem Hintergrund der Arbeitsteilung muss dieses vorhandene Wissen eines Aufgabenträgers bei der Übertragung auf andere Aufgabenträger expliziert werden.

Abbildung 9 fasst die aus der Literatur identifizierten Determinanten des Informationsbedarfs zusammen.

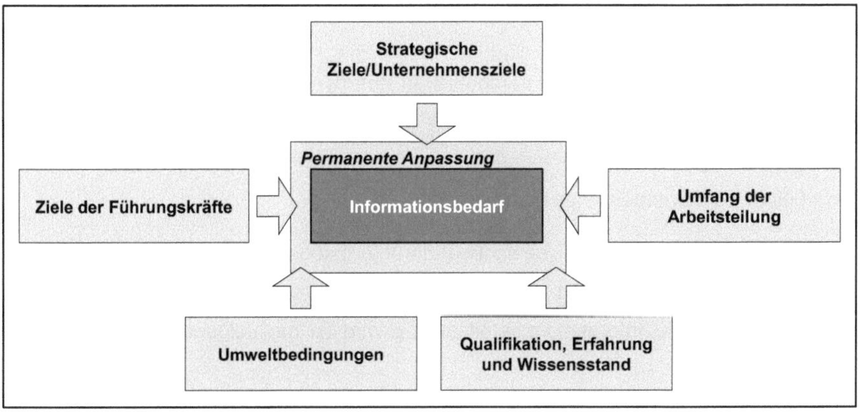

Abbildung 9: Determinanten des Informationsbedarfs[206]

In der vorliegenden Arbeit werden von den oben genannten beeinflussenden Faktoren bei der Bestimmung des Informationsbedarfs die nachfolgenden Determinanten berücksichtigt:

- die Unternehmensziele,
- die Ziele der Führungskräfte

S. 891, vgl. Picot, A. u.a. (2003), S. 81. Rahmenbedingungen oder betriebsindividuelle Merkmale können Branchen, Betriebsgrößen, Rechtsform und Marktbedingungen sein (vgl. Meyer, C. (2008), S. 42).

[205] vgl. Gemünden, H. G. (1993), S. 1728. In Zusammenhang mit den Eigenschaften eines Aufgabenträgers wird des Weiteren die *Risikoeinstellung* genannt (vgl. Küpper, H.-U. u.a. (2013), S. 220). Dieser Aspekt wird durch die Berücksichtigung individueller Lösungswege bei der Bestimmung des subjektiven Informationsbedarfs berücksichtigt.

[206] Die Auflistung der Determinanten erhebt keinen Anspruch auf Vollständigkeit. Die Determinanten sind nicht überschneidungsfrei.

- sowie der Umfang der Arbeitsteilung.
- (Qualifikation, die Erfahrung sowie der Wissensstand)[207]

Die Strategieformulierung in industriellen Unternehmen findet in der Regel unter Berücksichtigung der externen, betrieblichen Umweltbedingungen statt. Es wird angenommen, dass die externen Umweltbedingungen in der Unternehmenszielbildung industrieller Unternehmen enthalten sind. Daher wird die Determinante der Umweltbedingungen im Weiteren nicht explizit betrachtet

Der Wissensstand, die Qualifikation und die Erfahrung des Aufgabenträgers spielen bei der Bestimmung des subjektiven Informationsbedarfs eine elementare Rolle. Die Determinante wird daher in der aufgabenbezogenen Sichtweise des Informationsbedarfs berücksichtigt.

Die identifizierten Determinanten verdeutlichen den dynamischen Charakter des Informationsbedarfs. Treten Änderungen in den Determinanten auf, so ändert sich damit einhergehend der Informationsbedarf. Munro und Wheeler stellen in ihrer Arbeit den Bedarf einer permanenten Anpassung fest.[208]

An die Informationsbedarfsanalyse schließt die Informationsbereitstellung an, in der die Informationsquellen identifiziert werden und die gesamte Informationsversorgung geplant wird.[209] Auf die Informationsbereitstellung wird im nachfolgenden Kapitel eingegangen.

2.2.2 Planung der Informationsbereitstellung

Die Informationsbereitstellung ist Bestandteil der Informationsversorgung und ist neben der Informationsbedarfsermittlung eine weitere zentrale Aufgabe der Ebene der Informationswirtschaft.[210] Im Folgenden wird auf die Planung der Informationsbereitstellung eingegangen.

Im Zuge der Planung der Informationsbereitstellung sind Entscheidungen bzgl. der Allokation und Distribution der Informationen an die Aufgabenträger zu fällen. Innerhalb der Allokation wird festgelegt, an *wen welche* Informationen in einem Unternehmen verteilt werden. Mit der Beschreibung der Distribution hingegen wird festgelegt, *wie* die Infor-

[207] Sowie andere Verhaltenseigenschaften, wie bspw. die Risikoeinstellung
[208] vgl. Munro, M. C. und Wheeler, B. R. (1980), S. 37, vgl. ebenso Schneider, U. (1990), S. 234
[209] vgl. Fink, A. u.a. (2005), S. 76, vgl. Picot, A. (1990), S. 10
[210] vgl. Krcmar, H. (2010), S. 86

mationsverteilung erfolgt.[211] Das Ergebnis der Planung wird als Anforderungen an die darunterliegende Ebene der Informationssysteme formuliert.[212]

Das Ergebnis der Informationsbedarfserhebung geht direkt in die Entscheidungen der Allokation und Distribution ein.[213] Ein häufig zitierter Ansatz zur Analyse der Bedarfsdeckung ist das Lebenszyklusmodell für die Produktion von Informationen nach *Levitan* (vgl. Abbildung 10).[214]

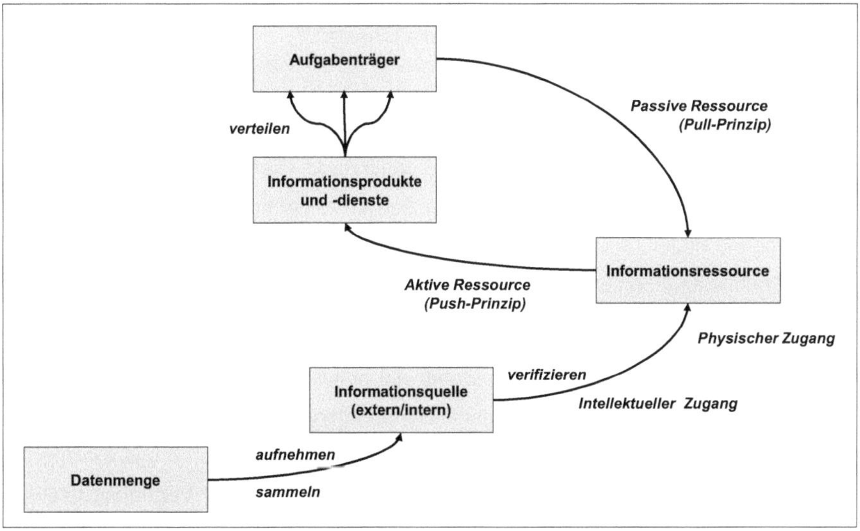

Abbildung 10: Lebenszyklusmodell für die Produktion von Informationen[215]

Der Lebenszyklus beginnt mit der Identifikation von potentiellen Informationen in einer Datenmenge. Die relevanten Daten werden gesammelt, aufgenommen und bilden die sog. *Informationsquelle*. Hieran schließen die notwendigen Schritte an, die Informationsquelle zu verifizieren, um diese in eine *Informationsressource* zu überführen. Diese Schritte sind Mechanismen zur Schaffung eines physischen und intellektuellen Zugangs sowie ggf. zur Berücksichtigung organisatorischer, gesetzlicher und ökonomischer Be-

---

[211] vgl. Voß, S. und Gutenschwager, K. (2001), S. 76

[212] vgl. Voß, S. und Gutenschwager, K. (2001), S. 76, vgl. Strauch, B. und Winter, R. (2002), S. 363

[213] In der Literatur wird in diesem Zusammenhang auch von dem Nebenprodukt- und dem Null-Produkt-Ansatz gesprochen. Bei dem Nebenproduktansatz wird dem Entscheider ein umfassendes Informationsangebot zur Verfügung gestellt, ohne den individuellen Informationsbedarf zu berücksichtigen. Dem Null-Produkt-Ansatz folgend, werden dem Entscheider nur die aus der individuellen Informationsbedarfsanalyse identifizierten Informationen zur Verfügung gestellt (vgl. Voß, S. und Gutenschwager, K. (2001), S. 133, vgl. Schwarze, J. (1998), S. 106).

[214] vgl. Levitan, K. B. (1982)

[215] In Anlehnung an Picot, A. u.a. (2003), S. 194, Levitan, K. B. (1982), S. 47

dingungen. Die Informationsressource wird zur Deckung des identifizierten Informationsbedarfs der Aufgabenträger eingesetzt.[216] Die nachfolgende Bereitstellung der Informationsressource an die Aufgabenträger kann im Allgemeinen nach dem Push- oder Pull-Prinzip erfolgen.[217]

Innerhalb des *Pull-Prinzips* nimmt die Informationsressource eine passive Rolle ein. Die Informationsressource wird lediglich bei Initiative des Aufgabenträgers verwendet und wird auch als benutzeraktive Informationsressource bezeichnet.[218] In der Regel kommt das Pull-Prinzip bei Einzelentscheidungen zum Einsatz.[219]

Beim *Push-Prinzip* hingegen nimmt die Informationsressource eine aktive Rolle ein. Die Informationsressource wird in Informationsprodukte und -dienste überführt und an die Aufgabenträger weitergeleitet. Informationsprodukte und -dienste sind bspw. regelmäßige Berichte oder Meldungen aufgrund von Soll-Ist-Abweichungen; diese können aufgabenträgerindividuell oder für eine Gruppe von Aufgabenträgern erstellt worden sein.[220] Routineaufgaben werden üblicherweise nach dem Push-Prinzip unterstützt.[221]

Neben der Festlegung, *wie* die Informationen in einem Unternehmen bereitgestellt werden sollen, ist zudem zu bestimmen, woher die notwendigen Informationen bezogen werden sollen. Zur Befriedigung des identifizierten Informationsbedarfs kommen im Allgemeinen interne und externe Informationsquellen in Betracht. Interne und externe Informationen werden in der Regel von Informationssystemen[222] zur Verfügung gestellt. Externe Informationsquellen können bspw. das Internet oder externe Datenbanken sein.[223]

Generell wird bei der Planung der Informationsbereitstellung der Einfluss der Hierarchieebene thematisiert. Dieser Betrachtung liegt die Annahme zugrunde, dass sich die operativen Aufgaben der Ausführungsebene und die dispositiven Aufgaben der Führungsebene unterscheiden.[224] Es wird angenommen, dass zur Unterstützung der Ausführungsaufgaben vermehrt interne Informationsquellen und detaillierte Informationen

[216] vgl. Picot, A. u.a. (2003), S. 193f., vgl. Levitan, K. B. (1982), S. 47
[217] vgl. Picot, A. u.a. (2003), S. 193f., vgl. Voß, S. und Gutenschwager, K. (2001), S. 76
[218] vgl. Levitan, K. B. (1982), S. 47, vgl. Picot, A. u.a. (2003), S. 194
[219] vgl. Voß, S. und Gutenschwager, K. (2001), S. 76
[220] vgl. Picot, A. u.a. (2003), S. 194, vgl. Levitan, K. B. (1982), S. 47, vgl. Voß, S. und Gutenschwager, K. (2001), S. 76
[221] vgl. Voß, S. und Gutenschwager, K. (2001), S. 76
[222] Auf die Ebene des Managements der Informationssysteme wird in Kapitel 3.4 eingegangen.
[223] vgl. Schwarze, J. (1998), S. 77, vgl. Mucksch, H. und Behme, W. (2000), S. 16f., vgl. Petzold, H. J. u.a. (1974), S. 14f.
[224] Auf die Thematik wird in Kapitel 2.3.1 eingegangen.

notwendig sind, wohingegen auf der oberen Führungsebene externe Informationsquellen und aggregierte Informationen an Relevanz gewinnen.[225] Diese Annahme gilt es, insb. vor der beschriebenen Dezentralisierung im Produktionsbereich, im Laufe dieser Arbeit zu untersuchen.

Auf die Dezentralisierung und die Auswirkungen auf die Aufgaben im Produktionsbereich wird in Kapitel 3.2 eingegangen. Die generelle, aus der Literatur gewonnene Annahme der notwendigen Informationsversorgung operativer und dispositiver Aufgabenbereiche ist in Abbildung 11 dargestellt.

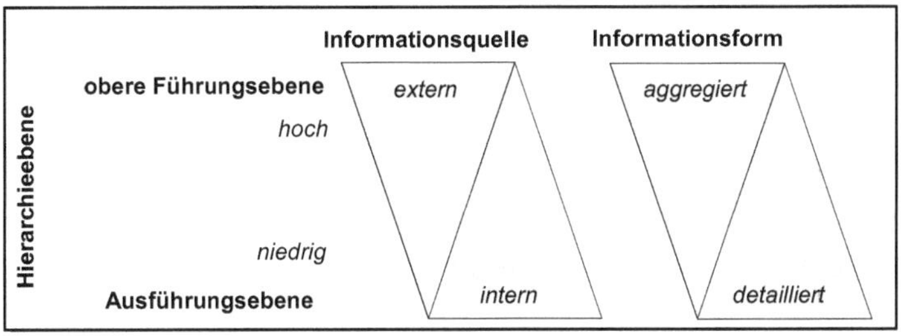

Abbildung 11: Einfluss der Hierarchieebene auf die Informationsquelle und -form[226]

Die identifizierten Informationsbedarfe sowie das Ergebnis der Planung der Informationsbereitstellung stellen Anforderungen an die darunterliegende Ebene der Informationssysteme,[227] auf die im nachfolgenden Kapitel eingegangen wird.

2.3 Management der Informationssysteme

Neben der Ebene der Informationswirtschaft, die im vorherigen Abschnitt behandelt wurde, spielt die Ebene der Informationssysteme zur Zielerreichung der vorliegenden Forschungsarbeit eine wesentliche Rolle. Relevant für die vorliegende Forschungsarbeit sind Aufgaben[228], die sich auf das Management der Daten und das Zusammenspiel der in einem industriellen Unternehmen befindlichen Informationssysteme beziehen. Hierfür wird zunächst in Kapitel 2.3.1 der Begriff des Informationssystems abgegrenzt und auf eine Einordnung von Informationssystemen in industriellen Unternehmen eingegangen. Im Anschluss werden in Kapitel 2.3.2 Informationssysteme zur Entscheidungsunterstüt-

[225] vgl. Schwarze, J. (1998), S. 91, vgl. Kletti, J. (2007), S. 9, vgl. Scheer, A.-W. (1995), S. 6
[226] In Anlehnung an McLeod Jr., R. und Schell, G. P. (2007), S. 15
[227] vgl. Krcmar, H. (2010), S. 51
[228] Zu den Aufgaben der Ebene Management der Informationssysteme vgl. Krcmar, H. (2010), S. 103f.

zung näher beleuchtet. Kapitel 2.4 beschäftigt sich mit Ansätzen zur Entwicklung der Informationsversorgung.

2.3.1 Informationssysteme in industriellen Unternehmen

Im Folgenden werden zunächst generell Informationssysteme in industriellen Unternehmen thematisiert. In Kapitel 3.4 werden die für den Untersuchungsbereich der Produktion relevanten Informationssysteme behandelt.

Bevor auf eine mögliche Einordnung von Informationssystemen in industriellen Unternehmen eingegangen wird, ist zunächst der Begriff *Informationssystem* abzugrenzen. Der Begriff Informationssystem wird von zahlreichen Autoren der Wirtschaftsinformatikliteratur definiert.[229]

Für die vorliegende Arbeit wird der Begriff *Informationssystem* definiert als ein informationsverarbeitendes sowie sozio-technisches System, welches Informationen erfasst, überträgt, transformiert, speichert und bereitstellt. Ein Informationssystem stellt das gesamte informationsverarbeitende Teilsystem eines Unternehmens dar.[230,231] Bestandteile dieser sozio-technischen Systeme sind Anwendungssysteme. Anwendungssysteme umfassen zum einen die Gesamtheit aller Programme (Anwendungssoftware), die für ein betriebliches Anwendungsgebiet entwickelt, eingeführt und eingesetzt werden und zum anderen die dazugehörigen Daten.[232,233]

Betriebliche Informationssysteme werden in Unternehmen zur Unterstützung der betrieblichen Leistungsprozesse eingesetzt. Klassischerweise wird die betriebliche Leis-

---

229 Eine Übersicht über die Definition ist bspw. zu finden bei Ferstl, O. K. und Sinz, E. (2008), S. 9-11, Fink, A. u.a. (2005), S. 1

230 vgl. Ferstl, O. K. und Sinz, E. (2008), S. 1f., 11, vgl. Vieweg, I. u.a. (2012), S. 74f., vgl. Fink, A. u.a. (2005), S. 1

231 Informationssysteme können aus verschiedenen Blickwinkeln untersucht werden. Für die vorliegende Arbeit sind die Aufgaben- und Aufgabenträgerebene von Informationssystemen relevant. In der Aufgabenebene sind alle informationsverarbeitenden Aufgaben enthalten, welche durch Informationsbeziehungen miteinander verbunden sind. In der Aufgabenträgerebene unterscheidet man in der Wirtschaftsinformatik maschinelle Aufgabenträger (Rechner, Rechnersysteme) und personelle Aufgabenträger, die in einem betrieblichen Informationssystem verschiedene Rollen einnehmen und durch Kommunikationsbeziehungen miteinander verbunden sind. Aufgaben, die von Rechnern ausgeführt werden, werden als automatisiert und Aufgaben, die von Personen ausgeführt werden, als nicht-automatisiert bezeichnet. Zwischen beiden Ebenen bestehen Zuordnungsbeziehungen, d.h. verschiedenen Aufgabenträgern werden bestimmte Aufgaben zugewiesen. Die Koordination der Aufgaben erfolgt auf der Aufgabenträgerebene durch Kommunikationskanäle. Demzufolge ergibt sich aus dieser Unterteilung eine Kommunikation C-C zwischen Rechnern, M-C zwischen einer Person und einem Rechner und M-M die Kommunikation zwischen Personen (vgl. Ferstl, O. K. und Sinz, E. (2008), S. 2-4).

232 vgl. Stahlknecht, P. und Hasenkamp, U. (2005), S. 204

233 Eine trennscharfe Unterscheidung zwischen Anwendungs- und Informationssystemen ist insb. in der Praxis nicht immer eindeutig (vgl. Laudon, K. C. u.a. (2010), S. 17). In der vorliegenden Arbeit ist eine detaillierte Differenzierung nicht zielführend.

tungserstellung in einem industriellen Unternehmen funktional gegliedert.[234] Zur Unterstützung dieser Funktionsbereiche haben sich spezialisierte Informationssysteme herausgebildet.[235] Eine mögliche Einordnung der Informationssysteme in einem industriellen Unternehmen kann nach zwei Sichtweisen erfolgen. Zum einen horizontal, hinsichtlich der beschriebenen Funktionsbereiche in einem Unternehmen. Zum anderen vertikal, gegliedert nach der zu unterstützenden Aufgabe. Hier werden Administrations- und Dispositionssysteme (auch Operative Informationssysteme)[236], die in der Regel dem operativen Bereich zugeordnet werden, sowie Planungs- und Kontrollsysteme (auch Dispositive Informationssysteme) zur Entscheidungsunterstützung der oberen Hierarchieebenen unterschieden.[237]

Diese Zuordnung der Informationssysteme zum operativen bzw. dispositiven Bereich eines Unternehmens geht auf die klassische Definition der Arbeitsteilung nach *Gutenberg* in einem Unternehmen zurück. Gutenberg unterscheidet zwischen objektbezogener Arbeitsleistung, die unmittelbar an der Leistungserstellung und der Leistungsverwertung beteiligt ist und zwischen der dispositiven Arbeitsleistung, die die Leitung und Lenkung der betrieblichen Vorgänge innehat.[238] Hieraus wird zudem die etablierte Annahme abgeleitet, dass im operativen Bereich eines industriellen Unternehmens eher strukturierte Aufgaben zu lösen sind und mit zunehmender Hierarchiestufe (Lower, Middle, Top Management[239]) der Strukturiertheitsgrad und somit auch die Wiederholhäufigkeit der Aufgaben abnimmt.[240] Analog hierzu wird Aufgaben operativer Bereiche in der Re-

---

[234] vgl. z.B. Nicolai, C. (2009), S. 112, vgl. Vahs, D. (2012), S. 157, vgl. Bea, F. X. und Göbel, E. (2010), S. 360f., vgl. Wöhe, G. und Döring, U. (2010a), S. 112f. Eine funktionale Organisationsstruktur liegt vor, wenn die Organisationseinheiten nach dem Verrichtungsprinzip gebildet worden sind (z.B. Schierenbeck, H. und Wöhle, C. B. (2012), S.134).

[235] Mertens geht detailliert auf alle Funktionsbereiche ein (vgl. Mertens, P. (2013), S. 49-346, vgl. Scheer, A.-W. (1995), S. 6f., vgl. McLeod Jr., R. und Schell, G. P. (2007), S. 188ff.).

[236] Mertens definiert *Administrationssysteme* wie folgt: „Administrationssysteme zielen auf die Rationalisierung der Massendatenverarbeitung und damit auf Rationalisierungsnutzen (insb. Kostensenkung und Entlastung des Personals von Routineaufgaben), aber auch auf die Beschleunigung von Prozessen bzw. auf Durchlaufzeitverkürzung." (Mertens, P. (2013), S. 27) und *Dispositionssysteme* ab: „Über die reine Administration hinaus haben Dispositionssysteme die Aufgabe, entweder menschliche Entscheidungen vorzubereiten oder diese zu erübrigen, indem die Rechenanlage sie selbst trifft." (Mertens, P. (2013), S. 27)

[237] vgl. Fink, A. u.a. (2005), S. 4, vgl. Chamoni, P. und Gluchowski, P. (2010), S. 6f.

[238] vgl. Gutenberg, E. (1983), S. 3

[239] Zum Top Management werden die obersten Führungskräfte eines Unternehmens gezählt, wie bspw. Vorstände, Geschäftsführer, die nicht-delegierbare, strategische bedeutende Entscheidungen fällen. Auf der Ebene des Middle Managements werden Entscheidungen vorbereitet sowie die Entscheidungen des Top Managements in konkrete Programme und Pläne umgesetzt. Das Lower Management wird als die Schnittstelle zum operativen Bereich gesehen. Ihrem Aufgabengebiet sind Planungs-, Steuerungs- und Kontrollaufgaben kleinerer Organisationseinheiten zugeordnet (vgl. Kemper, H.-G. u.a. (2010), S. 10, vgl. Nicolai, C. (2009), S. 54f.).

[240] vgl. Gluchowski, P. u.a. (2008), S. 25, vgl. Henneböle, J. (1995), S. 66, vgl. Struckmeier, H. (1997), S. 34, vgl. Munro, M. C. und Wheeler, B. R. (1980), S. 27ff., vgl. Rockart, J. F. (1979), S. 81ff.

gel eine geringere strategische Relevanz zugesprochen als Aufgaben oberer Hierarchieebenen. Die Entscheidungskompetenz bzw. der Freiheitsgrad, eine Entscheidung zu fällen, steigt mit zunehmender Hierarchiestufe.[241]

Aus der Differenzierung in operative und dispositive Informationssysteme wird die Definition *operativer* und *dispositiver Daten* abgeleitet. Unter operativen Daten werden solche verstanden, die von Administrations- und Dispositionssystemen generiert und/oder verarbeitet werden. Analog hierzu spricht man von dispositiven Daten, wenn diese in managementunterstützenden Informationssystemen zum Einsatz kommen.[242]

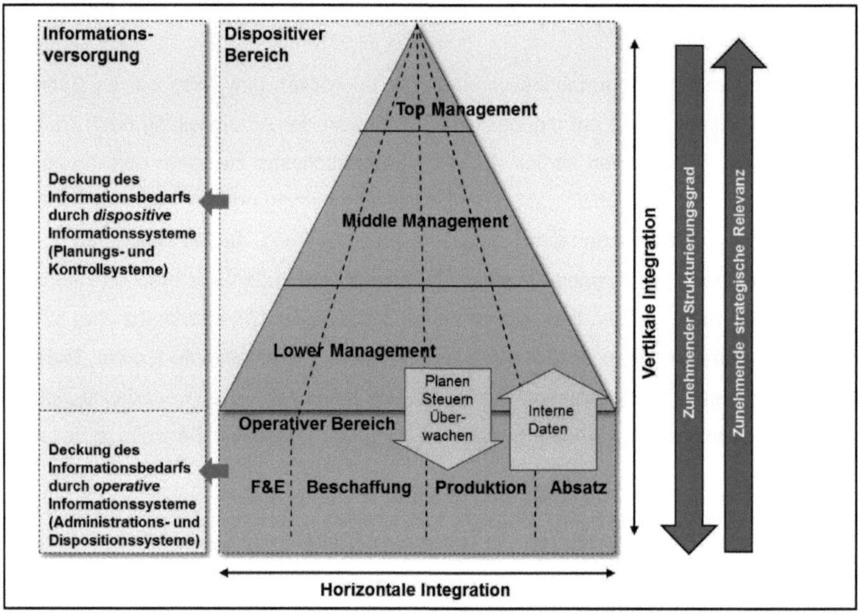

Abbildung 12: Etablierte Informationsversorgung industrieller Unternehmen[243]

Zur Deckung dieser Informationsbedarfe werden im dispositiven Bereich managementunterstützende Informationssysteme wie bspw. *Business Intelligence* (BI) eingesetzt, auf die im nachfolgenden Kapitel 2.3.2 eingegangen wird. In Kapitel 1.4.2 wurde im Stand der Forschung die Einordnung des MES-Konzepts in die Unternehmensebenen vorgestellt. Diese Sichtweise, die insb. in der eher technischen Literatur vorzufinden ist,

---

[241] vgl. Stair, R. und Reynolds, G. (2012), S.52, vgl. Nicolai, C. (2009), S. 55, vgl. Bea, F. X. und Schweitzer, M. (2011), S. 57, 65, vgl. Scheer, A.-W. (1995), S. 4, vgl. Gutenberg, E. (1983), S. 3

[242] vgl. Kemper, H.-G. u.a. (2010), S. 16

[243] In Anlehnung an Mertens, P. (2013), S. 19, Fink, A. u.a. (2005), S.4, Kemper, H.-G. u.a. (2010), S. 9, Nicolai, C. (2009), S. 55

wird um die dispositiven Informationssysteme in Abbildung 12 erweitert. Auf die operativen Informationssysteme im Produktionsbereich wird in Kapitel 3.4 eingegangen.

Zur Vermeidung von Dateninseln[244] im Unternehmen spielen in diesem Zusammenhang die vertikale und die horizontale Integration eine elementare Rolle. Die horizontale Integration bezieht sich in erster Linie auf die Verbindung der Teilsysteme entlang des Wertschöpfungsprozesses. Dies ist im betrachteten Untersuchungsbereich der vorliegenden Arbeit insb. die durch MES-Konzepte fokussierte Integration (vgl. Kapitel 1.4.2). Die vertikale Integration beinhaltet insb. die Versorgung der Planungs- und Kontrollsysteme mit operativen Daten.[245]

Diese etablierte Informationsversorgung (vgl. Abbildung 12) ist vor dem beschriebenen Hintergrund der Dezentralisierung im weiteren Verlauf der Arbeit zu untersuchen. Entscheidungen vormals oberer Hierarchieebenen können durch die Dezentralisierung auf die unteren Hierarchieebenen übertragen werden. Zur Unterstützung der Aufgabenträger der unteren Hierarchieebenen können nun etablierte, dispositive Informationssysteme zur Entscheidungsunterstützung eingesetzt werden.

Im nachfolgenden Kapitel wird auf die Informationssysteme zur Entscheidungsunterstützung des dispositiven Bereichs eingegangen.

2.3.2 Informationssysteme zur Entscheidungsunterstützung

Mit der Verbreitung der elektronischen Datenverarbeitung in den 1960er Jahren wurde erstmals angestrebt, Führungskräfte mithilfe von Informationssystemen zu unterstützen. In den nachfolgenden Jahren wurden benutzerspezifische und aufgabenorientierte Einzelsysteme entwickelt, die sich durchsetzen konnten und unter dem Begriff *Management Support Systeme* (MSS) Verbreitung gefunden haben. Heute werden diese Systeme unter dem Begriff BI diskutiert.[246] Es besteht weder in der Praxis noch in der wissenschaftlichen Literatur ein einheitliches Begriffsverständnis.[247] Aufgrund dessen wird im Nachfolgenden zunächst in Kapitel 2.3.2.1 der Begriff BI abgegrenzt und der für die Forschungsarbeit relevante BI-Ordnungsrahmen vorgestellt. Kapitel 2.3.2.2 geht auf die

---

[244] Zur Problematik von Dateninseln vgl. Scheer, A.-W. (1995), S. 7f.

[245] vgl. Fink, A. u.a. (2005), S. 4, vgl. Mertens, P. (2013), S. 18

[246] vgl. Kemper, H.-G. u.a. (2010), S. 1f., vgl. Humm, B. und Wietek, F. (2005), S. 3. Zur historischen Entwicklung vgl. Hummeltenberg, W. (2010), S. 17-36.

[247] vgl. Mertens, P. (2002), S. 4, vgl. Gluchowski, P. (2001), S. 5. *Mertens* bspw. identifizierte bei einer Untersuchung 2002 sieben verschiedene Abgrenzungen (Mertens, P. (2002), S. 4). Die Mehrzahl der Autoren grenzt BI über die verwendeten Systeme ab (vgl. Kemper, H.-G. u.a. (2010), S. 3).

Datenbereitstellung ein. Kapitel 2.3.2.3 fokussiert die Systeme zur Informationsgenerierung, die für das Informationsversorgungskonzept relevant sind.

2.3.2.1 Business Intelligence und BI-Ordnungsrahmen

Bei BI handelt es sich um eine begriffliche Klammer bestehender Ansätze zur Analyse betriebswirtschaftlich relevanter Daten.[248] Der vorliegenden Forschungsarbeit liegt das BI-Grundverständnis nach *Kemper u.a.* zugrunde: „Business Intelligence (BI) bezeichnet einen integrierten, unternehmensspezifischen, IT-basierten Gesamtansatz zur betrieblichen Entscheidungsunterstützung."[249] In dieser Auffassung dienen BI-Werkzeuge lediglich der Entwicklung von BI-Anwendungen. BI-Anwendungssysteme bilden nur einen Teilaspekt des Gesamtansatzes.[250] Das englische Wort *intelligence*[251] wird als ‚Information' verstanden. Informationen werden generiert, gespeichert, recherchiert, analysiert, interpretiert und anschließend zur betrieblichen Entscheidungsunterstützung verteilt.[252] Zu diesem Zweck wurde ein BI-Ordnungsrahmen (vgl. Abbildung 13)[253] entwickelt, der bei der unternehmensspezifischen Gestaltung eines Gesamtansatzes behilflich ist.

In Abbildung 13 ist der dreischichtige Aufbau des BI-Ordnungsrahmens ersichtlich, der sich aus den Schichten der Datenbereitstellung, der Informationsgenerierung und -distribution sowie des Informationszugriffs zusammensetzt. Diesem vorgelagert sind die operativen, internen und externen Daten, die jeweils strukturiert oder unstrukturiert sein können.[254]

Innerhalb der ersten Schicht des Ordnungsrahmens stehen die Generierung von konsistenten, stimmigen Daten aus den Quellsystemen und die anschließende Speicherung im Mittelpunkt. Es kommt die zuvor genannte Unterscheidung zwischen strukturierten und unstrukturierten Daten zum Tragen. Strukturierte Daten werden in der Regel von DWH-Konzepten bereitgestellt, die häufig aus einem Core Data Warehouse (C-

---

[248] vgl. Gluchowski, P. (2001), S. 5, vgl. Gluchowski, P. u.a. (2008), S. 93
[249] Kemper, H.-G. u.a. (2010), S. 9 (Hervorhebungen durch den Autor entfernt).
[250] vgl. Kemper, H.-G. u.a. (2010), S. 9. Zum Anwendungssystem vgl. Kapitel 2.3.1.
[251] Andere Auffassungen z.B. Gluchowski, P. u.a. (2008), S. 89. Hier wird ‚Intelligence' als Einsicht und Verständnis interpretiert.
[252] vgl. Kemper, H.-G. u.a. (2010), S. 8
[253] vgl. Kemper, H.-G. u.a. (2010), S. 10f.
[254] vgl. Mucksch, H. und Behme, W. (2000), S. 16f., vgl. Kemper, H.-G. u.a. (2010), S. 11, vgl. Gluchowski, P. u.a. (2008), S. 110, vgl. Mucksch, H. (2006), S. 134. Zur Unterscheidung strukturierter/unstrukturierter Daten vgl. Kapitel 2.2.1.1. Die Informationssysteme des Produktionsbereichs werden in Kapitel 3.4 behandelt.

DWH), Data Marts und ggf. einem Operational Data Store (ODS) bestehen.[255] Auf die ODS-erweiterte DWH-Architektur wird im nachfolgenden Kapitel 2.3.2.2 eingegangen.

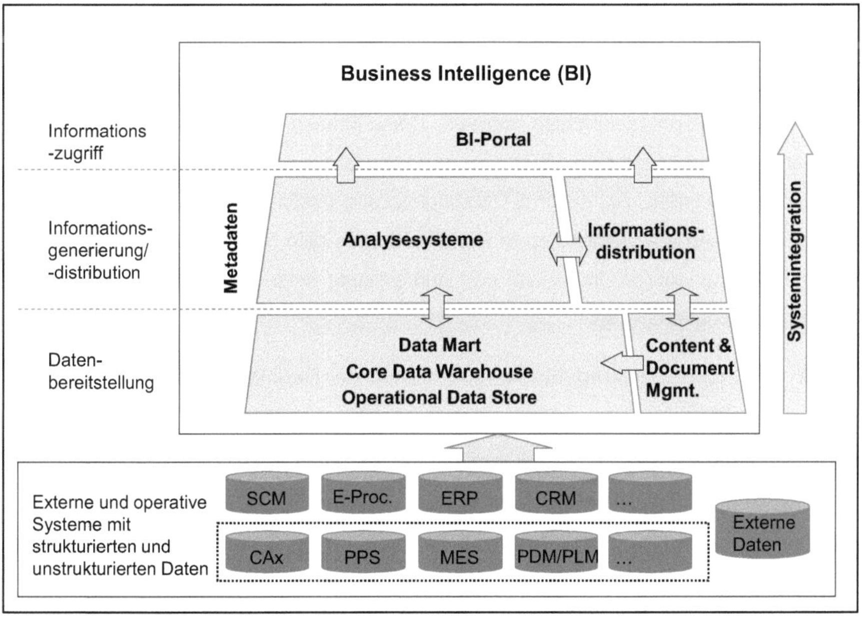

Abbildung 13: BI-Ordnungsrahmen nach Kemper u.a. [256]

Üblicherweise werden unstrukturierte Daten in sog. Content- und Document Management Systems (CMS, DMS) vorgehalten. In CMS können unterschiedliche Informationsobjekte, wie bspw. Daten, Texte oder Graphiken, eingebunden werden. DMS verwalten hingegen unstrukturierte, digitalisierte Dokumente, indem sie diese archivieren, verschlagworten, versionieren und visualisieren.[257]

Auf der zweiten Schicht des BI-Ordnungsrahmens befinden sich zum einen die Systeme zur Informationsgenerierung und zum anderen Systeme zur Informationsdistribution. Auf die Systeme zur Informationsgenerierung geht Kapitel 2.3.2.3 ein. Systeme zur Informationsdistribution stellen die Schnittstelle zwischen BI und dem Wissensmanagementsystem eines Unternehmens dar.[258]

[255] vgl. Kemper, H.-G. u.a. (2010), S. 11f.
[256] Kemper, H.-G. u.a. (2010), S. 11
[257] vgl. Kemper, H.-G. u.a. (2010), S. 12
[258] vgl. Kemper, H.-G. u.a. (2010), S. 13. Die Systeme zur Informationsdistribution sind nicht Gegenstand der vorliegenden Arbeit. Fokus der Arbeit liegt auf den Systemen zur Informationsgenerierung.

Auf der obersten Schicht des Informationszugriffs werden in der Regel Benutzerschnittstellen eingerichtet, damit die Aufgabenträger auf die relevanten Informationen zugreifen können. Dieser Zugriff wird in der Regel mittels sog. *BI-Portale* realisiert, durch die der Aufgabenträger einen zentralen, individualisierten Einstiegspunkt auf die unterschiedlichen, betrieblichen Analysesysteme hat.[259] Der individualisierte Zugriff wird durch Personalisierungsstrategien realisiert. Diese können bspw. rollen- bzw. gruppenbezogen oder individuell sein. Auch hier kann zwischen einem Pull- und Push-Ansatz unterschieden werden. Bei der Pull-Personalisierung bestimmt der Aufgabenträger aktiv, welche Inhalte wie aufbereitet im Portal enthalten sein sollen. Innerhalb der Push-Personalisierung werden die Inhalte und Aufbereitung hingegen bspw. aufgrund einer bestimmten Rolle festgelegt.[260]

2.3.2.2 Datenbereitstellung mittels ODS-erweiterter Data Warehouse Architekturen

Die zuvor beschriebene, in Industriebetrieben etablierte Informationsversorgung, die den Einsatz von Administrations- und Dispositionssystemen im operativen Bereich und den Einsatz managementunterstützender Systeme im dispositiven Bereich propagiert, wird vor dem Hintergrund der beschriebenen Wettbewerbsveränderungen in aktuellen Ansätzen weiterentwickelt. Analytische Informationssysteme werden hierbei nicht weiter auf den Einsatz der Managementunterstützung beschränkt, sondern sollen in Anlehnung an die aktuellen Ansätze die Aufgabenträger *aller* Unternehmensebenen und -bereiche mit dem Produktionsfaktor Information versorgen.[261] Dies beinhaltet u.a. den Einsatz von BI in operativen Geschäftsprozessen.[262,263]

Eine zentrale Herausforderung zur Unterstützung von Entscheidungen im operativen Bereich ist mitunter die Auswertung aktueller, transaktionsnaher und feingranularer Da-

[259] vgl. Kemper, H.-G. u.a. (2010), S. 13, vgl. Gluchowski, P. u.a. (2008), S. 114, vgl. Gómez, J. M. u.a. (2009), S. 26

[260] vgl. Kemper, H.-G. u.a. (2010), S. 156, vgl. Schackmann, J. und Schü, J. (2001), S. 623

[261] vgl. Chamoni, P. und Gluchowski, P. (2010), S. 6, vgl. Baars, H. und Lasi, H. (2010), S. 432, vgl. Gluchowski, P. u.a. (2008), S. 105. So spricht *Kemper* bspw. 1999 von einer Architektur von Management-Unterstützungs-Systemen (vgl. Kemper, H.-G. (1999)), in der in Kapitel 2.3.2.1 vorgestellten Definition wird heute von Entscheidungsunterstützung gesprochen (vgl. Kemper, H.-G. u.a. (2010), S. 9).

[262] Der Einsatz von BI wird u.a. unter dem Begriff Operational BI behandelt (vgl. z.B. White, C. (2006), URL siehe Literaturverzeichnis, S. 1). In der Praxis werden für die beschriebene Funktionalität unterschiedliche Begriffe verwendet, wie z.B. Right-time Analysis, Real-time BI oder Operational Reporting (vgl. hierzu Eckerson, W. W. (2007), URL siehe Literaturverzeichnis, S.7).

[263] Analog hierzu können ähnliche Entwicklungen im operativen Bereich beobachtet werden. So werden operative Informationssysteme durch Analysefunktionalitäten erweitert. Hierzu sind insb. die eingangs beschriebenen MES-Konzepte zu nennen, auf die in Kapitel 3.4 eingegangen wird.

ten. Hierzu hat sich eine ODS-erweiterte DWH-Architektur etabliert (vgl. Abbildung 14).[264]

Ein C-DWH zeichnet sich durch eine Sammel- und Integrations-, eine Distributions- sowie eine Qualitätssicherungsfunktion aus. Es stellt somit das logisch zentrale Datenlager dar, um die nachgeschalteten *Data Marts* mit syntaktisch und semantisch stimmigen Daten zu versorgen.[265] Ein Data Mart stellt eine meist redundante Teilmenge des C-DWH dar und ist zumeist auf die Bedürfnisse einer speziellen Anwendergruppe oder Geschäftsfunktion ausgerichtet.[266]

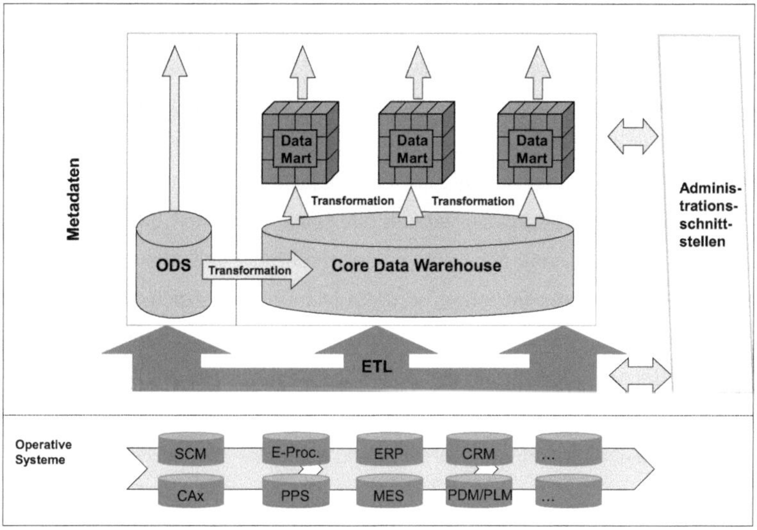

Abbildung 14: ODS-erweiterte DWH-Architektur u.a. [267]

Erweitert ist die oben abgebildete Architektur durch einen *ODS*, welcher als eine transaktionsorientierte, nicht historienbildende, integrierte Datenhaltung bezeichnet werden kann. Je nach Anwendungsfall können, analog zu operativen Systemen, bestehende Daten durch neue Transaktionen überschrieben werden.[268] Ein ODS verbindet die operativen Quellsysteme mit den dispositiven Systemen, um Entscheidungen im Einsatz zur Unterstützung von Geschäftsprozessen zu realisieren. Nach *Inmon* ist ein ODS ana-

[264] vgl. Becker, J. u.a. (2005), S. 268, vgl. Kemper, H.-G. u.a. (2010), S. 44, vgl. Humm, B. und Wietek, F. (2005), S. 9f., vgl. Inmon, W. H. (2005), S. 429
[265] vgl. Kemper, H.-G. u.a. (2010), S. 39, vgl. Holthuis, J. (1999), S. 77
[266] vgl. Mucksch, H. (2006), S. 135, vgl. Silvers, F. (2008), S. 128, vgl. Holthuis, J. (1999), S. 77, vgl. Mucksch, H. und Behme, W. (2000), S. 19f., vgl. McLeod Jr., R. und Schell, G. P. (2007), S. 195
[267] Kemper, H.-G. u.a. (2010), S. 25
[268] vgl. Mucksch, H. (2006), S. 136, vgl. Humm, B. und Wietek, F. (2005), S. 9f.

log zum DWH themenorientiert und integriert. Des Weiteren ist dieser jedoch zeitpunktbezogen, volatil und weist einen hohen Detaillierungsgrad auf.[269] Unter den abweichenden Merkmalen versteht man:

- *Zeitpunktbezug:* Im ODS findet in der Regel keine Historisierung der Daten statt; diese werden lediglich für einen kurzen Zeitraum vorgehalten.[270]
- *Hoher Detaillierungsgrad:* Der Detaillierungsgrad weist häufig eine Detaillierung auf Transaktionsebene auf.[271]

Die Überführung der Daten aus den operativen Quellsystemen in das DWH bzw. den ODS erfolgt anhand sog. *Extraktions-, Transformations- und Ladeprozesse* (*ETL*).[272] Der gesamte Prozess beinhaltet alle notwendigen Schritte zur Umwandlung der operativen Daten in betriebswirtschaftlich relevante Daten: die Filterung, die Harmonisierung, die Aggregation und die Anreicherung.[273] Innerhalb der Filterung findet die Extraktion der operativen Daten und die Bereinigung syntaktischer oder inhaltlicher Fehler statt. In der nachfolgenden Harmonisierung werden die gefilterten Daten betriebswirtschaftlich abgestimmt. In dem Teilschritt der Aggregation werden die gefilterten und harmonisierten Daten verdichtet. Als Anreicherung wird die Bildung und Speicherung von betriebswirtschaftlichen Kennzahlen aus den extrahierten, gefilterten und harmonisierten Daten verstanden.[274] Bei der Überführung der Daten aus dem C-DWH an die Data Marts sind in der Regel weitere Transformationsprozesse notwendig, die eine auf die Anwendung abgestimmte Verdichtung und/oder Anreicherung der Daten vornehmen.[275]

Die Aktualisierung des C-DWH erfolgt applikationsorientiert; hier lassen sich jedoch prinzipiell drei Aktualisierungszyklen unterscheiden: Die *Echtzeitaktualisierung*, in der die Daten möglichst zeitnah nach ihrem Auftreten in den operativen Quellsystemen in das C-DWH geladen werden. Hierzu sind geeignete Mechanismen notwendig, die eine Änderung in den operativen Systemen identifizieren. Eine weitere Möglichkeit ist die Aktualisierung des C-DWH in *periodischen Zeitabständen*. Zu diesem Zweck werden im Vorfeld Zeitabstände, wie bspw. stündlich, wöchentlich oder monatlich, festgelegt, in

[269] vgl. Inmon, W. H. (2005), S. 429-431, vgl. Mucksch, H. und Behme, W. (2000), S. 21f., vgl. Kemper, H. G. und Baars, H. (2009), URL siehe Literaturverzeichnis, S. 4
[270] vgl. Kemper, H.-G. u.a. (2010), S. 44, vgl. Holthuis, J. (1999), S. 78, vgl. Inmon, W. H. (2005), S. 431
[271] vgl. Inmon, W. H. (2005), S. 429
[272] vgl. Kemper, H.-G. u.a. (2010), S. 25, vgl. Kimball, R. und Ross, M. (2002), S. 8
[273] vgl. Kemper, H.-G. und Finger, R. (2010), S. 161
[274] vgl. Kemper, H.-G. u.a. (2010), S. 28, vgl. hierzu detailliert Kemper, H.-G. und Finger, R. (2010), S. 159-174, vgl. Kemper, H.-G. u.a. (2010), S. 26-38
[275] vgl. Kemper, H.-G. u.a. (2010), S. 40

denen die Daten gesammelt und dann in das C-DWH geladen werden. Des Weiteren wird der Aktualisierungszyklus nach der *Änderungsquantität* unterschieden. Hier findet der Beladungsprozess in das C-DWH nach Erreichen einer zuvor definierten Anzahl an Änderungen in den Quellsystemen statt.[276]

Die Beschreibung der Datenstruktur, der Prozesse der Datenbewirtschaftung sowie der Datenanalyse erfolgt mithilfe von *Metadaten*. Diese ‚Daten über Daten' erleichtern die Navigation im DWH und das Verständnis der Zusammenhänge.[277]

Unter *Administrationsschnittstellen* werden systemgestützte Zugänge verstanden, die es technischen und betriebswirtschaftlichen Spezialisten erlauben, Änderungen im DWH vorzunehmen.[278]

Nachfolgend werden die Systeme zur Informationsgenerierung behandelt, die die Daten aus der oben dargestellten Datenbereitstellung in eine zur Entscheidungsunterstützung geeignete Darstellungsform überführen.[279]

2.3.2.3 Systeme zur Informationsgenerierung

Ziel der vorliegenden Arbeit ist die Entwicklung eines Informationsversorgungskonzepts für den Produktionsbereich. Informationsnutzer sind die Aufgabenträger des Produktionsbereichs. Im Nachfolgenden soll auf die Systeme zur Informationsgenerierung eingegangen werden (vgl. Abbildung 13), die in dem Informationsversorgungskonzept in direktem Kontakt mit den Aufgabenträgern stehen. In Anlehnung an das in Kapitel 2.2.2 vorgestellte Lebenszyklusmodell nach *Levitan* können Systeme zur Informationsgenerierung zum einen unterschieden werden in Systeme, die die Aufgabenträger des Produktionsbereichs mit Informationen nach dem Push-Ansatz versorgen, und zum anderen in Systeme zur Informationsgenerierung, die aktiv von dem Aufgabenträger bei der Informationsgenerierung verwendet werden (Pull-Ansatz). Die Informationsgenerierung, die in der Regel von Analysesystemen vorgenommen wird, beinhalten die Überführung der Daten in einen anwendungsorientierten Kontext, die Aufbereitung und die Präsentation. Hier erfolgen die semantische Anreicherung sowie die Ergänzung des Bedeu-

[276] vgl. Herden, O. u.a. (2009), S. 57f. und vgl. Kemper, H.-G. u.a. (2010), S. 40
[277] vgl. Inmon, W. H. (2005), S. 102f., vgl. Gluchowski, P. u.a. (2008), S. 141, vgl. Holthuis, J. (1999), S. 95, vgl. Mucksch, H. und Behme, W. (2000), S. 23, vgl. McLeod Jr., R. und Schell, G. P. (2007), S. 196, vgl. Kimball, R. und Ross, M. (2002), S. 14
[278] vgl. Kemper, H.-G. u.a. (2010), S. 26
[279] vgl. Herden, O. u.a. (2009), S. 85

tungskontextes – Daten werden, wie in Kapitel 2.1 dargestellt, hierdurch zu Informationen.[280]

Nach *Gluchowski u.a.*[281] können die folgenden Informationsnutzer unterschieden werden:[282]

- Hier ist zunächst der *Informationskonsument* zu nennen, welcher durch aufbereitete, vordefinierte Informationen versorgt wird, ohne diese nach eigenen Kriterien zu analysieren. Die Informationsbereitstellung findet mittels eines sog. *Standardberichtswesens* in periodischen Abständen, mit vordefinierten Inhalten nach dem Push-Ansatz statt.
- Des Weiteren wird der Informationsnutzer *Analytiker* unterschieden, der in Unternehmen zumeist semi- und unstrukturierte Aufgaben zu lösen hat. Bei der Informationsbereitstellung ist zu berücksichtigen, dass die fachliche Problemstellung im Mittelpunkt steht und ein benutzerfreundlicher Zugriff (Pull-Ansatz) auf Analysesysteme gewährleistet werden sollte.
- Neben dem Informationskonsumenten und dem Analytiker wird des Weiteren der *Spezialist* unterschieden. Spezialisten bearbeiten komplexe Aufgabenstellungen für Dritte und bedienen sich währenddessen anspruchsvoller statistischer, mathematischer und ökonomischer Methoden. Hauptaufgabe dieser Spezialisten ist es, komplexe Aufgabenstellungen zu analysieren und diese verständlich für die betreffenden Aufgabenträger aufzubereiten.

Die vorliegende Arbeit fokussiert mit der Entwicklung eines Informationsversorgungskonzepts die Unterstützung der Aufgabenträger aus dem Produktionsbereich. Üblicherweise handelt es sich bei diesen Aufgabenträgern um Informationskonsumenten oder Analytiker, die ggf. von Spezialisten aufbereitete Informationen verwenden. Aufgrund dessen sind diese beiden Informationsnutzer sowie die damit einhergehenden Analysesysteme[283] für die Entwicklung eines Informationsversorgungskonzepts relevant.[284]

---

[280] vgl. Kemper, H.-G. u.a. (2010), S. 85, vgl. McLeod Jr., R. und Schell, G. P. (2007), S. 199

[281] Ähnlich bei Chamoni u.a., die in Entscheidungsvorbereiter, Entscheidender und Informationskonsument unterscheiden. Aus den unterschiedlichen Rollen ergeben sich unterschiedliche Aufgaben und somit ein unterschiedlicher Informationsbedarf (vgl. Chamoni, P. u.a. (2005), S. 13).

[282] vgl. Gluchowski, P. u.a. (2008), S. 105-107

[283] In der Literatur werden zahlreiche Analysesysteme aufgeführt. Im Rahmen der Arbeit sollen nur die für die Informationsnutzer des Informationskonsumenten und des Analytikers am häufigsten genannten eingegangen werden. Zu den unterschiedlichen Kategorisierungen von Analysesystemen vgl. Kemper, H.-G.

Im Folgenden soll zunächst auf *Berichtssysteme* (Reporting)[285] zur Informationsbereitstellung nach dem Push-Ansatz eingegangen werden.[286] Unter einem Bericht bzw. Report wird eine Übersicht betriebswirtschaftlicher Sachverhalte, meist zu einem abgegrenzten Verantwortungsbereich, verstanden, welcher von einem Informationserzeuger erstellt und an den Informationsnutzer (Aufgabenträger) übermittelt wird.[287] Der Prozess der Berichtsgenerierung ist in Abbildung 15 dargestellt.

Voraussetzung, wie bei jeder Form der Informationsbereitstellung[288], ist eine vorangegangene Ermittlung des Informationsbedarfs der Berichtsempfänger.[289] Hieran schließt die Datenbeschaffung, -transformation und -analyse der notwendigen Daten an.[290]

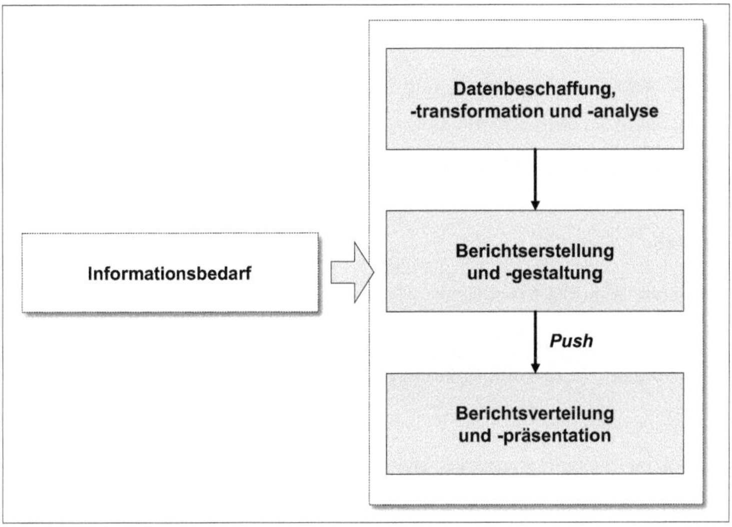

Abbildung 15: Prozesse der Berichtsgenerierung innerhalb der Push-Informationsversorgung[291]

---

u.a. (2010), S. 85-90. Die hier behandelten Analysesysteme zählen zu den generischen Basissystemen (vgl. Kemper, H.-G. u.a. (2010), S. 89).

[284] Die Informationsnutzer der Spezialisten sind indirekt an der Lösung der Aufgaben des Produktionsbereichs beteiligt und werden daher nicht weiter betrachtet.

[285] In der vorliegenden Arbeit im Sinne eines Standardberichtsystems. Hierunter werden insb. passive Berichte verstanden, die auf Basis des Informationsbedarfs von einem Berichtsersteller automatisch ereignisgesteuert oder zeitabhängig den Aufgabenträgern zur Verfügung gestellt werden (vgl. Gluchowski, P. (2010), S. 260).

[286] vgl. Gluchowski, P. (2010), S. 273. Berichte können auch aktiv von Aufgabenträgern abgerufen werden. Dann ist dies dem Pull-Ansatz zuzuordnen (vgl. Gluchowski, P. (2010), S. 273). Dies soll nicht weiter betrachtet werden.

[287] vgl. Taschner, A. (2013), S. 38, vgl. Kemper, H.-G. u.a. (2010), S. 124f.

[288] vgl. Kapitel 2.2.2

[289] vgl. Taschner, A. (2013), S. 17, vgl. Horváth, P. (2011), S. 542

[290] vgl. Leßweng, H.-P. (2003), S. 88

Die Datentransformation beinhaltet die Aggregation sowie die Analyse der Daten. Bei Einsatz eines DWH in einem Unternehmen dient dieses idealerweise als Datenquelle.[292] Zur Berichtsgenerierung werden nicht alle erforderlichen[293], sondern nur ausgewählte Daten verwendet. Diese ausgewählten Informationen werden in einem nächsten Schritt zu sachbezogenen Berichten zusammengeführt; dies geschieht nach den zuvor identifizierten Dimensionen der Informationsqualität.[294] Nach Erstellung der Berichte müssen diese den entsprechenden Aufgabenträgern zur Verfügung gestellt und ein geeigneter Weg der Verteilung definiert werden. In Frage kommt hier bspw. der Versand per Email oder das Bereitstellen in den zuvor genannten Portalen. In der Berichtspräsentation werden als wesentlich identifizierte Sachverhalte bspw. hervorgehoben oder durch Graphiken visualisiert.[295]

Üblicherweise erfolgt die Erstellung und Übermittlung von Berichten nicht an einzelne Personen, sondern an Gruppen mit einem zu erwartenden ähnlichen Informationsbedarf (vgl. hierzu Kapitel 2.2.1.2, homogene Gruppen). Aufgrund des subjektiven Informationsbedarfs kann ein Berichtswesen definitionsgemäß den Informationsbedarf nicht vollständig decken.[296]

Um eine flexible, benutzerfreundliche Informationsbereitstellung nach dem Pull-Ansatz zu realisieren, wird in diesem Zusammenhang häufig das *Online Analytical Processing* (OLAP)[297] diskutiert.[298] Die Informationsversorgung mittels OLAP ist in Abbildung 16 dargestellt.

OLAP ermöglicht multidimensionale, dynamische Analysen auf historischen, konsolidierten Datenbeständen.[299] Multidimensionalität beschreibt eine logische Anordnung quantitativer, betriebswirtschaftlicher Größen (Kenngrößen wie bspw. Umsatz)[300], die simultan nach unterschiedlichen Dimensionen aufgegliedert werden. Dimensionen kön-

---

[291] In Anlehnung an Leßweng, H.-P. (2003), S. 88

[292] vgl. Leßweng, H.-P. (2003), S. 89, vgl. Gómez, J. M. u.a. (2009), S. 21

[293] Im Sinne von in der Informationsbedarfsanalyse identifizierten Informationen, daraus abgeleitet die erforderlichen Daten.

[294] vgl. Leßweng, H.-P. (2003), S. 89-91

[295] vgl. Taschner, A. (2013), S. 48, vgl. Leßweng, H.-P. (2003), S. 92f., vgl. Gluchowski, P. (2010), S. 263, vgl. Gómez, J. M. u.a. (2009), S. 22. Bei einem Standardbericht sind Inhalte, Zeiträume, Darstellung und Layout sowie die Adressaten standardisiert (vgl. Taschner, A. (2013), S. 62). Weitere Berichtsformen: Abweichungs- und Bedarfsbericht (vgl. ebenfalls Taschner, A. (2013), S. 63-65).

[296] vgl. Taschner, A. (2013), S. 54, vgl. Gluchowski, P. (2010), S. 273

[297] Der Begriff wurde von Codd u.a. geprägt (vgl. Codd, E. F. u.a. (1993)).

[298] vgl. Sinz, E. J. und Ulbrich-vom Ende, A. (2010), S. 180

[299] vgl. Chamoni, P. und Gluchowski, P. (2000), S. 334

[300] Diese werden in der Datenmodellierung in der Regel als Fakten modelliert. Zur Datenmodellierung vgl. z.B. Holthuis, J. (1999), S. 114ff., vgl. Gluchowski, P. u.a. (2008), S. 279

nen hier bspw. Kunden, Artikel oder Regionen sein.[301] Visualisiert werden OLAP-Analysen in der Regel in Form von Würfeln (Cubes), wobei die einzelnen Dimensionen durch die Würfelkanten repräsentiert werden.[302] Die Gestaltung multidimensionaler Datenräume kann auf einer durchgeführten Informationsbedarfsanalyse beruhen oder datengetrieben aus dem Informationsangebot der Quellsysteme gestaltet werden. In der vorliegenden Arbeit wird vom Informationsbedarf der Aufgabenträger im Untersuchungsbereich der Produktion ausgegangen. Auf die unterschiedlichen Ansätze zur Gestaltung einer DWH-basierten Informationsversorgung geht das nachfolgende Kapitel 2.4 ein.[303]

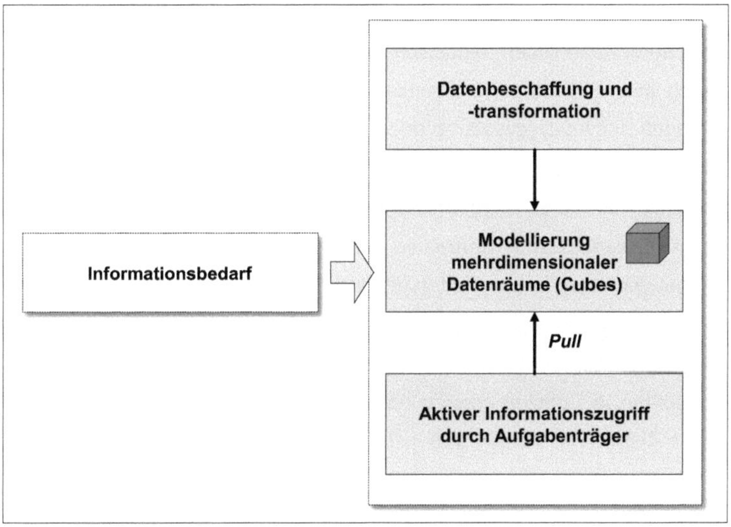

Abbildung 16: OLAP innerhalb der Pull-Informationsversorgung [304]

Üblicherweise werden Cubes für einen betriebswirtschaftlichen Sachverhalt, wie bspw. das Vertriebscontrolling oder die Produktionslogistik, aufgebaut. Hier bilden Data Marts in der Regel die Datenbasis.[305] An dieser Stelle können weitere Transformationsprozesse, wie das Bilden von Verdichtungsstrukturen oder die Anreicherung von Kenngrö-

[301] vgl. Gluchowski, P. u.a. (2008), S. 143f., vgl. Chamoni, P. und Gluchowski, P. (2000), S. 334, vgl. Holthuis, J. (1999), S. 41f.,50.
[302] vgl. Gluchowski, P. u.a. (2008), S. 155, vgl. Kemper, H.-G. u.a. (2010), S. 101
[303] Der Aufbau multidimensionaler Datenräume erfolgt analog zum Aufbau eines DWH. Auf die Ansätze zur Gestaltung der Informationsversorgung geht Kapitel 2.4 ein.
[304] Eigene Darstellung
[305] vgl. Chamoni, P. und Gluchowski, P. (2000), S. 343

ßen, für den betriebswirtschaftlichen Sachverhalt notwendig sein.[306] Die Aufgabenträger greifen zur Entscheidungsunterstützung aktiv, mittels geeigneter benutzerfreundlicher OLAP-Frontend-Werkzeuge, auf die multidimensionalen Datenräume zu.[307]

Zur Unterstützung der Aufgabenträger aller Hierarchiebereiche, die unterschiedliche Informationsbedarfe aufweisen, d.h. bspw. unterschiedliche Anforderungen an die Aktualität und die Häufigkeit der Informationsbereitstellung haben, werden verschiedene Ansätze der Implementierung der beschriebenen Systeme der Informationsgenerierung in einer DWH-Lösung unterschieden.[308] Diese Ansätze werden in der Literatur unter dem Begriff *DWHousing* behandelt.[309] Hierbei werden das klassische, das Closed-Loop, das Real-time sowie das Active DWHousing abgegrenzt. Beim *klassischen DWHousing* werden die Daten periodisch, je nach Anforderung bspw. täglich oder monatlich, durch eine ETL-Stapelverarbeitung in die dispositive Datenhaltung übernommen. Der Zugriff der Analysesysteme erfolgt beim klassischen DWHousing nur lesend, worin sich das *Closed-Loop DWHousing* im Wesentlichen unterscheidet. Hier findet eine Rückkopplung der Analyseergebnisse in die operativen und/oder dispositiven Systeme statt. Die Datenbestände werden so inhaltlich ergänzt und dienen anderen Aufgabenträgern bei der Entscheidungsunterstützung. Das *Real-time DWHousing* zielt darauf ab, eine zeitnahe Verfügbarkeit der Daten im DWH zu gewährleisten. Der batchorientierte, periodische ETL-Prozess wird hierbei durch eine Integration der operativen Transaktionsdaten in Echtzeit ersetzt; häufig werden dafür ODS eingesetzt. Die Anwendung des *Active DWHousing* wird insb. zu Unterstützung operativer Prozesse, aufgrund der gegebenen Strukturiertheit der Aufgaben, gesehen. Zu diesem Zweck werden Regeln definiert, die Ereignisse beinhalten, bspw. das Festlegen von Schwellenwerten, Bedingungen sowie Aktionen, die bei Erfüllung der Bedingungen automatisch ausgeführt werden sollen.[310] Die Wahl eines Implementierungsansatzes hängt von den betriebswirtschaftlichen Anforderungen, d.h. den Informationsbedarfen der Entscheidungsträger, ab.[311]

Im nachfolgenden Abschnitt wird auf die unterschiedlichen Ansätze eingegangen und erläutert, wie eine Informationsversorgung entwickelt werden kann.

---

[306] vgl. Kemper, H.-G. u.a. (2010), S. 40
[307] vgl. Chamoni, P. und Gluchowski, P. (2000), S. 364f.
[308] vgl. Humm, B. und Wietek, F. (2005), S. 13
[309] vgl. Kemper, H.-G. und Finger, R. (2010), S. 90
[310] vgl. Kemper, H.-G. u.a. (2010), S. 90-96, vgl. Kemper, H. G. und Baars, H. (2009), URL siehe Literaturverzeichnis, S. 4
[311] vgl. Kemper, H.-G. u.a. (2010), S. 90-96, vgl. Mucksch, H. und Behme, W. (2000), S. 8

2.4 Ansätze zur Entwicklung der Informationsversorgung

Zur Entwicklung einer Informationsversorgung werden in der Literatur im Allgemeinen zwei Vorgehensweisen diskutiert.[312] Zum einen bilden operative Systeme und Datenbestände den Ausgangspunkt sog. *Bottom-Up-Ansätze*. Zum anderen werden *Top-Down-Ansätze* unterschieden, in denen bei der Entwicklung der Informationsversorgung von dem im Vorfeld identifizierten Informationsbedarf ausgegangen wird.[313] Üblicherweise werden diese Ansätze in Zusammenhang mit der Gestaltung einer DWH-basierten Informationsversorgung thematisiert.

Im Fokus der *Bottom-Up-Ansätze*[314] steht die Analyse der bestehenden operativen Informationssysteme, Datenbestände und Unternehmensdatenmodelle. Diese werden detailliert untersucht und ein mögliches DWH wird abgeleitet. Nachfolgend werden die Informationsbedarfe der Aufgabenträger berücksichtigt und aus dem bereits konzipierten DWH wird anschließend eine mögliche Informationsversorgung gestaltet. Dieser Ansatz kann in der Literatur als der am weitesten verbreitete gesehen werden.[315] Die am häufigsten zitierten Arbeiten in diesem Zusammenhang sind jene von *Golfarelli u.a.*[316] *Golfarelli u.a.* schlagen ein halb-automatisches Verfahren vor, welches aus semantischen Datenmodellen die notwendigen Kennzahlen zur Informationsbereitstellung ableitet. Die Gefahr von Bottom-Up-Ansätzen wird in der Literatur darin gesehen, dass eine Informationsversorgung gestaltet wird, die nicht die Bedürfnisse der Aufgabenträger befriedigt. Der Bottom-Up-Ansatz geht von der Ist-Situation aus – mögliche zukünftige Anforderungen werden bei der Gestaltung der Informationsversorgung nicht berücksichtigt.[317] Es wird somit eine potentiell mögliche, realisierbare Informationsversorgung aus den vorhandenen Ressourcen gestaltet. Nachteilig ist hierbei, dass die operativen Systeme nicht hinterfragt werden, bspw. in Bezug auf überflüssige oder fehlende Daten.[318] Dieser datengetriebene Ansatz wird ebenfalls von *Inmon* propagiert.[319]

---

[312] vgl. Frendi, M. und Salinesi, C. (2003), S. 5, vgl. Strauch, B. (2002), S. 82, vgl. Giorgini, P. u.a. (2005), S. 48. Des Weiteren wird noch der prozessorientierte Ansatz unterschieden, auf den in der vorliegenden Arbeit jedoch nicht eingegangen wird (vgl. hierzu z.B. Böhnlein, M. und Ulbrich-vom Ende, A. (2000)).

[313] Der Bottom-Up- und der Top-Down-Ansatz werden in Literatur zudem unter den Bezeichnungen nachfrageorientierter oder anwenderorientierter sowie angebotsorientierter oder datenzentrierter Ansatz behandelt (z.B. Böhnlein, M. und Ulbrich-vom Ende, A. (2000), Strauch, B. (2002)).

[314] Eine Übersicht ist bspw. bei Dori, D. u.a. (2005) zu finden.

[315] vgl. Giorgini, P. u.a. (2005), S. 47, vgl. Böhnlein, M. und Ulbrich-vom Ende, A. (2000), S. 1

[316] vgl. Golfarelli, M. und Rizzi, S. (1998), vgl. Golfarelli, M. und Rizzi, S. (1999), vgl. Golfarelli, M. u.a. (1998)

[317] vgl. Strauch, B. (2002), S. 82f.

[318] vgl. Nusselein, M. A. (2003), S. 38f., vgl. Böhnlein, M. und Ulbrich-vom Ende, A. (2000), S. 3

[319] vgl. Inmon, W. H. (2005), S. 71ff.

Der *Top-Down-Ansatz*[320], der die Gestaltung der Informationsversorgung aus einer (betriebswirtschaftlich-)fachlichen Perspektive betrachtet, stellt hingegen die Informationsbedarfe der Aufgabenträger in den Mittelpunkt. Aus den erhobenen Informationsbedarfen werden die Anforderungen an eine DWH-basierte Informationsversorgung abgeleitet.[321] Hier ist bspw. die Arbeit von *Burmester und Goeken* zu nennen, die zur Entwicklung von DWH-Systemen einen Top-Down-Ansatz, basierend auf dem benutzerorientierten Informationsbedarf, entwickeln.[322] *Poe* bspw. beschreibt in ihrer Arbeit die Anwendung der Erhebungsmethode Interview zur Ermittlung von Informationsbedarfen unterschiedlicher Nutzergruppen, um so einen umfassenderen Überblick über die Geschäftsprozesse eines Unternehmens zu erlangen.[323] Innerhalb eines Top-Down-Ansatzes wird ein Soll-Konzept entwickelt, worin eine mögliche Anpassung der operativen Systeme in Betracht gezogen wird.[324] Ein weiterer Vertreter des Top-Down-Ansatzes ist *Kimball*.[325]

In der Literatur wird ebenfalls eine Kombination beider Ansätze vorgeschlagen.[326]

Die Entwicklung des Informationsversorgungskonzepts der vorliegenden Arbeit beruht auf dem Top-Down-Ansatz[327], der den Informationsbedarf der Aufgabenträger des Produktionsbereichs fokussiert.

Abbildung 17 stellt den Zusammenhang dar.

[320] vgl. z.B. Prakash, N. und Gosain, A. (2008), vgl. Gosain, A. und Singh, J. (2008), vgl. Frendi, M. und Salinesi, C. (2003)
[321] vgl. Strauch, B. (2002), S. 82f., vgl. Giorgini, P. u.a. (2005), S. 48
[322] vgl. Burmester, L. und Goeken, M. (2005), S. 1421f.
[323] vgl. Poe, V. u.a. (1997)
[324] vgl. Nusselein, M. A. (2003), S. 38f.
[325] vgl. Kimball, R. und Ross, M. (2002), S. 331ff.
[326] vgl. Goeken, M. (2006), S. 25f., vgl. Gam, I. und Salinesi, C. (2006), vgl. Giorgini, P. u.a. (2005)
[327] Der Top-Down-Ansatz ist in der Literatur ebenfalls nicht unumstritten. So werden mögliche Schwierigkeiten dieses Ansatzes vor allem darin gesehen, dass Potentiale möglicher Informationen nicht genutzt werden und die befragten Aufgabenträger den Informationsbedarf nicht benennen können (vgl. Böhnlein, M. und Ulbrich-vom Ende, A. (2000), S. 3). In der vorliegenden Arbeit werden die Potentiale möglicher Informationen mit der Behandlung der Digitalisierung berücksichtigt und sind bei Anwendung des Informationsversorgungskonzepts in einem konkreten Unternehmensumfeld zu eruieren. Über die Zerlegung des Informationsbedarfs in Komponenten (vgl. Kapitel 6.2.1) wird die Benennung des Informationsbedarfs erleichtert.

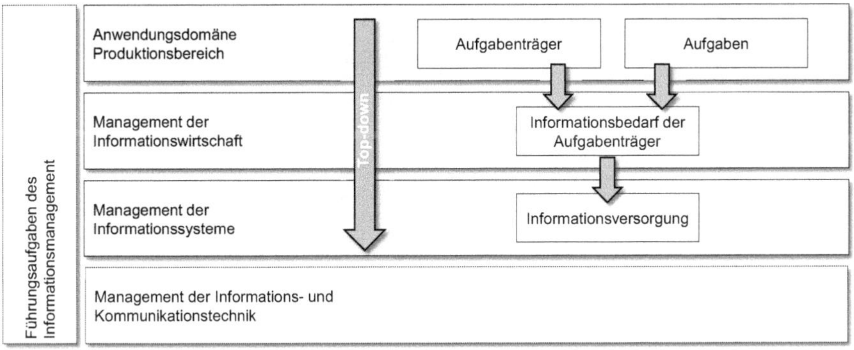

Abbildung 17: Top-Down-Ansatz der Gestaltung der Informationsversorgung für den Untersuchungsbereich der vorliegenden Arbeit

3. Relevante informationelle Grundlagen der Produktion

Die Anforderungen an die Produktionsprozesse haben in der Vergangenheit einen elementaren Wandel erfahren. Im 20. Jahrhundert lag der Fokus auf der Massenproduktion für einen angebotsorientierten, nicht gesättigten Markt. Ab der zweiten Hälfte des vergangenen Jahrhunderts hat der Wandel zu einem nachfrageorientierten, gesättigten, internationalen Markt die Anforderungen an die Produktionsprozesse grundlegend verändert. Die heutigen Anforderungen lassen sich mit den Attributen Flexibilität, Produktivität und Variantenvielfalt beschreiben und bestimmen die Organisation einer Produktion.[328] Im Nachfolgenden sollen die organisatorischen Veränderungen, die aufgrund der gestiegenen Anforderungen notwendig waren, und deren Auswirkungen auf die Informationsversorgung beleuchtet werden. Hierzu erfolgt zunächst in Kapitel 3.1 eine Abgrenzung des Untersuchungsbereichs der Produktion. Es werden die Begriffe der Produktion und der Fertigung voneinander abgegrenzt sowie anschließend das Themenfeld der Forschungsarbeit in das Produktionsmanagement eingeordnet. Daraufhin werden die für die vorliegende Arbeit relevanten Entwicklungslinien der Dezentralisierung und Digitalisierung beschrieben (Kapitel 3.2) sowie deren Auswirkungen auf das Informationsmanagement aufgezeigt. In Kapitel 3.3 werden anschließend die relevanten Grundlagen der Organisation dargestellt sowie in einer Literaturanalyse die Aufgabenträger sowie Aufgaben der Produktion identifiziert, die elementar für die Erhebung des Informationsbedarfs sind (vgl. Kapitel 2.2.1). Kapitel 3.4 thematisiert die Informationsversorgung industrieller Unternehmen und geht hierzu auf die Informations- bzw. Anwendungssysteme im Produktionsbereich ein.

3.1 Untersuchungsbereich der Produktion

Die betriebliche Produktion ist geprägt durch eine zielgerichtete, gelenkte und sich systematisch vollziehende Transformation von Input- zu Output-Gütern mit dem Ziel einer Nutzenerhöhung (Wertschöpfung).[329,330] Hierbei werden produzierende Unternehmen als *Betrieb* oder *industrielle* Unternehmen bezeichnet.[331] Der Begriff ‚*industriell*' impli-

---

[328] vgl. Picot, A. u.a. (2003), S. 2-4, vgl. Friedli, T. und Schuh, G. (2012), S. 11, vgl. Kletti, J. (2006), S. 10, vgl. Reichwald, R. (1993), URL siehe Literaturverzeichnis, S. 3.

[329] Inputgüter sind zu verarbeitende Vorprodukte wie bspw. Rohstoffe, Zwischenprodukte oder Verbrauchsstoffe. Diese werden als materielle Inputgüter bezeichnet. Daneben können immaterielle Inputgüter wie bspw. Lizenzen, Patente oder Software unterschieden werden. Output-Güter entstehen nach dem Durchlaufen der Transformation (vgl. Günther, H.-O. und Tempelmeier, H. (2012), S. 7f.).

[330] vgl. Dyckhoff, H. (2006), S. 3, vgl. Günther, H.-O. und Tempelmeier, H. (2012), S. 2, vgl. Zäpfel, G. (2001), S. 1f., vgl. Westkämper, E. (2006), S. 34

[331] vgl. Dyckhoff, H. (2006), S. 4, vgl. Wöhe, G. und Döring, U. (2010a), S. 27

ziert die überwiegende Produktion von Sachgütern. Daneben wird in der Literatur ferner die Dienstleistungsproduktion unterschieden, die jedoch nicht Gegenstand der vorliegenden Arbeit ist.[332] Weiterhin werden in dem Zusammenhang die Begriffe *Werk* und *Fabrik* verwendet. Unter einem Werk wird in der vorliegenden Arbeit eine örtlich fixierte Wirkungsstätte der Produktion verstanden, in welcher Produkte verschiedener oder gleicher Art, Menge und Größe hergestellt, wiederhergestellt oder verwertet werden. Die örtliche Fixierung eines Werks bezieht sich auf einen Standort, der fest oder veränderbar sein kann.[333] In der vorliegenden Arbeit werden Werk und Fabrik synonym verwendet.

Industriebetriebe, die zumeist dem Mittelstand oder den Großunternehmen zuzuordnen sind, sind sowohl im operativen als auch im dispositiven Bereich eines Unternehmens von Arbeitsteilung geprägt. Im Produktionsbereich weisen Industriebetriebe einen vorherrschenden Einsatz maschineller Anlagen auf und produzieren in der Regel für einen großen Markt.[334,335] Hierbei lassen sich industrielle Unternehmen anhand zahlreicher Merkmale differenzieren, wie bspw. dem Wirtschaftszweig, dem Betriebsziel, der Betriebsgröße oder der Art der erstellten Leistung.[336] Im Rahmen dieser Forschungsarbeit wurden zur Gruppierung die Merkmale der Betriebsgröße und des Wirtschaftszweiges angewendet.[337]

Produktionssysteme bzw. -prozesse sind Erfahrungsobjekte unterschiedlicher wissenschaftlicher Disziplinen, werden jedoch insb. in der Betriebswirtschaftslehre und den Ingenieurwissenschaften untersucht. Die ökonomisch vertiefte Analyse von Produktionsprozessen wird als *Produktionswirtschaft* bezeichnet und stellt einen Teilbereich der speziellen Betriebswirtschaftslehre dar.[338] Hier ist die vorliegende Arbeit durch ihre Zielsetzung einzuordnen.

---

[332] vgl. Voigt, K.-I. (2008), S. 4, vgl. Günther, H.-O. und Tempelmeier, H. (2012), S. 8

[333] vgl. Helbing, K. W. (2010), S. 9

[334] vgl. Schierenbeck, H. und Wöhle, C. B. (2012), S. 47, vgl. Voigt, K.-I. (2008), S. 3. Betriebe der Land- und Forstwirtschaft werden nicht zu Industriebetrieben gezählt, auch wenn diese die Merkmale erfüllen. Eine Abgrenzung zu Handwerksbetrieben ist nicht zwangsläufig eindeutig (vgl. hierzu Schierenbeck, H. und Wöhle, C. B. (2012), S. 47)

[335] Zur Abgrenzung der Unternehmensgröße in der vorliegenden Forschungsarbeit vgl. ifM Bonn (2010), URL siehe Literaturverzeichnis.

[336] vgl. Wöhe, G. und Döring, U. (2010a), S. 30

[337] Zur Betriebsgrößendefinition vgl. Kapitel 4.3.1. Diese orientiert sich an der Abgrenzung des ifM Bonn (vgl. ifM Bonn (2010), URL siehe Literaturverzeichnis). Die Abgrenzung des Wirtschaftszweigs erfolgt nach den Vorgaben des Statistischen Bundesamts (vgl. Statistisches Bundesamt (2008), URL siehe Literaturverzeichnis)

[338] vgl. Dyckhoff, H. (2006), S. 4f., vgl. Dyckhoff, H. und Spengler, T. S. (2010), S. 3, vgl. Nebl, T. (2011), S. 3f.

Der Produktionsbereich setzt sich aus zwei eng miteinander verknüpften Teilprozessen zusammen: zum einen dem *Wertschöpfungsprozess* mit der Transformation von Input- zu Outputgütern sowie zum anderen dem informationsverarbeitenden *Managementprozess* zur Gestaltung und Lenkung des Wertschöpfungsprozesses. Den ausführenden Aufgabenträgern des Managementprozesses werden die Aufgaben der Planung, Steuerung, Kontrolle sowie der Informationsversorgung, der Organisationsgestaltung und Personalführung zugeschrieben.[339] Der Wertschöpfungsprozess ist Gegenstand der *Produktionstheorie*, der Managementprozess des *Produktionsmanagements.*[340] Die vorliegende Arbeit ist dem Produktionsmanagement zuzuordnen. Abbildung 18 zeigt den Zusammenhang.

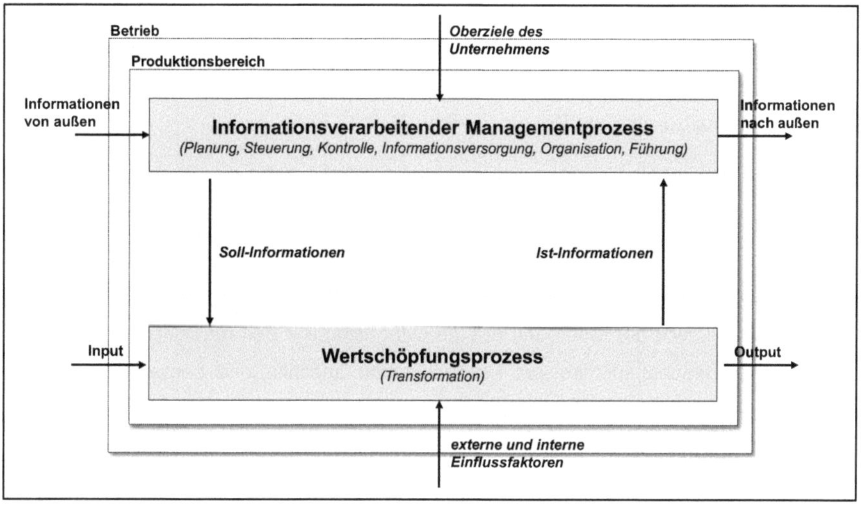

Abbildung 18: Teilprozesse des Produktionsbereichs [341]

Angelehnt an die oben beschriebene Unterscheidung in Produktionstheorie und -management, wird die Definition der Produktion für die vorliegende Forschungsarbeit wie folgt spezifiziert:

> Unter Produktion wird der vom Menschen bewirkte Prozess der Erstellung von Gütern verstanden. Dies beinhaltet zum einen die eigentliche *Fertigung* (oder Produktion i.e.S.), die durch industriell-technische Transformationspro-

[339] vgl. Dyckhoff, H. (2006), S. 6, vgl. Zäpfel, G. (2001), S. 3f.
[340] vgl. Dyckhoff, H. (2006), S. 8, vgl. zur Produktionstheorie Bloech, J. und Lücke, W. (2006), S. 197ff.
[341] In Anlehnung an Dyckhoff, H. (2006), S. 7

zesse gekennzeichnet ist. Hierunter wird die Anwendung von *Fertigungsverfahren*[342] verstanden. Des Weiteren wird der Produktion i.w.S. das Produktionsmanagement zugerechnet, das die Planung, Steuerung und Kontrolle der Produktionsprozesse beinhaltet. Die Produktion i.w.S. betrachtet somit den Leistungserstellungsprozess im Ganzen.[343,344]

Nachdem der Untersuchungsbereich der Produktion für die vorliegende Arbeit abgegrenzt wurde, geht das nachfolgende Kapitel auf die für die Arbeit wesentlichen Entwicklungslinien der Digitalisierung und Dezentralisierung ein.

3.2 Entwicklungslinien der Digitalisierung und Dezentralisierung in der Produktion

Unter der Digitalisierung wird der betriebliche Einsatz von IuK-Technologien zur IT-basierten Abbildung betrieblicher Prozesse verstanden. Mit einer Digitalisierung ist zumeist eine Formalisierung der Prozesse verbunden.[345]

Der Produktionsprozess wird Ende des 19. Jahrhunderts Gegenstand einer Verwissenschaftlichung.[346] Einhergehend mit dem Taylorismus findet die Bestrebung statt, den physischen Prozess der Güterherstellung zu formalisieren und mit Zahlen abzubilden.[347] Hierbei werden die Eigenschaften des Produktionsprozesses, der Mitarbeiter, der Maschinen sowie der Methoden auf die Dimension der Zeit reduziert. Die Dimension Zeit wird zunächst mithilfe von Plantafeln und anschließend computergestützt in PPS-Systemen geplant.[348] Hierzu wird im Zuge der Entwicklung moderner Produktionsabläufe die ‚Kopfarbeit' in einen Informationsverarbeitungsprozess transformiert und von dem eigentlichen Verrichtungsprozess getrennt.[349] Nach Voranschreiten der produktionsbezogenen Wissenschaft wurden Informationssysteme über den Einsatz der

[342] Unter Fertigungsverfahren werden Verfahren zur Herstellung von geometrisch bestimmten festen Körpern verstanden. Die Fertigungsverfahren werden hierbei in sechs Gruppen unterteilt: Urformen, Umformen, Trennen, Fügen, Beschichten und Stoffeigenschaften ändern. Maßgeblich hierfür ist die DIN 8580 (vgl. DIN (2003)).

[343] Die Betrachtung als Ganzes impliziert ebenfalls die Aufgaben der Produktionslogistik, die nicht weiter differenziert werden. Betrachtet werden in der vorliegenden Arbeit demnach alle Aufgaben, die dem Produktionsmanagement zugerechnet werden können. Zur Diskussion der Differenzierung zwischen Produktionsaufgaben und Produktionslogistikaufgaben vgl. z.B. Nebl, T. (2011), S. 807ff.

[344] vgl. Töpfer, A. (2007), S. 760-762, vgl. Bloech, J. und Lücke, W. (2006), S. 183

[345] vgl. Schulz-Schaeffer, I. und Funken, C. (2008), S. 15

[346] vgl. Baukrowitz, A. u.a. (2000), S. 3, vgl. Westkämper, E. (2006), S. 15

[347] vgl. Schulz-Schaeffer, I. und Funken, C. (2008), S. 13, vgl. Baukrowitz, A. u.a. (2000), S. 3. Dies kann auch als Informatisierung bezeichnet werden (vgl. angegebene Quellen).

[348] vgl. Baukrowitz, A. u.a. (2000), S. 3, vgl. Schulz-Schaeffer, I. und Funken, C. (2008), S. 14

[349] vgl. Baukrowitz, A. u.a. (2000), S. 1f., vgl. Westkämper, E. (2006), S. 153. Dies wird u.a. als die Trennung von Kopf- und Handarbeit bezeichnet (vgl. Baukrowitz, A. u.a. (2000), S. 1f.).

zahlenmäßigen Abbildung formalisierter Prozesse hinaus eingesetzt. Wissenschaftliche Erkenntnisse wurden in Form von Modellen festgehalten und dienen der Planung und Steuerung des Produktionsprozesses. Bis zu diesem Zeitpunkt stand die Mechanisierung des Produktionsprozesses im Vordergrund, bei der Informationssysteme unterstützend eingesetzt wurden. Mit zunehmender Bedeutung der ‚Kopfarbeit' gegenüber der ‚Handarbeit' sowie mit der gestiegenen Komplexität der Produktionsprozesse rückten die Betrachtung der Information und der Informationssysteme in den Vordergrund der wissenschaftlichen Untersuchung.[350] Der beschriebenen Entwicklung folgen die Verbreitung von computergestützten Arbeitsplätzen und eine weltweite Vernetzung durch IuK-Technologie. Die beschriebenen Entwicklungen innerhalb der Produktion und die parallele Entwicklung zu internationalen Märkten setzen veränderte Anforderungen an die Produktion voraus, insb. in Form von flexiblen[351] Produktions- und Organisationsformen.[352] Die Unternehmen reagieren auf die veränderten Anforderungen sowohl mit einer Zentralisierung als auch mit einer Dezentralisierung der Organisationsstrukturen. Innerhalb der Unternehmen findet eine Dezentralisierung der internen Organisation statt um den Flexibilitätsanforderungen gerecht werden zu können. Unter der Dezentralisierung wird ein Organisationskonzept verstanden, welches die Übertragung von Aufgaben an organisatorisch untergeordnete Aufgabenträger beinhaltet.[353] Die Dezentralisierung ermöglicht hierbei kürzere Entscheidungswege, die eine Erhöhung der Reaktionsfähigkeit des Unternehmens ermöglichen sollen. Außerhalb der Unternehmensgrenzen findet sowohl durch die Bildung von Kooperationen mit anderen Unternehmen als auch durch die Bildung von Großunternehmen eine Zentralisierung statt, um auf diese Weise Kostenvorteile erwirtschaften zu können.[354]

Zur Zielerreichung der vorliegenden Arbeit spielt insb. die Dezentralisierung innerhalb der Unternehmen eine entscheidende Rolle, da diese sich in einer veränderten Aufgabenzuordnung und somit veränderten Aufgabenbündeln der Aufgabenträger und daraus resultierend in einem veränderten Informationsbedarf niederschlägt. Aufgrund dessen wird im Folgenden vertiefend auf das organisatorische Konzept der Dezentralisierung eingegangen.

---

[350] vgl. Baukrowitz, A. u.a. (2000), S. 3f., vgl. Warnecke, H.-J. (1993), S. 28-37

[351] Flexibilität beschreibt die Fähigkeit eines Produktionssystems, sich in einem angemessenen Zeitraum an veränderte Umweltbedingungen anzupassen (vgl. Günther, H.-O. und Tempelmeier, H. (2012), S. 4)

[352] vgl. Baukrowitz, A. u.a. (2000), S. 5-7, vgl. Reichwald, R. (1993), URL siehe Literaturverzeichnis, S. 3

[353] vgl. Bleicher, K. (1966), S. 44-46

[354] vgl. Hirsch-Kreinsen, H. (1995), S. 422, vgl. Baukrowitz, A. u.a. (2000), S. 7

In der betriebswirtschaftlichen Literatur spielen Zentralisations- bzw. Dezentralisationsentscheidungen der internen Organisation eine bedeutende Rolle. Mit zunehmender Unternehmensgröße stehen Unternehmen vor der organisatorischen Gestaltungsaufgabe, das Maß einer Dezentralisierung und somit einer Delegation bzw. einer Verteilung von Entscheidungsaufgaben festzulegen. Dezentralisierung geht unvermeidbar mit einem Koordinationsbedarf der dezentralen Einheiten einher. Die dezentralen Entscheidungen und die Ziele müssen auf das Gesamtziel der Unternehmung ausgerichtet werden. So stellt bspw. die Trennung der Gesamtplanung in die strategische und die operative Planung sowie die anschließende Zuweisung zu den betreffenden verantwortlichen Stellen eine Dezentralisierungsentscheidung dar.[355,356] Entscheidungen bezüglich des Dezentralisierungsgrads bestimmen über die Zusammensetzung der Aufgabenbündel der Aufgabenträger und somit über die zentrale Gestaltung der Aufbauorganisation.[357]

Das Konzept der Dezentralisierung wird im Weiteren für den Untersuchungsbereich der Produktion betrachtet. Im Produktionsbereich können hierzu zwei gegensätzliche Leitbilder unterschieden werden[358]:

Einerseits ist das Leitbild einer stark funktionalen, hierarchisierten Organisation mit zentraler Entscheidungs- und Verantwortungskompetenz im Produktionsbereich zu finden (vgl. Abbildung 19). Diese durch Anwendung tayloristischer Prinzipien entstandene Organisation hat zur Folge, dass mit abnehmender Hierarchiestufe die Entscheidungsspielräume kleiner werden. Aufgabenträger der unteren Hierarchieebenen der Fertigung führen hier lediglich vorbestimmte Tätigkeiten aus.[359]

Dem gegenüber steht das Leitbild einer prozessorientierten Organisation mit dezentralen Entscheidungskompetenzen. Geprägt ist diese Organisationsform durch wenige Hierarchiestufen mit jeweils möglichst großen Entscheidungsspielräumen. Ausführende Stellen der unteren Hierarchieebenen nehmen innerhalb dieser Organisation Planungs-, Entscheidungs-, Steuerungs- und Kontrollaufgaben wahr. Die gestiegenen Anforderungen an Unternehmen, wie bspw. der gestiegene Wettbewerbsdruck oder kürzere Produktlebenszyklen, haben dazu geführt, dass produzierende Unternehmen den Para-

[355] Die Thematik wird unter dem Stichwort der ‚Zentralisation und Dezentralisation' oder im deutschsprachigen Raum unter der ‚Delegation' diskutiert (vgl. z.B. Bleicher, K. (1966), S. 44-46).
[356] vgl. Drumm, H.-J. (2004), S. 179-184, vgl. Bleicher, K. (1966), S. 17, vgl. Frese, E. u.a. (2012), S. 211-215, vgl. Reiß, M. und Höge, R. (1994b), S 30, vgl. Berndt, R. u.a. (2005), S. 297ff., vgl. Hungenberg, H. und Wulf, T. (2007), S. 211-213
[357] vgl. Bleicher, K. (1966), S. 23
[358] Warnecke bezeichnet dies als Fertigungsphilosophien (vgl. Warnecke, H.-J. (1993), S. 68).
[359] vgl. Westkämper, E. u.a. (1998), S. 407, vgl. Spath, D. (2009), S. 8, vgl. Warnecke, H.-J. (1993), S. 64

digmenwechsel von einer zentralen zu einer dezentralen Organisation durchlaufen, um dem Flexibilitätsanspruch gerecht werden zu können.[360] Eine tayloristische Zerlegung des Produktionsprozesses in Arbeitsschritte mit einer hohen Wiederholhäufigkeit führt dazu, dass durch die hohe Anzahl an Schnittstellen und Verantwortungsbereiche eine flexible Handlungsweise nicht gegeben ist.[361]

Die nachfolgende Abbildung stellt die Aspekte der Dezentralisierung dar.

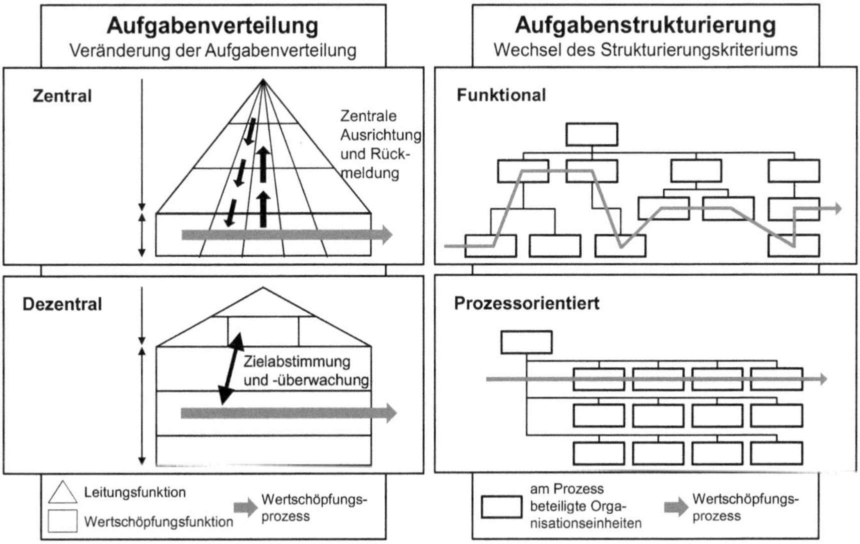

Abbildung 19: Aspekte der Dezentralisierung [362]

Dezentralisierung im Produktionsbereich bedeutet demnach die Verlagerung von Kompetenzen von einer zentralen Unternehmensinstanz auf die ausführenden Aufgabenträger sowie eine Orientierung der Aufgaben am Produktionsprozess. Dies kann mit der Zusammenführung der zuvor getrennten Kopf- und Handarbeit gleichgesetzt werden.[363] Zumeist werden die komplexen Organisationsstrukturen in überschaubare Organisationseinheiten zerlegt und in der Regel über IuK-Systeme miteinander vernetzt.[364] In Zusammenhang mit der Dezentralisierung werden im Produktionskontext Management- und Organisationskonzepte wie bspw. Lean Production, Fraktale Fabrik, Gruppenar-

[360] vgl. Warnecke, H.-J. (1993), S. 51, vgl. Westkämper, E. u.a. (1998), S. 407, vgl. Wildemann, H. (2009), S. 193
[361] vgl. Braun, J. (2003), S. 40
[362] In Anlehnung an Westkämper, E. u.a. (1998), S. 408, Warnecke, H.-J. (1993), S. 190
[363] vgl. Hirsch-Kreinsen, H. (1995), S. 424, vgl. Westkämper, E. u.a. (1998), S. 409
[364] vgl. Reichwald, R. (1993), URL siehe Literaturverzeichnis, S. 9

beit/teilautonome Gruppen, Fertigungsinseln, Fertigungssegmentierung, Center-Konzepte, Modularisierung oder die sog. ‚Fabriken in der Fabrik' diskutiert.[365]

Dezentralisierung erfordert Änderungen auf unterschiedlichen Ebenen eines Unternehmens.[366] Für die vorliegende Forschungsarbeit sind die Auswirkungen auf den Aufgabeninhalt und somit auf den Informationsbedarf relevant. *Wildemannn* fasst die veränderten Aufgabeninhalte in dreierlei Hinsicht zusammen:[367]

- Zuvor horizontal verteilte, gleichartige Aufgabenelemente werden in einer Stelle zusammengezogen.
- Vertikal arbeitsteilig getrennte Planungs-, Entscheidungs-, Durchführungs- und Kontrollaufgaben werden ebenfalls zusammengezogen.
- Ausgelagerte indirekte Funktionen werden in die Hauptaufgabe integriert.

Aus den beschriebenen Aufgabeninhalten wird ersichtlich, dass eine Dezentralisierung neben der Zuschreibung von Entscheidungskompetenzen auch eine Erweiterung der Aufgabeninhalte nach sich zieht. Die Konzepte zur Erweiterung der Aufgabeninhalte werden in der Literatur auch unter der Bezeichnung *Job Enrichment* behandelt.[368] Dies resultiert zudem in wissens- und kooperationsintensiven Aufgaben.[369]

Dezentralisierung stellt in industriellen Unternehmen somit immer ein Gleichgewichtsproblem zwischen Arbeitsteilung und Koordination dar.[370] Die Koordination erfolgt in der Regel über Zielvorgaben, die über eine Top-Down-Vorgehensweise oder in einem Gegenstromverfahren identifiziert werden können. Zu berücksichtigen sind bei der Koordination zudem die persönlichen Ziele der Aufgabenträger.[371]

Abbildung 20 stellt die zentrale und dezentrale Organisationsform in der Produktion zusammenfassend gegenüber.

---

[365] vgl. Hirsch-Kreinsen, H. (1995), S. 423, vgl. Reichwald, R. (1993), URL siehe Literaturverzeichnis, S. 9, vgl. Latniak, E. (2003), URL siehe Literaturverzeichnis, S. 1, vgl. Buck, H. (2009), S. 87, vgl. Reiß, M. und Höge, R. (1994b), S. 32, vgl. Reiß, M. und Höge, R. (1994a), S. 210, vgl. Braun, J. (2003), S. 40, vgl. Warnecke, H.-J. (1993), S. 152ff.

[366] vgl. hierzu bspw. Wildemann, H. (2009)

[367] vgl. Wildemann, H. (2009), S. 193

[368] vgl. Olfert, K. (2012), S. 216f., vgl. Bea, F. X. und Schweitzer, M. (2011), S. 190, vgl. Holtbrügge, D. (2010), S. 17f.

[369] vgl. Buck, H. (2009), S. 87, vgl. Warnecke, H.-J. (1993), S. 68, vgl. Picot, A. u.a. (2003), vgl. S. 272. Als eine zusätzliche Folge der Dezentralisierung werden die erhöhten Anforderungen an die Qualifikation der Aufgabenträger gesehen. Auf diesen Punkt soll in der vorliegenden Arbeit nicht explizit eingegangen werden (vgl. hierzu Picot, A. u.a. (2003), S. 267) .

[370] vgl. Bleicher, K. (1966), S. 18

[371] vgl. Warnecke, H.-J. (1993), S. 185, 189

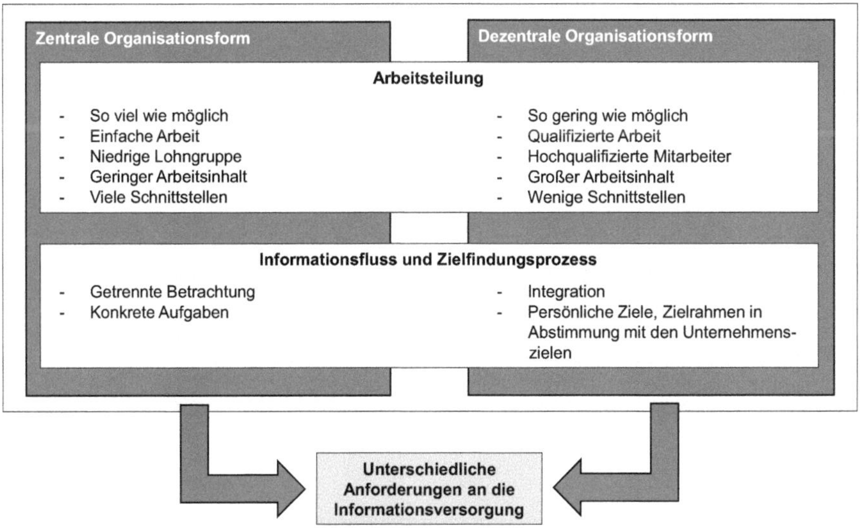

Abbildung 20: Zentrale und dezentrale Organisationsform[372]

Für die Erhebung des Informationsbedarfs hat die Dezentralisierung zur Folge, dass sowohl die veränderten Aufgabenbündel der Aufgabenträger als auch die Zielvorgaben berücksichtigt werden müssen. Das zuvor zentral vorhandene Wissen muss den Aufgabenträgern der dezentralen Einheiten zur Verfügung gestellt werden, damit diese in die Lage versetzt werden, die Prozesskennzahlen und Ergebnisse planen, steuern und überwachen zu können.[373]

Bei den dargestellten Entwicklungen der zunehmenden Digitalisierung sowie der unternehmensindividuellen Dezentralisierung handelt es sich zunächst um voneinander unabhängige Entwicklungen. Die zuvor dargestellte Digitalisierung kann jedoch als ein Enabler der Dezentralisierung gesehen werden. Bis dahin erfolgte der Informationsfluss linear, beginnend bei den oberen Hierarchiestufen, und wurde anschließend heruntergebrochen auf den Produktionsprozess. Durch die informationstechnischen Entwicklungen entsteht ein Informationsraum, der die Aufgabenträger nun in die Lage versetzt, Entscheidungen auf einer erweiterten Informationsbasis treffen zu können.[374]

Die nachfolgende Abbildung stellt die zeitliche Entwicklung der Informationsverarbeitung im Produktionsbereich dar.

[372] In Anlehnung an Warnecke, H.-J. (1993), S. 68, 185
[373] vgl. Spath, D. (2009), S. 9, 23
[374] vgl. Baukrowitz, A. u.a. (2000), S. 9-11

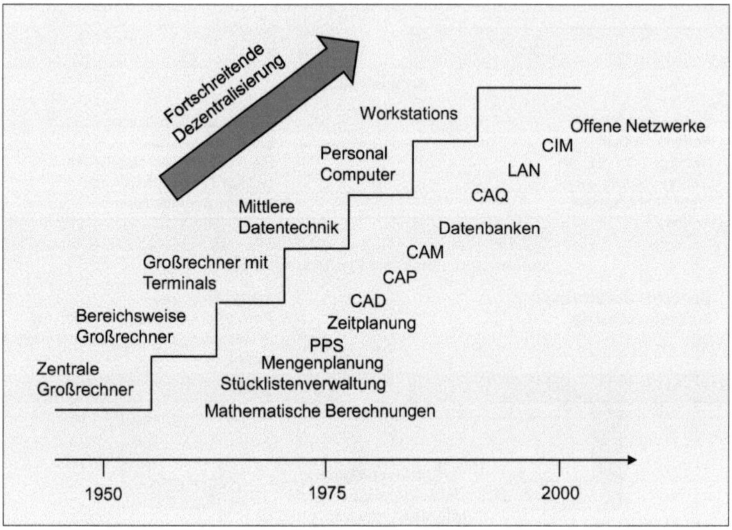

Abbildung 21: Zeitliche Entwicklung der Informationsverarbeitung in der Produktion[375]

Vor dem Hintergrund der veränderten Informationsbedarfe ist insb. in Zusammenhang mit der beschriebenen Digitalisierung zu prüfen, wie das erweiterte Informationsangebot[376] zur Deckung der veränderten Informationsbedarfe und wie die in Kapitel 2.3.1 dargestellte etablierte Informationsversorgung industrieller Unternehmen beitragen kann.

3.3 Relevante Grundlagen der Organisation in der Produktion

Ziel der vorliegenden Forschungsarbeit ist die Entwicklung eines Informationsversorgungskonzepts für den Produktionsbereich industrieller Unternehmen. Zur Zielerreichung ist die Identifikation des aufgabenträgerbasierten Informationsbedarfs notwendig (Teilforschungsfrage 2, vgl. Kapitel 1.2). Wie in Kapitel 2.2.1.1 dargestellt, ist zur Identifikation des Informationsbedarfs die Kenntnis der Aufgabenbündel der Aufgabenträger notwendig. Das vorangegangene Kapitel zeigt, dass in diesem Zusammenhang elementare Änderungen durch die organisatorische Dezentralisierung stattfinden. Im Folgenden wird zunächst auf die Organisation, hier insb. die Aufbauorganisation (Kapitel 3.3.1) und daran anschließend auf die Aufgaben (Kapitel 3.3.2) im Produktionsbereich eingegangen. Die Identifikation der Aufgabenträger wie auch der Aufgaben erfolgt im Folgenden literaturbasiert.

[375] In Anlehnung an Warnecke, H.-J. (1993), S. 34

[376] Auf das Informationsangebot geht Kapitel 3.4 ein.

3.3.1 Gestaltung der Organisation in der Produktion

In der Organisationstheorie wird zwischen der Aufbau- und der Ablauforganisation unterschieden. Mit der Gestaltung der Aufbauorganisation werden die Organisationseinheiten (Abteilungen und Stellen) und die Weisungs- und Informationsbeziehungen zwischen den Organisationseinheiten festgelegt.[377] An dieser Stelle findet eine qualitative und quantitative Zuordnung der in der Produktion zu lösenden Aufgaben zu den Aufgabenträgern statt. Hierbei entstehen die hierarchischen Organisationseinheiten, wie bspw. Werk oder Meisterbereich, die über eine Koordination zur gemeinsamen Zielerreichung integriert werden müssen. Die Aufbauorganisation ist das Ergebnis der Aufgabenanalyse und -synthese (vgl. Kapitel 2.2.1.2).[378] Bei der Gestaltung der Aufbauorganisation kommt die bereits beschriebene Dezentralisierung zum Tragen, deren Ausmaß in der Aufgabensynthese bestimmt wird.[379] Im Gegensatz hierzu handelt es sich bei der Ablauforganisation um die prozessbezogene Betrachtung der Aufgaben. Im Mittelpunkt stehen hier Arbeitsprozesse, in denen festgelegt wird, wann, wo, wer, mit welchen Betriebsmitteln welche Aufgabe löst. In Zusammenhang mit der Dezentralisierung kommt die Koordination zwischen den Aufgabenträgern aufgrund der veränderten Arbeitsteilung zum Tragen.[380]

Die Aufgabenanalyse beeinflusst durch die Anwendung der Merkmale (vgl. Kapitel 2.2.1.2) und deren Reihenfolge den Organisationstyp, wie bspw. die Sparten- oder Funktionsorganisation, eines industriellen Unternehmens. Eine Aufgabenanalyse erfolgt daher stets unternehmensindividuell.[381]

Die Bildung der Organisationseinheiten und der Produktionstyp sind folglich unmittelbar miteinander verbunden.[382] In der Literatur werden zahlreiche Typisierungen der Produktion unterschieden.[383] Der folgende Abschnitt geht auf die in der Literatur häufig zu fin-

---

[377] vgl. Vahs, D. (2012), S. 33, vgl. Nicolai, C. (2009), S. 18, 25, vgl. Bea, F. X. und Göbel, E. (2010), S. 247
[378] vgl. Kämpf, R. (2007b), S. 43, vgl. Zäpfel, G. (2001), S. 48, vgl. Westkämper, E. (2006), S. 45-49
[379] vgl. Westkämper, E. (2006), S. 46
[380] vgl. Wöhe, G. und Döring, U. (2010a), S. 124, vgl. Westkämper, E. (2006), S. 50f.
[381] vgl. Wöhe, G. und Döring, U. (2010a), S. 113. Bei der Spartenorganisation kommt das Merkmal Objekt, bei der Funktionsorganisation das Merkmal der Verrichtung zum Einsatz (vgl. Wöhe, G. und Döring, U. (2010a), S. 113).
[382] vgl. Kämpf, R. (2007a), S. 63
[383] vgl. hierzu z.B. Günther, H.-O. und Tempelmeier, H. (2012), S. 10-22

denden Typisierungen nach den zu produzierenden Stückzahlen (Produktionsart) und nach der organisatorischen Anordnung (Produktionsprinzip) ein.[384]

- *Produktionsart*: Nach den herzustellenden Stückzahlen kann die Produktion unterschieden werden hinsichtlich der Einmal- bzw. Einzelproduktion sowie hinsichtlich der Mehrfachproduktion.[385] Charakteristikum der *Einzelproduktion* ist die Herstellung von individuellen, auftragsbezogenen Einzelstücken. Dies setzt sowohl ein hohes Maß an Flexibilität an die Arbeitskräfte als auch an die Produktionsanlagen voraus.[386] Bei der Mehrfachproduktion werden weiter unterschieden: Die Wiederholproduktion bei kleinen Stückzahlen, die Variantenproduktion bei gleichen und ähnlichen Produkten mittlerer Stückzahlen sowie die Serien- und Massenproduktion.[387] Die *Massenproduktion* ist gekennzeichnet durch eine permanente, zeitlich nicht begrenzte Fertigung eines homogenen Gutes, meist in großen Mengen. Hier spielen insb. die Automatisierung und die Verrichtungsspezialisierung des Produktionsprozesses eine bedeutende Rolle.[388] In der *Serienproduktion* wird eine begrenzte Stückzahl identischer Produkte auf einer Produktionsanlage hergestellt. Zwischen den Serien werden die Produktionsanlagen in einem Rüstvorgang auf die nächste Serie vorbereitet.[389]

- *Produktionsprinzip*: Die organisatorische Anordnung der Produktion kann nach dem Funktions- oder Objektprinzip erfolgen. Nach dem Funktionsprinzip (auch Verrichtungsprinzip genannt) werden gleichartige Arbeitsgänge, wie bspw. Bohren oder Fräsen, räumlich in einer sog. *Werkstatt* zentralisiert (Werkstattproduktion).[390,391] Werden mehrere Maschinen in einem Bereich zentralisiert, dann spricht man von *Fertigungszellen*. Häufige Fertigungsfolgen von Maschinen und

[384] Nach Westkämper charakterisieren die Produktionsart und das Produktionsprinzip grundsätzlich ein Produktionssystem (vgl. Westkämper, E. (2006), S. 198).
[385] vgl. Westkämper, E. (2006), S. 198
[386] vgl. Günther, H.-O. und Tempelmeier, H. (2012), S. 12, vgl. Töpfer, A. (2007), S. 776, vgl. Bloech, J. und Lücke, W. (2006), S. 190
[387] vgl. Westkämper, E. (2006), S. 198
[388] vgl. Günther, H.-O. und Tempelmeier, H. (2012), S. 11, vgl. Bloech, J. und Lücke, W. (2006), S. 190, vgl. DIN (2003), S. 778. Ein Spezialfall der Massenproduktion ist die sog. Sortenproduktion. Hier werden verschiedene Varianten eines Produkts in großen Mengen hintereinander auf der gleichen Anlage produziert (vgl. Günther, H.-O. und Tempelmeier, H. (2012), S. 11f.).
[389] vgl. Günther, H.-O. und Tempelmeier, H. (2012), S. 12, vgl. DIN (2003), S. 777, vgl. Fandel, G. u.a. (2011), S. 15. Je nach Höhe der Stückzahl wird unterschieden in Klein- und Großserie (vgl. Bloech, J. und Lücke, W. (2006), S. 190).
[390] Zum Verrichtungsprinzip zählt ebenfalls die Baustellenfertigung. Hier werden alle Ressourcen an die Baustelle gebracht (vgl. Westkämper, E. (2006), S. 198, vgl. Bloech, J. und Lücke, W. (2006), S. 191f.).
[391] vgl. Bloech, J. und Lücke, W. (2006), S. 191, vgl. Günther, H.-O. und Tempelmeier, H. (2012), S. 13f., vgl. Töpfer, A. (2007), S. 774f., vgl. Corsten, H. (2007), S. 31

Arbeitsplätzen können in sog. *Fertigungssystemen* durch Transporteinrichtungen miteinander verknüpft werden.[392] Bei Anwendung des Objektprinzips orientiert sich die Anordnung der Produktionsanlagen und der Vorgänge an der zur Fertigung eines Produkts notwendigen Reihenfolge.[393] Bei der Produktionsart der *Fließproduktion* wird konsequent das Objektprinzip angewendet. Von Bedeutung ist hier eine zeitliche Abstimmung der aufeinanderfolgenden Arbeitsgänge.[394] Bei der Gruppen- bzw. Inselproduktion werden das Verrichtungs- und Objektprinzip in Kombination angewendet. Aufgaben- und ergebnisgleiche Bearbeitungsschritte, innerhalb derer dann jedoch die Fließfertigung zur Anwendung kommt, werden zusammengefasst.[395]

Je nach Produktionstyp werden unterschiedliche Anforderungen an die Aufgabenträger des Produktionsmanagements gestellt und somit auch an die die Informationsversorgung.

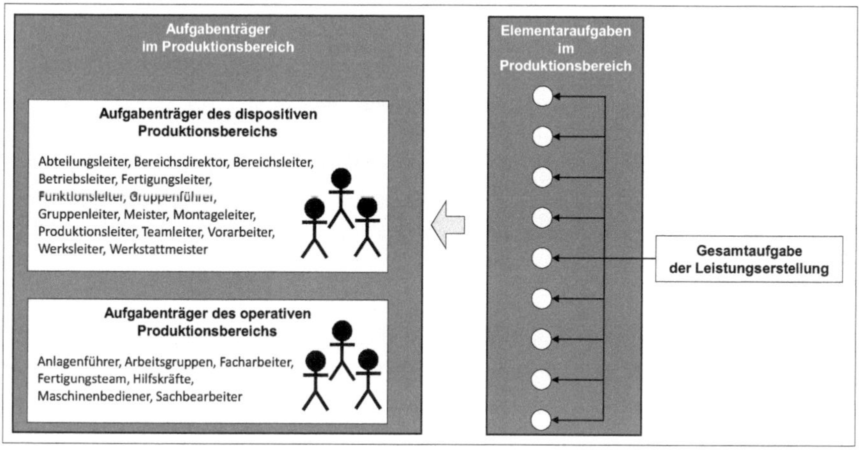

Abbildung 22: Aufgabenträger im Produktionsbereich[396]

Innerhalb der Aufbauorganisation der Produktion sind die Bezeichnungen der Aufgabenträger sowie die Zuordnung der Aufgaben zu Aufgabenträgern in der Literatur nicht

[392] vgl. Westkämper, E. (2006), S. 199
[393] vgl. Günther, H.-O. und Tempelmeier, H. (2012), S. 15, vgl. Töpfer, A. (2007), S. 775
[394] vgl. Töpfer, A. (2007), S. 775, vgl. Bloech, J. und Lücke, W. (2006), S. 191, vgl. Fandel, G. u.a. (2011), S. 23, vgl. Corsten, H. (2007), S.32
[395] vgl. Bloech, J. und Lücke, W. (2006), S. 191, vgl. Töpfer, A. (2007), S. 776
[396] In Anlehnung an Wöhe, G. und Döring, U. (2010a), S. 112. Literatur zur Identifikation der Aufgabenträger (kein Anspruch auf Vollständigkeit) u.a.: Becker, F. (2006), Braun, J. (2003), Dyckhoff, H. und Spengler, T. S. (2010), Gronau, N. (1994), Hahn, D. und Laßmann, G. (1999), Kiener, S. u.a. (2009), Syska, A. (2006)

einheitlich definiert. Bei der Ausgestaltung der Aufbauorganisation spielen zahlreiche Faktoren eine Rolle. So wird diese bspw. von den zu fertigenden Produkten, der Unternehmensgröße, der Produktionsart und des -typs oder des Steuerprinzips (Hohl- oder Bringprinzip) beeinflusst. In der Praxis ergeben sich hieraus zahlreiche Möglichkeiten zur Aufgabensynthese.[397] In einer Literaturanalyse wurden die Bezeichnungen für die Aufgabenträger im Produktionsbereich zusammengetragen (vgl. Abbildung 22).

Im nachfolgenden Kapitel wird auf die Aufgaben im Produktionsbereich eingegangen, die zusammen mit den Aufgabenträgern den Ausgangspunkt der Informationsbedarfserhebung bilden.

3.3.2 Aufgaben der Produktion

Wie im vorangegangenen Abschnitt in Zusammenhang mit der Aufbauorganisation erläutert wurde, erfolgt in der betrieblichen Anwendung eine Aufgabenanalyse nach unternehmensindividuellen Kriterien.[398] Im Folgenden soll – analog zur Identifikation der Aufgabenträger – eine literaturbasierte[399] Identifikation der Aufgaben erfolgen, mit dem Ziel der Erstellung eines Aufgabenkatalogs[400]. Dieser soll als Hilfestellung zur Zielerreichung des Informationsversorgungskonzepts dienen.[401]

Üblicherweise wird in der produktionswirtschaftlichen Literatur zwischen Planungs- und Ausführungsaufgaben unterschieden. Dies beruht auf der in Kapitel 3.2 dargestellten historischen Entwicklung der Produktion, die zunächst eine Trennung von Hand- und Kopfarbeit vorsah.[402]

In der vorliegenden Arbeit wird zur Erstellung des Aufgabenkatalogs daher zunächst das Merkmal der ‚Phase' angewendet, die die Gesamtaufgabe der Leistungserstellung nach den Phasen der *Planung*, *Realisation* und *Kontrolle* trennt. In der Regel beziehen

---

[397] vgl. hierzu Kapitel 5.2

[398] Es wird jedoch in der vorliegenden Arbeit angenommen, dass durch die überwiegende Übereinstimmung der Autoren in der Abgrenzung der Aufgaben, diese in der Praxis in ähnlicher Form zur Anwendung kommen.

[399] Verwendete Literatur u.a.: Braun, J. (2003), Günther, H.-O. und Tempelmeier, H. (2012), Hahn, D. und Laßmann, G. (1999), Kiener, S. u.a. (2009), Kletti, J. (2006), Syska, A. (2006), Wannenwetsch, H. (2010), Wöhe, G. und Döring, U. (2010a), Zäpfel, G. (2001), Bloech, J. und Lücke, W. (2006), Schuh, G. und Gierth, A. (2006), Voigt, K.-I. (2008), Töpfer, A. (2007), Dyckhoff, H. und Spengler, T. S. (2010), Corsten, H. (2007)

[400] Der Aufgabenkatalog muss unternehmensindividuell angepasst werden und erhebt keinen Anspruch auf Vollständigkeit.

[401] In der Literatur erfolgt die Anwendung der Merkmale – in Auswahl und Reihenfolge – zur Abgrenzung der Produktionsaufgaben (vgl. Merkmale der Aufgabenanalyse Kapitel 2.2.1.2) in einer ähnlichen Form.

[402] Hieraus hat sich ferner das Konzept als auch die IT-basierte Unterstützung der PPS (Produktionsplanung und -steuerung) herausgebildet. Auf die IT-basierte Unterstützung wird in Kapitel 3.4 eingegangen.

sich die Aufgaben in der Literatur innerhalb der Planung, Realisation und Kontrolle auf ein bestimmtes Objekt, wie bspw. Maschine, Material oder Aufträge. Daher werden die Aufgaben weiterhin nach dem Merkmal des ‚Objekts'[403] strukturiert. Abschließend wird durch die Anwendung des Merkmals ‚Rang' auf die Teilaufgaben jeweils zwischen der Ausführung und der Entscheidung unterschieden. Die Unterscheidung zwischen Ausführung bzw. Entscheidung erfolgt vor dem Hintergrund der Dezentralisierung, innerhalb derer diese Aufgaben einem Aufgabenträger zugeordnet werden sollen (vgl. Kapitel 3.2). Das Ergebnis der Aufgabenidentifikation ist in Abbildung 23 dargestellt. Der literaturbasierte Aufgabenkatalog ist im Anhang (Anhang B: Literaturbasierter Aufgabenkatalog) zu finden.

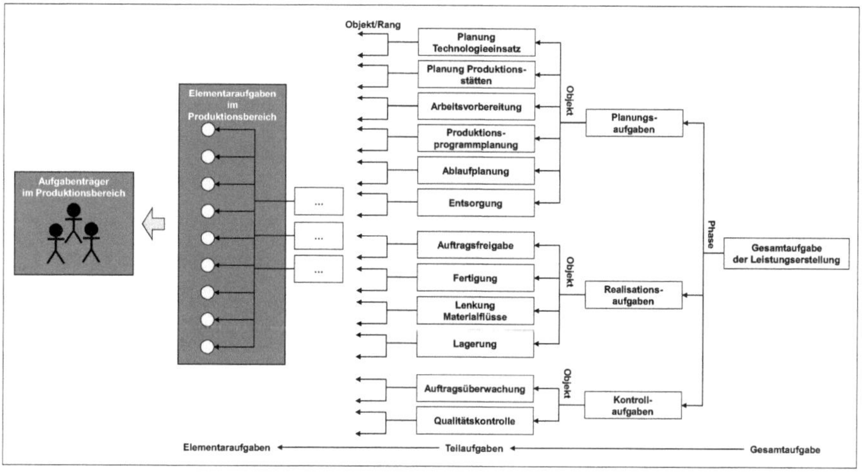

Abbildung 23: Aufgaben im Produktionsbereich[404]

Im Nachfolgenden werden, gegliedert nach Planungs-, Realisations- und Kontrollaufgaben, die Aufgabeninhalte im Produktionsbereich in der Detaillierung beschrieben, wie sie im weiteren Verlauf der Arbeit zum Verständnis bei der Entwicklung des Informationsversorgungskonzepts notwendig sind.

[403] Das Merkmal Objekt wurde zweimal angewendet.

[404] In Anlehnung an Wöhe, G. und Döring, U. (2010a), S. 112. Literatur zur Identifikation der Aufgaben (kein Anspruch auf Vollständigkeit) u.a.: Braun, J. (2003), Günther, H.-O. und Tempelmeier, H. (2012), Hahn, D. und Laßmann, G. (1999), Kiener, S. u.a. (2009), Kletti, J. (2006), Syska, A. (2006), Wannenwetsch, H. (2010), Wöhe, G. und Döring, U. (2010a), Zäpfel, G. (2001), Bloech, J. und Lücke, W. (2006), Schuh, G. und Gierth, A. (2006), Voigt, K.-I. (2008), Töpfer, A. (2007), Dyckhoff, H. und Spengler, T. S. (2010), Corsten, H. (2007)

Aufgaben der Planung

- *Planung des Technologieeinsatzes*: Die Planung des Technologieeinsatzes wird im Rahmen der Festlegung von Produktionsstrategien vorgenommen. Die Produktionsstrategie ist hierbei Bestandteil der Unternehmensstrategie. Innerhalb der Umweltanalyse[405] werden (neue) am Markt verfügbare Produktions- und Fertigungstechnologien auf ihr Potential zur betrieblichen Zielerreichung untersucht. Ergebnis der Aufgabe ist der Technologieplan, der beschreibt, welche Technologie zu welchem Zeitpunkt und Zweck eingesetzt wird. Die Erstellung des Technologieplans basiert u.a. auf den technologiestrategischen Vorgaben und dem definierten Produktionsprogramm.[406] Die Unterscheidung zwischen Fertigungs- und Produktionstechnologien erfolgt in Anlehnung an die Definition der Produktion (vgl. Kapitel 3.1).

- *Planung der Produktionsstätten*: Die Planung der Produktionsstätten umfasst im Rahmen der vorliegenden Arbeit Planungsaufgaben bezogen auf die Standortwahl sowie das Fabriklayout. Die Standortplanung beinhaltet die Aufgabenstellung, geeignete Standorte für Werke oder Betriebe im In- und Ausland anhand geeigneter Kriterien zu bewerten. Hierzu werden Chancen wie bspw. die Markterschließung internationaler Märkte und Risiken wie bspw. die Vereinbarkeit mit der Kultur gegeneinander abzuwägen.[407] Die Layoutplanung, auch innerbetriebliche Standortplanung genannt, beinhaltet u.a. die Bestimmung der innerbetrieblichen Maschinenstandorte, mit dem Ziel, eine für den Produktionsprozess günstige Anordnung von Maschinen innerhalb der Produktionsstätte zu erreichen. Dies hat unmittelbare Auswirkungen auf zukünftige Transportzeiten und -kosten.[408]

- *Arbeitsvorbereitung*: In der vorliegenden Arbeit werden unter der Arbeitsvorbereitung alle planerischen Maßnahmen verstanden, die notwendig sind, um Produkte erstmals oder nach einer Produktänderung zu produzieren.[409] Dazu werden zum einen die Planung des Fertigungsablaufs, deren Ergebnis der Arbeitsplan ist, sowie zum anderen die Planung des Materialbedarfs, die einer Stückliste festge-

[405] Zur Umweltanalyse vgl. auch Kapitel 6.2.1

[406] vgl. Bloech, J. und Lücke, W. (2006), S. 188, vgl. Schuh, G. u.a. (2011), S. 172, vgl. Voigt, K.-I. (2008), S. 76

[407] vgl. Kinkel, S. (2009), S. 5ff., vgl. Wöhe, G. und Döring, U. (2010a), S. 268-274

[408] vgl. Scholz, D. (2010), S. 1, vgl. Wöhe, G. und Döring, U. (2010a), S. 325, vgl. Helbing, K. W. (2010), S. 10

[409] vgl. Böge, A. (2007), S. 41

halten wird, zugerechnet. Ein Arbeitsplan beinhaltet das Zeitgerüst im Produktionsbereich. Hier werden für die zu erstellenden Produkte die technologische Folge der Arbeitsschritte, die Rüst- und Stückzeiten, die betroffenen Arbeitsplätze, die notwendigen Kapazitäten und Werkzeuge sowie welche Mitarbeiter hierzu notwendig sind, beschrieben.[410] Unter einer Stückliste wird die Aufstellung der Menge an Baugruppen und Einzelteilen verstanden, die zur Herstellung einer Mengeneinheit eines Endproduktes notwendig ist. Jede Produktänderung zieht eine Aktualisierung der Stückliste nach sich.[411]

- *Produktionsprogrammplanung*: In der Produktionsprogrammplanung[412] wird festgelegt, welche Mengen welcher Produkte hergestellt werden sollen. Die Aufgabe bildet somit den Ausgangspunkt für weitere Teilplanungen. Die Produktionsprogrammplanung kann weiter nach dem Merkmal Objekt differenziert werden in die Planungen des Produktionsportfolios, der internen Rahmenbedingungen, der Fertigungstiefe sowie der Kapazitäten.[413] Das Planen des Produktportfolios beinhaltet die Beantwortung der Fragestellung, welche Produkte in welcher Breite, d.h. mit welchen Produkttypen und -varianten, für welchen Markt hergestellt werden sollen. Ergebnis der Planung ist das Produktionsprogramm.[414] Bei der Festlegung der internen Rahmenbedingungen ist zu entscheiden, welche Produktionsart bzw. welches -prinzip zur Realisierung der festgelegten Produktmengen und -arten eingesetzt werden soll.[415] An die Festlegung der zu produzierenden Produktarten und -mengen in einer Periode schließt die Entscheidung über die Fertigungstiefe[416] an. Es wird festgelegt, ob, wie viel und in welchem Umfang das Produktionsprogramm in der eigenen Produktion erstellt werden oder extern vergeben werden soll.[417,418] Innerhalb der Kapazitätsplanung werden bei vorge-

410 vgl. Zäpfel, G. (2001), S. 73

411 vgl. Voigt, K.-I. (2008), S. 561-563. Die Darstellung kann hierbei mithilfe von sogenannten Gozintographen oder Erzeugnisbäumen erfolgen (vgl. angegebene Quelle).

412 Im Rahmen von PPS werden die Aufgaben der Produktionsprogrammplanung, der Mengenplanung, der Termin- und Auftragsplanung und der Auftragsüberwachung unterstützt (vgl. Schmidt, M. u.a. (2008), S. 325f., vgl. Kapitel 3.4).

413 vgl. Wöhe, G. und Döring, U. (2010a), S. 324, vgl. Voigt, K.-I. (2008), S. 524. Die Teilaufgaben werden z.T. der Unternehmensanalyse zugerechnet (vgl. Bloech, J. und Lücke, W. (2006), S. 188f.).

414 vgl. Töpfer, A. (2007), S. 783

415 vgl. Wöhe, G. und Döring, U. (2010a), S. 345, vgl. Bloech, J. und Lücke, W. (2006), S. 184, 190

416 Unter Fertigungstiefe wird die Anzahl der Fertigungsstufen in einem Unternehmen verstanden (vgl. Töpfer, A. (2007), S. 784).

417 vgl. Dyckhoff, H. und Spengler, T. S. (2010), S. 30, 231

418 In der Mengenplanung (Feinplanung) wird, nachdem die Kapazitäten determiniert wurden und der Absatz definiert wurde, die Jahresproduktion gegliedert nach Produktarten und -mengen bestimmt (vgl. Wöhe, G. und Döring, U. (2010a), S. 326, vgl. Bloech, J. und Lücke, W. (2006), S. 192). Gegenstand der

gebenem Produktionsablauf und vorgegebenem Produktionsplan die im Rahmen eines vorgegeben Produktionstyps vorhandenen Kapazitäten der Kapazitätsnachfrage gegenübergestellt.[419]

- *Ablaufplanung* (wiederholte Fertigung gleicher Produkte): Die Ablaufplanung determiniert nach vorangegangener Produktionsprogrammplanung die zeitliche Abfolge der Produktionsaufträge. Die Ablaufplanung kann nach dem Aufgabenmerkmal Objekt in die Teilaufgaben Terminplanung, Materialbedarfsplanung und Losgrößenplanung unterteilt werden.[420] Gegenstand der Terminplanung ist die zeitliche Harmonisierung der Aufträge.[421] Die Terminplanung besteht in ihrer Grobplanung aus der Durchlaufterminierung. Hier werden die Bearbeitungszeiten für die Aufträge ermittelt, damit diese zu den Fertigstellungsterminen abgearbeitet sind.[422] In der Terminfeinplanung (Reihenfolge- und Maschinenbelegungsplanung) werden die Aufträge einzelnen Maschinenarbeitsplätzen zugeordnet.[423] Die Reihenfolgeplanung legt die Bearbeitungsreihenfolge der einzelnen Aufträge fest. In der Maschinenbelegungsplanung geht es um die zeitliche Abfolge auf einer einzelnen Maschine.[424] Voraussetzung für die Materialbedarfsplanung ist das Vorliegen des Produktionsprogramms. Aus dem Bedarf an Endprodukten werden die Bedarfe an Halbfertigprodukten und Einzelteilen in einer sog. Stücklistenauflösung abgeleitet.[425] Hierzu wird ein Abgleich mit den vorhandenen Lagerkapazitäten durchgeführt und die tatsächlich zu produzierende Menge ermittelt, woraus

Mengenplanung ist die Festlegung, welche Produkte in welchen Mengen im Planungszeitraum gefertigt werden sollen. Die Mengenplanung ist stark von den unternehmensindividuellen Rahmenbedingungen geprägt, wie z.B. durch die absatzwirtschaftliche Verflechtung der Produkte, Produktionsengpässe, alternative Produktionsprozesse (vgl. Voigt, K.-I. (2008), S. 532f., vgl. Töpfer, A. (2007), S. 783). Die Mengenplanung (Feinplanung) wird auch als kurzfristige Produktionsprogrammplanung bezeichnet (vgl. Voigt, K.-I. (2008), S. 532).

[419] vgl. Dyckhoff, H. und Spengler, T. S. (2010), S. 273

[420] vgl. Wöhe, G. und Döring, U. (2010a), S. 347, vgl. Töpfer, A. (2007), S. 794

[421] vgl. Töpfer, A. (2007), S. 802

[422] vgl. Töpfer, A. (2007), S. 801, Wöhe, G. und Döring, U. (2010a), S. 350-352, vgl. Bloech, J. und Lücke, W. (2006), S. 194, Corsten, H. (2007), S. 481. Hierbei wird zunächst ohne Berücksichtigung der Fertigungskapazitäten geplant. Die Planung findet unter dem Kostenminimierungsprinzip statt. Eine Rolle spielen hierbei Lagerkosten (Materialien und Halbfertigfabrikate), Finanzierungskosten sowie Vertragsstrafen (Verzug). Kosten korrelieren positiv mit der Durchlaufzeit. Ziel ist somit die Verkürzung der Durchlaufzeit (vgl. angegebene Quellen).

[423] vgl. Wöhe, G. und Döring, U. (2010a), S. 354-357

[424] vgl. Töpfer, A. (2007), S. 803. Bei der Terminfeinplanung legt die Produktionsart bzw. das -prinzip den Planungsspielraum fest. Bspw. ist in der Fließproduktion der Rahmen eng vorgegeben. Hier geht es vor allen Dingen um eine Festlegung der Taktzeit (vgl. angegebene Quelle).

[425] Die Stücklistenauflösung ist Gegenstand sog. MRP I-Logiken (vgl. Dyckhoff, H. und Spengler, T. S. (2010), S. 262).

wiederum die notwendigen Materialmengen abgeleitet werden.[426] Die Losgrößenplanung bestimmt bei der Sorten- und Serienfertigung die Größe der Fertigungslose.[427] An dieser Stelle spielt die Abwägung von Rüstkosten[428] zu Lagerkosten[429] eine wesentliche Rolle.[430]

- *Entsorgung*: Die betriebliche Aufgabe der Entsorgung beinhaltet die Berücksichtigung ökologischer Aspekte in Bezug auf das Gestaltungsziel der Produktion.[431] Die Planung der Entsorgung kann sich hierbei zum einen auf Nebenprodukte beziehen, die während dem Fertigungsprozess anfallen. Dies können neben den angefallenen Kuppelprodukten das Leergut, ausrangierte Betriebsmittel sowie Retouren sein. Zum anderen kann sich die Planung der Entsorgung auf Produkte beziehen, die nach Beendigung ihres Lebenszyklus aufgrund gesetzlicher Verpflichtungen vom Hersteller zurückzunehmen sind.[432,433] Bei der Planung der Entsorgung sind vor allem Entscheidungen[434] in Bezug auf Aktivitäten der Erfassung und Behandlung innerhalb der Entsorgung[435] zu treffen. Dies beinhaltet die Einführung von Prozessen zur Verwertung, Wiederverwendung oder Aufberei-

[426] vgl. Voigt, K.-I. (2008), S. 561, vgl. Corsten, H. (2007), S. 402f. Dies wird in der Literatur als Brutto-Netto-Rechnung bezeichnet (vgl. Voigt, K.-I. (2008), S. 561). Zu den Verfahren der Berechnung vgl. bspw. Voigt, K.-I. (2008), S. 565-567.

[427] Als Fertigungslos wird eine interne Auftragsgröße verstanden. Diese Auftragsgröße beinhaltet die Menge des herzustellenden Produkts (Baugruppe, Teil oder Endprodukt), welches hintereinander auf einer Produktionsanlage gefertigt werden soll unter gleichen Werkzeugeinstellungen. Bestimmungsfaktoren der Losgröße sind die Rüst- und Lagerkosten (vgl. Voigt, K.-I. (2008), S. 569, vgl. Töpfer, A. (2007), S. 805).

[428] Rüstkosten entstehen bei einem Sortenwechsel durch Werkzeugwechsel an einer Maschine. Die Kosten werden durch den notwendigen Personalaufwand und das benötigte Werkzeug sowie durch den Produktionsausfall während des Rüstvorgangs berechnet (vgl. Wöhe, G. und Döring, U. (2010a), S. 348).

[429] Lagerkosten entstehen hierbei durch die zeitliche Überbrückung bis zum nächsten Fertigungsschritt oder bis zum Absatz. Während der Lagerung entstehen Lagerkosten vor allem durch gebundenes Kapital und deren Zinskosten (vgl. Wöhe, G. und Döring, U. (2010a), S. 348).

[430] vgl. Wöhe, G. und Döring, U. (2010a), S. 348f., vgl. Dyckhoff, H. und Spengler, T. S. (2010), S. 263ff.

[431] vgl. Zelewski, S. u.a. (2008), S. 36

[432] vgl. Wannenwetsch, H. (2010), S.440, zu den Abfallarten und deren Behandlung vgl. Weber, H. K. (1999), S. 121-124.

[433] Bei der Planungsaufgabe der Entsorgungsprozesse sind die Materialartenvielfalt sowie die unterschiedlichen Materialartenprozesse zu berücksichtigen. Die Komplexität dieser Aufgabe ergibt sich zum einen aus der Vielfalt der anfallenden Materialien und zum anderen aus den ökologischen Anforderungen an die Entsorgungsprozesse (vgl. Helbing, K. W. (2010), S. 40).

[434] Die Entsorgung ist hierbei vor allen Dingen von der Gesetzgebung bestimmt, bspw. die europäische Abfallrahmenrichtlinie oder das Kreislaufwirtschafts- und Abfallgesetz (vgl. vertiefend Walther, G. (2010), S. 211ff.). Von den Unternehmen sind hierzu auf Verlangen der Behörde Nachweise der Verwertung und Entsorgung zu erbringen (Abfallbilanz).

[435] Entsorgungsgegenstände sind: Produkte und Betriebsstoffe, die nicht in das zu produzierende Produkt eingegangen sind, überschüssige Energie, bspw. in Form von Wärme sowie defekte Betriebsmittel (vgl. Helbing, K. W. (2010), S. 307).

tung von Entsorgungsmaterial sowie Entwurf und Gestaltung des Materialflusses.[436]

Aufgaben der Realisation

- *Auftragsfreigabe*[437]: Aufgabeninhalt der Auftragsfreigabe ist die Überprüfung, ob alle notwendigen Voraussetzungen zur Auftragsbearbeitung erfüllt sind. Zu den Voraussetzungen werden insb. die Verfügbarkeitsprüfungen von Material, Betriebsmitteln und Personal gezählt.[438] In Anlehnung an die Definition der Produktion (vgl. Kapitel 3.1) kann zwischen der Produktions- und der Fertigungsauftragsfreigabe unterschieden werden.

- *Fertigung*: In Kapitel 3.1 wurde Fertigung mit der Anwendung von Fertigungsverfahren definiert. Weiterhin können zur Realisierungsteilaufgabe der Fertigung die Instandhaltung, das Rüsten sowie die Maschinen- und Anlagensteuerung hinzugerechnet werden.[439] Unter der Instandhaltung werden im Allgemeinen alle Maßnahmen verstanden, die zur Erhaltung der Funktion und Leistungsfähigkeit einer Anlage, wie bspw. einer Maschine, notwendig sind.[440] Rüstvorgänge bereiten Betriebsmittel für einen bestimmten Arbeitsgang vor. Hierzu zählt bspw. das Bestücken einer Maschine mit den notwendigen Werkzeugen.[441]

- *Lenkung der Materialflüsse*: Die Lenkung der Materialflüsse wird im Allgemeinen dem Aufgabenbereich der (Produktions-)Logistik zugeschrieben.[442,443] Hierbei kann weiter zwischen den zu planenden Objekten des Materials und des Transports unterschieden werden. Somit können die Aufgaben der Materialflussplanung und -steuerung sowie der Transportplanung und -steuerung unterschieden werden. Aufgabeninhalte in Bezug auf den Materialfluss sind bspw. die Festlegung des Steuerprinzips (Hol- oder Bringprinzip) sowie die Festlegung des Mate-

[436] vgl. Walther, G. (2010), S. 212f.
[437] In einigen Literaturquellen wird die Auftragsfreigabe und die Auftragsüberwachung zu der Produktionssteuerung im Rahmen von PPS gezählt (vgl. z.B. Schmidt, M. u.a. (2008), S. 325).
[438] vgl. Schmidt, M. u.a. (2008), S. 325, vgl. Schönsleben, P. (2011), S. 718f. Zu den verschiedenen Varianten der Auftragsfreigabe vgl. z.B. Lödding, H. (2005), S. 297ff.
[439] vgl. Kletti, J. (2006), S. 17
[440] vgl. Voigt, K.-I. (2008), S. 507
[441] vgl. Wöhe, G. und Döring, U. (2010a), S. 348
[442] vgl. Martin, H. (2009), S. 22, vgl. Arnold, D. und Furmans, K. (2007), S. 1
[443] Unter dem Materialfluss versteht man die organisatorische, räumliche und zeitliche Verkettung sämtlicher Vorgänge der Gewinnung, Bearbeitung und Verteilung von Gütern in einem bestimmten Bereich. Weiterhin kann der innerbetriebliche und der externe Güterfluss unterschieden werden (vgl. Martin, H. (2009), S. 22). In der vorliegenden Arbeit ist der innerbetriebliche Güterfluss relevant.

rialdurchsatzes in Bezug auf den Transportablauf, bspw. die Festlegung der Transportmittel oder des Transportwegs.[444]

- *Lagerung*: Die Lagerplanung ist maßgeblich durch die Produktionsprogrammplanung determiniert. Die Aufgabe beinhaltet die Festlegung der Lagerkapazitäten, der Lagerstandorte sowie der Lagerausstattung.[445]

Aufgaben der Kontrolle

- *Auftragsüberwachung*: Gegenstand der Auftragsüberwachung ist das Erkennen von Störungen oder Verzögerungen im Produktionsablauf und die Übermittlung entsprechender Meldungen an die zuständigen Planungsbereiche, um einen reibungslosen Ablauf zu unterstützen.[446] In Anlehnung an die Definition der Produktion (vgl. Kapitel 3.1) kann zwischen der Überwachung von Fertigungs- und Produktionsaufträgen unterschieden werden. Darüber hinaus können Kundenaufträge auf ihre Zielerreichung hin überwacht werden.[447]

- *Qualitätskontrolle*: Zentrale Aufgabenstellung der Qualitätskontrolle ist die Feststellung einer etwaigen Abweichung zwischen Soll- und Ist-Qualität eines Produktes (Rohstoffe, Halb- und Fertigprodukte). Nach Feststellung einer Abweichung ist neben einer Aussortierung oder Nacharbeit eine Ursachenanalyse notwendig.[448] Analog zu den zuvor beschriebenen Aufgaben kann in Anlehnung an die Definition der Produktion in die Produktions- und Fertigungsqualitätskontrolle differenziert werden.[449]

Das in der Arbeit entwickelte Konzept zielt darauf ab, den Informationsbedarf, der aus den aufgabenträgerbasierten Aufgabenbündeln der identifizierten Elementaraufgaben resultiert, mittels einer adäquaten Informationsversorgung zu befriedigen.

---

[444] vgl. Martin, H. (2009), S. 22ff., vgl. Arnold, D. und Furmans, K. (2007), S. 3

[445] vgl. Wöhe, G. und Döring, U. (2010a), S. 340. Läger können nach folgenden Lagerarten unterschieden werden: Eingangs-, Hand-, Zwischen- und Ausgangslager. Handlager am jeweiligen Arbeitsplatz, Zwischenlager zwischen den einzelnen Fertigungsstufen mit Halbfertigfabrikaten (vgl. Wöhe, G. und Döring, U. (2010a), S. 340).

[446] vgl. Wannenwetsch, H. (2010), S. 573, vgl. Westkämper, E. (2006), S. 181. Grundlage für die Auftragsüberwachung bildet die Betriebsdatenerfassung (vgl. Schönsleben, P. (2011), S. 746, vgl. Kapitel 3.4)

[447] vgl. Wannenwetsch, H. (2010), S. 556

[448] vgl. Corsten, H. (2007), S. 192f. Fehlerursachen können in situationsbedingte (maschinen-, material- oder methodenbedingt) oder verhaltensbedingte (vor allem durch Menschen verursacht) Fehler differenziert werden (vgl. Corsten, H. (2007), S. 192f.).

[449] Einer Produktionsqualitätskontrolle kann bspw. die Wareneingangskontrolle zugerechnet werden (vgl. z.B. Mertens, P. (2013), S. 138).

3.4 Informationsversorgung in der Produktion

In Kapitel 3.2 wurden die Dezentralisierungstendenzen industrieller Unternehmen beschrieben. Diese Verlagerung der Entscheidungskompetenzen und der Ergebnisverantwortung in die wertschöpfenden Bereiche führt zu veränderten Anforderungen an die Informationsversorgung.[450] Des Weiteren führt die in Kapitel 3.2 angesprochene Digitalisierung zu einem potentiell neuen Informationsangebot. Im Nachfolgenden soll das Informationsangebot industrieller Unternehmen daher näher beleuchtet werden. Hierzu werden die heute in der Literatur behandelten Informations- bzw. Anwendungssysteme[451] untersucht, die im Produktionskontext thematisiert werden.

In der Regel ist die Informationsversorgung des Produktionsbereichs auf die Produktionsplanung und -steuerung eines industriellen Unternehmens abgestimmt bzw. unmittelbar damit verzahnt. Dies beinhaltet die Beschaffung, Analyse und Aufbereitung aller für die Regelung des Produktionsprozesses notwendigen Ist- und Solldaten. Grundlegende Beschreibungen der Produkt- und Ablaufstrukturen, wie bspw. Stücklisten, Arbeitspläne oder Betriebsmitteldaten, können als Stammdaten; Lagerbestände, Kundenaufträge oder bspw. Lieferantenbestellungen können als Bewegungsdaten bezeichnet werden. Beide werden den Istdaten zugerechnet. Solldaten stellen die Stellgrößen dar und ermöglichen zudem in Abweichungsanalysen (Differenz zwischen Ist- und Solldaten) eine Kontrollfunktion.[452] Die Produktionsplanung und -steuerung zur Unterstützung der Auftragsabwicklung wird in der Regel durch PPS- bzw. ERP-Systeme unterstützt.[453] Diese werden vorwiegend dem *betriebswirtschaftlichen* Bereich zugerechnet. Daneben werden im Produktionsbereich *technische* bzw. *produktbezogene* Informations- und Anwendungssysteme unterschieden.[454] Nachfolgend wird überblickartig auf die einzelnen Systeme eingegangen. Basierend auf Literatur wird hierbei untersucht, welche Aufgaben typischerweise unterstützt und welche Daten bzw. Informationen von den Systemen zur Verfügung gestellt werden.

- *Betriebswirtschaftliche bzw. auftragsbezogene Systeme*: Die betriebswirtschaftliche Unterstützung des Produktionsprozesses erfolgt hauptsächlich über *PPS*-Systeme. Zu den Aufgaben, die durch ein PPS unterstützt werden, zählen in der Literatur die Produktionsprogrammplanung, die Mengenplanung, die Termin- und

---

[450] vgl. Picot, A. u.a. (2003), S. 225-286
[451] Zur Unterscheidung von Informations- und Anwendungssystemen vgl. Kapitel 2.3.1
[452] vgl. Zäpfel, G. (2001), S. 62
[453] vgl. Günther, H.-O. und Tempelmeier, H. (2012), S. 5f., vgl. Vajna, S. u.a. (2009), S. 364
[454] vgl. Mertens, P. (2013), S. 353f.

Auftragsplanung und die Auftragsüberwachung.[455] Auf die Aufgaben wurde in Kapitel 3.3.2 eingegangen. PPS-Systeme sind in ihrem Aufgabenumfang stetig gewachsen. So bestand der Schwerpunkt erster PPS-Systeme in der Auflösung von Stücklisten zur Materialplanung. Der Funktionsumfang ist hierbei über die Berücksichtigung vorhandener Kapazitäten bis hin zur Betrachtung vor- und nachgelagerten Bereiche wie der Beschaffung oder des Vertriebs gestiegen.[456] Zumeist ist die PPS-Funktionalität integraler Bestanteil heutiger ERP-Systeme, die eine ganzheitliche, dem Auftrag folgende Unterstützung auf operativer Ebene bieten. *ERP*-Systeme beinhalten vielfach die Anwendungskomponenten Materialwirtschaft, Vertrieb und Produktion.[457] Industrielle Unternehmen arbeiten heute häufig in Unternehmensnetzwerken zusammen, um den Wettbewerbsanforderungen gerecht zu werden. Zur Unterstützung der ganzheitlichen Betrachtung der Wettschöpfungsprozesse über die Unternehmensgrenzen hinweg werden ERP-Systeme um sog. Supply Chain Management *(SCM)*-Systeme erweitert. An dieser Stelle nimmt die Planungskomplexität soweit zu, dass die Planungslogik der ERP-Systeme an ihre Grenzen stößt. Hierzu haben sich sog. Advanced Planning and Scheduling Systeme (*APS-Systeme*) herausgebildet, die ERP-Systeme um zusätzliche Funktionalitäten mit Planungslogiken ergänzen.[458]

ERP-/PPS-Systeme[459] unterstützen in der Regel die Einplanung von Aufträgen in den Produktionsablauf, sind jedoch nicht für die direkte Steuerung der Produktion und der Produktionsanlagen vorgesehen. Die kurzfristige Planung, die die Auftragsdisposition laufender Aufträge beinhaltet, wird in der Regel durch Leitstände[460] unterstützt.[461] Leitstände sind heute häufig in den in Kapitel 1.4.2 beschriebenen MES enthalten, auf die am Ende des Kapitels eingegangen wird.

- *Technische bzw. produktbezogene Systeme (CAx-Systeme):* ‚CA' steht für Computer Aided und bedeutet rechnerunterstützt. Das ‚x' symbolisiert die unter-

[455] vgl. Schmidt, M. u.a. (2008), S. 325f., vgl. Mertens, P. (2013), S. 354.
[456] vgl. Schmidt, M. u.a. (2008), S. 342, vgl. Schuh, G. und Gierth, A. (2006), S. 4
[457] vgl. Vieweg, I. u.a. (2012), S. 149f. Daneben werden außerhalb des Produktionsbereichs die Anwendungskomponenten Personal sowie Finanz- und Rechnungswesen genannt (vgl. Vieweg, I. u.a. (2012), S. 149f.)
[458] vgl. Hegmanns, T. u.a. (2008), S. 462
[459] Für die vorliegende Arbeit ist die Informationsversorgung im Produktionsbereich relevant. Aufgrund dessen stehen im Weiteren die Komponenten zur Unterstützung der Produktionsaufgaben im Fokus. Hierfür wird im Weiteren die Bezeichnung ERP-/PPS-System (herstellerunabhängig) verwendet.
[460] „Ein Leitstand ist eine elektronische Plantafel auf der Basis von Algorithmen zur Planung und Steuerung der Fertigung. Dazu gehört die automatische Erfassung und Verarbeitung der Betriebsdaten in Realzeit." (Vajna, S. u.a. (2009), S. 365)
[461] vgl. Vajna, S. u.a. (2009), S. 365f.

schiedlichen und vielfältigen Anwendungsbereiche der Systeme. CAx-Systeme werden nahezu über den gesamten Produktlebenszyklus eingesetzt und ermöglichen so einen durchgängigen Austausch digitaler, produktbezogener Daten.[462]

Die dargestellte Unterscheidung in betriebswirtschaftliche und technische Systeme sowie die Konzeption und Entwicklung von Anwendungssystemen unterschiedlicher Anwendungsbereiche hat dazu geführt, dass innerhalb der Produktion Insellösungen entstanden sind. Die ersten Anfänge der Integration dieser Insellösungen wurden in Zusammenhang mit CIM in den 1980er Jahren thematisiert, konnten sich jedoch zum damaligen Zeitpunkt nicht durchsetzen. Aktuell wird die Thematik der Integration durch die Entwicklung sog. MES vorangetrieben (vgl. Kapitel 1.4.2).[463]

Abbildung 24 stellt eine IT-Landschaft industrieller Unternehmen beispielhaft dar.

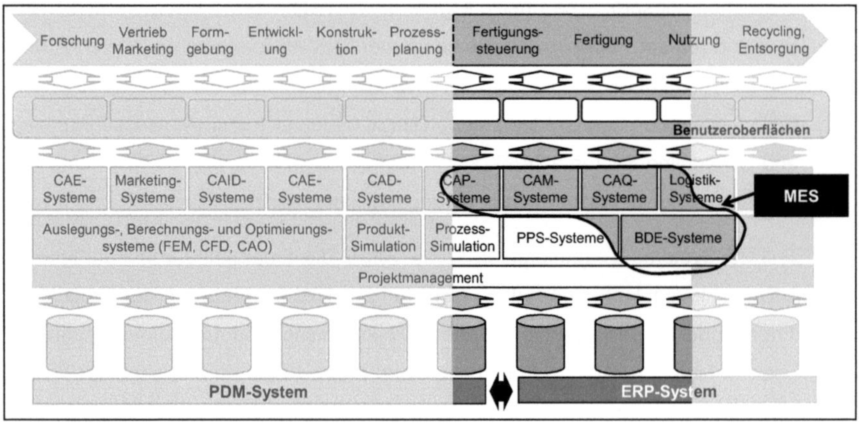

Abbildung 24: IT-Landschaft[464]

Ausgegraut sind die nicht im Untersuchungsbereich befindlichen Prozessschritte wie die Forschung und die Entwicklung oder die Konstruktion.

[462] vgl. Vajna, S. u.a. (2009), S. 1. Zur Unterstützung der Forschung und Entwicklung von Produkten werden Computer Aided Engineering (CAE)-Systeme zur Berechnung bzw. Simulation eingesetzt. Im Bereich der anschließenden Konstruktion kommen Computer Aided Design (CAD)-Systeme zum Einsatz, die die Erstellung zwei- bzw. dreidimensionaler Produktmodelle unterstützen. Das Ergebnis ist in Form von Zeichnungen, Stücklisten, Berechnungsergebnissen, Arbeitsplänen und NC-Daten für den Anwender verfügbar. Zur computerunterstützen Arbeitsplanung werden Computer Aided Planning (CAP)-Systeme, zur Unterstützung des physischen Fertigungsprozess werden Computer Aided Manufacturing (CAM)-Systeme eingesetzt. Zur Aufgabe der CAQ-Systeme gehört die rechnerunterstützte Qualitätssicherung (vgl. Schmidt, M. u.a. (2008), S. 342, vgl. Vajna, S. u.a. (2009), S. 11f., vgl. Mertens, P. (2013), S. 222-227, 232, vgl. Thommen, J.-P. und Achleitner, A.-K. (2012), S. 400, vgl. Günther, H.-O. und Tempelmeier, H. (2012), S. 5f.)

[463] vgl. Kletti, J. (2006), S. 21, vgl. VDI (2007), S. 12

[464] In Anlehnung an Vajna, S. u.a. (2009), S. 11

MES decken die Bereiche der Fertigung, des Personals und der Qualität ab. Der Funktionsumfang von MES ist nicht trennscharf definiert.[465] In Abbildung 24 ist dies durch die eingerahmte Fläche angedeutet. Da das Ziel der vorliegenden Arbeit die Entwicklung eines Informationsversorgungskonzepts für den Produktionskontext ist, müssen zur Untersuchung des Informationsangebots die Unterstützungsbereiche von MES im Weiteren näher untersucht werden.

In Kapitel 1.4 wurden das Ziel von MES sowie deren in der Literatur zugeordneter Funktionsumfang dargestellt. An dieser Stelle soll kurz auf die acht MES-Bereiche eingegangen werden, die nach *VDI Norm 5600* definiert werden und die ein MES unterstützen kann (vgl. Abbildung 25).[466,467]

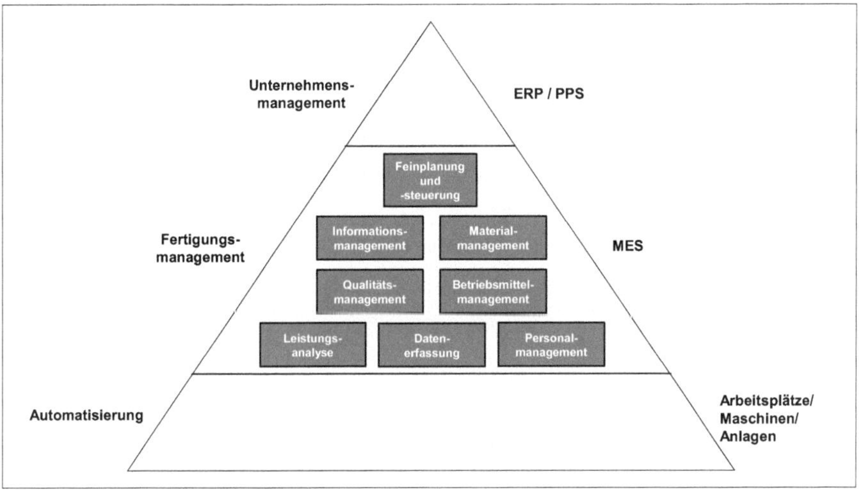

Abbildung 25: MES-Unterstützungsbereiche nach VDI 5600[468]

- *Feinplanung und -steuerung:* Der MES-Bereich der Feinplanung und -steuerung verfolgt das Ziel, die Abarbeitung der zu fertigenden Aufträge unter Berücksichtigung der vorhandenen Restriktionen gemäß den Zielen der Produktion zu unter-

[465] vgl. Mertens, P. (2013), S. 169. Trennschärfe zu CAM, Leitständen, Shop-floor-Control-Systemen oder zu MDE/BDE/PDE nicht vorhanden (vgl. Mertens, P. (2013), S. 169)

[466] An dieser Stelle werden die Unterstützungsbereiche eines MES dargestellt. Wie bereits in Kapitel 1.4.2 dargestellt, integriert das MES-Konzept bereits etablierte Systeme. Aufgrund dessen werden im Folgenden zu jedem Bereich die gängigen Funktionsbezeichnungen, wie sie z.B. in Kletti (vgl. Kletti, J. (2006)) zu finden sind, in einer jeweiligen Fußnote ergänzt.

[467] An dieser Stelle wird aufgrund der unternehmensindividuellen Abgrenzungsmöglichkeiten von Produktionsaufgaben (vgl. Kapitel 3.3.2), keine Zuordnung der Produktionsaufgaben zu den hier dargestellten MES-Unterstützungsbereichen vorgenommen.

[468] In Anlehnung an VDI (2007), S. 7

stützen. Der Bereich umfasst hierbei eine planende und eine steuernde Komponente. Die steuernde Komponente ermöglicht eine echtzeitorientierte Reaktion auf unerwartete Ereignisse, wie bspw. Störungen im Produktionsablauf. Ergebnis ist ein Belegungsplan, der aus dem Arbeitsvorrat und aus Ressourcen- und Materialinformationen erstellt wird. Etwaige Konflikte, wie mangelnde Ressourcenverfügbarkeit, werden automatisiert oder durch externe Eingriffe mittels hinterlegter Konfliktlösungsalgorithmen behoben. Ergebnis der Aufgabe sind Belegungslisten, Montage- und Transportaufträge.[469]

- *Betriebsmittelmanagement:* Ziel des Betriebsmittelmanagements ist es, die termin- und bedarfsgerechte Verfügbarkeit und technische Funktionsfähigkeit der Betriebsmittel[470] zu gewährleisten. Aus Personalinformationen, dem Belegungsplan, Qualitätsinformationen sowie dem aktuellen Betriebsmittelstatus werden Bereitstellinformationen wie z.B. Belegungslisten und Bereitstellungslisten, Ressourceninformationen oder Reparatur- und Wartungsvorgaben erzeugt.[471]

- *Materialmanagement:* Die Zielsetzung des Bereichs des Materialmanagements besteht in der termin- und bedarfsgerechten Versorgung der Fertigung mit dem notwendigen Material sowie die damit verbundene Entsorgung. Weiterhin beinhaltet der MES-Bereich das Erfassen von Umlaufbeständen. Notwendige Informationen zur Ausführung der Unterstützung sind der Belegungsplan, der Materialstatus nach Menge und Qualität sowie Qualitätsinformationen. Eine Funktion innerhalb des Bereichs besteht in der Initiierung von Materialtransporten, indem Bereitstellungs-, Kommissionierungs-, Entnahme- und Einlagerungsaufträge erstellt und an Materialflusssysteme geliefert werden.[472]

- *Personalmanagement:* Innerhalb des Personalmanagements wird die Aufgabe verfolgt, Personal mit geeigneter Qualifikation zum richtigen Zeitpunkt unter Berücksichtigung von bspw. Wochenarbeitszeiten und Schichtplänen bereitzustel-

---

[469] vgl. VDI (2007), S. 16-19. ERP-/PPS-Systeme besitzen ebenfalls eine Planungsfunktion, jedoch berücksichtigen diese nicht die technischen Restriktionen und Gegebenheiten des Produktionsbereichs. Hierzu werden Leitstände eingesetzt, die in heutigen MES integriert werden sollen (vgl. Kletti, J. (2006), S. 32)

[470] Hierbei werden nach DIN 5600 die folgenden Betriebsmittelkategorien unterschieden: 1) Maschinen, Anlagen und automatisierte Fertigungseinrichtungen, 2) Betriebshilfsmittel wie Werkzeuge oder Vorrichtungen und 3) reproduzierbare Betriebshilfsmittel wie bspw. NC-Programme (vgl. VDI (2007), S. 20)

[471] vgl. VDI (2007), S. 19-24. Zum Betriebsmittelmanagement können die Funktionen WRM, DNC (Werkzeug- und Ressourcenmanagement und Einstelldatenübertragung) nach *Kletti* hinzugerechnet werden (vgl. Kletti, J. (2006), S. 32).

[472] vgl. VDI (2007), S. 24-26. Entspricht der Funktion MPL (Material- und Produktionslogistik) bei Kletti (vgl. Kletti, J. (2006), S. 33)

len. Notwendige Informationen sind hierbei Personaldaten, Zeitkonten, der Belegungsplan, gesetzliche sowie betriebliche Rahmenbedingungen und der Personalstatus, der das aktuelle Tätigkeitsfeld des Mitarbeiters enthält. Zu den Funktionen werden die Verwaltung der Personalinformationen, die Erstellung der Personaleinsatzpläne sowie die Personalkontenführung gezählt.[473]

- *Datenerfassung:* Der Bereich der Datenerfassung beinhaltet die Unterstützung der ereignisgesteuerten Erfassung der Daten aus dem Prozess. Die Erfassung kann hierbei automatisch, halbautomatisch (z.B. über Barcodescanner) oder manuell (z.B. durch Eingabe über eine Tastatur) erfolgen. Zur Reduktion von Erfassungsfehlern werden Grenzwerte, Plausibilitäts- und Verarbeitungsregeln hinterlegt. Ziel ist es, ein Abbild des Prozesszustands zu erhalten, um unmittelbar auf Zustände im Produktionsprozess reagieren zu können.[474]

- *Leistungsanalyse:* Dieser Bereich beinhaltet zum einen die Unterstützung zur kurzfristigen Beeinflussung des Produktionsprozesses durch festgestellte Soll-Ist-Abweichungen und zum anderen die Unterstützung zur Optimierung des Prozesses durch vergangenheitsorientierte Analysen über einen längeren Zeitraum (z.B. Wochen oder Monate). Ziel des MES-Bereichs ist es, durch kurz- und langfristige Analysen eine Verbesserung des Fertigungsablaufs zu erreichen. Eingangsinformationen zur Leistungsanalyse sind organisatorische Vorgaben und Ziele, technische Prozessvorgaben sowie aktuelle Daten aus dem Prozess. Beispiele für Kennzahlen in der Leistungsanalyse sind der Maschinennutzungsgrad, der Rüstgrad und die Produktivität, die Maschinenauslastung, die Durchlaufzeit oder die Termintreue.[475]

- *Qualitätsmanagement:* Das Ziel dieses Bereichs ist die Unterstützung der Sicherstellung der Produkt- und Prozessqualität. Hierzu werden die Teilbereiche der Qualitätsplanung, der Qualitätsprüfung sowie des Prüfmittelmanagements gezählt. Zu dem MES-Bereich werden lediglich diejenigen Aktivitäten gezählt, die

[473] vgl. VDI (2007), S. 26-30. *Kletti* bspw. beschreibt dies mit der Funktionsgruppe Personal, die die Funktionen PZE, LEE (Leistungslohnermittlung), PEP, ZKS und ESK (Eskalationsmanagement) beinhaltet (vgl. Kletti, J. (2006), S. 34f.)

[474] vgl. VDI (2007), S. 30-34. Zur Datenerfassung können die etablierten Systeme BDE und die MDE gezählt werden (vgl. Kletti, J. (2006), S. 31f.). Innerhalb der BDE werden auftrags- und personenbezogene Zeiten und Mengen erfasst (vgl. Kletti, J. (2006), S. 31f., vgl. Schönsleben, P. (2011), S. 746). Unter MDE versteht man im Allgemeinen jegliche Erfassung von Maschinendaten. Eine Anbindung zur Erfassung der Daten an der Maschine kann bspw. über Feldbus/Profibus erfolgen (vgl. hierzu detailliert Gienke, H. (2007), S. 773ff.).

[475] vgl. VDI (2007), S. 34-37

den Produktionsprozess unmittelbar betreffen. Lieferantenbewertungen bspw. liegen außerhalb des MES-Bereichs. Notwendige Informationen zur Ausführung der Unterstützung können sein: Qualitätsvorgaben, Vorschriften, Regeln oder Normen, Informationen aus internen Quellen des MES oder anderen externen Quellen sowie Stichprobenergebnisse.[476]

- *Informationsmanagement:* Innerhalb dieses Bereichs wird durch die Generierung, Zuordnung und Verfügbarmachung von Informationen des Prozessablaufs die Grundlage für die zuvor genannten MES-Bereiche geschaffen. Innerhalb dieser wird ein Zusammenhang zwischen Auftragsdaten, Produktionsvorgaben und den erfassten Prozessparametern hergestellt. Daneben wird dem Bereich die Dokumentation des Prozessablaufs zugeschrieben. Zur Informationsversorgung werden sowohl Push- als auch Pull-Mechanismen realisiert.[477]

Aus den Ausführungen wird deutlich, dass industriellen Unternehmen zahlreiche Möglichkeiten zur IT-basierten Unterstützung des Produktionsprozesses zur Verfügung stehen. Hieraus ergibt das Informationsangebot zur Deckung des Informationsbedarfs.

In Tabelle 8 sind für die ERP-/PPS-, CAx-Systeme sowie MES jeweils die in der Literatur angegebenen unterstützten Aufgaben und die hierzu verarbeiteten Daten bzw. Informationen zusammengefasst. In Kapitel 1 wird basierend auf den dargestellten theoretischen Grundlagen im Rahmen der empirischen Studie der aktuelle Stand der Informationsversorgung erhoben.

Unterstützte Aufgaben	**Verarbeitete Daten/Informationen (Auszug) zur Durchführung der Aufgaben**
Produktionsplanung und -steuerung (ERP-/PPS-Systeme)[478]	
Produktionsprogrammplanung, Mengenplanung, Termin- und Auftragsplanung, Auftragsüberwachung Grunddatenerzeugung und -verwaltung, Primärbedarfsplanung, Materialbedarfsplanung, Durchlaufterminierung, Verfügbarkeitsprüfung, Auftragsfreigabe, Produktionssteuerung,	Materialstamm, Stücklisten, Arbeitspläne, Kundenaufträge, Prüfpläne, Stammdaten zu Betriebsmitteln (Maschinen, Anlagen, Werkzeuge), Kapazitäten, Qualitätsmerkmale, Betriebsmittel, Produktdaten. Absatz- bzw. Produktionsmengen, vorhandenen Fertigungskapazitäten, Liefertermine Bruttobedarfe, Lagerbestände, Werkstattbestände Menge an Ersatzteilen, Ausschussprozentsätze, Losgrößen,

[476] vgl. VDI (2007), S. 37-39. Nach *Kletti* beinhaltet ein MES zur Unterstützung der Qualität die folgenden Funktionen: SPC (Statistische Prozessregelung), REK (Reklamationsmanagement), WEK (Wareneingang), PMC (Prüfmittelverwaltung) sowie die PMC (Prüfmittelverwaltung) (vgl. Kletti, J. (2006), S. 33f.)
[477] vgl. VDI (2007), S. 39-43. Der MES-Bereich des Informationsmanagements ist nicht gleichzusetzen mit dem in Kapitel 2 der vorliegenden Arbeit abgegrenzten Begriff des Informationsmanagements.
[478] Weitere Informationen bzw. Daten, die in einem ERP-System zu finden sind vgl. Navrade, F. (2008), S. 177

Unterstützte Aufgaben	Verarbeitete Daten/Informationen (Auszug) zur Durchführung der Aufgaben
Produktionsfortschrittskontrolle, (Instandhaltung)[479]	Produktionsstarttermine, kritische Fertigungsaufträge, Übergangszeiten, Liegezeiten, Rüstzeiten, Störungen Arbeitsvorräte, Prioritäten, Arbeitsvorrat, Kapitalbindung, Stückerlöse, Stückkosten, Lieferantendaten.[480] (Instandhaltungsplan, Instandhaltungskapazität, Warteschlangen, Bereitstellungsmeldungen für Ersatzteile, Dokumentation von Instandhaltungsmaßnahmen, z. B. für TÜV oder Versicherer, Laufende Instandhaltungsaufträge, Informationen zu Instandhaltungspersonal, Verfügbarkeit von Ersatzteilen, technische Anweisungen, Laufende Instandhaltungsaufträge, Durchführungsmahnungen, Soll-Ist-Vergleiche der Instandhaltung, Maschinenzustandsberichte, aufgelaufene Instandhaltungskosten, Instandhaltungsbudget[481])
CAx	
Konstruktion, Forschung und Entwicklung, Arbeitsplanung, Fertigen, Transportieren, Lagern, Prüfen, Verpacken, Steuerung der Produktqualität, Wareneingangsprüfung, Wartung/Reparaturen, Simulation	Prüfparameter, Prüfvorschriften und -pläne, Annahme-/Ablehnungs-/Nacharbeits-/Zweite-Wahl-Entscheidung, Gut- und Fehlermeldungen, Stichprobentabellen, Prüfprioritäten[482] Geometrische Zeichnungen, Stücklisten, Berechnungsergebnisse, Arbeitspläne, NC-Daten[483]
MES	
Feinplanung und -steuerung, Betriebsmittelmanagement, Materialmanagement, Personalmanagement, Datenerfassung, Leistungsanalyse, Qualitätsmanagement, Informationsmanagement	Produktionsziele, Arbeitsvorrat mit Terminziel, Ressourceninformationen, Materialinformationen über z.B. Rohmaterial, Lieferabrufe oder Halbfertigfabrikate, Belegungslisten, Montage- oder Transportaufträge, Rüstzeiten, Durchlaufzeiten, Umlaufbestände, Qualitätsinformationen, Personalinformationen, Betriebsmittelstatus, Betriebsmittelstammdaten und -bewegungsdaten), Vorschriften, Richtlinien, Wartungs- und Reparaturvorgaben, Lagerbestände, Personalzeitkonten, Personalinformationen bzgl. bspw. Qualifikation, Einsatzfeld, Maschinennutzgrad, Rüstgrad und Produktivität, Overall Equipment Effectiveness (OEE)-Index (Maß für die Prozesseffizienz), Maschinenauslastung, Termintreue.[484]

Tabelle 8: Auszug aus dem Informationsangebot im Produktionsbereich[485]

[479] Die Instandhaltung wird bspw. als eine Erweiterung des ERP-Systemen gegenüber dem PPS-System gesehen (vgl. Mertens, P. (2013), S. 236).

[480] vgl. Mertens, P. (2013), S. 171, 175f., 180, vgl. Zäpfel, G. (2001), S. 63

[481] vgl. Mertens, P. (2013), S. 236-239

[482] vgl. Mertens, P. (2013), S. 232, vgl. Thommen, J.-P. und Achleitner, A.-K. (2012), S. 400

[483] vgl. Schmidt, M. u.a. (2008), S. 342

[484] vgl. VDI (2007), S. 16ff.

[485] Tabelle erhebt keinen Anspruch auf Vollständigkeit.

4. Empirische Methodik

Das Ziel der vorliegenden Forschungsarbeit ist die Entwicklung eines Informationsversorgungskonzepts für den Produktionsbereich. Hierzu wurden in Kapitel 1.2 Teilforschungsfragen abgeleitet und zu deren Beantwortung in den Kapiteln 2 und 3 die relevanten theoretischen Grundlagen gelegt. Des Weiteren wurde die vorliegende Arbeit in Kapitel 1.3 zum einen wissenschaftstheoretisch in die gestaltungsorientierte Wirtschaftsinformatik eingeordnet und zum anderen die Exploration als die einzusetzende Forschungsstrategie identifiziert. Anschließend konnte mit den Ausführungen zum Stand der Forschung in Kapitel 1.4 gezeigt werden, dass die untersuchten Arbeiten Teilaspekte des Themenbereichs behandeln, die für ein Informationsversorgungskonzept gemäß der Zielsetzung dieser Arbeit aber noch nicht ausreichend sind. Ferner bleibt die offene Frage, ob das in der Theorie beschriebene Informationsangebot in der Praxis zur Deckung des produktionsspezifischen Informationsbedarfs adäquat eingesetzt wird. Aufgrund dessen sind hier empirische Erkenntnisse notwendig, die den Stand der Informationsversorgung erheben.

Im nachfolgenden Abschnitt wird detailliert auf das Forschungsdesign eingegangen. Hier wird zunächst die Wahl der Forschungsmethoden beschrieben, die zur Zielerreichung der vorliegenden Arbeit zweckmäßig sind.

4.1 Forschungsdesign

Der Bezugsrahmen der vorliegenden Arbeit wurde bereits in Kapitel 1.2 dargestellt. Abbildung 26 zeigt den abgeleiteten Bezugsrahmen der Empirie. Der Gestaltungsbereich wurde um die Gestaltungsebenen des Zugriffs bzw. der Verteilung, der Analyse bzw. der Aufbereitung und der Datenbasis ergänzt.[486]

Der Untersuchungsbereich, der sich aus der Forschungsfrage ableitet, bestimmt das weitere Vorgehen der vorliegenden Arbeit. Die Wahl der angewandten Forschungsmethode richtet sich nach dem jeweiligen Erkenntnisstand der Forschung.

Aus den Themenbereichen der *Aufgabenträger*, der *Aufgaben* und der *Informationsversorgung* (einschließlich der *Anwendungssystemlandschaft*) innerhalb des Untersuchungsbereichs der Produktion wurden offene Fragen abgeleitet, Annahmen gebildet

---

[486] Die Gestaltungsebenen des Zugriffs bzw. der Verteilung, der Analyse bzw. der Aufbereitung und der Datenbasis wurden in Anlehnung an die Gestaltung von operativen und dispositiven Anwendungssystemen abgeleitet (vgl. z.B. Laudon, K. C. u.a. (2010), S. 20f., 438, vgl. Kemper, H.-G. u.a. (2010), S. 11).

und darauf basierend zwei quantitative empirische Studien (Studie 1 und Studie 2) konzipiert.

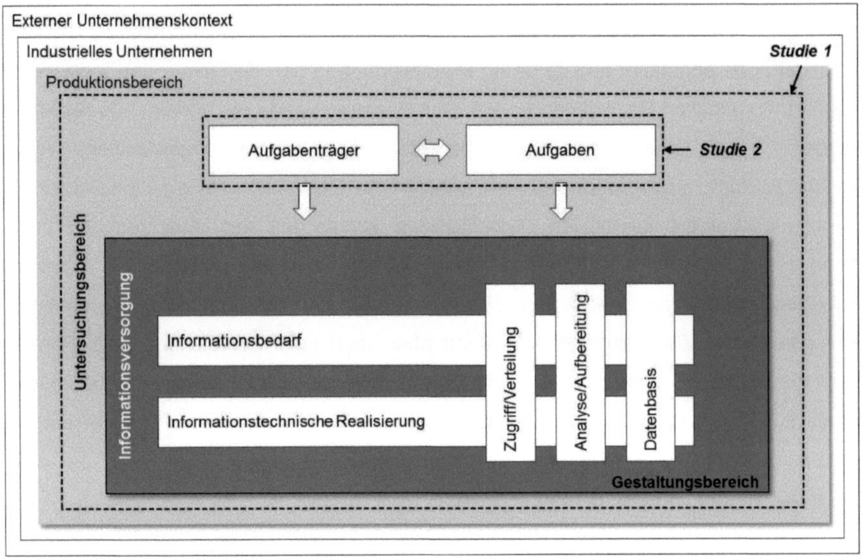

Abbildung 26: Abgeleiteter Bezugsrahmen der Empirie

- Aufgabenträger in der Produktion: Anhand der Literaturanalyse[487] wurden die Aufgabenträger in der Produktion identifiziert.[488] Zentrale Ergebnisse der Literaturanalyse sind erstens die uneinheitliche Bezeichnung der Aufgabenträger sowie zweitens eine Dezentralisierungstendenz der Entscheidungskompetenzen in industriellen Unternehmen. Zur Bestimmung des Informationsbedarfs wurde in den theoretischen Grundlagen die Bildung homogener Gruppen als notwendig identifiziert. Hierzu ist es zweckmäßig, basierend auf den theoretischen Grundlagen die Bezeichnungen systematisch zu erheben, zu vereinheitlichen sowie hierarchisch anzuordnen. Zur Bildung der homogenen Gruppen sind vor dem Hintergrund der Dezentralisierung empirische Erkenntnisse zum Informationsbedarf notwendig. Zu diesem Zweck wurde zunächst eine empirische Untersuchung in

[487] Literaturanalysen werden als ein essentieller Bestandteil jedes Forschungsprozesses gesehen. Das Ziel ist es, bereits bestehendes Wissen und die Forschungslücke zu identifizieren sowie Forschungsfragen abzuleiten (vgl. Levy, Y. und Ellis, T. J. (2006), S. 172ff., vgl. Webster, J. und Watson, R. T. (2002), S. xiiiff., vgl. Vom Brocke, J. u.a. (2009), S. 2ff.).

[488] vgl. Kapitel 3.3.1. Die Voruntersuchung setzt sich zum einen aus der Literaturanalyse und zum anderen aus einer qualitativen Erhebung zusammen. Auf die empirischen Erkenntnisse der Voruntersuchung wird in Kapitel 4.2 eingegangen.

Form einer explorativen quantitativen Befragung ‚Stand der Informationsversorgung in industriellen Unternehmen' (Studie 1) durchgeführt, die den gesamten Untersuchungsbereich beleuchtet (vgl. Abbildung 26).

- *Aufgaben in der Produktion*: Ausgangspunkt der Entwicklung eines Informationsversorgungskonzepts sind die Aufgaben innerhalb des Produktionsbereichs. Ebenfalls in einer Literaturanalyse wurden die relevanten Aufgaben im Untersuchungsbereich der Produktion identifiziert und ein strukturierter Aufgabenkatalog (vgl. Anhang B: Literaturbasierter Aufgabenkatalog) wurde erstellt. Zur Bestimmung des Informationsbedarfs müssen diese den Aufgabenträgern zugeordnet werden. Eine konkrete Zuordnung von produktionsbezogenen Aufgaben zu Aufgabenträgern wird in der Literatur nicht vertiefend behandelt. Aus diesem Grund wurde eine quantitative empirische Erhebung (‚*Studie zur Aufgabenzuordnung*', Studie 2) konzipiert und durchgeführt, die die Aufgabenzuordnung in industriellen Unternehmen beleuchtet (vgl. Abbildung 26).

- *Informationsversorgung/*Anwendungssystemlandschaft: In Kapitel 1.4 zum Stand der Forschung sowie in Kapitel 3.4 wurde das in der Literatur dargestellte mögliche Informationsangebot industrieller Unternehmen im Produktionsbereich herausgearbeitet. Zur Entwicklung eines Informationsversorgungskonzepts sind empirische Erkenntnisse über den aktuellen Stand der Informationsversorgung in industriellen Unternehmen notwendig. Lösungen zur Informationsversorgung in diesem Umfeld sind stark abhängig vom jeweiligen Unternehmenskontext, wie bspw. der Branche oder der Produktionsart, woraus sich hier zahlreiche Kombinationsmöglichkeiten zur Klassifizierung von Unternehmen ergeben. Aufgrund dessen wurde zur Untersuchung des aktuellen Stands der Informationsversorgung das Instrument der Online-Befragung gewählt, da hier eine breite Datenerhebung möglich ist (Studie 1). Dem Themenbereich der MES wurde aufgrund der in Kapitel 1.4 dargestellten exponierten Stellung in der Forschung ein hoher Stellenwert in dieser quantitativen Erhebung beigemessen. Neben den MES wurde in der quantitativen Studie der Einsatz von Anwendungssystemen in und außerhalb der Produktion untersucht, um Aussagen über die Digitalisierung treffen zu können. Zur Beantwortung der Teilforschungsfrage nach der informationstechnischen Realisierung sind zudem empirische Erkenntnisse in Bezug auf eine notwendige Datenbasis, eine notwendige Analyse und Aufbereitung der Informationen sowie eine notwendige Verteilung der Informationen bzw. Zugriffsmöglichkeit auf diese notwendig.

Tabelle 9 stellt die Wahl der Forschungsmethoden zusammenfassend dar.

Themenbereiche des Untersuchungsbereichs	Explorative Untersuchung	Stand der Forschung	Forschungsmethode
Aufgabenträger in der Produktion	Untersuchung der durch Dezentralisierung bedingten veränderten Aufgabenverteilung	Zahlreiche wissenschaftliche Publikationen[489] im Bereich Aufgabenträger, wenig erforschter Bereich der Auswirkungen der Dezentralisierung auf die Informationsversorgung	Literaturanalyse und quantitative Exploration (Studie 1)
Aufgaben in der Produktion	Untersuchung der zu erfüllenden Elementaraufgaben	Zahlreiche wissenschaftliche Publikationen, wenige Aussagen zu konkreten Aufgabenbündeln	Literaturanalyse und Quantitative Exploration (Studie 2)
Informationsversorgung/Anwendungssystemlandschaft	State-of-the-Art der Informationsversorgung	Wenig untersuchter Bereich insb. vor dem Hintergrund der Dezentralisierung	Quantitative Exploration (Studie 1)

Tabelle 9: Wahl der Forschungsmethoden

Nachfolgend wird, basierend auf den gewählten Forschungsmethoden, auf das Forschungsdesign der vorliegenden Arbeit eingegangen.

Die vorliegende Arbeit orientiert sich stringent an den wissenschaftlichen Paradigmen der gestaltungsorientierten Wirtschaftsinformatik.[490] Innerhalb der Wirtschaftsinformatik besteht das vorrangige Ziel darin, als Realwissenschaft Gestaltungsempfehlungen für die betriebliche Praxis zu generieren. Zu diesem Zweck werden empirische Forschungsmethoden eingesetzt, die systematisch die Realität erheben.[491] Im weiteren Verlauf wird das Forschungsdesign[492] der vorliegenden Arbeit dargelegt. In Abbildung

[489] vgl. Kapitel 3.3

[490] vgl. Österle, H. u.a. (2010a),

[491] vgl. Müller-Böling (1993), S. 1492, vgl. Bortz, J. und Döring, N. (2006), S. 50. Das innovative Forschungsumfeld der Wirtschaftsinformatik sowie der Untersuchungsbereich legen die Anwendung der Explorationsstrategie nahe, die auf das erstmalige Entdecken von Zusammenhängen ausgerichtet ist (vgl. Kapitel 1.3).

[492] Unter dem Forschungsdesign werden alle zur Planung und Durchführung einer empirischen Untersuchung notwendigen Schritte verstanden. Hierzu gehören u.a. die Festlegung der zu beantwortenden Forschungsfragen, die Annahmen, die Definition des Untersuchungsbereichs sowie die einzusetzenden Erhebungsmethoden (vgl. Lamnek, S. (2005), S. 719).

27 sind die eingesetzten Forschungsmethoden den Phasen der Analyse, des Entwurfs und der Evaluation des Erkenntnisprozesses der gestaltungsorientierten Wirtschaftsinformatik zugeordnet.[493,494]

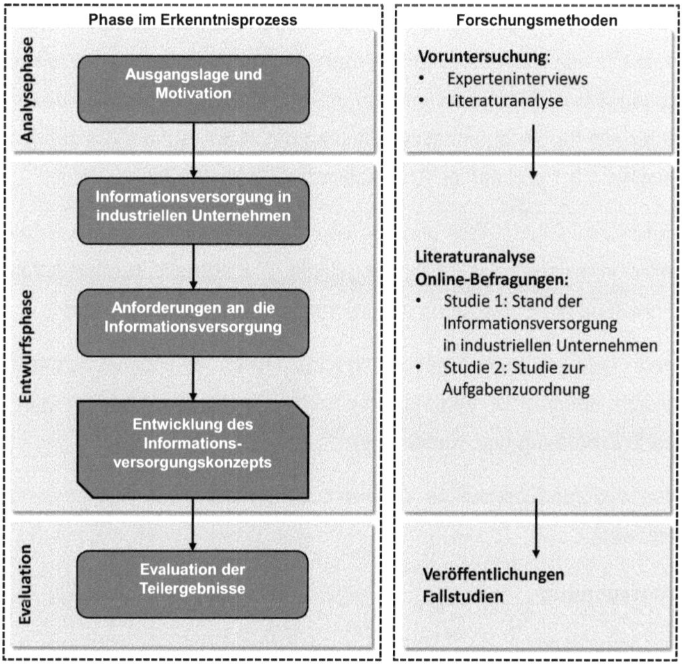

Abbildung 27: Phasen im Erkenntnisprozess

Zu Beginn der Untersuchung ist es innerhalb der *Analysephase*[495] notwendig, die Motivstrukturen der Thematik zu schaffen, das Problem zu strukturieren und die Forschungsfrage wie auch das Forschungsdesign festzulegen.[496] Zu diesem Zweck wurden innerhalb einer Vorstudie Literaturanalysen sowie nicht standardisierte bzw. teil-

[493] Die Phase der Diffusion wird im Nachfolgenden nicht thematisiert. Die Diffusion erfolgt mit Veröffentlichung der vorliegenden Arbeit.

[494] vgl. Österle, H. u.a. (2010a), S. 4f. Die Phasen des Forschungsprozesses werden in der empirischen Sozialforschung auch mit den Begriffen Entdeckungs-, Begründungs- und Verwertungszusammenhang bezeichnet (vgl. Atteslander, P. (2008), S. 16, vgl. Friedrichs, J. (1990), S. 50).

[495] In der empirischen Sozialforschung auch als Entdeckungszusammenhang bezeichnet (vgl. Atteslander, P. (2008), S. 16, vgl. Friedrichs, J. (1990), S. 52). Der Entdeckungszusammenhang bildet die Grundlage empirischer Sozialforschung. Hier werden der Untersuchungsbereich spezifiziert, Problemstellungen konkretisiert, erste Wirkungszusammenhänge untersucht und die theoretischen Grundlagen erarbeitet. Hierbei geht es um die Frage: 'Was soll erforscht werden?' (vgl. hierzu Friedrichs, J. (1990), S. 50ff., vgl. Raithel, J. (2008), S. 25, vgl. Wrona, T. (2006), S. 200).

[496] vgl. Österle, H. u.a. (2010a), S. 4, vgl. Bortz, J. und Döring, N. (2006), S. 239, vgl. Friedrichs, J. (1990), S. 50ff.

standardisierte Experteninterviews[497] durchgeführt.[498] Die empirischen Ergebnisse der Vorstudie werden in Kapitel 4.2 beschrieben.

In der *Entwurfsphase*[499] erfolgt die Exploration anhand von Literaturanalysen sowie anhand quantitativer Untersuchungen.[500] Innerhalb der Studien 1 und 2 werden Annahmen untersucht[501], die aus den Erkenntnissen der Voruntersuchung erstellt wurden.[502] Zur Erforschung dieser Annahmen wird der in Abbildung 26 dargestellte Bezugsrahmen der Empirie jeweils für die quantitativen Studien detailliert. Auf die Konzeption der Studie 1 geht Kapitel 4.3.1 und auf die Konzeption der Studie 2 geht Kapitel 4.3.2 ein.

Aus den empirischen Erhebungen und den Literaturanalysen werden die Anforderungen an ein Informationsversorgungskonzept abgeleitet.[503] Basierend auf den Anforderungen erfolgt anschließend die Entwicklung des Informationsversorgungskonzepts.

Die *Evaluation*, wie sie in der gestaltungsorientierten Wirtschaftsinformatik verlangt wird, erfolgt zum einem über Veröffentlichungen[504] sowie zum anderen über eine fallstudienbasierte Erprobung (vgl. Kapitel 4.4).[505]

Im Folgenden wird zunächst auf die Voruntersuchung und deren resultierende Erkenntnisse eingegangen.

4.2 Voruntersuchung

Innerhalb der Voruntersuchung[506] wurde die qualitative Erhebungsmethode der mündlichen Befragung[507] angewandt. Zu diesem Zweck kam das teilstandardisierte Experten-

---

497 Zur Klassifizierung von Befragungen vgl. hierzu Bortz, J. und Döring, N. (2006), S. 238, vgl. Atteslander, P. (2008), S. 123, vgl. Schnell, R. u.a. (2008), S. 321ff., vgl. Lamnek, S. (2005), S. 329ff.

498 vgl. Friedrichs, J. (1990), S. 122, vgl. Diekmann, A. (2008), S. 34. In dieser Phase wurden ebenfalls die relevanten Begriffe abgegrenzt und definiert (vgl. Friedrichs, J. (1990), S. 53, vgl. Schnell, R. u.a. (2008), S. 128).

499 In der empirischen Sozialforschung auch als Begründungszusammenhang bezeichnet (vgl. Friedrichs, J. (1990), S. 53, vgl. Schnell, R. u.a. (2008), S. 377). Der Begründungszusammenhang beinhaltet die methodologischen Schritte, mit deren Hilfe das Problem untersucht wird (vgl. angegebene Quellen).

500 Qualitative und quantitative Methoden können innerhalb der hypothesenerkundenden Forschung in Kombination angewendet werden, vgl. hierzu Bortz, J. und Döring, N. (2006), S. 137, vgl. Atteslander, P. (2008), S. 5, 197

501 Die Ergebnisse der Studien sind in Kapitel 5 dargestellt.

502 Neben den Annahmen, die aus der Voruntersuchung abgeleitet wurden, werden Annahmen untersucht, die während der explorativen Auswertung der Ergebnisse aufgestellt wurden. Dies stellt einen legitimen Forschungsprozess in der Exploration dar (vgl. Bortz, J. und Döring, N. (2006), S. 371ff.).

503 Dies wird in der empirischen Sozialforschung der Phase des Verwertungszusammenhangs zugeordnet. Im Verwertungszusammenhang werden die gefundenen Ergebnisse auf das im Entdeckungszusammenhang definierte Problem bezogen (vgl. hierzu Kromrey, H. (2002), S.80, vgl. Atteslander, P. (2008), S. 16).

504 vgl. Kapitel 4.4

505 Zur Fallstudie vgl. z.B. Yin, R. K. (2009), S. 1ff.

interview mit Leitfaden[508] zum Einsatz. Das Umfeld der Experten unterscheidet sich hierbei in besonderem Maße von dem Einsatzgrad der MES-Lösung. Tabelle 10 gibt einen Überblick über die Charakteristika der befragten Teilnehmer bzw. deren Unternehmenskontext. Die Interviews wurden in einer Dauer von 2,5 bis 4 Stunden mit anschließender Beobachtung des Produktionsablaufs im Zeitraum von November 2008 bis März 2009 geführt.

Charakteristika	Unternehmen 1	Unternehmen 2	Unternehmen 3
MES-Einsatzgrad	Durchgängige MES-Lösung in allen Werken (jeweils getrenntes MES)	Kein MES im Einsatz	MES an einem Produktionsstandort im Einsatz
Branche	Mineralöl, Kunststoffe, Chemie, Glas - allgemein	Datenverarbeitungsgeräte, Elektrotechnik, Elektronik, Feinmechanik, Optik	Fahrzeugbau
Unternehmensgröße	Großes Unternehmen	Großes Unternehmen	Großes Unternehmen

Tabelle 10: Voruntersuchung

Aus der Befragung der Unternehmen konnte in der Voruntersuchung festgestellt werden:

- MES unterscheiden sich in den betreffenden Unternehmen in ihrem Funktionsumfang sowie in ihrem Einsatzzweck erheblich. Ein fokussierter Einsatzzweck von MES kann in der Unterstützung der Produktionsgrob- und -feinplanung sowie der Produktionssteuerung gesehen werden.[509]

[506] Neben den Experteninterviews wurden Diskussionen auf Messebesuchen und Informationsveranstaltungen zur Wissensgenerierung im Bereich der MES geführt.

[507] Hierbei kann die mündliche Befragung nach verschiedenen Differenzierungskriterien klassifiziert werden: Ausmaß der Standardisierung, Autoritätsanspruch des Interviewers, Art des Kontaktes, Anzahl der Befragten Personen, Anzahl der Interviewer sowie nach der Funktion. Zur Vertiefung vgl. hierzu Bortz, J. und Döring, N. (2006), S. 238, vgl. Atteslander, P. (2008), S. 123, vgl. Schnell, R. u.a. (2008), S. 321ff., vgl. Lamnek, S. (2005), S. 329ff.

[508] Teilstrukturiert beschreibt das Ausmaß der Standardisierung. Hierbei handelt es sich um eine Mischform zwischen offenen (ohne Antwortvorgaben) und geschlossenen Fragen. In der Regel wird in einem teilstrukturierten Interview ein Leitfaden eingesetzt. Dieser soll sicherstellen, dass alle wesentlichen Themenschwerpunkte angesprochen werden (vgl. Bortz, J. und Döring, N. (2006), vgl. Diekmann, A. (2008), S. 438, 537, vgl. Mayring, P. (2002), S. 70). Das Interview wurde einzeln mit Fachexperten aus den Fachbereichen der Produktion und/oder der IT geführt. Zu Einzel- und Gruppenbefragungen vgl. z.B. Bortz, J. und Döring, N. (2006), S. 242. Als Experte gilt wer im betreffenden Forschungsgegenstand umfassende und besondere Erfahrung besitzt (vgl. Atteslander, P. (2008), S. 131). Dies wurde bei der Wahl der Probanden berücksichtigt. Der Interviewleitfaden ist im Anhang (Anhang A: Interviewleitfaden der Voruntersuchung) zu finden.

[509] Dies wurde insb. in Zusammenhang mit der von den Experten wahrgenommenen mangelnden Planungsmöglichkeiten von ERP-Systemen genannt.

- Benutzer von MES sind in erster Linie dem operativen Bereich der Produktion zuzuordnen. Die oberen Unternehmensebenen werden mit Berichten aus dem MES versorgt.
- Eine Archivierung von produktionsbezogenen Daten findet vor allem aufgrund gesetzlicher Regelungen sowie aufgrund von Kundenanforderungen statt. Die Archivierung erfolgt in der Regel nicht im MES. Die archivierten Daten werden hierbei nicht für Analysezwecke genutzt.
- Zur Informationsversorgung im Produktionsbereich werden häufig Excel-basierte Lösungen sowie Eigenentwicklungen eingesetzt, insb. wenn keine durchgängige MES-Lösung im Einsatz ist.
- Die Informationsversorgung mit echtzeitbezogenen Daten wird von den Interviewpartnern als bedeutend eingestuft. In diesem Zusammenhang wurde auch der Bedarf nach einem Frühwarnsystem geäußert.
- Die Informationsversorgung erfolgt zumeist nach dem Push-Ansatz (Berichte).

In einer breit angelegten empirischen Erhebung wird untersucht, wie der Einsatz von MES die Informationsversorgung industrieller Unternehmen beeinflusst und wie die Informationsversorgung realisiert wird.

4.3 Empirische Exploration

Die empirische Exploration der vorliegenden Arbeit setzt sich auch aus zwei quantitativen Erhebungen zusammen: Zum einem der Erhebung ‚Stand der Informationsversorgung in industriellen Unternehmen' (Studie 1) sowie zum anderen der Erhebung ‚Studie zur Aufgabenzuordnung' (Studie 2). Auf die Konzeption der Studien gehen die nachfolgenden Kapitel 4.3.1 und 4.3.2 ein.

4.3.1 Quantitative Erhebung ‚Stand der Informationsversorgung in industriellen Unternehmen' (Studie 1)

Die empirische Exploration beginnt zunächst mit der quantitativen Untersuchung ‚Stand der Informationsversorgung in industriellen Unternehmen', nachfolgend als Studie 1 bezeichnet, in Form eines Online-Fragebogens.

Generell versteht man unter einer internetgestützten Datenerhebung alle Methoden und Verfahren, die sich des Internets als Hilfsmittel im Datengenierungsprozess bedienen. Die Online-Befragung ist den reaktiven Verfahren zuzuordnen, bei denen aktiv auf eine

Fragestellung unabhängig von der Zeit Antwort gegeben wird.[510] Die Daten werden über einen digitalen Fragebogen, basierend auf HTML-Funktionalität erfasst. Dies ermöglicht eine individualisierte Gestaltung.[511]

Die Grundlage für die Konzipierung der Befragung bilden der Bezugsrahmen der Empirie, auf den in Kapitel 4.1 eingegangen wurde, sowie die Annahmen, die mittels der explorativen Erhebung untersucht werden sollen. Hierauf basierend wurde der heuristische Bezugsrahmen[512] der Studie 1 abgeleitet. Nachfolgend werden zunächst die Annahmen der Studie 1 dargestellt und anschließend der heuristische Bezugsrahmen der Studie 1 beschrieben.

Annahmen der Studie 1

Die Annahmen der quantitativen Erhebung Studie 1 sind im Folgenden aufgelistet und werden in Kapitel 5 zusammen mit den Ergebnissen erläutert. Nach Untersuchung der Annahmen werden Anforderungen an das Informationsversorgungskonzept abgeleitet.

- Allgemeine Annahme (Notwendigkeit eines Informationsversorgungskonzepts)

  $A_{1\text{-}0}$: Die organisatorischen und technischen Entwicklungen im Produktionsbereich (Dezentralisierung und Digitalisierung) führen zu der Notwendigkeit der Entwicklung eines auf die Belange der Aufgabenträger ausgerichteten Informationsversorgungskonzepts.

- Aufgabenträger im Produktionsbereich

  $A_{2\text{-}0}$: Der Informationsbedarf leitet sich aus den zu erfüllenden Aufgaben ab, die ein Aufgabenträger zu lösen hat. Zur Entwicklung eines Informationsversorgungskonzepts ist daher die Bildung homogener Gruppen notwendig, welche hinsichtlich eines operativen und eines dispositiven Bereiches der Produktion differenziert werden.

  $A_{3\text{-}0}$: Die bisherige Informationsversorgung basiert nicht auf einer auf die Aufgabenträger ausgerichteten Informationsbedarfsanalyse.

---

[510] vgl. Hollaus, M. (2007), S. 20f.
[511] vgl. Batinic, B. (2000), S. 292
[512] Ein theoretischer Bezugsrahmen stellt generell ein Aussagesystem dar, welches den strengen Anforderungen an ein Hypothesensystem nicht genügt. Ein heuristischer Bezugsrahmen unterscheidet sich grundsätzlich dadurch, dass er ‚Fragen' beinhaltet, statt Behauptungen und somit eine geringere Anforderung an logische Konsistenz und Operationalität gestellt wird (vgl. hierzu Kubicek, H. (1977), S. 17f., vgl. Zaugg, R. (2002), S.5).

- Aufgaben im Produktionsbereich

$A_{4\text{-}0}$: Die Aufgabenverteilung in der Produktion unterliegt einem dynamischen Wandel – hin zur Dezentralisierung. Dies führt zu einem geänderten Informationsbedarf, der bislang nicht in einer angepassten Informationsversorgung berücksichtigt wurde.

- Anwendungssystemlandschaft

$A_{5\text{-}0}$: Im Produktionsbereich kommt eine Vielzahl an Anwendungssystemen unterschiedlicher Kategorien zum Einsatz.

$A_{6\text{-}0}$: MES werden zur Unterstützung des operativen Bereichs eingesetzt und erhöhen die Zufriedenheit mit der Informationsversorgung im operativen Bereich.

$A_{7\text{-}0}$: MES werden zum Zweck der Integration betriebswirtschaftlicher und technischer Daten implementiert.

- Informationsversorgung

Datenbasis

$A_{8\text{-}0}$: Die Daten in der Produktion entstammen einer Vielzahl von Anwendungssystemkategorien und sind nicht über einheitliche Datenbasen integriert.

$A_{9\text{-}0}$: Neben der Archivierung werden die vorhandenen, historischen Daten nicht zu Analysezwecken aufbereitet oder zur Steuerung der Produktion verwendet.

Analyse und Aufbereitung

$A_{10\text{-}0}$: Der Produktionsbereich bedarf einer echtzeitnahen Informationsversorgung, um adäquat auf Störungen reagieren zu können. Die Bereitstellung echtzeitnaher Informationen erhöht die Zufriedenheit mit der Informationsversorgung im Produktionsbereich.

Zugriff und Verteilung

$A_{11\text{-}0}$: Der Produktionsbereich wird vorwiegend mit produktionsnahen/technischen Informationen versorgt. Unternehmensweite Informationen stehen im Produktionsbereich nicht ausreichend zur Verfügung. Die Aufgaben des Produktionsmanagements werden anhand weniger zur Verfügung gestellter Informationen unterstützt.

$A_{12\text{-}0}$: Die Informationsversorgung der Aufgabenträger erfolgt hauptsächlich über standardisierte Berichte (Push-Versorgung).

Zur Untersuchung der dargestellten Annahmen werden im Folgenden der Bezugsrahmen sowie die notwendigen Operationalisierungen beschrieben.

Bezugsrahmen der Studie 1

Abbildung 28 stellt den heuristischen Bezugsrahmen dar, der der Studie 1 zugrunde liegt.

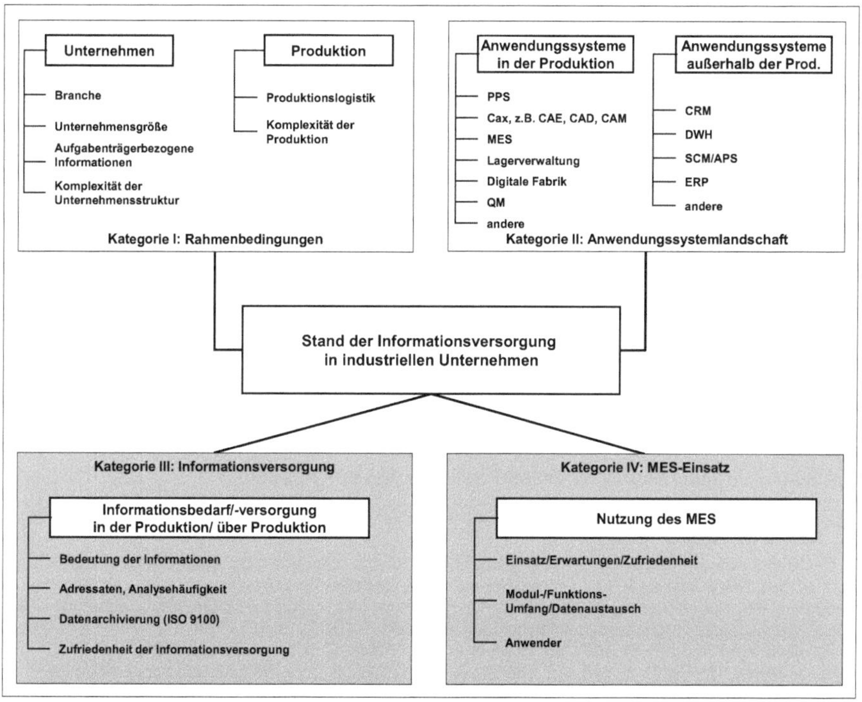

Abbildung 28: Bezugsrahmen der quantitativen Studie 1

Die relevanten Kategorien des Bezugsrahmens sowie deren Dimensionen[513] wurden basierend auf den Annahmen aus den bisherigen Erkenntnissen abgeleitet. Kategorie I dient zur Charakterisierung der Rahmenbedingungen (interner und externer Unternehmenskontext), die zum einen aus den unternehmensspezifischen Gegebenheiten sowie zum anderen aus den Attributen der Produktion spezifiziert werden können. Kategorie I dient vorwiegend zur Klassifizierung und Filterung der befragten Teilnehmer und somit der Befragungsergebnisse. Die erhobenen Daten der Kategorie II beleuchten den Bereich der Anwendungssysteme, wobei zwischen Anwendungssystemen innerhalb und außerhalb der Produktion (Anwendungssystemlandschaft) unterschieden wird. In der Kategorie III wird der aktuelle Stand zur Informationsversorgung abgefragt. Kategorie IV fokussiert den MES-Einsatz. Basierend auf der Voruntersuchung und dem Stand der Forschung (vgl. Kapitel 1.4) wurde diesem eine bedeutende Stellung in Bezug auf die Anwendungssysteme im Produktionsbereich zugesprochen. Daher erfahren MES eine detaillierte Untersuchung und werden nicht in der Kategorie Anwendungssystemlandschaft untersucht.

Basierend auf dem heuristischen Bezugsrahmen besteht der Fragebogen aus vier zentralen Fragebatterien (Themenkomplexe): allgemeiner Fragenblock (Kategorie I und II), MES spezifischer Frageblock (Kategorie IV) sowie einem Fragenblock zur Informationsversorgung (Kategorie III). Die für den Teilnehmer nicht relevanten Themenbereiche werden mittels Filterfragen übersprungen.[514]

Der Fragebogen beinhaltet vorwiegend geschlossene Fragen sowie Hybridfragen zur vertiefenden Erkenntnis.[515] Zur Überprüfung der Verständlichkeit und der Schwierigkeit der Fragen, der Fragenanordung (Dramaturgie) und der Dauer der Befragung wurde im Vorfeld ein Pretest mit ausgewählten Fachexperten durchgeführt.[516]

---

[513] Die Kategorien und Dimensionen sind hierbei die Elemente, die die Problembeschreibung bilden. Kategorien sind Merkmalsträger, die mehrere variierende Eigenschaften aufweisen können, z.B. Personengruppen. Dimensionen werden den Kategorien zugeordnet und beschreiben diese. Sie erlauben darüber hinaus im Anschluss vergleichende Analysen (vgl. Kubicek, H. (1977), S. 18).

[514] vgl. Kromrey, H. (2002), S. 372f., vgl. Schnell, R. u.a. (2008), S. 343f., Hollaus, M. (2007), S. 27

[515] vgl. Kromrey, H. (2002), S. 369, vgl. Schnell, R. u.a. (2008), S. 333. Als geschlossene Fragen werden Fragestellungen bezeichnet, deren Antwortmöglichkeiten vorgegeben sind. Hierbei kann weiter differenziert werden in Fragestellungen mit Mehrfach- sowie Einfachauswahl (vgl. hierzu Atteslander, P. (2008), S. 138). Hybridfragen oder halboffene Fragen sind geschlossene Fragen, die um Textfelder ergänzt sind.

[516] vgl. Bortz, J. und Döring, N. (2006), S. 355f., vgl. Atteslander, P. (2008), S. 277, vgl. Friedrichs, J. (1990), S. 153, vgl. Schnell, R. u.a. (2008), S. 347. Der Pretest umfasste neun Teilnehmer, wobei hier auf ausgewogene Fachkompetenzen Rücksicht genommen wurde. Am Pretest teilgenommen haben zum einen die Interviewpartner aus der Voruntersuchung, die den sinngemäßen Inhalt beurteilen konnten. Zum anderen wurden weitere, bis dahin unbekannte Fachexperten aus Produktion, Logistik und IT gebeten, die Umfrage durchzuführen. Ebenfalls am Pretest teilgenommen hat ein Fachexperte eines führen-

Im Nachfolgenden werden die Kategorien mit den entsprechenden Dimensionen erläutert. Begriffe mit nicht direktem empirischen Bezug (latente Variablen[517]), werden zunächst operationalisiert. Hierzu werden die Indikatoren identifiziert und in die Fragen der Online-Umfrage überführt.[518]

Kategorie I: Rahmenbedingungen

- *Unternehmen*: Die Charakteristika des Unternehmens werden zum einen über die ‚Branche'[519] des Unternehmens ermittelt, in die sich der Befragte einordnet, und zum anderen über die ‚Unternehmensgröße' (latente Variable), die über die Indikatoren ‚Mitarbeiteranzahl' und ‚Jahresumsatz' ermittelt wird.[520] Des Weiteren werden aufgabenträgerbezogene Informationen, wie die organisatorische Zuordnung und die strategische Bedeutung der Aufgaben erhoben. Zusätzlich wird an dieser Stelle die ‚Komplexität der Unternehmensstruktur' abgefragt. Hierbei handelt es sich um eine latente Variable, die in die ‚Anzahl der Standorte' und in die Anzahl der ‚Hierarchiestufen' des Unternehmens operationalisiert wurde.[521]

- *Produktion*: Die Dimension Produktion beinhaltet einerseits Informationen zum Aufgabenbereich der ‚Produktionslogistik'[522] und andererseits zur ‚Komplexität der Produktion'. Die latente Variable ‚Komplexität der Produktion' wird über Produktionsart, Produktionsablaufart[523], Auftragsauflösung[524], Eigenfertigungstiefe

den MES-Anbieters, um die Fachtermini in der Fragenbatterie MES-Fragen zu überprüfen. Alle Teilnehmer hatten hierbei die Möglichkeit, Kommentare zu jeder Frage zu hinterlegen. Des Weiteren wurde der Fragebogen im Nachhinein mit einigen Fachexperten telefonisch diskutiert.

517 Latente Variablen sind nicht beobachtbare Sachverhalte. Durch Operationalisierung werden direkt beobachtbare Ausprägungen bestimmter Merkmale den latenten Variablen zugeordnet. Die direkt beobachtbaren Ausprägungen werden Indikatoren genannt (vgl. Atteslander, P. (2008), S. 43, vgl. Schnell, R. u.a. (2008), S. 131).

518 vgl. Kromrey, H. (2002), S. 183f., vgl. Atteslander, P. (2008), S. 40, vgl. Friedrichs, J. (1990), S. 78, vgl. Schnell, R. u.a. (2008), S. 129, vgl. Lamnek, S. (2005), S. 129

519 Die Brancheneinteilung erfolgt in Anlehnung an die Industrie- und Handelskammer Deutschland sowie an das Statistische Bundesamt (vgl. IHK Deutschland (2009), vgl. Statistisches Bundesamt (2008), URL siehe Literaturverzeichnis).

520 Die Operationalisierung der Variable ‚Unternehmensgröße' basiert auf Literaturanalyse vorhandener Studien und lehnt sich an die Vorgaben des Instituts für Mittelstandsforschung Bonn sowie das Statistische Bundesamt (vgl. hierzu ifM Bonn (2010), URL siehe Literaturverzeichnis, vgl. Statistisches Bundesamt (2010), URL siehe Literaturverzeichnis). Zur Diskussion verschiedener Definitionen der Unternehmensgröße siehe auch Weseloh, F. C. (2004), URL siehe Literaturverzeichnis, S. 3-10. Für die Auswertungen relevant sind insb. große Unternehmen und KMUs. Unter KMUs werden kleine und mittelständische Unternehmen verstanden (vgl. zur Mittelstanddefinition ifM Bonn (2010), URL siehe Literaturverzeichnis).

521 vgl. hierzu Hirsch, B. u.a. (2007), S. 635, 637, Khadjavi, K. (2005), URL siehe Literaturverzeichnis, S. 55

522 Zur Definition der Produktion vgl. Kapitel 3.1

523 Die Fertigungsablaufart beschreibt die Fertigung nach ihrer räumlichen Anordnung und kapazitätsmäßigen Abstimmung der Fertigungsmittel (vgl. Rinschede, M. (1995), S. 40-55).

bzw. Fertigungsstruktur, Erzeugnisspektrum[525], Disposition[526] sowie Beschaffung operationalisiert.[527]

Kategorie II: Anwendungssystemlandschaft

In dieser Kategorie wurden Informationen bzgl. des Einsatzes von Anwendungssystemen erhoben, die im Kenntnisstand des Befragten stehen. Hierbei wurde zwischen Systemen innerhalb und außerhalb der Produktion unterschieden.[528]

Kategorie III: Informationsversorgung

Die Erhebung des aktuellen Stands der Informationsversorgung erfolgte über Produktionskennzahlen.[529]

- *Bedeutung der Informationen*: Die Bedeutung bezieht sich auf die Produktionskennzahlen, die zur Steuerung der Produktion zur Verfügung stehen. Hierbei differenziert sich die Bedeutung in die derzeitige Nutzung von Produktionskennzahlen sowie die geforderte Bereitstellung[530] von Produktionskennzahlen.

- *Analysehäufigkeit und Adressaten*: Im Rahmen dieser Untersuchung wurde die Analysehäufigkeit unterschieden in Echtzeit[531], täglich, wöchentlich sowie monatlich. Entsprechend dem Untersuchungsbereich der vorliegenden Arbeit wurde der mögliche Adressatenkreis auf die Mitarbeiter der Produktion, des (Produktions-) Controllings, der Logistik sowie der Unternehmensleitung eingegrenzt.

- *Datenarchivierung*: Darunter wird der Bedarf zur Archivierung von Produktions- bzw. Prozessdaten verstanden, die sich bspw. aus gesetzlichen Rahmenbedingungen ergeben kann.

---

[524] Die Auftragsauflösungsart beschreibt die Bindung der Produktion an den Absatzmarkt (vgl. Rinschede, M. (1995), S. 40-55).

[525] Erzeugnisspektrum beschreibt den Standardisierungsgrad der produzierten Güter (vgl. Rinschede, M. (1995), S. 40-55).

[526] Die Disposition beschreibt die Auflösung des Sekundärbedarfs und ob diese kundenauftrags- oder programmorientiert ist (vgl. Rinschede, M. (1995), S. 40-55).

[527] Zur detaillierten Diskussion über die Komplexitätswirkung der einzelnen Merkmale vgl. Rinschede, M. (1995), S. 40-55

[528] Die Auflistung der Anwendungssysteme ist ein Ergebnis der Voruntersuchung sowie der theoretischen Grundlagen (vgl. Kapitel 3.4 sowie 4.2). Den Teilnehmern der Studie war die Einteilung ‚innerhalb' und ‚außerhalb' der Produktion nicht ersichtlich.

[529] Die produktionsbezogenen Kennzahlen basieren zum einen auf der Voruntersuchung und zum anderen auf dem Handbuch der Produktion (vgl. Gienke, H. (2007), S. 746).

[530] Die Kennzahlen, die die Befragten in ihrem Unternehmen nicht erheben, wurden in weiteren Fragestellungen nach Bedarf und Bedeutung konkretisiert. Die Befragten hatten darüber hinaus die Möglichkeit, in Textfeldern weitere Kennzahlen einzugeben.

[531] Unter Echtzeit wird in dieser Studie die Bereitstellung der Informationen auf Sekunden- bzw. Minutenbasis verstanden.

- *Zufriedenheit der Informationsversorgung*: Die Zufriedenheit wurde über die Indikatoren ‚Darstellung bzw. Graphische Aufbereitung', ‚Aktualität', ‚Detaillierungsgrad', ‚Qualität'[532], ‚Relevanz', ‚Zugriff auf historische Informationen', ‚Verfügbarkeit/Vollständigkeit', ‚Flexible Analysemöglichkeiten' und ‚Zeitaufwand der Informationsbeschaffung' operationalisiert.[533]

Kategorie IV: MES-Einsatz

- *Einsatz, Erwartungen und Zufriedenheit*: Zunächst wird erhoben, ob im Unternehmen des befragten Teilnehmers ein MES eingesetzt wird. Die Erwartungen an die Funktionen eines MES werden aus den Zielsetzungen abgeleitet, die mit der Einführung eines MES verfolgt wurden. Die Zufriedenheit ergibt sich anschließend aus den erreichten Zielsetzungen.
- *Modul-/Funktionsumfang und Datenaustausch*: Der Begriff MES ist nicht einheitlich definiert[534] und somit kann nicht von einem bestimmten Funktionsumfang ausgegangen werden. Daher wurden die Funktionalitäten, die in Normierungen und in der Literatur vorzufinden sind, abgefragt.[535] Weiterhin wurde der Datenaustausch mit korrelierenden Systemen der Produktion erhoben.
- *MES-Benutzer*: Die Dimension MES-Benutzer beschreibt Mitarbeiter, die mit dem MES arbeiten. Des Weiteren werden Mitarbeiter unterschieden, die mit den Informationen aus dem MES versorgt werden.

Die quantitative Exploration hat zum Ziel, den Ist-Stand der Informationsversorgung, den Stand des Informationsangebots sowie den Informationsbedarf der Aufgabenträger im Produktionsbereich zu untersuchen.
Im nachfolgenden Kapitel werden analog die Annahmen sowie der Bezugsrahmen der Studie 2 dargestellt.

4.3.2 Quantitative Erhebung ‚Studie zur Aufgabenzuordnung' (Studie 2)

Die quantitative Erhebung ‚Studie zur Aufgabenzuordnung', nachfolgend Studie 2 genannt, wurde ebenfalls in Form eines Online-Fragebogens und nach der zuvor dargestellten Studie 1 durchgeführt. Die Studie 2 basiert hierbei auf den empirischen Ergeb-

[532] Im Sinne von Richtigkeit
[533] Zur Operationalisierung der Informationsqualität vgl. Kapitel 2.2.1.1. Die ‚Relevanz der Informationen' dient der Operationalisierung der Informationsart.
[534] vgl. Kapitel 1.4.2
[535] vgl. Kapitel 3.4. Zu den Normierungen vgl. VDI (2007), VDMA (2009)

nissen der zuvor vorgestellten quantitativen Studie 1. Nachfolgend werden zunächst die Annahmen dargestellt, die mittels der Studie 2 untersucht werden und anschließend wird der heuristische Bezugsrahmen der Studie 2 beschrieben.

Annahmen der Studie 2

Nachfolgend sind die Annahmen der quantitativen Erhebung Studie 2 aufgelistet und werden in Kapitel 6 in Zusammenhang mit der Darstellung der Ergebnisse erläutert. Nach Untersuchung der Annahmen werden zusammen mit den Ergebnissen aus der Studie 1 Anforderungen an das Informationsversorgungskonzept abgeleitet.

> $A_{13\text{-}0}$: Industrielle Unternehmen weisen einen hohen Verbreitungsgrad dezentralisierter Organisationsformen auf.

> $A_{14\text{-}0}$: Die Bildung homogener Gruppen zur Herleitung von Informationsbedarfsprofilen kann anhand des informationellen Schichtenmodells erfolgen.

Analog zu der Vorgehensweise der Studie 1 wird im nachfolgenden Abschnitt auf den zur Untersuchung der dargestellten Annahmen zugrunde liegenden Bezugsrahmen sowie auf die notwendigen Operationalisierungen eingegangen.

Bezugsrahmen der Studie 2

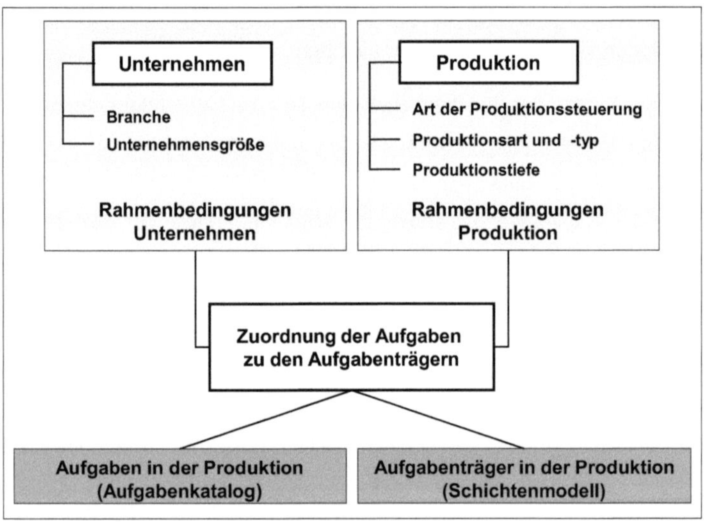

Abbildung 29: Bezugsrahmen der quantitativen Studie 2

In Abbildung 29 ist der Bezugsrahmen der Studie 2 dargestellt. Erhoben wurden zum einen Rahmenbedingungen bzgl. des Unternehmens des Teilnehmers und zum anderen Rahmenbedingen der Produktion.

Die Erhebung bzw. Operationalisierung der Dimensionen Branche, Unternehmensgröße, Produktionstiefe sowie Produktionsart und -typ erfolgte analog zur Studie 1. Innerhalb der Dimension *Produktionssteuerung* wurde erhoben, ob das betreffende Unternehmen den Push- oder Pull-Ansatz zur Abstimmung der Produktionsstufen einsetzt. Des Weiteren liegen der empirischen Erhebung der Aufgabenkatalog sowie das Schichtenmodell (Ergebnis aus der Studie 1) zugrunde.

4.4 Evaluation

Wie in Abbildung 27 ersichtlich ist, stellt die Evaluation die letzte Phase im Erkenntnisprozess der gestaltungsorientierten Wirtschaftsinformatik dar. Die Ergebnisse der vorliegenden Arbeit werden zum einen über Veröffentlichungen (vgl. Tabelle 11) und zum anderen über eine fallstudienbasierte Erprobung (vgl. Kapitel 6.4) evaluiert.

In Tabelle 11 sind die Veröffentlichungen sowie die zu evaluierenden Teilergebnisse aufgeführt.

Titel der Veröffentlichung	Veröffentlichungsort/-jahr	Zu evaluierende Teilergebnisse
Prozesstransparenz: Erfolgsfaktor für produzierende Unternehmen[536]	Zeitschrift: Productivity Management/2010	Motivation und Forschungslücke
Manufacturing Execution Systems and Business Intelligence for Production Environments[537]	Konferenz: Americas Conference on Information Systems (AMCIS)/2010	Bedeutung der MES im Gesamtzusammenhang der Informationsversorgung in der Produktion
Informationsmanagement in der Produktion: Empirische Ableitung eines Konzepts zur Ermittlung produktionsspezifischer Informationsbedarfe[538]	Konferenz: 10. Internationalen Tagung Wirtschaftsinformatik (WI2.011)/2011	Informationelles Schichtenmodell in der Produktion (vgl. Kapitel 5.1.2.2)
Bestimmung aufgabenträgerorientierter Informationsbedarfe in industriellen Unternehmen[539]	Konferenz: 11. Internationalen Tagung Wirtschaftsinformatik/2013	Komponenten des Informationsbedarfs in der Produktion (vgl. Kapitel 6.2.1)

Tabelle 11: Veröffentlichungen zur Evaluation von Teilergebnissen im Forschungsprozess

536 vgl. Lasi, H., Koch, M., Kemper, H.-G. (2010)
537 vgl. Koch, M., Baars, H., Lasi, H., Kemper, H.-G. (2010)
538 vgl. Koch, M. u.a. (2011)
539 vgl. Koch, M. u.a. (2013)

In einer systematischen Evaluation werden zunächst die Anforderungen, die das zu evaluierende Artefakt (Evaluationsobjekt) erfüllen soll (Evaluationsziel), erhoben. Anschließend werden Evaluationskriterien definiert, die zur Erfüllung der Anforderungen notwendig sind. Die Kriterien bilden zusammen mit den entsprechenden Erläuterungen den Bezugsrahmen der Evaluation. Zudem sind geeignete Evaluationsmethoden festzulegen.[540] Im Rahmen der vorliegenden Arbeit wurden zur Evaluation zwei Fallstudien durchgeführt. Das Evaluationsdesign wird in Kapitel 6.4.1 erläutert.

4.5 Datenauswertung

Die in einer empirischen Untersuchung erhobenen bzw. *gemessenen* Daten müssen in einer geeigneten Form festgehalten werden, damit anschließend Verfahren der Datenanalyse zur Interpretation der Daten angewendet werden können.[541] Üblicherweise werden in der empirischen Sozialforschung *Skalen* als Messinstrumente zur Bestimmung der (relativen) Größe, der Position und des Vorhanden- bzw. des Nichtvorhandenseins einer wissenschaftlich relevanten Einheit eingesetzt. Messen meint in diesem Zusammenhang die Zuordnung von Zahlen zu Dimensionen.[542,543] Die Datenanalyse wird zum einen zur statistischen Beschreibung (deskriptive Statistik) und zur Hypothesenprüfung (analytische Statistik) eingesetzt. Aufgrund der explorativen Forschungsstrategie der vorliegenden Arbeit liegt der primäre Fokus im Rahmen der vorliegenden Arbeit auf der deskriptiven Statistik zur Untersuchung der genannten Annahmen (A_{1-0} bis A_{14-0}).[544] Im Weiteren wird zunächst das Vorgehen der Datenanalyse (Kapitel 4.5.1) beschrieben und anschließend auf die in der Arbeit eingesetzten statistischen Methoden Kapitel 4.5.2) eingegangen.

4.5.1 Vorgehen der Datenanalyse

Im Anschluss an die Datenerhebung folgt die Datenanalyse. Die erhobenen Daten werden zunächst aufbereitet, auf Vollständigkeit und Plausibilität geprüft und, wenn mög-

[540] vgl. Frank, U. (2000), S. 38-40, vgl. Heinrich, L. (2000), S. 17, vgl. Schmidt, H. und Häntschel, I. (2000), S. 24

[541] vgl. Kluck, M. (2004), S. 276

[542] vgl. Atteslander, P. (2008), S. 213, vgl. Raithel, J. (2008), S. 40. Zur Messung vgl. vertiefend auch Behnke, J. und Behnke, N. (2006), S. 31-35. Zu den Dimensionen im Bezugsrahmen der Studien der vorliegenden Arbeit, vgl. Kapitel 4.3. In einer empirischen quantitativen Studie werden Merkmale (Variablen) mit konkreten Merkmalsausprägungen (je Proband) erhoben, die die Dimensionen beschreiben (vgl. Toutenburg, H. und Heumann, C. (2006), S. 2, vgl. Raithel, J. (2008), S. 37).

[543] Skalen werden nach Messniveau unterschieden in Nominal-, Ordinal-, Intervall- und Relationsskala (vgl. hierzu Atteslander, P. (2008), S. 215-218, vgl. Kluck, M. (2004), S. 276, vgl. Behnke, J. und Behnke, N. (2006), S. 35-43, vgl. Toutenburg, H. und Heumann, C. (2006), S. 6, vgl. Raithel, J. (2008), S. 43). In der Empirie der vorliegenden Arbeit sind Nominal- und Ordinalskalen zum Einsatz gekommen.

[544] vgl. Behnke, J. und Behnke, N. (2006), S. 105

lich, werden offensichtliche Fehler bereinigt.[545,546] Die Korrektur der Daten beinhaltet in erster Linie die Korrektur unzulässiger Werte.[547]

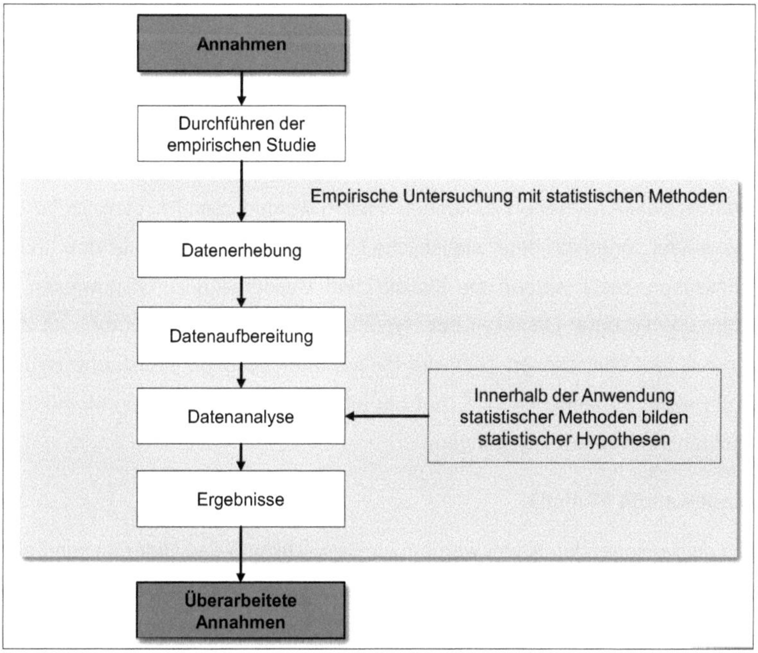

Abbildung 30: Datenauswertung in der vorliegenden Arbeit[548]

Im Anschluss an die Datenaufbereitung bzw. Datenvalidierung erfolgt die Datenanalyse. Der Prozess der Datenauswertung ist in Abbildung 30 dargestellt.

Im Folgenden soll die Logik des statistischen Tests kurz dargestellt werden, bevor im nachfolgenden Kapitel auf die im Rahmen der Arbeit eingesetzten statistischen Methoden eingegangen wird.

---

545 vgl. Atteslander, P. (2008), S. 281ff.

546 Im Anschluss erfolgt die Codierung der Daten (vgl. Atteslander, P. (2008), S. 282, vgl. Raithel, J. (2008), S. 30, 83), die jedoch im Rahmen der vorliegenden Arbeit nicht thematisiert wird, da dies direkt von den Probanden über die Eingabe im Online-Fragebogen erfolgt ist. Das Codebuch (oder der Codeplan) wird automatisch vom Umfrage-Tool generiert und über eine Schnittstelle an die Statistiksoftware übertragen.

547 vgl. Toutenburg, H. und Heumann, C. (2006), S. 15f. Die Probanden der Studie 1 hatten zum Teil die Möglichkeit über Textfelder Antworten zu formulieren. Diese wurden im Rahmen der Datenaufbereitung inhaltlich interpretiert und wenn möglich kategorisiert. Des Weiteren wurden Umkodierungen vorgenommen, um bspw. aus einer 5-teiligen eine 3-teilige Skala für einen schnellen Überblick zu erhalten (vgl. zur Umkodierung bspw. Raithel, J. (2008), S. 96f.)

548 Eigene Darstellung

Sozialwissenschaftliche Erkenntnisse beruhen in der Regel auf Wahrscheinlichkeitsaussagen, da es selten möglich ist, den exakten Wert eines Merkmals in Abhängigkeit eines anderen Merkmals zu bestimmen. Dies liegt insb. darin begründet, dass neben den untersuchten Einflussfaktoren auf die Ausprägungen der abhängigen Variablen noch weitere Einflussfaktoren vorhanden sein können, die jedoch in der betreffenden Untersuchung aufgrund der Komplexität nicht mitberücksichtigt worden sind.[549]

In der vorliegenden Arbeit erfolgt die Datenauswertung, um Aussagen in Bezug auf die Annahmen $A_{1\text{-}0}$ bis $A_{14\text{-}0}$ treffen zu können. Hierzu werden zum Teil statistische Methoden angewendet, innerhalb derer statistische Hypothesen aufgestellt werden. Innerhalb des statistischen Tests werden die statistischen Hypothesen zurückgewiesen, wenn Fälle auftreten, die unter Gültigkeit der Hypothese selten auftreten würden. In Zusammenhang mit dem statistischen Test wird die zu untersuchende statistische Hypothese *Nullhypothese H_0* genannt.[550,551,552] Auf die eingesetzten statistischen Methoden wird im nachfolgenden Kapitel eingegangen.

4.5.2 Angewandte Statistik

Innerhalb der vorliegenden Arbeit werden zur Beschreibung und Untersuchung der empirisch erhobenen Daten die folgenden statistischen Methoden eingesetzt: Häufigkeitsverteilungen, Maße zur Beschreibung von Verteilungen, Mittelwertvergleiche sowie Me-

---

549 vgl. Behnke, J. und Behnke, N. (2006), S. 316f., vgl. Raithel, J. (2008), S. 34f.

550 vgl. Behnke, J. und Behnke, N. (2006), S. 316f., vgl. Raithel, J. (2008), S. 34f., vgl. Bortz, J. und Döring, N. (2006), S. 23ff.

551 Die folgende Logik liegt dem statistischen Test zugrunde: Die unwahrscheinlichen Ereignisse „e“ werden beobachtet. Ist H_0 wahr, dann tritt ein Ereignis e mit sehr geringer Wahrscheinlichkeit auf. Wird das Ereignis e beobachtet, dann ist die Nullhypothese nicht wahr. Im statistischen Test werden drei Elemente unterschieden: 1. Die statistische Nullhypothese H_0, 2. Die Teststatistik umfasst die Menge an Ereignissen, für die Wahrscheinlichkeiten quantifiziert werden können, um die Hypothese prüfen zu können, 3. Das Signifikanzniveau beschreibt die Wahrscheinlichkeit für die Ereignisse „e“. Übliche Signifikanzniveaus sind 5% (signifikant), 1% (hochsignifikant) und 1‰ (höchstsignifikant) (vgl. Behnke, J. und Behnke, N. (2006), S. 318, vgl. Raithel, J. (2008), S. 124). Hierbei handelt es sich nicht um Hypothesen im Sinne einer hypothesentestenden Forschungsstrategie. Die statistischen Hypothesen stellen lediglich ein Hilfskonstrukt innerhalb des statistischen Tests dar und erfüllen nicht die Anforderungen an Hypothesen im sozialwissenschaftlichen Sinne. Zur wissenschaftlichen Hypothese und deren Anforderungen, vgl. z.B. Bortz, J. und Döring, N. (2006), S. 4ff. Im Rahmen der vorliegenden Arbeit wurden zunächst auf Basis der theoretischen Grundlagen und der Voruntersuchung Annahmen aufgestellt. Diese stellen Aussagen dar, die explorativ untersucht werden sollen. Im Laufe der explorativen empirischen Untersuchung werden Hypothesen formuliert, die anhand statistischer Methoden untersucht werden sollen. Zum Forschungsablauf vgl. Atteslander, P. (2008), S. 31f., hier die Möglichkeit C.

552 Innerhalb des statistischen Test gilt: Üblicherweise wird zur Untersuchung einer aufgestellten statistischen Annahme H_A die Negation dieser Annahme in Form der statistischen Nullhypothese H_0 formuliert, die es zu falsifizieren gilt. Hierzu erfolgt eine Untersuchung mit welcher Wahrscheinlichkeit die betrachteten Fälle unter der Hypothese H_0 auftreten. Wird die Nullhypothese H_0 verworfen, kann die Alternativhypothese H_A, die ursprüngliche Annahme, angenommen werden (vgl. Behnke, J. und Behnke, N. (2006), S. 321). Zur Durchführung von Signifikanztests ist zunächst die Formulierung von statistischer Hypothese und statistischer Nullhypothese notwendig (vgl. Behnke, J. und Behnke, N. (2006), S. 323).

thoden zur Untersuchung bivariater Zusammenhänge. Auf die hierfür notwendigen statistischen Grundlagen wird im Folgenden kurz eingegangen. Die Ergebnisse der statistischen Analysen werden in Kapitel 6 dargestellt.

- *Häufigkeitsverteilungen*: Häufigkeitsverteilungen werden im Allgemeinen zur Zusammenfassung einzelner Fälle angewendet, um einen Gesamteindruck über die Daten erlangen zu können. Unterschieden werden können *absolute*, die die Anzahl einer Merkmalsausprägung angeben, und *relative* Häufigkeiten, die die Anzahl von bestimmten Merkmalsausprägungen im Verhältnis zu den Gesamtmerkmalsausprägungen angeben. Häufigkeitsverteilungen werden in der Regel in Form von Stab-, Säulen-, Balken- oder Kreisdiagrammen dargestellt.[553]

- *Maße zur Beschreibung von Verteilungen*: Ein Maß zur Beschreibung von Verteilungen ist die zentrale Tendenz. Der einfachste Parameter ist der *Modus*, der den am häufigsten vorkommenden Wert in einer Datenmenge angibt. Der *Median* gibt die ‚Mitte' einer Verteilung der Werte an, indem er die Verteilung in zwei gleichgroße Hälften teilt. Daneben wird das arithmetische Mittel oder der Mittelwert unterschieden. Der *Mittelwert* wird berechnet, indem die Summe aller Werte einer Datenmenge durch die Anzahl der Elemente in der Datenmenge dividiert wird.[554] Neben den Maßen zur zentralen Tendenz zur Beschreibung von Verteilungen werden Streuungsmaße verwendet.[555] Zur Beurteilung, wie ‚weit' Datenwerte vom Mittelwert entfernt sind, werden die Varianz bzw. die Standardabweichung verwendet.[556]

- *Mittelwertvergleich zweier Stichproben*: Bei Vorliegen zweier unabhängiger Stichproben kann der sog. *T-Test* zum Mittelwertvergleich eingesetzt werden. Hierbei wird die statistische Nullhypothese überprüft, die beinhaltet, dass Unterschiede zweier Stichproben auf zufälligen Ursachen beruhen (beide Stichproben

[553] vgl. Behnke, J. und Behnke, N. (2006), S. 107-122, vgl. Toutenburg, H. und Heumann, C. (2006), S. 21f., 34ff., vgl. Janssen, J. und Laatz, W. (2007), S. 33-39

[554] vgl. Behnke, J. und Behnke, N. (2006), S. 123-126, vgl. Toutenburg, H. und Heumann, C. (2006), S. 52-67, vgl. Raithel, J. (2008), S. 134f., Voraussetzung für den Modus ist mind. Nominalskalenniveau, für den Median mind. Ordinalskalenniveau und für den Mittelwert Intervallskalenniveau (vgl. Behnke, J. und Behnke, N. (2006), S. 123-126).

[555] Daneben werden noch die Spannweite und der Interquartilsabstand unterschieden. Diese kamen jedoch in der vorliegenden Arbeit nicht zur Anwendung (vgl. Behnke, J. und Behnke, N. (2006), S. 130f., vgl. Toutenburg, H. und Heumann, C. (2006), S. 75f.)

[556] vgl. Behnke, J. und Behnke, N. (2006), S. 132f. Unter der Varianz wird der Mittelwert der quadrierten Abweichungen der einzelnen Datenwerte zum Mittelwert der Verteilung verstanden. Die Standardabweichung ist die Wurzel aus der Varianz (vgl. Behnke, J. und Behnke, N. (2006), S. 132f., vgl. Toutenburg, H. und Heumann, C. (2006), S. 77-82)

besitzen den gleichen Mittelwert). Das Ergebnis des T-Tests ist die Irrtumswahrscheinlichkeit, die statistische Nullhypothese fälschlicherweise zurückzuweisen.[557] Aus diesen Erkenntnissen werden anschließend Rückschlüsse auf die zu untersuchende Annahme getroffen.

- *Bivariate Zusammenhänge*: Methoden zur Untersuchung bivariater Zusammenhänge berechnen das Verhältnis zweier Variablen zueinander. Der systematische Einfluss einer unabhängigen auf eine abhängige Variable kann mit dem *Chi*^{2}-Koeffizienten gemessen werden.[558] Dargestellt wird der Zusammenhang meist in Häufigkeitstabellen bzw. Kreuztabellen.[559] Für nominalskalierte Variablen mit jeweils zwei Ausprägungen lässt sich der Zusammenhang in der sog. Vierfeldertabelle darstellen.[560] Gemessen werden kann dieser Zusammenhang anhand des *Phi*-Koeffizienten.[561]

4.6 Detaillierter Gang der Arbeit zur Entwicklung eines Informationsversorgungskonzepts

An dieser Stelle soll der detaillierte Gang der Arbeit zur Entwicklung eines Informationsversorgungskonzepts erläutert werden.

Auf Basis der theoretischen Grundlagen, der untersuchten Konzepte zur Informationsbedarfsanalyse[562] und der Voruntersuchung wird der nachfolgend in Abbildung 31 dargestellte Gang der Arbeit bestritten, um zunächst die Anforderungen an ein solches In-

[557] vgl. Behnke, J. und Behnke, N. (2006), S. 326-337, vgl. Janssen, J. und Laatz, W. (2007), S. 42-44. Zum Signifikanzniveau vgl. Kapitel 4.5.1. Zum T-Test für abhängige Stichproben vgl. z.B. Behnke, J. und Behnke, N. (2006), S. 338. Im Rahmen der Arbeit wurde der T-Test für unabhängige Stichproben angewendet.

[558] vgl. Behnke, J. und Behnke, N. (2006), S. 156-159, vgl. Raithel, J. (2008), S. 120. Der stärkste Zusammenhang würde bedeuten, dass jede Änderung der unabhängigen Variablen zu einer Änderung der abhängigen Variablen führt (vgl. Behnke, J. und Behnke, N. (2006), S. 154). Die Stärke des Zusammenhangs kann über unterschiedliche Maßzahlen, wie z.B. Cramers'V oder Eta, ausgedrückt werden (vgl. Raithel, J. (2008), S. 139, vgl. Behnke, J. und Behnke, N. (2006), S. 164). In der vorliegenden Arbeit wurde der weitverbreitete Chi^2-Koeffizient nach Pearson verwendet (vgl. Toutenburg, H. und Heumann, C. (2006), S. 111-114).

[559] vgl. Janssen, J. und Laatz, W. (2007), S. 39-42, vgl. Raithel, J. (2008), S. 139

[560] Behnke, J. und Behnke, N. (2006), S. 144-153. Unterschieden werden unabhängige und abhängige Variablen. Unabhängige Variablen sind Merkmale, die Voraussetzungen bzw. Bedingungen für bestimmte Einstellungen oder Verhaltensweisen darstellen. Abhängige Variablen hingegen ändern oder ergeben sich in Folge anderer Merkmale (vgl. Kluck, M. (2004), S. 273f.).

[561] vgl. Behnke, J. und Behnke, N. (2006), S. 159. Für höherskalierte Variablen kann zudem die Richtung des Zusammenhangs angegeben werden. Die Richtung des Zusammenhangs kann zum einen positiv sein, das heißt, dass die Änderung der unabhängigen Variablen in eine Richtung eine Änderung der abhängigen Variablen in die gleiche Richtung bedeutet. Zum anderen kann der Zusammenhang negativ sein, was eine entgegengesetzte Veränderung der Variablen bedeutet (vgl. Behnke, J. und Behnke, N. (2006), S. 169-194).

[562] vgl. Kapitel 1.4.1

formationsversorgungskonzept abzuleiten, das Konzept zu entwickeln und um anschließend das Konzept zu evaluieren.

Die erste Teilforschungsfrage, die die Identifikation der Determinanten zur Bestimmung des Informationsbedarfs beinhaltet, wurde in Kapitel 2.2.1.3 auf Basis der theoretischen Grundlagen behandelt. Zur Beantwortung der weiteren Forschungsfragen wurden die empirischen Studien 1 und 2 konzipiert und durchgeführt.

In der Voruntersuchung wurden Experteninterviews zur Erkenntnisgewinnung im Untersuchungsbereich durchgeführt und bilden zusammen mit den Erkenntnissen aus den theoretischen Grundlagen die Basis zur Durchführung der Exploration. Die zentralen Ergebnisse der theoretischen Grundlagen sind die Aufgabenanalyse mit dem entwickelten Aufgabenkatalog[563], die Identifikation der Aufgabenträgerbezeichnungen sowie die Operationalisierung[564] des Informationsbedarfs und Identifikation der Determinanten des Informationsbedarfs. Basierend auf diesen Erkenntnissen wurden zunächst die Annahmen A_{1-0} bis A_{12-0} (vgl. Kapitel 4.3.1) aufgestellt, die anhand der Ergebnisse der Studie 1 untersucht werden. Diese Annahmen werden basierend auf den Ergebnissen der Studie 1 in ihrer ursprünglichen Formulierung belassen oder modifiziert.

Ein weiteres Ergebnis der Studie 1 ist ein entwickeltes Schichtenmodell (vgl. Kapitel 5.1.2.2). In die Entwicklung des informationellen Schichtenmodells fließen die identifizierten Aufgabenträgerbezeichnungen ein, die ein Ergebnis der Literaturanalyse der theoretischen Grundlagen sind.

Auf Basis des informationellen Schichtenmodells werden die Annahmen A_{13-0} und A_{14-0} für die nachfolgende empirische Studie 2 gebildet. In die Studie 2 fließt der Aufgabenkatalog mit ein. Analog zur vorangegangenen Studie 1 stellen die überarbeiteten Annahmen ein Ergebnis der Studie dar.

Die überarbeiteten Annahmen der empirischen Studie 1 sowie die überarbeiteten Annahmen aus der empirischen Studie 2 bilden die Grundlage zur Ableitung der Anforderungen an das Informationsversorgungskonzept.

[563] vgl. Anhang B: Literaturbasierter Aufgabenkatalog

[564] Unter der Operationalisierung wird die Zuordnung von beobachtbaren, empirisch erfassbaren oder zu erfragenden Indikatoren zu einem bestimmten theoretischen Begriff verstanden (vgl. Atteslander, P. (2008), S. 40, vgl. Raithel, J. (2008), S. 36).

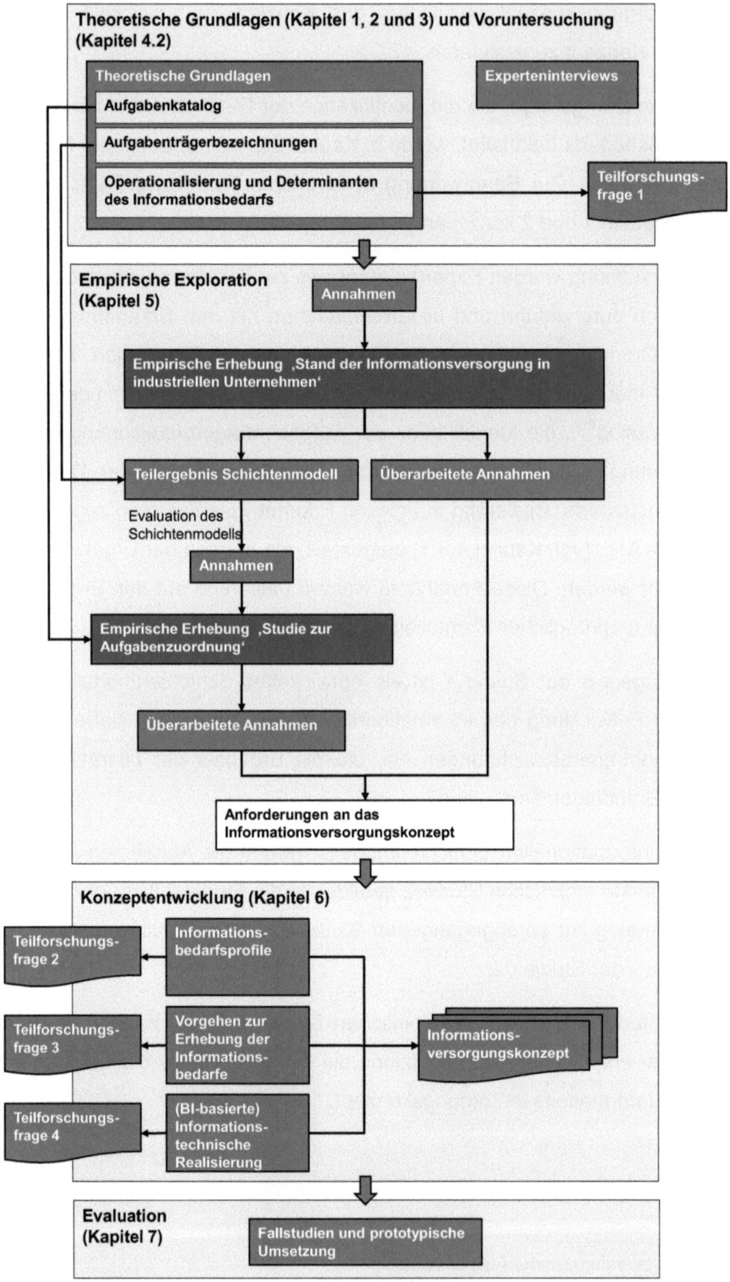

Abbildung 31: Detaillierter Gang der Arbeit zur Entwicklung des Informationsversorgungskonzepts

Die Teilforschungsfragen 2, 3 und 4 werden basierend auf den empirischen Ergebnissen innerhalb der Konzeptentwicklung thematisiert. Das Informationsversorgungskonzept setzt sich aus dabei *drei Teilbereichen* zusammen:

- Aus der Entwicklung von *Informationsbedarfsprofilen* (Teilforschungsfrage 2)
- Aus der Entwicklung des *Vorgehens zur Erhebung der Informationsbedarfe* (Teilforschungsfrage 3)
- Aus der Entwicklung einer möglichen *(BI-basierten) informationstechnischen Realisierung* (Teilforschungsfrage 4)

Anschließend werden im Rahmen einer prototypischen Umsetzung die Informationsbedarfsprofiltemplates und das Vorgehen zur Erhebung der Informationsbedarfe in Fallstudien evaluiert (zum Evaluationsvorgehen vgl. Kapitel 6.4).

5. Empirische Exploration

Die empirische Exploration setzt sich aus zwei quantitativen Studien zusammen, deren Ergebnisse im Weiteren vorgestellt werden. In Kapitel 5.1 wird zunächst auf die Ergebnisse der Studie 1 eingegangen. Die Ergebnisse werden entsprechend dem Untersuchungs- und Gestaltungsbereich für die Annahmen A_{1-0} bis A_{12-0} (vgl. Kapitel 4.3) im Bereich der Aufgabenträger, der Aufgaben und der Informationsversorgung bzw. der Anwendungssystemlandschaft dargestellt (vgl. Kapitel 4.1). Anschließend werden jeweils zu jeder Annahme die empirischen Ergebnisse beschrieben und mit den theoretischen Grundlagen zusammengeführt. Basierend auf den empirischen Ergebnissen werden die Annahmen unterstützt und in ihrer ursprünglichen Formulierung belassen oder modifiziert. In Kapitel 5.2 wird analog für die Annahmen A_{13-0} und A_{14-0} vorgegangen. Die überarbeiteten Annahmen dienen im Anschluss als Grundlage zur Ableitung der Anforderungen an ein Informationsversorgungskonzept der Produktion (vgl. Kapitel 4.6).

5.1 Ergebnisse der empirischen Untersuchung ‚Stand der Informationsversorgung in industriellen Unternehmen' (Studie 1)

Die Datenerhebung[565] erfolgte im Zeitraum von September 2009 bis Februar 2010 in Form einer schriftlichen Befragung. Diese wurde mittels einer internetgestützten Befragung (Online-Befragung)[566] durchgeführt, bei deren Konzeption und Ausführung die Hinweise zu einer schriftlichen Befragung berücksichtigt wurden.[567] Die Grundgesamtheit[568] der Untersuchung bilden dem Untersuchungsbereich entsprechend industrielle

565 In Anlehnung an die von der American Association for Public Opinion Research (AAPOR) sowie von der Deutschen Gesellschaft für Soziologie (DGS) und des Berufsverbandes Deutscher Soziologinnen und Soziologen (BDS) aufgestellten Standards zur Darstellung von Ergebnisberichten sollen die folgenden Punkte angegeben werden: Definition der Hypothesen, Festlegung der Grundgesamtheit, Größe der Stichprobe, Methode der Stichprobenziehung, Angaben zu den verwendeten Instrumenten, Angabe der Zeitpunkte der Untersuchung, Angabe der Menge der Daten bei den einzelnen Analysen sowie ggf. Angaben zur Rücklaufquote (vgl. Miller, M. und Hurd, R. (1982), S. 244ff., vgl. Deutsche Gesellschaft für Soziologie (DGS) und Berufsverband Deutscher Soziologen (BDS) (1993), S. 190-194).

566 In der Literatur wird auch von computervermittelter Befragung oder Web Survey gesprochen (vgl. hierzu Bortz, J. und Döring, N. (2006), S. 260f.). Die Online-Befragung wird als standardisierte, schriftliche Befragung klassifiziert (vgl. Hollaus, M. (2007), S. 11).

567 vgl. Bortz, J. und Döring, N. (2006), S. 260f.

568 Die empirische Sozialforschung ist bestrebt, Aussagen über soziales Handeln, Beziehungen, Einstellungen und Verhaltensweisen zu erstellen. Die zu untersuchende Gruppe wird hierbei als die Grundgesamtheit bezeichnet. Üblicherweise ist es nicht möglich, Daten aller in einer Grundgesamtheit zu erheben. Aufgrund dessen werden *Stichproben* (oder Sample) gezogen, von denen auf die Grundgesamtheit geschlussfolgert wird (vgl. Atteslander, P. (2008), S. 241, 256, vgl. Kluck, M. (2004), S. 274, vgl. Toutenburg, H. und Heumann, C. (2006), S. 1). Die Wahl der Stichprobe kann hierbei bewusst oder zufallsgesteuert erfolgen. Zu den Verfahren und der Eignung der bewussten Verfahren in der explorativen

Unternehmen. Befragt wurden Fachexperten aus den Bereichen (Produktions-)Logistik, Produktion, Controlling und IT.

Die Stichprobe[569] wurde in einem *nicht zufallsgesteuerten* Auswahlverfahren bestimmt. Hierbei erfolgte die bewusste Auswahl der Teilnehmer gezielt nach thematisch relevanten, korrelierenden Schlagworten.[570,571] Der Einladung zur Teilnahme an der Studie sind insgesamt 873 Probanden gefolgt, die die Einstiegsseite der Studie besucht haben.[572,573] 329 Fachexperten haben den Fragebogen bis zur letzten Seite bearbeitet.[574] Somit beträgt die Rücklaufquote der quantitativen Untersuchung 37,7%.[575]

Nach Abschluss der Studie wurden die Daten anonym[576] ausgewertet und den Teilnehmern wurde ein entsprechender Bericht zugesendet.

Die Stichprobe weist die folgenden Charakteristika auf:

Forschung vergleiche angegebene Quelle (vgl. Kluck, M. (2004), S. 275, vgl. Raithel, J. (2008), S. 54-62). Die Merkmalsausprägungen eines Probanden stellen einen Fall dar (vgl. Atteslander, P. (2008), S. 284f.).

[569] Zur Auswahl der Grundgesamtheit vgl. Kromrey, H. (2002), S. 273f., vgl. Schnell, R. u.a. (2008), S. 267, 270, 298. Die genannten Literaturquellen sprechen von nicht zufallsgesteuerten Auswahlverfahren, Teilerhebung mit Auswahl typischer Fälle sowie einer Teilerhebung, deren Elemente nach festen Regeln ausgesucht wurden. Hierbei handelt es sich nicht um einen Zufallsprozess, sondern um eine Auswahl nach subjektiven Kriterien (vgl. Schlagworte), wie sie in der explorativen Forschung zum Einsatz kommt. Eine Vollerhebung ist aus organisatorischen, zeitlichen sowie Kostengründen nicht realisierbar. Es handelt sich somit nicht um eine repräsentative Studie.

[570] Das nicht zufallsgesteuerte Auswahlverfahren gliedert sich in sechs Verteiler. Der größte Verteiler (80,87% der Teilnehmer) erfolgte über eine Online-Plattform für Business-Kontakte. Hierbei wurden die Fachexperten nach themenbezogenen Schlagworten ausfindig gemacht, 1790 Fachexperten sind so in Kenntnis der Umfrage gelangt. Die restlichen Verteiler wurden über MES-Anbieter mittels Newsletter realisiert. Hier kann die Anzahl an potentiellen Teilnehmern, die in Kenntnis der Studie gelangt sind, nicht nachvollzogen werden.

[571] Die folgenden Schlagworte wurden zur Suche nach Fachexperten angewendet: CIO, Fertigungscontroller, Fertigungsleiter, Fertigungsplaner, Interne Logistik, IT & Operations Manager, IT-Leiter, IT-Leiter PPS, IT-Produktionssteuerung, Kapazitätsplanung, MDE, BDE, Produktion BDE, Produktionscontrolling, Produktionslogistik, Produktionsplanung, Produktionssteuerung, Prozessoptimierung Fertigung, Schichtführer, Strategie Planung Produktion, Supervisor Produktion, Werksassistent, Werksleiter, Werkslogistik, Werkssteuerung.

[572] Die Einladung erfolgte über ein vom Autor verfasstes Emailanschreiben sowie durch Hinweise in Newsletttern, welche über die beschriebenen Verteiler versendet wurden. Nicht auszuschließen ist eine Weiterleitung der Einladung und somit eine, wenn auch geringe, zufällige Teilnahme weiterer Probanden (vgl. hierzu ‚Generelle Probleme von Online-Befragungen' Hollaus, M. (2007), S. 38f.).

[573] Ein Screenshot sowie das Anschreiben der Umfrage ist im Anhang zu finden (Anhang C: Empirische Studie ‚Stand der Informationsversorgung in industriellen Unternehmen' (Studie 1)).

[574] Als ‚bis zur letzten Seite' gelten Teilnehmer, die bis zur letzten Seite des Fragebogens gekommen sind und somit alle Pflichtfragen beantwortet haben. Die Anzahl der Datensätze je Analyse wird jeweils bei der Darstellung der Ergebnisse angegeben.

[575] Bislang gibt es hinsichtlich der Definition von Rücklaufquoten (Response Rate) bei Online-Umfragen keine einheitliche Meinung. Die Rücklaufquote wird in dieser Arbeit als Verhältnis von Besuchern der ersten Fragebogenseite zur Anzahl an beendeten Fragebögen festgelegt (vgl. AAPOR (2009), URL siehe Literaturverzeichnis, vgl. Couper, M. P. und Miller, P. V. (2008), zu Problemen bei der Bestimmung der Rücklaufquote vgl. z.B. Batinic, B. (2000), S.296).

[576] vgl. Hollaus, M. (2007), S. 32, hier Anonymität als wissenschaftliche Voraussetzung zur Durchführung von Online-Befragungen. Zum Datenschutz in der Forschung vgl. §40 BDSG.

Bezüglich der Unternehmensgröße ergibt sich hinsichtlich der Mitarbeiterzahl die nachfolgende Verteilung (n=373):

- 7% der Teilnehmer geben an, in einem Unternehmen mit unter 49 Mitarbeitern,
- 20% in einem Unternehmen mit 50 bis 249 Mitarbeitern,
- 9% in einem Unternehmen mit 250 bis 499 Mitarbeitern,
- und 64% in einem Unternehmen mit über 500 Mitarbeitern beschäftigt zu sein.

Hinsichtlich der Umsätze ergibt sich folgende Verteilung (n=363):

- Unter 10 Mio. € Umsatz geben 12% der befragten Teilnehmer an,
- 10 bis 50 Mio. € Umsatz 20%,
- 50 bis 100 Mio. € Umsatz 11%
- und 56% geben einen Umsatz über 100 Mio. € an.

Die Mehrzahl der Probanden ist demzufolge in einem großen Unternehmen beschäftigt.

Abbildung 32 veranschaulicht die Verteilung der Branchenzugehörigkeit der Teilnehmer der Studie.

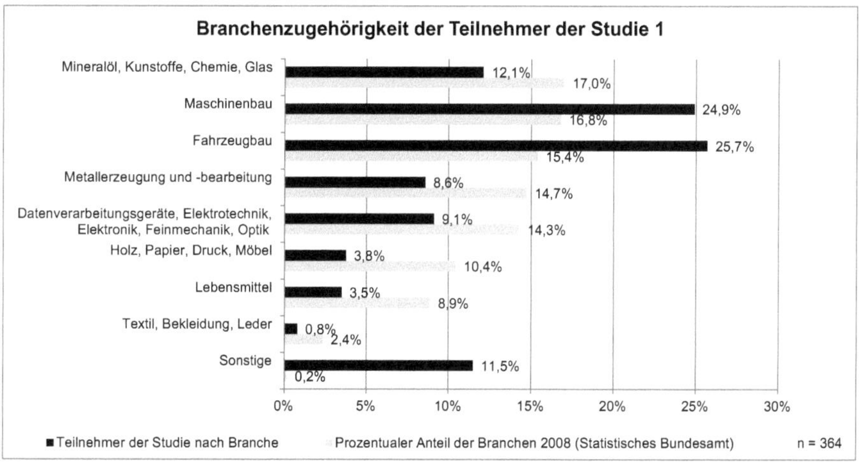

Abbildung 32: Branchenzugehörigkeit der Teilnehmer der Studie 1

Im Vergleich zu den Angaben des Statistischen Bundesamts 2008[577] sind die Branchen des Maschinenbaus und des Fahrzeugbaus geringfügig stärker vertreten. Es kann festgehalten werden, dass in der Studie keine Branche ein Übergewicht aufweist und somit Aussagen für industrielle Unternehmen getroffen werden können.[578]

5.1.1 Zur Erfordernis einer aufgabenträgerorientierten Informationsversorgung

Die Erhebung der Informationsart und Informationsqualität bildet den Ausgangspunkt zur Entwicklung einer Konzeption des Informationsbedarfs als Vorstufe zur Ableitung des Informationsversorgungskonzepts. Die in den theoretischen Grundlagen beschriebenen organisatorischen Entwicklungen der Dezentralisierung im Produktionsbereich (vgl. Kapitel 3.2) und die informationstechnischen Entwicklungen in Bezug auf Digitalisierung, insb. der MES (vgl. Kapitel 1.4, 3.2, 3.4) lassen auf die Notwendigkeit einer Neugestaltung eines Informationsversorgungskonzepts in der Produktion schließen. Daraus wird die folgende Annahme abgeleitet:

> $A_{1\text{-}0}$: Die organisatorischen und technischen Entwicklungen im Produktionsbereich (Dezentralisierung und Digitalisierung) führen zu der Notwendigkeit der Entwicklung eines auf die Belange der Aufgabenträger ausgerichteten Informationsversorgungskonzepts.

Die Teilnehmer der Studie wurden nach ihrer Zufriedenheit mit den Kriterien der Informationsqualität[579] befragt. Die Zufriedenheit bzgl. der Informationsart wurde über die Dimension ‚Relevanz der Informationen' erhoben. In Tabelle 12 sind die Mittelwerte über alle Teilnehmer der Studie in den einzelnen Dimensionen ersichtlich. Die Zufriedenheit wurde hierbei auf einer Ordinalskala von 1 bis 5 (1 – sehr unzufrieden; 5 – sehr zufrieden) erhoben.

	Informationsqualität								Informationsart
Dimensionen	Darstellung der Ergebnisse/ Graphische Aufbereitung	Aktualität der Informationen	Detaillierungsgrad der Informationen	Qualität der Informationen (Richtigkeit)	Zugriff auf historische Informationen	Verfügbarkeit/ Vollständigkeit	Flexible Analysemöglichkeiten	Zeitaufwand zur Informationsbeschaffung	Relevanz der Informationen
Mittelwert	2,90	3,15	3,07	3,00	3,20	3,07	2,84	2,75	3,22
n = 359-371; 1 - sehr unzufrieden, 5 - sehr zufrieden									

Tabelle 12: Zufriedenheit mit den Dimensionen der Informationsqualität und der Informationsart

Insgesamt lässt sich feststellen, dass die Teilnehmer der Studie über alle Dimensionen des Informationsbedarfs hinweg im Mittelwert unter dem Wert ‚zufrieden' (4) liegen. Be-

---

[577] vgl. Statistisches Bundesamt (2008), URL siehe Literaturverzeichnis, S. 19ff.
[578] Hierbei handelt es sich jedoch nicht um eine repräsentative Studie.
[579] vgl. Kapitel 2.2.1.1

sonders deutlich ist dies in den Dimensionen der ‚Flexiblen Analysemöglichkeiten' und dem ‚Zeitaufwand der Informationsbeschaffung'.

Mittelwertvergleiche[580] in Bezug auf die Branche und Unternehmensgröße haben hierbei keine signifikanten Unterschiede aufgezeigt. Somit können die Zufriedenheitswerte nicht auf eine bestimmte Branche oder Unternehmensgröße zurückgeführt werden.

Aus diesen Ergebnissen kann geschlussfolgert werden, dass im Produktionsbereich ein Bedarf besteht, die vorhandene Informationsversorgung an die Anforderungen der Aufgabenträger anzupassen, um so eine Erhöhung der Zufriedenheit erzielen zu können. Dies gilt im Besonderen für die Dimension des Zeitaufwands. Darauf basierend wird die der Untersuchung zugrunde gelegte Annahme wie folgt modifiziert:

> $A_{1\text{-}1}$: Die Informationsversorgung im Produktionsbereich unterstützt die Aufgabenträger nicht zu ihrer vollen Zufriedenheit. Der Informationsbedarf ist in sämtlichen Dimensionen der Informationsqualität und der Informationsart unzureichend gedeckt. Somit ist ein Verbesserungspotential in der Informationsversorgung vorhanden.

5.1.2 Aufgabenträger im Produktionsbereich

5.1.2.1 Empirische Ergebnisse zu den Annahmen

In den theoretischen Grundlagen (vgl. Kapitel 2.2.1) wurde die Notwendigkeit der detaillierten Kenntnis über den Informationsbedarf eines Aufgabenträgers herausgearbeitet. Hierzu ist eine vertiefende Betrachtung der Aufgaben im Aufgabenbündel der Aufgabenträger notwendig. Unterschieden wird der Informationsbedarf nach dem zugrunde liegenden Aufgabentyp der strukturierten und unstrukturierten Aufgaben. Im Allgemeinen werden strukturierte Aufgaben ohne strategische Auswirkung dem operativen Bereich und unstrukturierte Aufgaben mit strategischer Bewandtnis dem dispositiven Bereich zugeordnet (vgl. Kapitel 2.3.1). Zur Herleitung der Konzeption des Informationsbedarfs ist die Bildung homogener Gruppen, wie in Kapitel 2.2.1.2 beschrieben, zweckmäßig. Eine Einteilung der homogenen Gruppen nach ihren zu lösenden Aufgaben aus dem operativen und dem dispositiven Bereich wird daher gemäß der in der Literatur etablierten Informationsversorgung[581] als zielführend erachtet.

---

[580] Mittelwertvergleich: unabhängige Variable jeweils Branche und Unternehmensgröße, abhängige Dimensionen der Zufriedenheit, n=349-373

[581] vgl. Abbildung 12

Aufgrund dieser Vorüberlegungen leitet sich die folgende Annahme im Bereich der Aufgabenträger im Produktionsbereich ab:

> $A_{2\text{-}0}$: Der Informationsbedarf leitet sich aus den zu erfüllenden Aufgaben ab, die ein Aufgabenträger zu lösen hat. Zur Entwicklung eines Informationsversorgungskonzepts ist daher die Bildung homogener Gruppen notwendig, welche hinsichtlich eines operativen und eines dispositiven Bereiches der Produktion differenziert werden.

Im Folgenden werden zur Untersuchung der Annahme zunächst Gruppen nach Anwendungsbereichen, nach operativen und dispositiven Aufgaben sowie anschließend vertiefend nach Mischformen von operativen und dispositiven Aufgaben gebildet.

In der empirischen Studie wurden Fachexperten berücksichtigt, die sowohl organisatorisch dem Bereich der Produktion als auch dem Bereich der Logistik zugeordnet sind. Diese Berücksichtigung erfolgte, da in der vorliegenden Arbeit nach der in Kapitel 3.1 vorgenommenen Definition der Produktion die Aufgaben entlang des gesamten Leistungserstellungsprozesses betrachtet werden. In der quantitativen Studie wurden die Aufgaben der Produktionslogistik nach deren organisatorischer Zugehörigkeit zur Produktion und Logistik erhoben.

Das Ergebnis der Untersuchung ist eine uneinheitliche Zuordnung der Aufgaben. Dies gilt besonders für die Aufgaben der Auftragsfreigabe, der Produktionsprogrammplanung, der Losgrößenplanung sowie für die Verantwortlichkeit über den Lagerbestand in der Produktion.[582] Aufgrund dessen werden im Folgenden Teilnehmer aus allen Bereichen des gesamten Produktionsbereichs berücksichtigt.

Zur Untersuchung des Zusammenhangs zwischen der strategischen Bedeutung einer Aufgabe und dem Informationsbedarf wurde zunächst die Unterscheidung zwischen dispositiven und operativen Aufgaben vorgenommen.[583] Der Informationsbedarf wurde, wie in Kapitel 5.1.1 erläutert, über die Zufriedenheit in den Dimensionen der Informationsqualität und über die Dimension ‚Relevanz der Informationen' für die Informationsart erhoben.

[582] vgl. Abbildung 105 im Anhang C: Empirische Studie ‚Stand der Informationsversorgung in industriellen Unternehmen' (Studie 1)

[583] Die Einordnung in dispositive und operative Aufgaben erfolgte zum einen über die Angabe der Teilnehmer zur strategischen Bedeutung ihrer Aufgaben und zum anderen über die hierarchische Zuordnung der Teilnehmer in dem betreffenden Unternehmen.

In Abbildung 33 ist erkennbar, dass die Teilnehmer, die eher dispositive Aufgaben ausführen, zufriedener in den Dimensionen der Informationsqualität sind. Die einzige Ausnahme bildet hierbei die ‚Qualität der Informationen'. Dies legt den Schluss nahe, dass die Informationsversorgung auf den Informationsbedarf der dispositiven Aufgaben ausgelegt ist. Gleiches gilt für die Informationsart – auch hier richtet sich die Wahl der relevanten Informationen nach den Bedarfen der dispositiven Aufgaben.

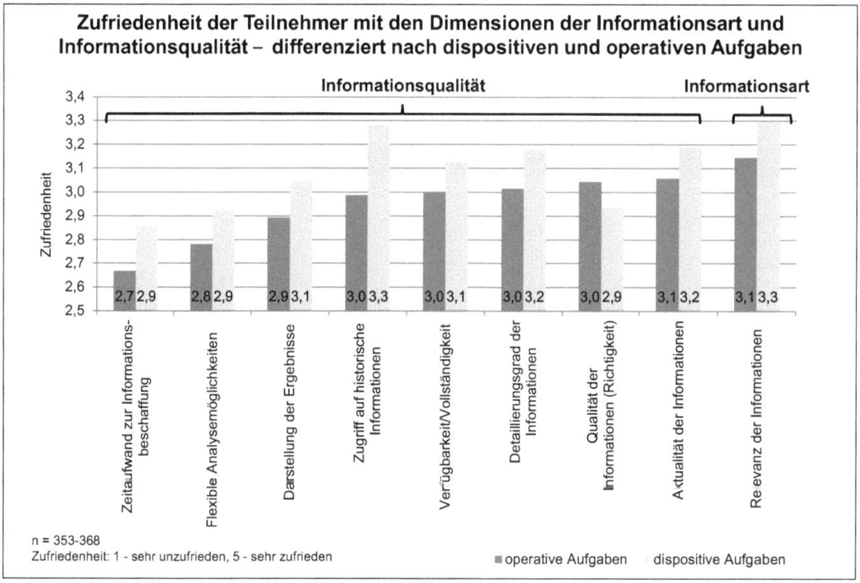

Abbildung 33: Zufriedenheit der Teilnehmer mit den Dimensionen der Informationsart und Informationsqualität – differenziert nach dispositiven und operativen Aufgaben[584]

Zur weiteren Vertiefung der Erkenntnisse wird die Einteilung in operativ und dispositiv stärker detailliert. Daher wird im Folgenden eine weitergehende Analyse vorgenommen, die Mischformen aus operativen und dispositiven Aufgaben in Bezug zum Informationsbedarf berücksichtigt. Zur Untersuchung wurden daher Zwischenkategorien[585] gebildet, um den Zusammenhang zwischen dem Informationsbedarf und dem operativen bzw. dispositiven Charakter einer Aufgabe zu untersuchen. Die Bildung der Aufgabengruppen dient als Vorstufe zur Ableitung der homogenen Gruppen. Analysiert werden im

[584] n liegt zwischen 353 und 368 da die Befragten bei der Angabe ihrer Zufriedenheit ebenfalls die Möglichkeit hatten, ‚Keine Antwort' zu wählen.

[585] Die Erkenntnisse aus der nachfolgenden Analyse wurden auf der WI Konferenz 2011 in Zürich mit Fachexperten diskutiert (vgl. Koch, M. u.a. (2011).

Folgenden ‚operative Aufgaben', ‚operative Aufgaben mit strategischer Auswirkung', ‚dispositive Aufgaben mit operativer Auswirkung' und ‚dispositive Aufgaben'. Operative Aufgaben mit strategischer Auswirkung sind hierbei Aufgaben, die im operativen Bereich getroffen werden, aber durch ihre Auswirkung auf die Markt- und Ressourcenbasis[586] Einfluss auf das Erfolgspotenzial eines Unternehmens haben. Dispositive Aufgaben mit operativer Auswirkung sind solche, die im strategischen Kontext getroffen werden, aber durchaus das operative Tagesgeschäft beeinflussen. Operative Aufgaben besitzen einen hohen Wiederholungsgrad, die Möglichkeit zur Automatisierung und benötigen i.d.R. strukturierte Informationen. Die nachfolgende Abbildung stellt die Aufgabenklassen zusammenfassend dar (grau hinterlegt sind die beschriebenen Aufgaben). Die rein dispositiven Aufgaben werden hierbei der Unternehmensleitung zugeordnet.

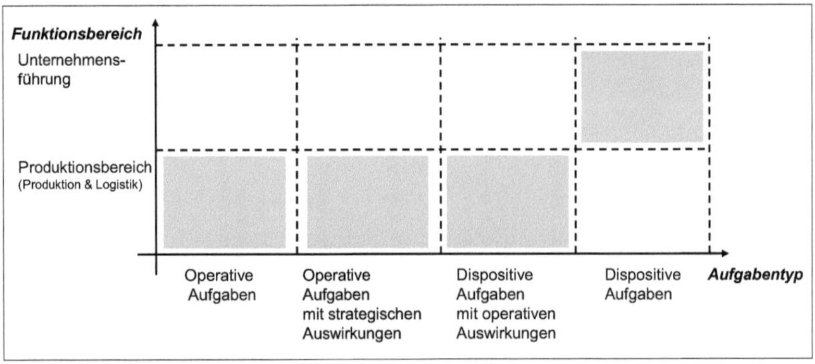

Abbildung 34: Aufgabenklassen zur Bildung homogener Gruppen[587]

Im Folgenden werden die empirischen Ergebnisse in Bezug auf die definierten Aufgabenklassen in Zusammenhang mit den Dimensionen der Informationsqualität und Informationsart aufgezeigt. In einem Mittelwertvergleich (n=368)[588] wurden die Aufgabenklassen (unabhängige Variable) und die Zufriedenheit[589] mit den einzelnen Dimensionen der Informationsqualität (abhängige Variable) analysiert. Die Zufriedenheit wurde auf einer Ordinalskala von 1 bis 5 (sehr unzufrieden bis sehr zufrieden) erhoben. Die Dimensionen wurden nach ihrem Verlauf gruppiert. Der Verlauf ist in den nachfolgenden Abbildungen (vgl. Abbildung 35 bis Abbildung 37) über Pfeile angedeutet. Für die

[586] In Kapitel 6.2.1 wird daher der Begriff der Strategie operationalisiert und es werden Merkmale identifiziert, um eine strukturierte Zuordnung der Aufgaben vornehmen zu können.
[587] In Anlehnung an Koch, M. u.a. (2011)
[588] n liegt zwischen 353 und 368, da die Befragten bei der Angabe ihrer Zufriedenheit ebenfalls die Möglichkeit hatten, ‚Keine Antwort' zu wählen.
[589] Zufriedenheit der Teilnehmer, bei der Ausführung der Aufgaben in den entsprechenden Aufgabenklassen.

Dimensionen der Informationsqualität ist ein differenzierter Verlauf der Zufriedenheit über die einzelnen Aufgabenklassen ersichtlich. Die Ergebnisse werden nachfolgend pro Gruppe dargestellt und interpretiert.

In der ersten Gruppe ist für den operativen Bereich ersichtlich, dass mit zunehmendem strategischen Anteil der Aufgabe die Zufriedenheit sinkt. Für den dispositiven Bereich gilt, dass mit steigendem operativen Aufgabenanteil die Zufriedenheit abnimmt.

Zufriedenheitswerte der Teilnehmer in den Dimensionen der Informationsqualität – erste Gruppe

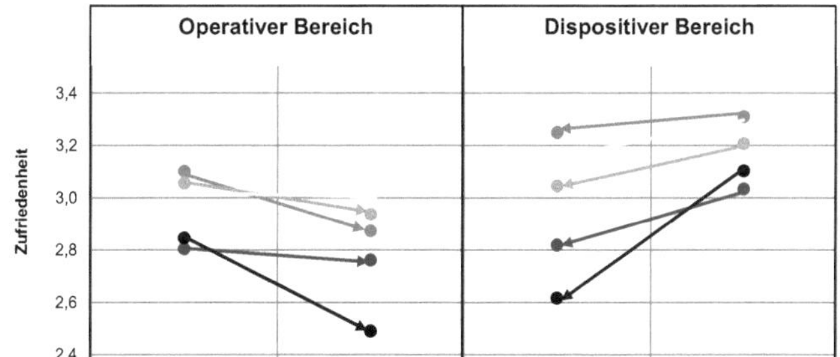

	operative Aufgaben	operative Aufgaben mit strategischer Auswirkung	dispositive Aufgaben mit operativer Auswirkung	dispositive Aufgaben
Detaillierungs-grad der Informationen	3,03	3,00	3,15	3,21
Zugriff auf historische Informationen	3,10	2,87	3,25	3,31
Verfügbarkeit / Vollständigkeit	3,06	2,94	3,05	3,21
Flexible Analysemög-lichkeiten	2,80	2,76	2,82	3,03
Zeitaufwand zur Informations-beschaffung	2,85	2,49	2,62	3,10

n = 355-362
Zufriedenheit: 1 - sehr unzufrieden, 5 - sehr zufrieden

Abbildung 35: Zufriedenheitswerte der Teilnehmer in den Dimensionen der Informationsqualität – erste Gruppe[590]

Eine Ursache ist möglicherweise in der Anwendungssystemlandschaft zu finden. So werden vorwiegend zur Unterstützung von Aufgaben aus dem strategischen Bereich dispositive Systeme zur Verfügung gestellt[591], die jedoch den Informationsbedarf des operativen Aufgabenanteils nicht adäquat befriedigen können. Gleiches gilt für den operativen Bereich, dessen operative Systeme nicht genügend Unterstützungspotential für den dispositiven Aufgabenanteil bieten. Besonders deutlich ist die Ausprägung in der Dimension des ‚Zeitaufwands der Informationsbeschaffung' zusammen mit der ‚Verfügbarkeit der Informationen' zu sehen – dies lässt einen Rückschluss auf alternative Informationsversorgungskanäle zu.

[590] In Anlehnung an Koch, M. u.a. (2011)
[591] vgl. Kapitel 2.3.1

In der zweiten Gruppe steigt die Zufriedenheit in den Dimensionen der ‚Aktualität, Darstellung und Relevanz der Informationen' im operativen Bereich. Im dispositiven Bereich herrscht ein gegenteiliges Bild – hier sinkt die Zufriedenheit für die Zwischenform.

Im operativen Bereich können technische Restriktionen der operativen Anwendungssysteme eine mögliche Ursache sein. Für die Informationsart lässt sich ableiten, dass im rein operativen Bereich möglicherweise der Informationsbedarf der Aufgabenträger nicht erhoben worden ist und hier keine ausreichend adäquate Informationsversorgung mit den notwendigen Informationen erfolgt.

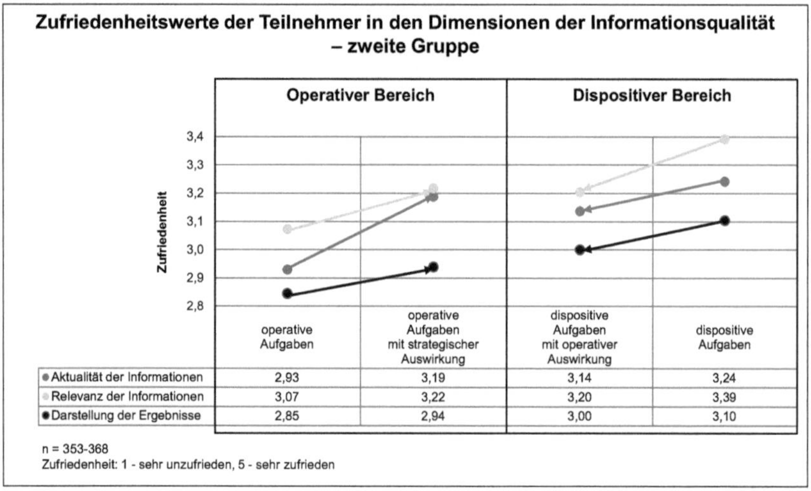

	operative Aufgaben	operative Aufgaben mit strategischer Auswirkung	dispositive Aufgaben mit operativer Auswirkung	dispositive Aufgaben
Aktualität der Informationen	2,93	3,19	3,14	3,24
Relevanz der Informationen	3,07	3,22	3,20	3,39
Darstellung der Ergebnisse	2,85	2,94	3,00	3,10

Abbildung 36: Zufriedenheitswerte der Teilnehmer in den Dimensionen der Informationsqualität – zweite Gruppe[592]

Die Verteilung der Dimension ‚Qualität der Informationen' weist für die Zwischenformen die höchsten Zufriedenheitswerte auf. Eine mögliche Erklärung im dispositiven Bereich ist die Integration der Daten über mehrere Unternehmensbereiche – hier werden fehlerhafte Daten bzw. Informationen sichtbar. Im operativen Bereich ist eine mögliche Erklärung eng mit der ‚Aktualität der Informationen' verbunden. So stehen die Informationen zum Zeitpunkt der Anwendung möglicherweise nicht fehlerfrei zu Verfügung.

Zusammenfassend lässt sich als zentrales Ergebnis festhalten, dass eine Unterscheidung der Zwischenformen nach den empirischen Ergebnissen sinnvoll und notwendig ist. Eine alleinige Unterscheidung in die Kategorien operative und dispositive Aufgaben

592 In Anlehnung an Koch, M. u.a. (2011)

greift zu kurz und legt nur den Rückschluss nahe, dass die Informationsversorgung im operativen Bereich verbessert werden muss. Betrachtet man hingegen die Zwischenformen, so wird deutlich, dass hier eine differenzierte Betrachtung notwendig ist, da sich die Zufriedenheitswerte der Dimensionen der Informationsqualität und der Informationsart für die Zwischenformen dispositiver und operativer Aufgabentypen unterscheiden.

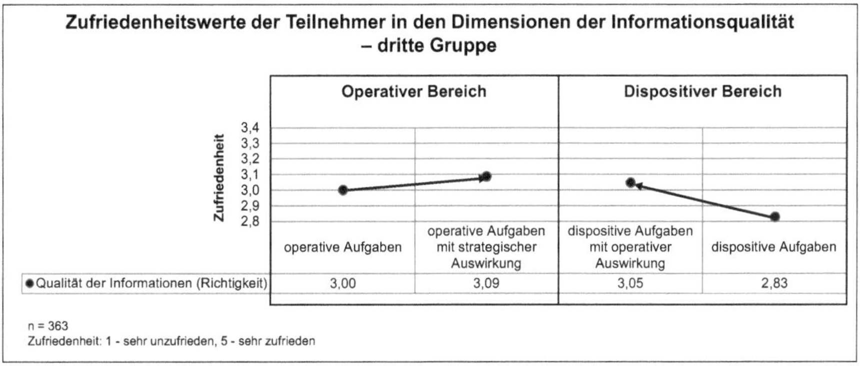

Abbildung 37: Zufriedenheitswerte der Teilnehmer in den Dimensionen der Informationsqualität – dritte Gruppe[593]

Zur Entwicklung eines Informationsversorgungskonzepts ist daher ein organisatorisches Modell zur Ableitung der homogenen Gruppen notwendig, welches neben der Kategorisierung in dispositive und operative Aufgaben auch deren Mischformen berücksichtigt.

Aus den oben aufgeführten Erläuterungen leitet sich die modifizierte Annahme im Bereich der Aufgabenträger ab:

> $A_{2\text{-}1}$: Der Informationsbedarf leitet sich aus den zu erfüllenden Aufgaben ab. Zur Entwicklung eines Informationsversorgungskonzepts ist ein generisches, informationelles Modell notwendig, das dispositive und operative Aufgaben sowie deren Zwischenformen im Produktionsbereich differenziert. Aufgrund des Informationsbedarfs lassen sich vier Klassen von Aufgabentypen im Produktionsbereich abgrenzen.

Die Voruntersuchung (vgl. Kapitel 4.2) sowie die bisherigen Ergebnisse deuten darauf hin, dass sich die Aufgabenverteilung im Produktionsbereich und somit der Informationsbedarf der Aufgabenträger verändert hat. Jedoch wurde in diesem Zusammenhang

---

[593] In Anlehnung an Koch, M. u.a. (2011)

die Informationsversorgung nicht an die veränderten Anforderungen angepasst. Dies fokussiert die zweite Annahme im Bereich der Aufgabenträger.

$A_{3\text{-}0}$: Die bisherige Informationsversorgung basiert nicht auf einer auf den Aufgaben der Aufgabenträger ausgerichteten Informationsbedarfsanalyse.

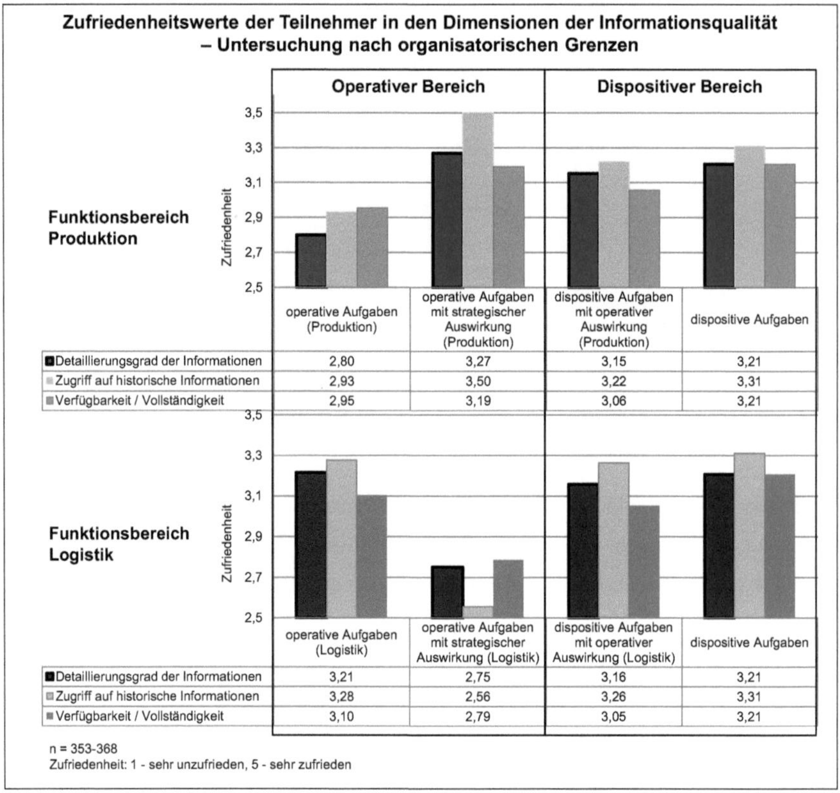

Funktionsbereich Produktion

	operative Aufgaben (Produktion)	operative Aufgaben mit strategischer Auswirkung (Produktion)	dispositive Aufgaben mit operativer Auswirkung (Produktion)	dispositive Aufgaben
Detaillierungsgrad der Informationen	2,80	3,27	3,15	3,21
Zugriff auf historische Informationen	2,93	3,50	3,22	3,31
Verfügbarkeit / Vollständigkeit	2,95	3,19	3,06	3,21

Funktionsbereich Logistik

	operative Aufgaben (Logistik)	operative Aufgaben mit strategischer Auswirkung (Logistik)	dispositive Aufgaben mit operativer Auswirkung (Logistik)	dispositive Aufgaben
Detaillierungsgrad der Informationen	3,21	2,75	3,16	3,21
Zugriff auf historische Informationen	3,28	2,56	3,26	3,31
Verfügbarkeit / Vollständigkeit	3,10	2,79	3,05	3,21

Abbildung 38: Zufriedenheitswerte der Teilnehmer in den Dimensionen der Informationsqualität – Untersuchung nach organisatorischen Grenzen

Eine weitergehende Untersuchung der obigen Verteilungen der Zufriedenheitswerte (vgl. Abbildung 35 bis Abbildung 37) nach der durch die Teilnehmer der Studie angegeben organisatorischen Zugehörigkeit zur Logistik oder zur Produktion ergibt abweichende Werteverteilungen in den einzelnen Dimensionen der Informationsqualität (vgl. Abbildung 38).

Besonders deutlich wird dies in den Dimensionen ‚Detaillierungsgrad der Informationen', ‚Vollständigkeit/Verfügbarkeit' und ‚Zugriff auf historische Informationen' für den operativen Bereich.

Die unterschiedlichen Zufriedenheitswerte der Funktionsbereiche der Produktion und Logistik lassen darauf schließen, dass eine auf die Funktionsbereiche ausgelegte Informationsversorgung bei den Unternehmen der Probanden realisiert wird.

Eine weitere Untersuchung[594] in Bezug auf die Anwendungssystemlandschaft[595] bekräftigt diesen Schluss. In einer Analyse wurde der Zusammenhang zwischen den Zufriedenheitswerten der Informationsqualität und den vorhandenen Anwendungssystemen untersucht. Hierbei konnte weder eine typische Kombination noch eine bestimmte Systemkategorie identifiziert werden, auf die die mangelnde Informationsqualität zurückgeführt werden kann.

5.1.2.2 Herleitung eines informationellen Schichtenmodells in der Produktion

Die theoretischen Grundlagen zur Informationsbedarfsanalyse (vgl. Kapitel 2.2.1.2) legen die Bildung homogener Gruppen zur Ableitung des Informationsbedarfs nahe. Zur Konzeption eines Informationsversorgungskonzepts wird, basierend auf der in der Literaturanalyse (vgl. Kapitel 3.3.1) identifizierten Bezeichnungen der Aufgabenträger in der Produktion und den Ergebnissen aus der empirischen Studie, insb. den identifizierten Aufgabenklassen, ein organisatorisches Modell für die Produktion hergeleitet. Zentrales Ergebnis der Literaturanalyse und der Voruntersuchung ist eine uneinheitliche Bezeichnung der Aufgabenträger, die es erschwert homogene Gruppen zu bilden.

Ziele des organisatorischen Modells sind die Bezeichnungen der Aufgabenträger nach deren Bedeutung zusammenzufassen, homogene Gruppen zu bilden und diese hierarchisch anzuordnen. Basierend auf den Ergebnissen der empirischen Untersuchung zum Informationsbedarf können die folgenden Anforderungen an die Bildung homogener Gruppen abgeleitet werden:

- Berücksichtigung von vier Aufgabentypenklassen, die sich hinsichtlich des operativen und dispositiven Anteils einer Aufgabe unterscheiden.

---

[594] Die Untersuchung erfolgte, indem ein Zusammenhang zwischen der Zufriedenheit der einzelnen Dimensionen und den Anwendungssystemen identifiziert werden sollte (Kreuztabelle). Es konnte kein signifikanter Zusammenhang festgestellt werden.

[595] Weitere Untersuchungen zur Anwendungssystemlandschaft vgl. Kapitel 5.1.4

- Berücksichtigung der Verteilung der Produktionsaufgaben über die organisatorischen Grenzen hinweg.
- Vereinheitlichung der Bezeichnungen aus der Literatur.

Abbildung 39 veranschaulicht das aus den oben genannten Anforderungen entwickelte organisatorische Modell, welches im Folgenden als *informationelles Schichtenmodell der Produktion*[596] bezeichnet wird. Das Schichtenmodell dient der Strukturierung von Aufgabentypen und Aufgabenträgern.

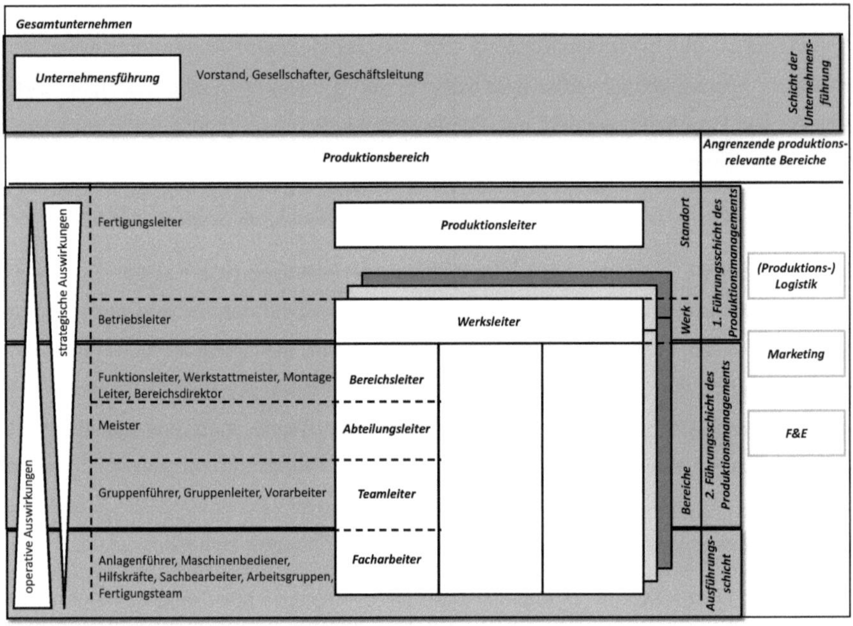

Abbildung 39: Informationelles Schichtenmodell der Produktion[597]

In Abbildung 39 sind die in der Literaturanalyse identifizierten Bezeichnungen der Aufgabenträger ersichtlich – diese wurden nach den oben genannten Anforderungen gruppiert. Gemäß den in der empirischen Untersuchung identifizierten Aufgabenklassen wurden vier Schichten gebildet, die im Nachfolgenden detaillierter beschrieben werden.

Die Aufgabenklassen der ‚operativen Aufgaben', ‚operative Aufgaben mit strategischer Auswirkung', ‚dispositive Aufgaben mit operativer Auswirkung' und ‚dispositive Aufga-

596 Das informationelle Schichtenmodell wurde auf der WI 2011 validiert (vgl. Koch, M. u.a. (2011)).
597 In Anlehnung an Koch, M. u.a. (2011)

ben' werden in die homogenen Aufgabenträgergruppen der *Ausführungsschicht*, der *1. und 2. Führungsschicht des Produktionsmanagements* und der *Schicht der Unternehmensführung* überführt.

- *Schicht der Unternehmensführung:* Der Schicht der Unternehmensführung werden die Aufgaben der Aufgabenklasse der dispositiven Aufgaben zugeschrieben. Der Schicht werden die Aufgabenträgerbezeichnungen wie z.B. des Gesellschafters, der Geschäftsführung oder des Vorstands zugeordnet und unter der vereinheitlichten Bezeichnung Unternehmensführung weitergeführt. Dieser Schicht werden die rein dispositiven Aufgaben zugeordnet, die die Produktion betreffen, jedoch auf Gesamtunternehmensebene zu treffen sind. Hierzu sind daher Produktionsaufgaben zu zählen, die mehrere Werke und Standorte betreffen.

- *1. Führungsschicht des Produktionsmanagements:* Dieser Schicht werden der Produktions- und Werksleiter zugerechnet. Dem Produktionsleiter unterliegt der Verantwortungsbereich eines Standortes, wobei ein Unternehmen mehrere Standorte innehaben kann. Synonym für den Produktionsleiter wird der Fertigungsleiter gesetzt. Hierarchisch unter dem Produktionsleiter ist der Werksleiter angesiedelt, der für ein Werk innerhalb eines Standortes verantwortlich ist. An einem Standort können mehrere Werke vorhanden sein. Der Betriebsleiter wird synonym zum Werksleiter definiert. Existiert an einem Standort lediglich ein Werk, können der Produktions- und Werksleiter zu einem Aufgabenträgertyp zusammengefasst werden. Der ersten Führungsschicht wird die Aufgabenklasse der dispositiven Aufgaben mit operativen Auswirkungen zugeordnet.

- *2. Führungsschicht des Produktionsmanagements:* Der zweiten Führungsschicht sind die Produktionsbereiche zugeordnet, die sich je nach Produktionsprinzip und -art unterscheiden. Produktionsbereiche können hier bspw. Werkstätten oder Fertigungslinien sein. Dieser Schicht werden der Bereichsleiter, der Meister und der Teamleiter – hierarchisch absteigend – zugeordnet. In einem Unternehmen kommen im Allgemeinen mehrere Produktionsbereiche vor. Dieser Schicht wird die Aufgabenklasse der operativen Aufgaben mit strategischer Auswirkung zugeordnet.

- *Ausführungsschicht:* Der Ausführungsschicht sind die Facharbeiter in einem Produktionsbereich zugeordnet. Facharbeiter sind aktiv am Produktionsprozess beteiligt. Synonyme Bezeichnungen in der Literatur sind bspw. der Sacharbeiter, der Hilfsarbeiter oder der Maschinenbediener. Dieser Schicht werden die rein operativen Aufgaben zugeschrieben. Zu den operativen Aufgaben zählen ebenfalls Verwaltungstätigkeiten mit sehr geringer strategischer Relevanz.

Die vier Schichten stellen zusammen ein unternehmensübergreifendes, generisches Modell dar, welches zur Entwicklung eines Informationsversorgungskonzepts notwendig ist. In der konkreten Anwendung muss dieses unternehmensindividuell angepasst werden.

5.1.3 Aufgaben im Produktionsbereich

5.1.3.1 Empirische Ergebnisse zu den Annahmen

In Kapitel 3.2 wurden die organisatorischen Veränderungen hin zur Dezentralisierung behandelt. Mit der Dezentralisierung in der Produktion werden den unteren Hierarchieebenen Aufgaben zugeordnet, die bislang von den oberen Hierarchieebenen ausgeführt wurden. Im Gegenzug entfallen Ausführungstätigkeiten und werden im Zuge der Automatisierung und der Globalisierung neu organisiert. Bislang wurde in den theoretischen Grundlagen zum Informationsbedarf in der Produktion die Thematik einer aufgrund der veränderten Aufgabenverteilung anzupassenden Informationsversorgung nicht thematisiert. Aufgrund dessen wird die folgende Annahme im Bereich der Aufgaben abgeleitet:

> $A_{4\text{-}0}$: Die Aufgabenverteilung in der Produktion unterliegt einem dynamischen Wandel – hin zur Dezentralisierung. Dies führt zu einem geänderten Informationsbedarf, der bislang nicht in einer angepassten Informationsversorgung berücksichtigt wurde.

Betrachtet man die oben eingeführten Aufgabenklassen in Bezug auf die Zufriedenheit mit den einzelnen Dimensionen der Informationsqualität und Informationsart, so ist in nahezu allen Dimensionen festzustellen, dass die Aufgabenträger des operativen Bereichs (‚operative Aufgaben' und ‚operative Aufgaben mit strategischer Auswirkung') – hier schwarz und dunkelgrau dargestellt – am unzufriedensten sind. Besonders deutlich wird dies bei der Dimension ‚Zugriff auf historische Informationen'. Hier ist in der Aufgabenklasse der ‚operativen Aufgaben mit strategischer Auswirkung' eine ausgeprägte Unzufriedenheit erkennbar. Eine plausible Erklärungsmöglichkeit ist im dispositiven Aspekt der Aufgaben gegeben. So sind strategische Auswirkungen aus Erfahrungswerten der Vergangenheit zu bewerten und ein Zugriff auf vergangenheitsorientierte Daten notwendig, der durch die gegebene Systemlandschaft nicht befriedigt werden kann, da diese auf operative Belange ausgelegt ist. Dies kann als ein Indiz dafür aufgefasst werden, dass die Informationsversorgung im Zuge der Dezentralisierung nicht adäquat berücksichtigt worden ist (vgl. Abbildung 40).

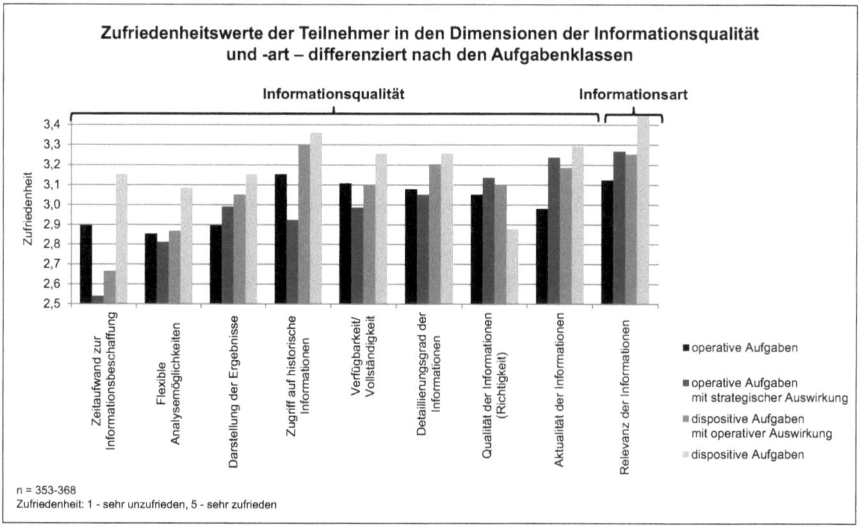

Abbildung 40: Zufriedenheitswerte der Teilnehmer in den Dimensionen der Informationsqualität und -art – differenziert nach den Aufgabenklassen

Bei der Informationsart (‚Relevanz der Informationen') sind die Aufgabenträger der operativen Aufgabenklasse am unzufriedensten. Die beiden Mischformen dispositiver und operativer Aufgaben liegen im mittleren Bereich.

Im Weiteren schließt sich eine detaillierte Untersuchung der Informationsart an, um hier vertiefende Aussagen über notwendige Informationen in den einzelnen Aufgabenklassen treffen zu können. Es wird untersucht, inwieweit Unterschiede in der Informationsversorgung bzgl. der Informationsart zwischen den zufriedenen und unzufriedenen Aufgabenträgern der einzelnen Aufgabenklassen bestehen[598]. Für die Analyse werden zunächst zwei Gruppen gebildet, die auf der Dimension der ‚Relevanz der Informationen' beruhen. Der zufriedenen Gruppe werden alle Teilnehmer der Studie zugeordnet, die den Wert 4 oder 5 (zufrieden und sehr zufrieden) in der ‚Relevanz der Informationen'

[598] Zur Untersuchung der Annahme $A_{4\text{-}0}$ wird die Aufgabenklasse der dispositiven Aufgaben in der Analyse nicht weiter berücksichtigt, da zur Untersuchung der Dezentralisierung die drei Aufgabenklassen im Produktionsbereich von Bedeutung sind.

angeben, die unzufriedene Gruppe basiert auf den Werten 1 und 2 (sehr unzufrieden und unzufrieden).[599]

Die nachfolgenden Abbildungen veranschaulichen jeweils die *zur Verfügung* stehenden Informationen in den einzelnen Aufgabenklassen. In den nachfolgenden Netzdiagrammen ist die unzufriedene Gruppe mit einer grauen Linie, die zufriedene Gruppe mit einer schwarzen Linie dargestellt. Im Folgenden werden die Ergebnisse für jede Aufgabenklasse vorgestellt und die Ergebnisse interpretiert.

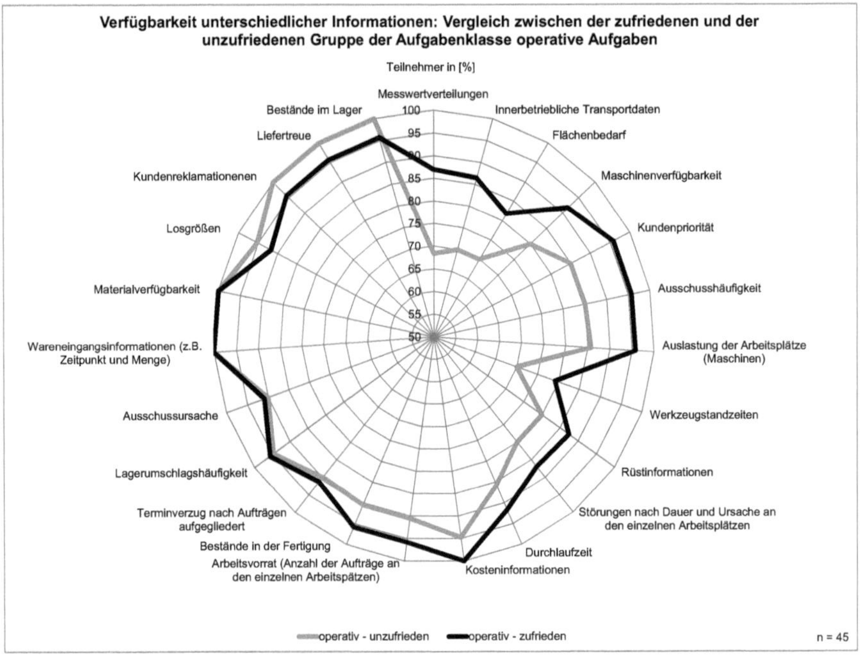

Abbildung 41: Verfügbarkeit unterschiedlicher Informationen: Vergleich zwischen der zufriedenen und der unzufriedenen Gruppe der Aufgabenklasse operative Aufgaben

- *Aufgabenklasse der operativen Aufgaben:* In Abbildung 41 sind die unterschiedlichen Informationen erkennbar, die der zufriedenen und unzufriedenen Gruppe (n=45[600]) zur Verfügung stehen. So geben bspw. ca. 70% der unzufriedenen Teilnehmer an, Messwertverteilungen zur Verfügung gestellt zu bekommen.

[599] Ordinalskala von 1 (sehr unzufrieden) bis 5 (sehr zufrieden). Probanden, die einen Wert 3 auf der Ordinalskala angegeben haben, wurden als neutrale Gruppe aus der Untersuchung ausgeschlossen.
[600] n für die zufriedene Gruppe schwankt zwischen n=22-24, für unzufriedene Gruppe zwischen n=19-21. Die Schwankungen beruhen auf der Möglichkeit der Teilnehmer ‚Keine Antwort' anzugeben.

Im Gegensatz hierzu geben dies über 85% der zufriedenen Teilnehmer an. Aus diesen Angaben wurden jeweils die Abweichungen errechnet und nach ihrer Größe sortiert. So ergeben sich die größten Abweichungen in den Messwertverteilungen (18,6%), den innerbetrieblichen Transportdaten (16,4%), in dem Flächenbedarf (11,8%), in der Maschinenverfügbarkeit (11,7%), in der Kundenpriorität (10,8%), in der Ausschusshäufigkeit (10,7%) und in der Auslastung der Arbeitsplätze (10,1%).[601] Betrachtet man die Informationen, so lässt sich insgesamt feststellen, dass diese eher den produktionsschrittnahen[602] Informationen zuzurechnen sind. Eine Ausnahme bildet die Kundenpriorität, die als unternehmensweite Information eingestuft werden kann.

So lässt sich als ein zentrales Ergebnis feststellen, dass sich Abweichungen zwischen der zufriedenen Gruppe und der unzufriedenen Gruppe in den produktionsschrittnahen Informationen ergeben, die der zufriedenen Gruppe in größerem Umfang zur Verfügung stehen.

- *Aufgabenklasse der operativen Aufgaben mit strategischer Auswirkung:* In Abbildung 42 wurden die Informationen ebenfalls nach deren Größe in der Abweichung der zufriedenen und unzufriedenen Gruppe (n=31[603]) angeordnet. Die größten Abweichungen ergeben sich in den innerbetrieblichen Transportdaten (33,3%), in dem Flächenbedarf (32,9%), in den Werkzeugstandzeiten (26,7%), in der Auslastung der Arbeitsplätze (20%), in den Messwertverteilungen (15,7%), in der Maschinenverfügbarkeit (15,1%) und in den Störungen an den Arbeitsplätzen (13,3%). Analysiert man auch hier die Informationen mit den größten Abweichungen, so lassen sich diese den produktionsschrittnahen und unternehmensweiten Informationen zuordnen. Weiterhin ist festzustellen, dass alle der zufriedenen Teilnehmer angeben, die Informationen Liefertreue, Materialverfügbarkeit, Kosten, Losgrößen, Kundenreklamationen sowie Informationen zum Wareneingang zu haben.

---

[601] Die Kennzahlen basieren zum einen auf der Voruntersuchung und zum anderen auf dem Handbuch der Produktion (vgl. Gienke, H. (2007), S. 746).

[602] Die Einordnung der Kennzahlen in die Kategorien unternehmensweit und produktionsschrittnah erfolgte durch den Autor.

[603] n für die zufriedene Gruppe schwankt zwischen n=14-16, für unzufriedene Gruppe zwischen n=12-15. Die Schwankungen beruhen auf der Möglichkeit der Teilnehmer ‚Keine Antwort' anzugeben.

Zentrales Ergebnis in der Aufgabenklasse der operativen Aufgaben mit strategischer Auswirkung ist, dass der zufriedenen Gruppe sowohl produktionsschrittnahe Informationen als auch unternehmensweite Informationen zur Verfügung stehen.

- *Aufgabenklasse der dispositiven Aufgaben mit operativer Auswirkung:* Die größten Abweichungen zwischen der zufriedenen und der unzufriedenen Gruppe (n=42)[604] in der ‚Relevanz der Daten' ergeben sich in den Messwertverteilungen (19%), in den Werkzeugstandzeiten (18,3%), in dem Flächenbedarf (14,1%), in der Liefertreue (10,5%), in der Maschinenverfügbarkeit (9,1%), in dem Terminverzug (8,5%) und in den Kosteninformationen (6,7%). Die größten Abweichungen sind den produktionsschrittnahen bzw. produktionsprozessnahen Informationen zuzuordnen, jedoch sind auch unternehmensweite Informationen notwendig (vgl. Abbildung 43).

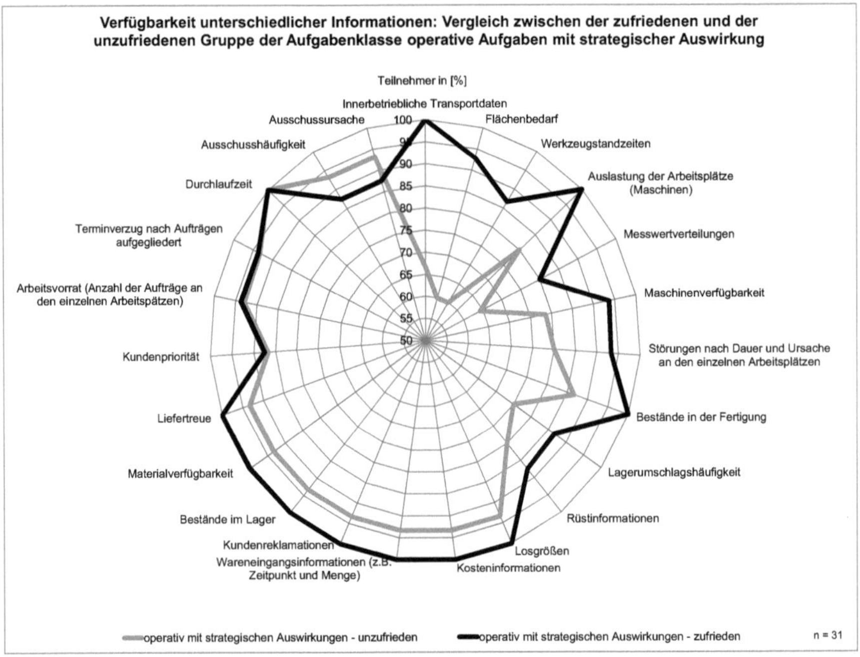

Abbildung 42: Verfügbarkeit unterschiedlicher Informationen: Vergleich zwischen der zufriedenen und der unzufriedenen Gruppe der Aufgabenklasse operative Aufgaben mit strategischer Auswirkung

[604] n für die zufriedene Gruppe schwankt zwischen n=23-26, für die unzufriedene Gruppe zwischen n=11-16. Die Schwankungen beruhen auf der Möglichkeit der Teilnehmer ‚Keine Antwort' anzugeben.

Zentrales Ergebnis in der Aufgabenklasse der strategischen Aufgaben mit operativen Auswirkungen ist, dass der zufriedenen Gruppe in größerem Umfang produktionsschrittnahe Informationen zur Verfügung stehen.

Die größten und deutlichsten Unterschiede in der Informationsversorgung bzgl. der Informationsart sind in der Aufgabenklasse der operativen Aufgaben mit strategischen Auswirkungen festzustellen. Bei der obigen Analyse zur Informationsqualität war dies ebenfalls die unzufriedenste Gruppe. Dies entspricht den theoretischen Grundlagen der Hierarchieebene von Aufgabenträgern, die von der Dezentralisierung im Besonderen betroffen sind.

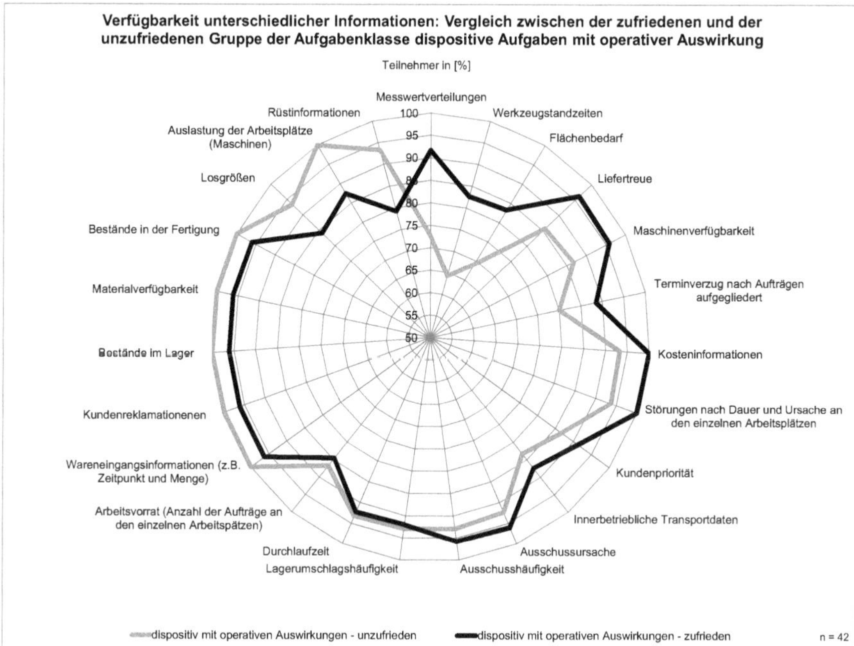

Abbildung 43: Verfügbarkeit unterschiedlicher Informationen: Vergleich zwischen der zufriedenen und der unzufriedenen Gruppe der Aufgabenklasse dispositive Aufgaben mit operativer Auswirkung

Die Abweichungen im operativen Bereich, die wie oben beschrieben in erster Linie die produktionsschrittnahen Informationen betreffen, sind womöglich eher technischen Restriktionen zuzuschreiben, die bspw. auf der in der Voruntersuchung erwähnten Schnittstellenproblematik beruhen. Aus den empirischen Ergebnissen und der zuvor beschriebenen Interpretation lässt sich die zu Beginn des Abschnitts formulierte Annahme wie folgt ergänzen.

> $A_{4\text{-}1}$: Die Aufgabenverteilung in der Produktion unterliegt einem organisatorischen Wandel – hin zur Dezentralisierung. Dies resultiert in einem veränderten Informationsbedarf, der bislang nicht in einer entsprechend angepassten Informationsversorgung berücksichtigt worden ist. Dies betrifft im Besonderen die Aufgabenklasse der operativen Aufgaben mit strategischer Auswirkung. Den Aufgabenträgern der Aufgabenklasse der operativen Aufgaben mit strategischer Auswirkung sind vermehrt unternehmensweite Informationen bereitzustellen. Der hierarchisch darüber liegenden Aufgabenklasse der dispositiven Aufgaben mit operativer Auswirkung sind produktionsschrittnahe sowie unternehmensweite Informationen bereitzustellen.

Insgesamt ist festzustellen, dass im Produktionsbereich sowohl produktionsschrittnahe als auch unternehmensweite Informationen verfügbar sind, die jedoch nicht adäquat verteilt werden.

5.1.3.2 Aufgabentypisierung

In Kapitel 2.2.1.1 der theoretischen Grundlagen wurde die Abhängigkeit des Informationsbedarfs von der zu lösenden Aufgabe dargestellt. Hierbei wurde die Strukturiertheit einer Aufgabe als die determinierende Typisierung zur Differenzierung in objektiven und subjektiven Informationsbedarf beschrieben. Die empirischen Ergebnisse zu den Aufgaben im Produktionsbereich im vorangegangenen Kapitel 5.1.3.1 bestätigen die Abhängigkeit des Informationsbedarfs vom Aufgabentyp. Daher wird der in der literaturbasierten Aufgabenanalyse identifizierte Aufgabenkatalog (vgl. Anhang B: Literaturbasierter Aufgabenkatalog) auszugsweise in die Aufgabentypen strukturiert, semi-strukturiert und unstrukturiert eingeteilt.

Die Strukturiertheit wurde im Kapitel 2.2.1.1 anhand des Vorhandenseins eines Lösungswegs und einer Ursache-Wirkungs-Beziehung operationalisiert. Diese wird im Folgenden auf einen Auszug des Aufgabenkatalogs angewendet.

Zur Identifikation des Lösungswegs wurde literaturbasiert untersucht, ob bestimmte Methoden oder Berechnungsformeln bei der Beschreibung der Aufgaben angegeben werden.[605] Die Ursache-Wirkungs-Beziehung wird als bekannt eingestuft, wenn die Auswirkungen der Entscheidung oder Ausführung als quantifizierbar beurteilt werden können.

Abbildung 44 veranschaulicht die auf einen Auszug des Aufgabenkatalogs angewendete Aufgabentypisierung.

Im Nachfolgenden werden zur Illustration beispielhaft Aufgaben aus den Bereichen der Planung, der Realisation und der Kontrolle dargestellt:[606]

Beispiele aus den Planungsaufgaben

- *Planen des Produktportfolios:* Die Entscheidung über die Produkt-Markt-Kombinationen, d.h. welche Produkte auf welchen Märkten veräußert werden sollen, kann als unstrukturiert angesehen werden. Der Lösungsweg ist abhängig von der Erfahrung des Aufgabenträgers. Die Ursache-Wirkungs-Beziehung ist nicht mit Sicherheit quantitativ abschätzbar. Die Entscheidung hat Verflechtungen über alle Unternehmensbereiche hinweg. Die Ausführung der Aufgabe, welche geplanten Produktarten in welcher Periode bzw. Reihenfolge produziert werden sollen, kann ebenfalls als unstrukturiert eingestuft werden. Der Lösungsweg ist nicht programmierbar, ebenso ist die Ursache-Wirkungs-Beziehung nicht mit Sicherheit quantitativ abschätzbar.
- *Planen der Fertigungstiefe:* Innerhalb der Entscheidung wird festgelegt, welche Mengen welcher Produkte im eigenen Unternehmen produziert oder an Lieferanten vergeben werden sollen. Für diese Entscheidung ist der Lösungsweg nicht programmierbar, die Ursache-Wirkungs-Beziehung kann jedoch als quantitativ abschätzbar betrachtet werden.[607] Somit handelt es sich um eine semi-strukturierte Aufgabe. Die Ausführung (Mengenfeinplanung) kann als strukturiert angesehen werden. Zur Einplanung der Mengen sind bspw. bei *Voigt*[608] zahlreiche Verfahren zu finden. Auch die Ursache-Wirkungs-Beziehung ist quantitativ abschätzbar. Die Verkettung mit anderen Aufgaben wie bspw. der Kapazitätsplanung ist bekannt.

[605] Wird die Fragestellung, ob eine Aufgabe potentiell als programmierbar gilt, bejaht, dann wird der Lösungsweg als bekannt eingestuft.
[606] Zu den Inhalten der Aufgaben vgl. Kapitel 3.3.2
[607] Bspw. kann durch Berechnung der Herstellkosten und einen Abgleich der Lieferantenkosten die Ursache-Wirkungs-Beziehung abgeschätzt werden.
[608] vgl. Voigt, K.-I. (2008), S. 532ff.

Phase	Teilaufgabe	...	Teilaufgabe	Rang	Elementaraufgabe	Lösungsweg	Ursache-Wirkungs-Beziehung	Strukturiertheit
Planung	Planung	...	Planen des Produktportfolios	Ausführung	Bestimmen der zu produzierenden Produktarten in einer Periode	nicht vorhanden	nicht bekannt	**unstrukturiert**
				Entscheidung	Absatzplanung (Bestimmen der Produkt-/Markt-Kombinationen)	nicht vorhanden	nicht bekannt	**unstrukturiert**
			Planen der Fertigungstiefe	Ausführung	Mengenplanung (Feinplanung)	vorhanden	bekannt	**strukturiert**
				Entscheidung	Mengenplanung (Grobplanung), Festlegen der Fertigungstiefe	nicht vorhanden	bekannt	**semi-strukturiert**
Realisation	Realisation	...	Lagerarten und Lagerablauf	Ausführung	Lagersteuerung, Feinterminierung	vorhanden	bekannt	**strukturiert**
				Entscheidung	Festlegen des Steuerungsverfahrens, Lagerprinzip, Festlegen der Lagerarten	nicht vorhanden	bekannt	**semi-strukturiert**
Kontrolle	Kontrolle	...	Festlegen der Fertigungskontrolle	Ausführung	Fertigungsprozesskontrolle	vorhanden	bekannt	**strukturiert**
				Entscheidung	Festlegen von Standards und Normen, Toleranzen	vorhanden	nicht bekannt	**semi-strukturiert**

Abbildung 44: Aufgabentypisierung angewendet auf einen Auszug aus dem literaturbasierten Aufgabenkatalog

Beispiel aus den Realisationsaufgaben

- *Lagerung*: Die Entscheidung über die Lagerarten und den -ablauf kann als semi-strukturiert typisiert werden. So ist der Lösungsweg nicht programmierbar, jedoch kann die Ursache-Wirkungs-Beziehung quantitativ abgeschätzt werden.[609] Die Umsetzung der Entscheidung, die Lagersteuerung bzw. die Feinterminierung, kann als strukturiert angesehen werden.

Beispiel aus den Kontrollaufgaben

- *Qualitätskontrolle (Fertigung)*: Die Entscheidung bspw. über Standards und Normen kann als semi-strukturiert typisiert werden. Grundlage bilden bspw. gesetzliche Vorschriften oder DIN-Normen. Die Typisierung ist demnach stark abhängig von der jeweiligen Branche des industriellen Unternehmens. Die Ursache-Wirkungs-Beziehung ist jedoch nicht mit Sicherheit quantitativ abschätzbar.[610] Die Fertigungsprozesskontrolle kann als strukturiert typisiert werden und wird in zahlreichen Unternehmen bereits automatisiert.

Die Aufgabentypisierung ist unternehmensindividuell vorzunehmen. Die obige Aufgabentypisierung erfolgte basierend auf den Aufgabenbeschreibungen der Literatur.

5.1.4 Anwendungssystemlandschaft

5.1.4.1 Empirische Ergebnisse zu den Annahmen

Im Nachfolgenden werden das Informationsangebot und die dahinter stehende Anwendungssystemlandschaft im Produktionsbereich beleuchtet. In Kapitel 2.3.1 und 3.4 wurden die Informations- bzw. Anwendungssystemkategorien industrieller Betriebe behandelt. Aus den theoretischen Grundlagen und insb. den Ergebnissen der Voruntersuchung, die das Vorherrschen von gewachsenen Insellösungen im Produktionsbereich aufzeigen, kann für die folgende Untersuchung diese Annahme zugrunde gelegt werden:

[609] Es wird angenommen, dass durch Bestimmung von Lagerart und -ablauf die Lagerkapazität berechnet werden kann.

[610] Die Vorgabe der Sollwerte bei der Qualitätskontrolle und somit die Bestimmung der Höhe des Ausschusses (oder auch der Akzeptanz der Kunden) ist nicht zuvor berechenbar.

A_{5-0}: Im Produktionsbereich kommt eine Vielzahl an Anwendungssystemen unterschiedlicher Kategorien[611] zum Einsatz.

Die nachfolgenden Analysen haben das Ziel, einen Überblick über die aktuelle Anwendungssystemlandschaft industrieller Unternehmen zu geben. Hierzu wurde in der empirischen Studie der Einsatz von Anwendungssystemen erhoben. Als Mehrfachantwortauswahl dienten die in den theoretischen Grundlagen identifizierten Anwendungssystemkategorien.[612] In der nachfolgenden Untersuchung wird der Zusammenhang zwischen den Anwendungssystemkategorien und der Unternehmensgröße analysiert. Abbildung 45 veranschaulicht das Ergebnis[613] für KMUs und große Unternehmen.

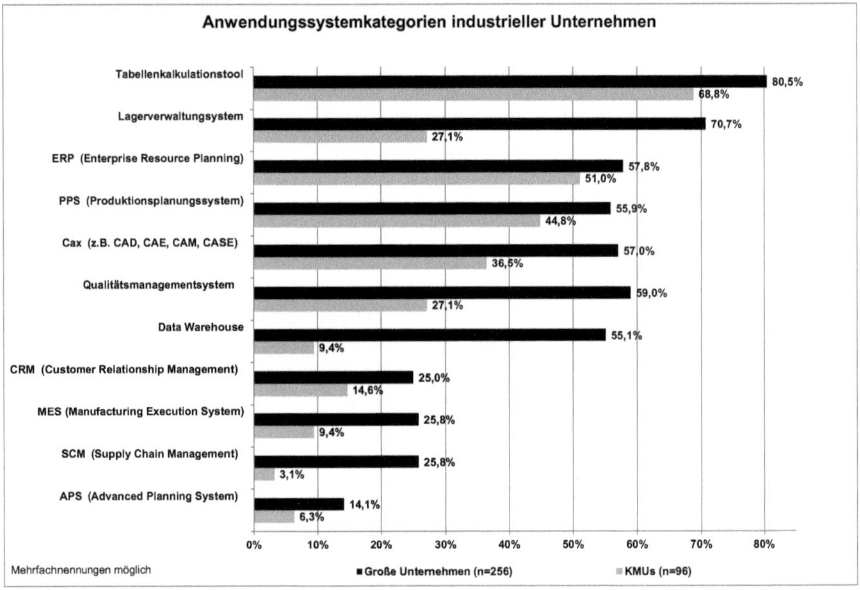

Abbildung 45: Anwendungssystemkategorien industrieller Unternehmen

Aus Abbildung 45 ist ersichtlich, dass der Einsatz von Anwendungssystemen großer Unternehmen in allen Anwendungssystemkategorien stärker ausgeprägt ist als bei den

---

[611] Hierzu wurden neben den in Kapitel 3.4 dargestellten Anwendungssystemen des Produktionsbereichs, das Customer Relationship Management System, das Lagerverwaltungssystem sowie Tabellenkalkulationssysteme aufgrund der Ergebnisse der Voruntersuchung ergänzt. Diese einzelnen Systeme werden als Kategorien aufgefasst. Es ist hierbei nicht auszuschließen, dass in den befragten Unternehmen in einer Kategorie mehrere Anwendungssysteme eingesetzt werden.

[612] Diese wurden um das Tabellenkalkulationstool sowie die Antwortmöglichkeit ‚Eigene Lösung' erweitert, da deren Einsatz ein Ergebnis der Voruntersuchung war.

[613] Mehrfachauswahl. Ergebnis dargestellt für dichotome Werte gezählt 1.

KMUs. Am stärksten verbreitet – sowohl bei großen Unternehmen als auch bei KMUs – sind Tabellenkalkulationstools, ERP/PPS-Systeme und CAx-Systeme. Unterschiede ergeben sich bei den Lagerverwaltungssystemen, die bei den großen Unternehmen mit 70,7% vertreten sind, bei KMUs lediglich mit 27,1% (ähnlich auch beim Qualitätsmanagementsystem 59% zu 27,1%). Ein weiterer sehr deutlicher Unterschied ist bei DWH-Systemen zu verzeichnen. So setzen 55,1% der großen Unternehmen eine DWH-Lösung ein, wobei es bei den KMUs lediglich 9,4% sind. Insgesamt ist ein vermehrter Einsatz von Anwendungssystemen großer Unternehmen zu verzeichnen. Dies kann als ein Indiz darauf gewertet werden, dass große Unternehmen durch historisch gewachsene Anwendungssystemlandschaften geprägt sind und neuen Problemen mit Einzellösungen begegnen.

Ein weiterer Unterschied ist im Einsatz von MES zu sehen. Der MES-Einsatz großer Unternehmen liegt bei 25,8%. Innerhalb der KMUs setzen lediglich 9,4% ein MES ein. Aufgrund der besonderen Bedeutung von MES in der Informationsversorgung im Produktionsbereich werden hierzu separat Annahmen getroffen und Untersuchungen vorgenommen, die im Anschluss in diesem Kapitel vorgestellt werden.

Das Informationsversorgungskonzept der vorliegenden Arbeit beinhaltet die Entwicklung einer informationstechnischen Realisierung (vgl. Kapitel 4.6), für die es zweckmäßig ist, typische Kombinationen realisierter Anwendungssysteme zu bilden. Zu deren Bildung wurde zum einen untersucht, ob anhand von Unternehmenstypen (z.B. Branche, Unternehmensgröße) Kombinationen von Anwendungssystemen im Sample identifiziert werden können. Zum anderen wurde untersucht, ob typische Kombinationen von Anwendungssystemen vorkommen. Das Ergebnis ist, dass keine typischen Kombinationen von Anwendungssystemen identifiziert werden konnten.

In Kapitel 5.1.4.2 wird daher eine generische Anwendungssystemlandschaft für den Produktionsbereich industrieller Unternehmen aus der prozentualen Verteilung der Kategorien von Anwendungssystemen abgeleitet, mit der Kenntnis, dass diese unternehmensindividuell angepasst werden muss. Zur Entwicklung der generischen Anwendungssystemlandschaft werden im Weiteren die Zusammenhänge zur Branche und Fertigungsart untersucht.

Im nachfolgenden Abschnitt wird der Zusammenhang zwischen der Branche und der Systemkategorie analysiert[614]. Tabelle 13 zeigt den prozentualen Einsatz der einzelnen Systemkategorien in den einzelnen Branchen.

	Tabellenkalkulationssystem	Lagerverwaltungssystem	ERP	PPS	CAx	Qualitätsmanagementsystem	Data Warehouse	Eigene Lösung	CRM	MES	SCM	APS	n
Textil	100,0%	33,3%	100,0%	33,3%	33,3%	0,0%	33,3%	33,3%	66,7%	0,0%	0,0%	0,0%	3
Holz	53,8%	38,5%	53,8%	61,5%	23,1%	23,1%	23,1%	15,4%	15,4%	0,0%	0,0%	0,0%	13
Chemie	77,8%	64,4%	48,9%	51,1%	33,3%	55,6%	40,0%	35,6%	31,1%	24,4%	17,8%	8,9%	45
Metall, Recycling	87,5%	43,8%	46,9%	53,1%	53,1%	53,1%	34,4%	40,6%	18,8%	15,6%	6,3%	9,4%	32
Maschinenbau	76,7%	47,8%	62,2%	50,0%	58,9%	44,4%	34,4%	27,8%	21,1%	17,8%	15,6%	15,6%	90
Fahrzeug	73,1%	75,3%	49,5%	63,4%	58,1%	60,2%	52,7%	25,8%	17,2%	25,8%	30,1%	16,1%	93
Daten Elektrotechnik	93,9%	63,6%	60,6%	60,6%	60,6%	60,6%	48,5%	48,5%	30,3%	30,3%	21,2%	15,2%	33
Sonstige	77,5%	57,5%	65,0%	35,0%	50,0%	47,5%	50,0%	27,5%	22,5%	22,5%	25,0%	5,0%	40
Lebensmittel	53,8%	46,2%	46,2%	30,8%	7,7%	15,4%	23,1%	23,1%	15,4%	23,1%	15,4%	7,7%	13
Durchschnitt/Summe	77,1%	58,6%	55,5%	52,8%	50,8%	50,3%	42,0%	30,7%	22,1%	21,5%	19,6%	12,2%	362

n = 362; Mehrfachnennungen möglich

Tabelle 13: Anwendungssystemkategorien und Branchen

Zwischen den einzelnen Branchen sind unterschiedliche Einsatzgrade ersichtlich – so werden z.B. CAx-Systeme vermehrt in der Maschinenbau-, Fahrzeugbau- und Elektrotechnikbranche eingesetzt. Unterschiede sind auch beim DWH-Einsatz zu sehen, so setzen nahezu die Hälfte der Teilnehmer aus der Fahrzeug-, Elektrotechnik- und sonstiger Branche eine DWH-Lösung ein, im Maschinenbau oder der Metallindustrie sind es hingegen jeweils 34,4%. Hierbei stechen die Elektrotechnikbranche und die Fahrzeugbranche mit einem erhöhten Einsatz an Anwendungssystemkategorien heraus.

In der nachfolgenden Analyse[615] wurde der Einsatz von Anwendungssystemen in Zusammenhang mit der Fertigungsart untersucht. Bei den Anwendungssystemkategorien der MES, ERP-/PPS-, SCM-, Qualitätsmanagement-, Lagerverwaltungs- und Customer Relationship Management (CRM)-Systeme steigt der Einsatzgrad mit dem Wiederholungsgrad.[616] Kein Zusammenhang erkennbar ist hingegen in den Anwendungssystemkategorien der APS-, CAx- und DWH-Systeme. Auffallend bei der Untersuchung war, dass CAx-Systeme bei nahezu allen Kombinationen mit Einmalfertigung vertreten sind. Tabelle 14 veranschaulicht den Zusammenhang.

[614] Anwendungssystemkategorien Mehrfachauswahl gezählt für dichotome Werte 1. Kreuztabelle aus Anwendungssystemkategorien und Branche, n=362

[615] Mehrfachauswahl, dichotome Werte gezählt 1, n=340. Die von den Teilnehmern angegeben Fertigungsarten wurden zu den Kategorien ‚geringer Wiederholungsgrad' (Einzelfertigung), ‚mittlerer Wiederholungsgrad' (Varianten- und Kleinserienfertigung) und ‚hoher Wiederholungsgrad' (Serien- und Massenfertiger) eingeteilt. Sobald eine der angegebenen Fertigungsarten vorliegt wird in die Kategorie eingestuft.

[616] Anmerkung: Wiederholungsgrad steigt mit Unternehmensgröße

	APS	MES	PPS	ERP	SCM	Tabellen-kalkula-tions-system	CAx	Qualitäts-manage-ment-system	Lager-verwalt-ungs-system	Data Warehou se	CRM	Eigene Lösung	n
geringer Wiederholungsgrad	14%	14%	48%	48%	10%	90%	57%	29%	38%	38%	10%	29%	21
mittlerer Wiederholungsgrad	7%	11%	50%	50%	10%	72%	56%	36%	53%	35%	14%	22%	72
hoher Wiederholungsgrad	15%	25%	55%	60%	23%	79%	51%	58%	62%	44%	25%	33%	247
Durchschnitt/Summe	12%	17%	51%	53%	14%	81%	54%	41%	51%	39%	16%	28%	340
n = 340; Mehrfachnennungen möglich													

Tabelle 14: Anwendungssystemkategorien und Fertigungsart

Des Weiteren wurde untersucht, ob sich der Einsatz von Anwendungssystemen in den Unternehmen der in der Informationsversorgung zufriedenen und unzufriedenen Probanden unterscheidet.

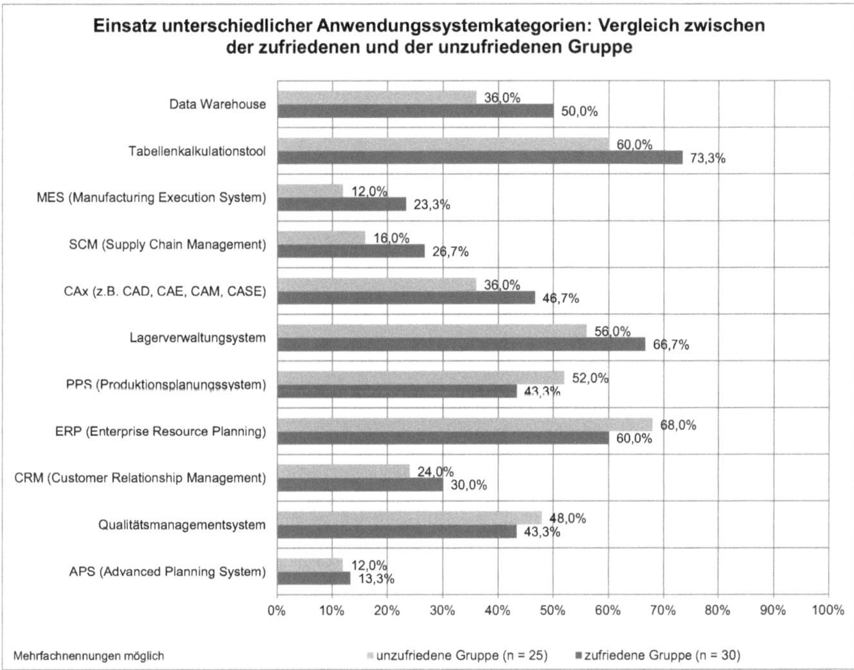

Abbildung 46: Einsatz unterschiedlicher Anwendungssystemkategorien: Vergleich zwischen der zufriedenen und der unzufriedenen Gruppe in den Dimensionen der Informationsqualität

Als zufrieden wurden Probanden eingestuft, die in allen Dimensionen der Informationsqualität[617] den Wert größer oder gleich 4 angaben. Entsprechend als unzufrieden eingestuft wurden die Probanden, die den Wert kleiner oder gleich 2 angaben[618].

Abbildung 46 zeigt den Einsatz von Anwendungssystemen differenziert nach der Zufriedenheit[619].

Die Ergebnisse wurden hierbei nach der prozentualen Abweichung sortiert. Die höchsten Abweichungen ergeben sich in den Anwendungssystemkategorien der DWH-Systeme (14%) sowie der Tabellenkalkulationstools (13,3%). Des Weiteren konnte kein Zusammenhang zwischen den Anwendungssystemkategorien und den Dimensionen der Informationsart und -qualität identifiziert werden.[620] Die Zufriedenheit der Probanden kann demnach nicht auf eine bestimmte Anwendungssystemkategorie zurückgeführt werden.

Zu erwähnen bleibt, dass innerhalb der obigen Untersuchung eine Abweichung von 11,3% für MES feststellbar ist. Eine detaillierte Untersuchung von MES und dem Zusammenhang zur Informationsversorgung erfolgt am Ende dieses Abschnitts.

Insgesamt ist festzuhalten, dass der Einsatz von Anwendungssystemkategorien unternehmensindividuell und eine ‚typische' Kombination an Anwendungssystemkategorien nicht identifizierbar ist. Zur Entwicklung einer generischen Anwendungssystemlandschaft ist eine Annäherung über die prozentuale Verteilung der Anwendungssystemkategorien über die Unternehmensgröße, die Fertigungsart und die Branche anzustreben. Die zu Beginn des Abschnitts formulierte Annahme wird wie folgt aus den empirischen Ergebnissen bestätigt und erweitert.

---

[617] Die Operationalisierung der Informationsqualität erfolgt über die folgenden Dimensionen: Darstellung der Ergebnisse/ Graphische Aufbereitung, Aktualität der Informationen, Detaillierungsgrad der Informationen, Qualität der Informationen (Richtigkeit), Zugriff auf historische Informationen, Verfügbarkeit/ Vollständigkeit, Flexible Analysemöglichkeiten, Zeitaufwand zur Informationsbeschaffung, Relevanz der Informationen (vgl. Kapitel 2.2.1.1)

[618] Probanden, die einen Zufriedenheitswert von 3 angegeben haben, wurden als neutrale Gruppe aus der Untersuchung ausgeschlossen.

[619] Die Probanden der zufriedenen und unzufriedenen Gruppe unterscheiden sich hierbei nicht wesentlich in der Aufgabenklasse oder der Fertigungsart. Lediglich in der Unternehmensgröße und Branche sind Unterschiede erkennbar. In der unzufriedenen Gruppe sind vermehrt KMUs sowie die Branchen der Holzverarbeitung, der Chemieindustrie sowie des Maschinenbaus vertreten.

[620] Untersuchung des Zusammenhangs zwischen den Anwendungssystemkategorien und den Dimensionen der Zufriedenheit: APS und Verfügbarkeit/Vollständigkeit (n=360, Chi^2=9,873, df=4, p=0,043), MES und Detaillierungsgrad (n=357, Chi^2=13,532, df=4, p=0,009), ERP und Darstellung der Ergebnisse (n=369, Chi^2=15,232, df=4, p=0,004), ERP und Verfügbarkeit/Vollständigkeit (n=360, Chi^2=10,329, df=4, p=0,035), DWH und Zugriff auf historische Informationen (n=353, Chi^2=10,409, df=4, p=0,034). Kein Zusammenhang einer Anwendungssystemkategorie über alle Dimensionen.

A_{5-1}: Im Produktionsbereich kommt eine Vielzahl an Anwendungssystemen unterschiedlicher Kategorien zum Einsatz. Der Einsatz von Anwendungssystemen hängt von der Branche, Unternehmensgröße und Fertigungsart ab. Der Einsatz von Anwendungssystemen ist unternehmensindividuell - eine typische Kombination von Anwendungssystemkategorien kann nicht identifiziert werden, um die Zufriedenheit mit den Dimensionen der Informationsqualität zu erhöhen.

Aufgrund der Bedeutung von MES im Produktionsbereich erfolgt an dieser Stelle eine vertiefende Untersuchung. Zunächst wird im Folgenden ein allgemeiner Überblick über den MES-Einsatz industrieller Unternehmen gegeben. Der Einsatz von MES wird nach dem Zusammenhang mit der Unternehmensgröße, der Branche und der Fertigungsart untersucht. Zudem wird weiterhin untersucht, welche Funktionalitäten MES aufweisen.

Der Zusammenhang mit der Unternehmensgröße wurde anhand des Phi-Koeffizienten[621] untersucht. Der MES-Einsatz[622] hängt hierbei[623] von der Unternehmensgröße ab. Große Unternehmen setzen prozentual mehr MES ein: Im Mittelstand sind es 16,5%, bei Großunternehmen hingegen 35%. Die Abhängigkeit des MES-Einsatzes von der Unternehmensgröße legt den Schluss zu, dass ein größerer Produktionsbereich aufgrund der höheren Komplexität einen Bedarf an einer Unterstützung in der Fertigungsplanung und -steuerung sowie der Informationsversorgung aufweist.

Im nächsten Schritt wird der Zusammenhang eines MES-Einsatzes mit der Branche analysiert. Der Zusammenhang wird anhand des Chi^2-Zusammenhangsmaßes[624] bewertet. Chi^2 ergibt sich hier als schwach signifikant[625]. Abbildung 47 stellt den MES-Einsatz in den einzelnen Branchen dar. Der höchste MES-Einsatz kann in der Chemie- und der Daten- bzw. Elektrotechnikbranche sowie im Fahrzeugbau festgestellt werden. 40% der befragten Teilnehmer der Chemiebranche setzen ein MES ein. In der Daten-

---

[621] Nullhypothese des statistischen Tests: Es besteht kein Zusammenhang zwischen Unternehmensgröße und MES-Einsatz. Vier-Feld-Matrix aus Unternehmensgröße (Mittelstand/große Unternehmen) und MES-Einsatz (ja/nein). MES-Einsatz und Unternehmensgröße nominalskalierte Werte.

[622] Die meisten Teilnehmer der Studie geben an, das MES seit mehr als 3 Jahren im Einsatz (60%) zu haben. 31,6% geben die Einsatzdauer mit 1-3 Jahren an. Unter einem Jahr geben 8,4% der Befragten an. Die nachfolgenden Ergebnisse können damit auf den Einsatz des MES zurückgeführt werden und sind nicht anfänglichen Implementierungsphasen zuzuschreiben.

[623] Phi=0,180 bei n=354, p=0,001 (hoch signifikant)

[624] Nullhypothese des statistischen Tests: Es besteht kein Zusammenhang zwischen dem MES-Einsatz und der Branche, Branche und MES-Einsatz nominalskaliert, n=364.

[625] Chi^2=14,214, df=8, p=0,076 (schwach signifikant)

und der Elektrotechnikbranche sind es 39,4% und im Fahrzeugbau 35,5%. Kein MES-Einsatz konnte bei den Teilnehmern der Textil- und Holzindustrie festgestellt werden.

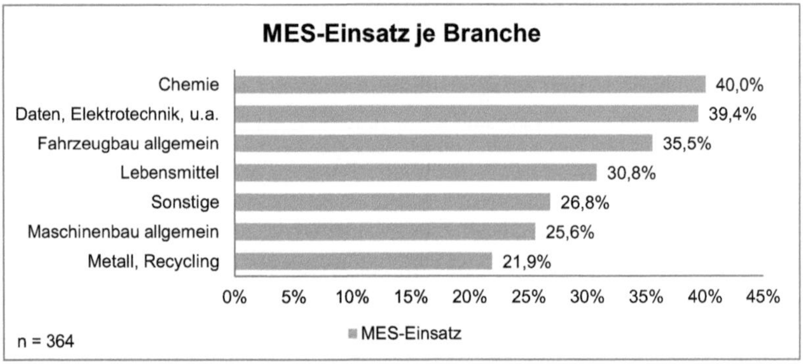

Abbildung 47: MES-Einsatz je Branche

Zur Untersuchung des Zusammenhangs zwischen MES-Einsatz und Fertigungsart wurde ebenfalls das Chi^2-Zusammenhangsmaß[626] verwendet. Als Ergebnis kann festgehalten werden, dass der MES-Einsatz mit dem Wiederholungsgrad steigt (stark signifikant[627]). 34,5% der Unternehmen mit einem hohen Widerholungsgrad setzen ein MES ein, bei mittlerem Wiederholungsgrad sind es 18,1% und bei geringem Wiederholungsgrad 14,3%.[628]

Insgesamt lässt sich festhalten, dass besonders große Unternehmen, die eine Produktion mit einer hohen Wiederholhäufigkeit aufweisen, MES einsetzen.

Bei der Frage nach den Funktionalitäten eines MES gaben mehr als die Hälfte der Befragten, die ein MES im Einsatz haben, an, dass das MES im Unternehmen eine BDE, MDE, Analysefunktionalität sowie eine Produktionssteuerung besitzt (vgl. Abbildung 48, siehe Hervorhebung).

Zudem wurde analysiert, welche Funktionalitäten ein ‚typisches' MES aufweist. Hierzu wurde untersucht, welche Funktionalitäten häufig in Kombination auftreten und welche Kombinationen bei den Teilnehmern der Studie am häufigsten auftreten. Als zentrales Ergebnis kann hier festgehalten werden, dass nahezu alle Kombinationen im Sample

---

626 Nullhypothese des statistischen Tests: Es besteht kein Zusammenhang zwischen dem MES-Einsatz und der Fertigungsart. N=342, Kreuztabelle, Zusammenhangsmaß Chi^2 für nominalskalierte Variablen

627 Chi^2=9,831, df=2, p=0,007 (sehr signifikant)

628 Anmerkung: Zusammen mit der Wiederholhäufigkeit steigt die Unternehmensgröße. Der Zusammenhang ist stark signifikant, Chi^2= 12,419, df=2, p= 0,002.

vertreten sind und keine ‚typische' Kombination identifiziert werden konnte. Somit kann nicht von einem MES, das durch Standardfunktionalitäten beschrieben werden kann, ausgegangen werden. Insgesamt kann aus der prozentualen Verteilung der Funktionalitäten geschlussfolgert werden, welche Funktionalitäten häufig auftreten, jedoch nicht in welcher Kombination. In einem MES ist meist eine Analysefunktionalität[629] (58,1%) vorhanden. Wie aus den theoretischen Grundlagen bereits geschlussfolgert werden kann, stellen die BDE[630] und MDE[631] die zentralen Funktionalitäten eines MES dar.

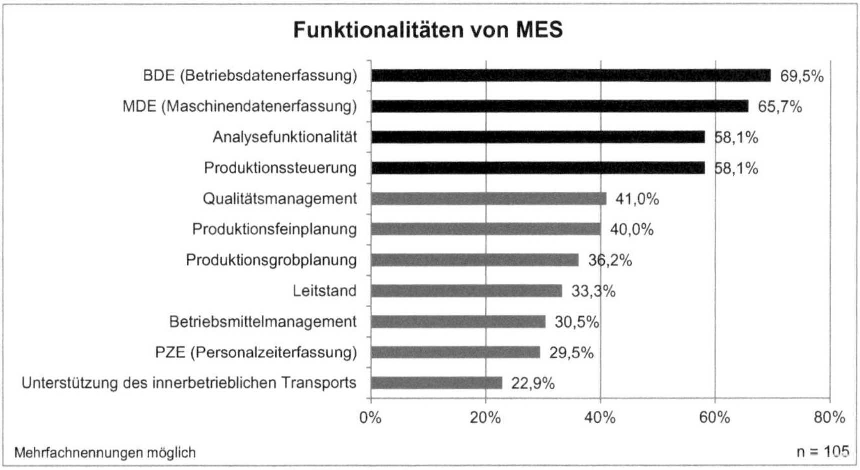

Abbildung 48: Funktionalitäten von MES

In den Grundlagen zu MES (vgl. Kapitel 3.4) wurden u.a. die Unterstützung der Aufgaben der Produktionsgrobplanung, der Produktionsfeinplanung und der Produktionssteuerung sowie der Analyse identifiziert.[632] In der empirischen Studie wurde die Zufriedenheit mit der Unterstützung dieser Aufgaben durch MES erhoben. Die Teilnehmer der Studie, die MES für diese Aufgaben einsetzen, schätzen deren Unterstützungsleistung positiv ein. Hieraus kann der Einsatzzweck von MES geschlussfolgert werden. Abbildung 49 veranschaulicht die Zufriedenheitsverteilung.

[629] In 60,7% der Fälle analysiert das MES neben anderen Anwendungssystemen den Produktionsbereich, in 16,4% der Fälle werden die Analysen alleine vom MES unternommen. (n=61) Neben dem MES kommen zumeist Tabellenkalkulationstools und ERP-Systeme bei der Analyse zum Einsatz.

[630] Bei den 31,5% der Teilnehmer, die die BDE nicht mit dem MES abdecken, erfolgt diese zu 48% über eine eigene Lösung. 21% haben eine BDE nicht realisiert. (n=31)

[631] Besitzt das MES im Unternehmen eine Komponente zur MDE, dann ergibt sich hieraus folgender Einsatzgrad: 1,5% setzen diese nicht ein, 56,7% teilweise, 41,8% vollständig. Besitzt das MES keine MDE Komponente, dann kommen eigene Lösungen (33,3%) zum Einsatz oder die MDE ist bislang nicht realisiert (41,7%). (n=67)

[632] Untersucht wurden die Aufgabenbereiche, die in der Vorstudie als wesentlichen identifiziert wurden.

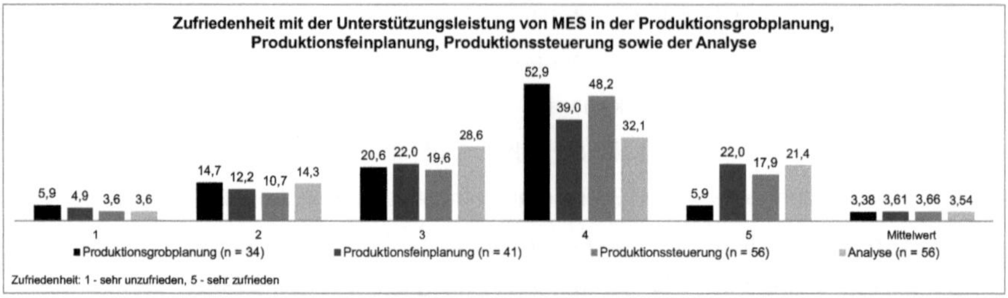

Abbildung 49: Zufriedenheit mit der Unterstützungsleistung von MES für die Produktionsgrobplanung, Produktionsfeinplanung, Produktionssteuerung sowie die Analyse

So sind über 50% der Teilnehmer mit der Produktionsgrobplanung, über 60% mit der Produktionsfeinplanung und Produktionssteuerung sowie über 50% mit der Analyse in der Produktion zufrieden.

Zusammenfassend kann festgehalten werden, dass MES in erster Linie von großen Unternehmen mit einer hohen Wiederholhäufigkeit eingesetzt werden. Eine typische Kombination von Funktionalitäten konnte nicht festgestellt werden, jedoch kommen bei über der Hälfte der Befragten, die ein MES im Einsatz haben, eine MDE, eine BDE und eine Analysefunktionalität vor.

Nachdem der Einsatz von MES bei den Teilnehmern der Studie beleuchtet wurde, folgt an dieser Stelle die Ableitung der Annahmen im MES-Bereich.

Die erste Annahme im Bereich der MES leitet sich vorwiegend aus der Voruntersuchung (vgl. Kapitel 4.2) ab. In den betrachteten Unternehmen der Voruntersuchung erfolgte der MES-Einsatz in erster Linie im operativen Bereich. Die höheren Hierarchieebenen werden in Form von Berichten mit Informationen aus dem MES versorgt. Die Einsatzstärke wurde in der Unterstützung der operativen Prozesse beschrieben. Basierend auf diesen Erkenntnissen wird die erste Annahme im Bereich der MES wie folgt formuliert:

> $A_{6\text{-}0}$: MES werden zur Unterstützung des operativen Bereichs eingesetzt und erhöhen die Zufriedenheit mit der Informationsversorgung im operativen Bereich.

Im Nachfolgenden soll der Zusammenhang zwischen dem MES-Einsatz und der Zufriedenheit in der Informationsversorgung untersucht werden. Hierzu wird das Chi^2-

Zusammenhangsmaß[633] in den einzelnen Dimensionen der Informationsqualität sowie der Dimension ‚Relevanz der Informationen' für die Informationsart und dem MES-Einsatz untersucht.

Das Ergebnis ist, dass nur in einer Dimension, dem ‚Detaillierungsgrad der Informationen'[634], ein signifikanter Zusammenhang[635] identifiziert werden konnte. Der MES-Einsatz steigert die Zufriedenheit in der Dimension des ‚Detaillierungsgrad der Informationen'. Probanden der Studie ohne ein MES geben einen mittleren Wert von 3,00 an, Probanden, die ein MES im Einsatz haben, hingegen einen Wert von 3,23.

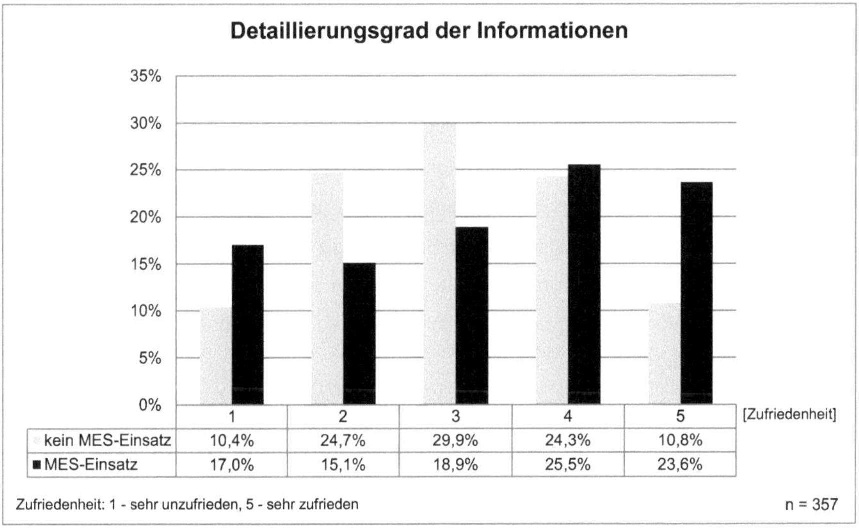

Abbildung 50: Detaillierungsgrad der Informationen (MES-Einsatz)

In Abbildung 50 sind die Zufriedenheitswerte für den ‚Detaillierungsgrad der Informationen' abgetragen. Besonders auffallend sind die Ausprägungen der Skalenendpunkte

[633] Nullhypothese des statistischen Tests: Es besteht kein Zusammenhang zwischen dem MES-Einsatz und der Zufriedenheit der Informationsversorgung. MES-Einsatz nominalskaliert, Zufriedenheit ordinalskaliert.

[634] Der Zusammenhang zwischen dem MES-Einsatz und dem Detaillierungsgrad der Informationen ist mit Chi^2=17,658, df=4, p=0,001 hoch signifikant.

[635] Darstellung der Ergebnisse: n=369, Chi^2=4,701, df=4, p=0,319; Aktualität der Informationen: n=362, Chi^2= 5,412, df=4, p=0,248; Qualität der Informationen: n=357, Chi^2=2,897, df=4, p=0,575; Relevanz der Informationen: n=361, Chi^2=2,723, df=4, p=0,605; Zugriff auf historische Informationen: n=353, Chi^2=6,019, df=4, p=0,198; Verfügbarkeit/Vollständigkeit der Informationen: n=360, Chi^2=1,667, df=4, p=0,797; Flexible Analysemöglichkeiten: n=357, Chi^2=1,365, df=4, p=0,850; Zeitaufwand der Informationsbeschaffung: n=358, Chi^2=4,247, df=4, p=0,374. In Zusammenhang mit den oben beschriebenen Ergebnissen zur Funktionalität eines MES wurde zudem das Zusammenhangsmaß zwischen Vorhandensein einer Analysefunktionalität und der Zufriedenheit in den einzelnen Dimensionen untersucht. Hier konnte kein Zusammenhang festgestellt werden.

der Zufriedenheit: 1 (sehr unzufrieden) und 5 (sehr zufrieden). So sind die Probanden mit MES-Einsatz im Unternehmen zum einen eher ‚sehr unzufrieden' oder ‚sehr zufrieden'. Der mittlere Bereich (3) ist mit 18,9% verhältnismäßig[636] schwach ausgeprägt. Probanden ohne ein MES im Unternehmen weisen eine im mittleren Bereich ausgeprägtere Verteilung auf.

Insgesamt lässt sich aus dem Zusammenhang zwischen dem MES-Einsatz und der Zufriedenheit in den einzelnen Dimensionen des Informationsbedarfs schlussfolgern, dass der alleinige Einsatz eines MES die Zufriedenheit nicht wesentlich steigert.

In Zusammenhang mit der Annahme, dass MES vorwiegend den operativen Bereich unterstützen, wird im Nachfolgenden untersucht, ob die oben beschriebe Zufriedenheit in den einzelnen Dimensionen des Informationsbedarfs von den in Kapitel 5.1.2 identifizierten Aufgabenklassen abhängt. Die obigen Untersuchungen wurden über alle Befragten hinweg durchgeführt. Im Nachfolgenden wird eine Differenzierung über die Schichten des informationellen Schichtenmodells vorgenommen. In einem Vergleich zwischen Probanden, die angeben, ein MES im Einsatz zu haben, und Probanden, die kein MES im Einsatz haben, wurden für die jeweiligen Schichten die Mittelwerte in den Dimensionen der Informationsqualität und Informationsart ermittelt. Die Ergebnisse sind in Abbildung 51 ersichtlich.

Grau dargestellt sind die Mittelwerte der Probanden, die kein MES im Unternehmen im Einsatz haben, schwarz diejenigen Probanden, die ein MES im Unternehmen im Einsatz haben. Zu erkennen ist über alle Schichten hinweg eine unterschiedliche Verteilung der Zufriedenheitswerte. Der Einsatz eines MES hat somit einen anderen Einfluss auf die Zufriedenheit in den einzelnen Schichten. Besonders deutlich wird dies in der Ausführungsschicht der Produktion. In allen Dimensionen der Informationsqualität und der Informationsart zeigen die Probanden, die ein MES im Einsatz haben, höhere Zufriedenheitswerte auf. Der gleiche Sachverhalt ist in der zweiten Führungsschicht zu erkennen, jedoch ist dieser hier schwächer ausgeprägt.

In der ersten Führungsschicht sind lediglich in den Dimensionen des ‚Detaillierungsgrads', des ‚Zugriffs auf historische Informationen', der ‚flexiblen Analysemöglichkeiten' und dem ‚Zeitaufwand der Informationsbeschaffung' höhere Zufriedenheitswerte festzustellen. In der Schicht der Unternehmensführung weisen die Probanden der Unterneh-

[636] Bei Vergleich mit einer Normalverteilung

men mit einem MES in nahezu allen Dimensionen einen höheren Zufriedenheitswert auf. Besonders deutlich steigt die Zufriedenheit in der ‚Aktualität der Informationen', dem ‚Detaillierungsgrad der Informationen' und der ‚Aufbereitung der Ergebnisse'.

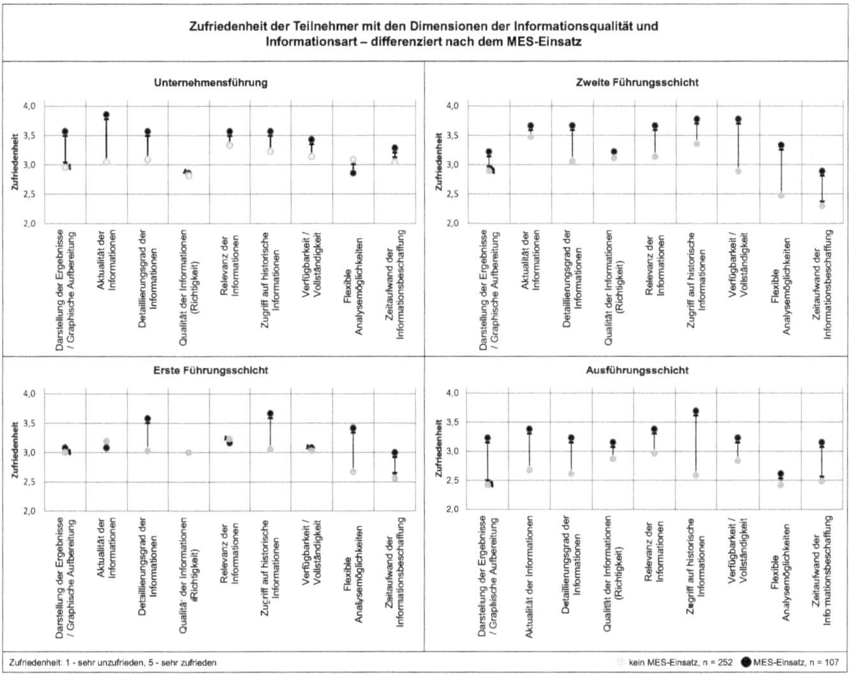

Abbildung 51: Zufriedenheit der Teilnehmer mit den Dimensionen der Informationsqualität und Informationsart – differenziert nach dem MES-Einsatz

Als zentrale Erkenntnis für den Produktionsbereich bleibt festzuhalten, dass der MES-Einsatz die Zufriedenheit der Ausführungsschicht im Besonderen steigert. In allen anderen Schichten sind ebenfalls erhöhte Zufriedenheitswerte feststellbar, jedoch sind diese schwächer ausgeprägt oder nicht für alle Dimensionen zu verzeichnen.

Weiterhin werden zur Beantwortung der oben aufgestellten Annahme im Folgenden zum einen die Benutzer des MES und zum anderen die Empfänger der Ergebnisse aus dem MES untersucht. Abbildung 52 zeigt die Ergebnisse.[637]

[637] Mehrfachantworten-Set gezählt für dichotome Werte 1

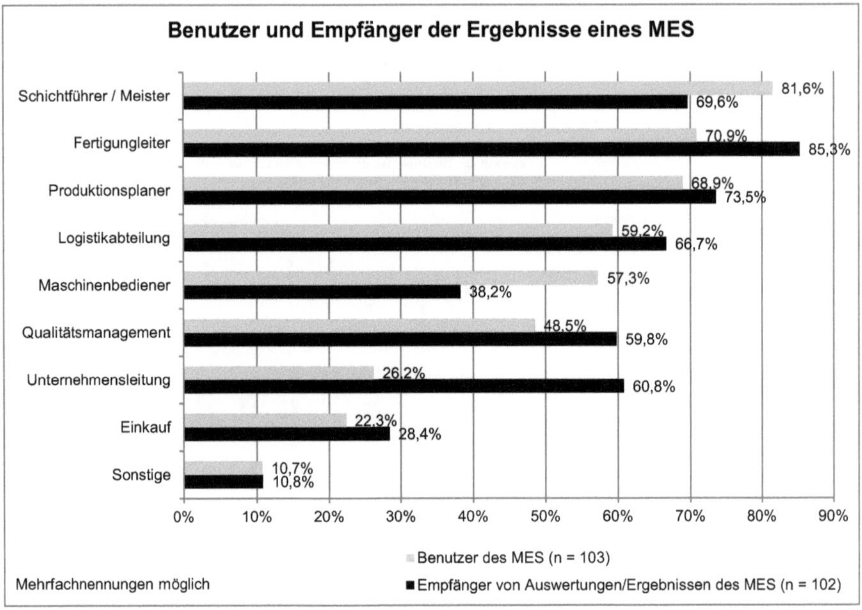

Abbildung 52: Benutzer und Empfänger der Ergebnisse eines MES

Benutzer des MES sind in erster Linie der Schichtführer/Meister (81,6%), gefolgt vom Fertigungsleiter (70,9%), dem Produktionsplaner (60,9%), der Logistikabteilung (59,2%) und dem Maschinenbediener (57,3%). Empfänger der Ergebnisse aus dem MES sind in allen Schichten des Produktionsmanagements, in der Logistik und in der Unternehmensleitung zu finden.

Bezogen auf die oben aufgestellte Annahme ist diese wie folgt zu modifizieren:

> $A_{6\text{-}1}$: MES erhöhen im Besonderen die Zufriedenheit der Teilnehmer der Ausführungsschicht sowie der Teilnehmer der zweiten Führungsschicht im Produktionsbereich mit den Dimensionen der Informationsqualität und der Informationsart. Benutzer und Empfänger der Ergebnisse eines MES sind im ganzen Produktionsbereich zu finden. MES unterstützen jedoch primär den operativen Produktionsbereich.

Die nachfolgende Annahme im Bereich der MES wird einerseits aus dem Stand der Forschung von MES (vgl. Kapitel 1.4) und andererseits aus den theoretischen Grundlagen (vgl. Kapitel 3.4) abgeleitet. Zentrale Motivation der Entwicklung von MES ist die mangelnde Integration von betriebswirtschaftlichen und technischen Daten in der Produktion. Hieraus wird die Annahme A_{7-0} wie folgt formuliert:

> A_{7-0}: MES werden zum Zweck der Integration betriebswirtschaftlicher und technischer Daten implementiert.

Bezogen auf die Annahme, dass MES mit dem Zweck der Integration technischer und betriebswirtschaftlicher Daten implementiert werden, folgt an dieser Stelle zunächst eine Untersuchung darüber, welche Ziele verfolgt wurden. Des Weiteren wird untersucht, welcher Nutzen durch den MES-Einsatz aus Sicht der Probanden entstanden ist. Die Teilnehmer der Studie wurden hierzu in einer Mehrfachauswahl[638] nach den Zielen befragt, die mit der Implementierung eines MES verfolgt wurden und welchen Nutzen sie heute feststellen können. Die Ergebnisse sind in der Abbildung 53 dargestellt.

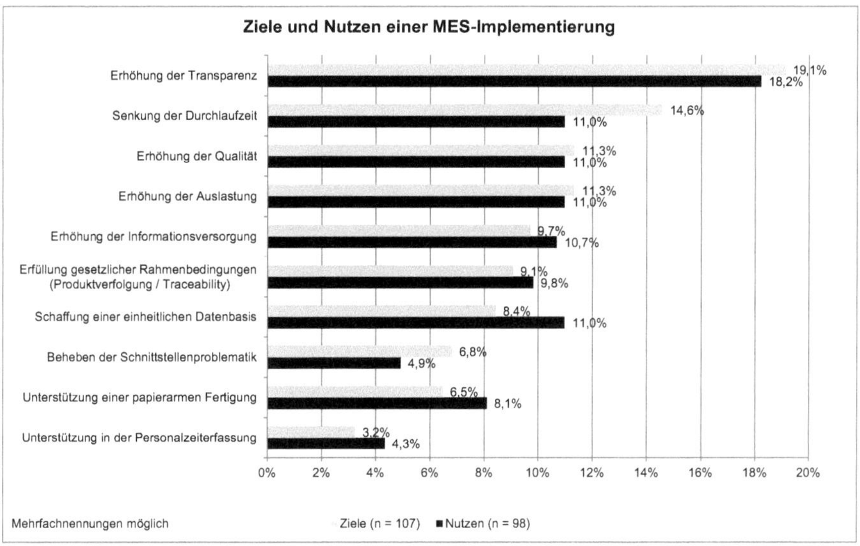

Abbildung 53: Ziele und Nutzen einer MES-Implementierung

Die drei meist verfolgten Ziele sind die Erhöhung der Transparenz, die Senkung der Durchlaufzeit sowie an dritter Stelle die Erhöhung der Qualität zusammen mit der Erhöhung der Auslastung. Dies sind zudem auch die am häufigsten erreichten Nutzeneffekte aus Sicht der Probanden.

638 Mehrfachantworten-Set für dichotome Werte gezählt 1

Eine Analyse[639] bzgl. des Zielerreichungsgrads hat ergeben, dass die verfolgten Ziele auch zu mind. 60% (durchschnittlich 73%) erreicht werden.

Aus den Zielen wird deutlich, dass der Fokus einer MES-Implementierung vorwiegend in einer Performancesteigerung im Produktionsbereich liegt. Eine Verbesserung der Informationsversorgung wird von 9,7% der befragten Teilnehmer angegeben und steht an fünfter Stelle. Eine Verbesserung der Informationsversorgung wird von 10,7% der befragten Teilnehmer aufgezeigt.

Bezogen auf die oben aufgestellte Annahme spielt der Datenaustausch zwischen dem MES und den weiteren im Unternehmen eingesetzten Anwendungssystemen eine bedeutende Rolle. Die Integration der betrieblichen und technischen Daten wird in der Literatur mit der Integration von MES und ERP-Systemen beschrieben. Im Weiteren wurde in diesem Zusammenhang der Datenaustausch von MES mit ERP-/PPS-, Lagerverwaltungs- und Qualitätsmanagementsystemen sowie Tabellenkalkulationstools und Datenbanken untersucht. Das Ergebnis ist in Tabelle 15 dargestellt.

Anwendungssystemkategorie / Datenaustausch	PPS (n = 85)	ERP (n = 89)	Lager-verwaltungs-system (n = 79)	Qualitäts-management-system (n = 79)	Tabellen-kalkulations-tool (n = 87)	Datenbanken (n = 82)
bidirektional	60%	68%	48%	33%	11%	21%
eindirektional vom MES	6%	7%	11%	20%	51%	31%
eindirektional zum MES	11%	8%	6%	3%	0%	3%
kein Datenaustausch	23%	17%	34%	43%	38%	45%

Tabelle 15: Datenaustausch MES

Hierbei wird deutlich, dass bei über der Hälfte der Befragten ein bidirektionaler Datenaustausch[640] zum und vom ERP(68%)/PPS(60%)-System stattfindet. 23% bzw. 17% der Befragten geben an, dass hier kein Datenaustausch stattfindet. Beim Lagerverwaltungs- und Qualitätsmanagementsystem ergibt sich ein ähnliches Bild. So geben 48% bzw. 33% an, dass ein bidirektionaler Datenaustausch zum MES stattfindet, jedoch geben nahezu genauso viele Befragte (34% bzw. 43%) an, dass kein Austausch stattfindet. Weiterhin geben 20% an, dass ein unidirektionaler Datenaustausch vom MES zum Qualitätsmanagementsystem stattfindet. Tabellenkalkulationstools werden häufig als Analyseinstrument genannt: Hier findet vor allem ein unidirektionaler Austausch vom MES statt (51%). Keinen Datenaustausch geben 38% an. Im Falle der Datenbanken findet zu 45% kein Datenaustausch statt. 21% der Befragten geben einen bidirektiona-

[639] Kreuztabelle aus verfolgten Zielen und Nutzen

[640] Der Datenaustausch zwischen ERP/PPS-System und MES beinhaltet zu 31% Rohdaten (direkt aus der Produktion), 16% summierte bzw. bereinigte Daten und zu 53% beide Datenarten. (n=100)

len Datenaustausch zum und vom MES an. Den Datenaustausch vom MES zu den Datenbanken geben 31% der Teilnehmer an.

Die beschriebenen Ergebnisse zum Datenaustausch unterstützen die zuvor aufgestellte Annahme $A_{7\text{-}0}$, die die Integration der betriebswirtschaftlichen und technischen Daten thematisiert. Unter betriebswirtschaftlichen Daten werden Daten aus dem ERP-/PPS-System verstanden, die ebenfalls dem operativen Bereich zuzuordnen sind. Desweitern liegt der Fokus nicht auf der Integration aller operativen Systeme, wie die prozentuale Verteilung des bidirektionalen Datenaustauschs zum Qualitäts- bzw. zum Lagerverwaltungssystem schließen lässt. Auch findet großteils kein bidirektionaler Datenaustausch zu den Produktionsdatenbanken statt.

Der beschriebene Datenaustausch, der sich hauptsächlich auf die Integration von ERP-/PPS-Daten fokussiert, unterstützt die zentralen Aufgaben der Produktionsgrobplanung, -feinplanung und -steuerung. Unternehmensweite Prozessanalysen können, basierend auf dem vorliegenden Datenaustausch, jedoch nicht hinreichend unterstützt werden. Hierzu sind Informationen unterschiedlicher Funktionsbereiche notwendig.

Neben dem Datenausaustausch von MES zu anderen Anwendungssystemen wurde weiterhin untersucht, in welcher Art der MES-Einsatz erfolgt. Der MES-Einsatz kann hierbei wie folgt unterschieden werden: Das Unternehmen setzt *ein* MES ein, welches unternehmensweit im Einsatz ist oder es werden unternehmensweit *mehrere* MES eingesetzt, die jeweils integriert oder nicht integriert sein können. Abbildung 54 veranschaulicht die Ergebnisse. 44% der Befragten haben *ein* MES im Unternehmen im Einsatz. Bei 23% werden mehrere integrierte MES eingesetzt – bei 20% werden ebenfalls mehrere MES eingesetzt, diese sind jedoch nicht integriert.

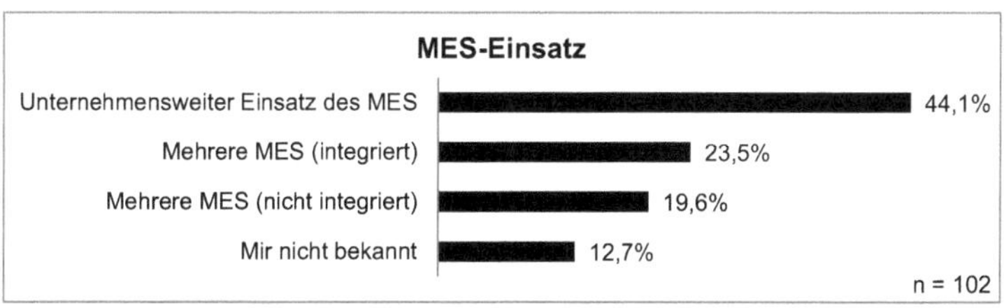

Abbildung 54: MES-Einsatzes

Die zweite Annahme, die im Bereich der MES aufgestellt wurde, ist basierend auf den empirischen Erkenntnissen damit wie folgt zu ergänzen:

A_{7-1}: Der Fokus von MES kann in der Integration betriebswirtschaftlicher und technischer Daten gesehen werden. Die Integration wird hierbei durch den bidirektionalen Datenaustausch von ERP-/PPS-Systemen zur Unterstützung der Produktionsgrobplanung, -feinplanung und -steuerung realisiert. Nicht im Fokus steht die Integration anderer operativer Anwendungssysteme wie z.B. dem Lagerverwaltungs- oder Qualitätsmanagementsystem. Zur Realisierung unternehmensweiter Analysen wird neben dem Einsatz von MES im Produktionsbereich deshalb eine Integrationsschicht benötigt.

5.1.4.2 Informationsangebot des Produktionsbereichs industrieller Unternehmen

Zur Entwicklung eines Informationsversorgungskonzepts ist neben der Kenntnis des Informationsbedarfs das Wissen über das Informationsangebot im Produktionsbereich industrieller Unternehmen notwendig, um die Informationsherkunft in das generische Informationsversorgungskonzept aufnehmen zu können. Zur Ableitung des Informationsangebots ist zunächst ein Überblick über die Anwendungssystemlandschaft industrieller Unternehmen sinnvoll. Die empirischen Ergebnisse konnten keine typische Kombination von Anwendungssystemen für industrielle Unternehmen hervorbringen. Die Kombination von Anwendungssystemkategorien erfolgt in industriellen Unternehmen, den empirischen Ergebnissen folgend, unternehmensindividuell. Das generische Informationsangebot des Produktionsbereichs wird daher aus der prozentualen Verteilung der Anwendungssystemkategorien nach den Kriterien der Unternehmensgröße, Branche und Fertigungsart abgeleitet.

Berücksichtigt – und damit in das generische Informationsangebot eingehend – werden jeweils Anwendungssystemkategorien, die mit einer prozentualen Verteilung von mind. 50% der Fälle vorkommen. Die Ergebnisse nach den Kriterien Unternehmensgröße, Branche und Fertigungsart sind in der nachfolgenden Tabelle dargestellt. Grau unterlegt sind diejenigen Anwendungssystemkategorien, die eine Verteilung von über 50% aufweisen.

In Tabelle 16 sind die Unterschiede in den einzelnen Kriterien ersichtlich.

Deutlich zu sehen ist, dass sich der Einsatz an Anwendungssystemkategorien zwar unterscheidet, aber die Verteilung jeweils in den Anwendungssystemkategorien der Tabellenkalkulationstools, der ERP-/PPS-Systeme, der Lagerverwaltungssysteme, der CRM-Systeme, der Qualitätsmanagementsysteme, der CAx-Systeme und der DWH-

Lösungen erfolgt. Daher werden diese Anwendungssystemkategorien in die generische Anwendungssystemlandschaft industrieller Unternehmen aufgenommen.

	Kriterien \ IT-Systemkategorien	Tab.-kalk.	Lager-vw.-Sys.	ERP	PPS	CAx	Qualitätsmgnt.-Syst.	Data Warehouse	Eigene Lösung	CRM	MES	SCM	APS
Unternehmensgröße	KMUs	■		■									
	Großunternehmen	■	■	■	■	■	■	■					
Branche	Textil	■		■						■			
	Holz	■		■	■								
	Chemie	■	■		■		■						
	Metall, Recycling	■			■	■	■						
	Maschinenbau	■		■	■	■							
	Fahrzeug	■	■		■	■	■	■					
	Daten Elektrotechnik	■	■	■	■	■	■						
	Lebensmittel	■											
Fertigungsart	geringer Wiederholungsgrad	■				■							
	mittlerer Wiederholungsgrad	■	■	■	■	■							
	hoher Wiederholungsgrad	■	■	■	■	■	■						

Tabelle 16: Anwendungssystemkategorien im Produktionsbereich industrieller Unternehmen

MES stellen bislang eine ‚neue' Anwendungssystemkategorie dar und werden aufgrund der aktuellen Relevanz in der Informationsversorgung mitberücksichtigt. Die obige Tabelle findet in der Anpassung an bestimmte Kriterien Anwendung. So wären bei Unternehmen der Maschinenbaubranche mit geringem Widerholungsgrad bspw. die Anwendungssystemkategorien der Tabellenkalkulationstools, der ERP-/PPS-Systeme und CAx-Systeme als Informationsherkunft des Informationsangebots anzunehmen.

Abbildung 55 veranschaulicht die Anwendungssystemkategorien im Produktionsbereich industrieller Unternehmen.

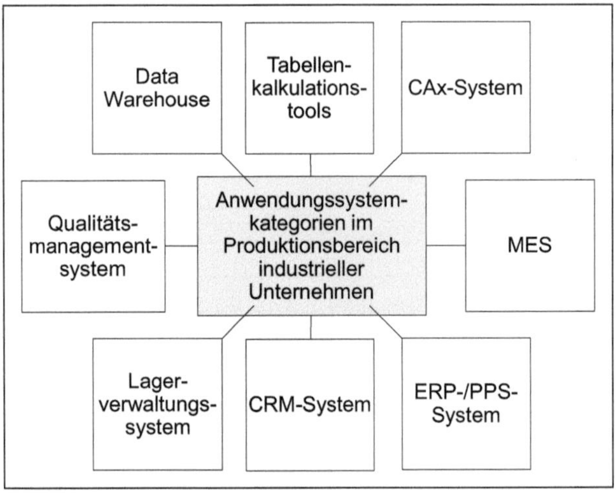

Abbildung 55: Anwendungssystemkategorien im Produktionsbereich industrieller Unternehmen

5.1.5 Informationsversorgung

Im vorherigen Kapitel 5.1.4 wurde das Informationsangebot im Produktionsbereich industrieller Unternehmen beleuchtet. Dieses ist nach dem Ebenenmodell nach Krcmar/Wollnik auf die Ebene des Managements der Informationssysteme (Kapitel 1.1) einzuordnen. An dieser Stelle soll eine Untersuchung des aktuellen Stands der Informationsversorgung bzw. der Informationsbereitstellung (vgl. Kapitel 2.2.2) erfolgen, d.h. wie die Informationen den Aufgabenträgern zur Verfügung gestellt werden (Ebene der Informationswirtschaft).

Basierend auf dem in Kapitel 4.1 eingeführten Gestaltungsrahmen wird der Bereich der Informationsversorgung nach den Teilbereichen der Datenbasis, der Analyse und der Aufbereitung sowie des Zugriffs und der Verteilung untersucht. Hierzu wurden in den Teilbereichen Annahmen (vgl. Kapitel 4.3.1) aufgestellt.

5.1.5.1 Empirische Ergebnisse zu den Annahmen (Datenbasis)

Die nachfolgende Annahme wurde auf Basis der theoretischen Grundlagen in Kapitel 3.4 sowie den Ergebnissen aus der Voruntersuchung abgeleitet.

> $A_{8\text{-}0}$: Die Daten in der Produktion entstammen einer Vielzahl von Anwendungssystemkategorien und sind nicht über einheitliche Datenbasen integriert.

Wie in Kapitel 5.1.4.1 bereits bestätigt, kommt im Produktionsbereich industrieller Unternehmen eine Vielzahl an Anwendungssystemkategorien zum Einsatz. In Zusammenhang mit der Annahme im Bereich der MES, dass diese zum Zweck der Integration betriebswirtschaftlicher und technischer Daten implementiert werden, konnte die Notwendigkeit einer Integrationsschicht identifiziert werden. Aus beiden Erkenntnissen kann die obige Annahme im Bereich der Datenbasis wie folgt ergänzt werden:

> $A_{8\text{-}1}$: Die Daten in der Produktion entstammen einer Vielzahl von Anwendungssystemkategorien, die nicht über eine Integrationsschicht zusammengeführt werden.

Die Voruntersuchung verdeutlicht, dass es im Produktionsbereich zu einer Archivierung von Daten kommt, diese jedoch zumeist aufgrund von Kundenanforderungen erhoben und archiviert werden oder dies gesetzlich vorgeschrieben ist. In den meisten Fällen werden diese Daten nicht zu weiteren (Analyse-)Zwecken aufbereitet. MES bieten zudem ebenfalls eine Archivierung von Daten an, jedoch ist diese nur für einen beschränkten Zeitraum vorgesehen. Hieraus wird die nachfolgende Annahme abgeleitet:

> $A_{9\text{-}0}$: Neben der Archivierung werden die vorhandenen, historischen Daten nicht zu Analysezwecken aufbereitet oder zur Steuerung der Produktion verwendet.

Zur Untersuchung der zuvor aufgestellten Annahme wurde in der empirischen Studie erhoben, welche Bedeutung die Archivierung im Produktionsbereich spielt. Die Mehrheit der Befragten stuft die Bedeutung der Archivierung von Produktionsdaten[641] als bedeutend ein. Hierbei geben 29,2% der Befragten eine hohe (4) bzw. 44% der Befragten eine sehr hohe (5) Bedeutung an. Im nächsten Schritt wurde analysiert, wie eine Archivierung der Produktionsdaten vorgenommen wird. 62,8% der Teilnehmer geben hierbei eine zentrale Produktionsdatenbank an. 22,1% der Probanden geben zur Archivierung der Daten eine Lösung mittels isolierter Datenbanken (z.B. an einzelnen Maschinen) an. Die verbleibenden Befragten haben die Archivierung bislang noch nicht realisiert oder weitere Möglichkeiten im Einsatz (Papierbasierte Archivierung, ERP-System, eigene Softwarelösung). In einem weiteren Schritt wird untersucht, inwieweit die Bedeutung der Archivierung von der Branche abhängt. Abbildung 56 veranschaulicht die Ergebnisse.

[641] n=257, Bedeutung wurde auf einer Ordinalskala von 1 (sehr unwichtig) bis 5 (sehr wichtig) erhoben.

Dargestellt sind die Unternehmen, die eine hohe Bedeutung (>=4) in der Archivierung angeben.

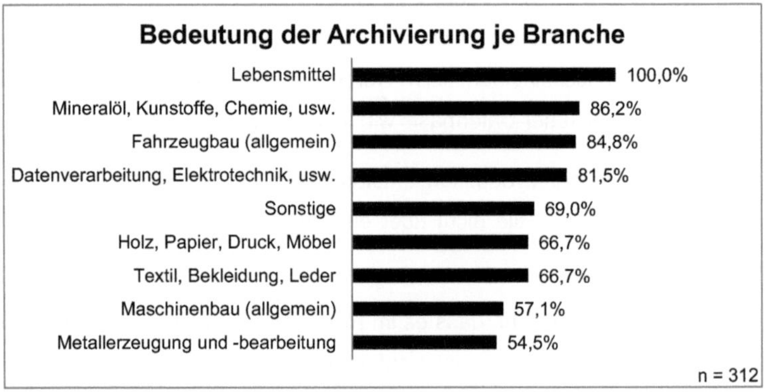

Abbildung 56: Bedeutung der Archivierung je Branche

Aus der Abbildung ist die unterschiedliche Bedeutung der Archivierung je Branche ersichtlich. So geben über 80% der Teilnehmer aus der Elektrotechnik-, der Fahrzeug-, der Chemie- und der Lebensmittelbranche an, dass eine Archivierung der Produktionsdaten im Unternehmen eine hohe Bedeutung spielt. In der Metall- und der Maschinenbaubranche geben dies lediglich 54,5% bzw. 57,1% der Befragten an. Insgesamt messen alle Befragten der Archivierung eine hohe Bedeutung zu, jedoch sind Unterschiede zwischen den Branchen zu erkennen, was bspw. auf gesetzliche Vorgaben schließen lässt.

In Zusammenhang mit der Untersuchung der Annahme A_{1-0} konnte festgestellt werden, dass die Teilnehmer der Studie insgesamt eher unzufrieden mit der Informationsversorgung sind. Eine Dimension der Informationsqualität ist der ‚Zugriff auf historische Informationen'. Nachfolgend wird untersucht, inwieweit die Zufriedenheit in dieser Dimension mit der Realisationsform zur Archivierung von Daten bzw. Informationen zusammenhängt (vgl. Tabelle 17).

Lediglich 31% bzw. 28% der Probanden, die zur Lösung isolierte Datenbanken einsetzen oder bislang noch keine Lösung im Einsatz haben, geben an, zufrieden in der Dimension ‚Zugriff auf historische Informationen' zu sein. Dahingegen geben 47% der Probanden, die eine zentrale Produktionsdatenbank im Einsatz haben, an, zufrieden zu sein.[642] Die höchste Zufriedenheit weisen die Probanden auf, die die Archivierung über eine weitere Realisierung in den betreffenden Unternehmen umgesetzt haben. Dies deutet auf separate Lösungen im Bereich der Archivierung bzw. Historisierung mit Zugriffsmöglichkeiten für die Aufgabenträger hin, was eine Berücksichtigung im Informationsversorgungskonzept nahe legt.

Zufriedenheit / Realisationsform	1	2	3	4	5	Mittelwert
Mit isolierten Datenbanken	6%	25%	**37%**	16%	15%	3,09
Zentrale Produktionsdatenbank	7%	21%	24%	**31%**	16%	3,27
Weitere Realisierungen	0%	19%	25%	25%	**31%**	3,69
Bisher noch keine Realisierung	17%	21%	**34%**	21%	7%	2,79
Zufriedenheit: 1 - sehr unzufrieden, 5 - sehr zufrieden, n = 304						

Tabelle 17: Zufriedenheit der Teilnehmer mit der Dimension ‚Zugriff auf historische Informationen' – differenziert nach der Realisationsform

Insgesamt lässt sich die zentrale Erkenntnis festhalten, dass industrielle Unternehmen die Bedeutung der Archivierung im Produktionsbereich als hoch einstufen. Zwar weisen die Probanden, die eine zentrale Produktionsdatenbank im Einsatz haben, höhere Zufriedenheitswerte in der Dimension ‚Zugriff auf historische Informationen' auf, jedoch bleibt der Mittelwert mit 3,27 eher im mittleren Bereich, was auf einen erschwerten oder keinen Zugriff bzw. eine nicht adäquate Aufbereitung deuten kann. Aus der Unzufriedenheit in der Dimension ‚Zugriff auf historische Informationen' und der mehrheitlichen Realisierung einer zentralen Produktionsdatenbank lässt sich schlussfolgern, dass die vorhandenen archivierten Daten, nicht zur Planung und Steuerung der Produktion aufbereitet und genutzt werden. Aus den Erkenntnissen lässt sich die zuvor aufgestellte Annahme wie folgt ergänzen:

> $A_{9\text{-}1}$: Die Mehrzahl der industriellen Unternehmen stuft die Archivierung von Produktionsdaten als bedeutend ein und realisiert die Archivierung anhand zentraler Produktionsdatenbanken. Die vorhandenen Daten werden nicht oder nur in geringem Umfang zu Analysezwecken aufbereitet oder zur Steuerung der Produktion verwendet.

5.1.5.2 Empirische Ergebnisse zu den Annahmen (Analyse und Aufbereitung)

Im Rahmen der Analyse und Aufbereitung wird im Folgenden zunächst auf den Aspekt der Aktualität von Informationen eingegangen. In den Interviews der Voruntersuchung wurden die Bedeutung und der Bedarf echtzeitnaher Informationen im Produktionsbe-

[642] Summe aus den Zufriedenheitswerten 4 und 5.

reich betont. Dies wurde zum einen insb. in Zusammenhang mit der RFID-Technologie aufgeführt, die eine Echtzeit-Informationsversorgung ermöglichen soll. Zum anderen sollen MES durch die BDE/MDE eine echtzeitnahe Informationsversorgung realisieren können. Des Weiteren wurde in der Voruntersuchung als zentrales Ergebnis der Bedarf eines Frühwarnsystems identifiziert. Basierend hierauf wurde die nachfolgende Annahme im Bereich der Analyse und Aufbereitung aufgestellt.

> $A_{10\text{-}0}$: Der Produktionsbereich bedarf einer echtzeitnahen Informationsversorgung, um adäquat auf Störungen reagieren zu können. Die Bereitstellung echtzeitnaher Informationen erhöht die Zufriedenheit mit der Informationsversorgung im Produktionsbereich.

Zur Untersuchung der oben aufgestellten Annahme wurde in der empirischen Studie erhoben, in welchen zeitlichen Abständen den Probanden Informationen zur Verfügung gestellten werden. Zur Untersuchung der Annahme werden im Folgenden die Ergebnisse in Bezug auf die echtzeitnahe Bereitstellung dargestellt. Zur Untersuchung, ob die Bereitstellung echtzeitnaher Informationen die Zufriedenheit im Produktionsbereich erhöht, wurden zu diesem Zweck zwei Gruppen gebildet. Zum einen die zufriedene Gruppe, deren Zufriedenheitswerte in der Dimension der ‚Aktualität der Informationen' die Werte 4 und 5 annehmen und eine unzufriedene Gruppe, die die Zufriedenheitswerte 1 und 2 aufweisen.[643]

Die Gegenüberstellung der bereitgestellten Informationen erfolgt in den zuvor identifizierten Aufgabenklassen. Die Ergebnisse der Aufgabenklasse der ‚operativen Aufgaben' sind in Abbildung 57 ersichtlich. Die Informationen wurden hierbei zum einen (links) in die prozessschrittnahen – mit einem engen Fokus auf den Produktionsbereich – und zum anderen (rechts) in die unternehmensweiten – mit Relevanz in unterschiedlichen Unternehmensbereichen – Informationen aufgeteilt.

Innerhalb der unternehmensweiten Informationen stehen der unzufriedenen Gruppe tendenziell vermehrt echtzeitnahe Informationen zur Verfügung. So steht bspw. über 25% der unzufriedenen Gruppe die Durchlaufzeit echtzeitnah zur Verfügung. Bei der zufriedenen Gruppe sind dies ca. 12%. Das Beispiel ist in Abbildung 57 durch einen Pfeil dargestellt. So sind insb. Unterschiede bei den Beständen in der Fertigung, bei der Durchlaufzeit, bei den Kundenreklamationen, bei der Lagerumschlagshäufigkeit und bei

[643] Probanden, die den Zufriedenheitswert 3 angaben, wurden als neutrale Gruppe aus der Untersuchung ausgeschlossen.

der Liefertreue zu sehen – diese stehen der unzufriedenen Gruppe vermehrt echtzeitnah zur Verfügung. (Der Terminverzug hingegen steht der zufriedenen Gruppe vermehrt zur Verfügung.) Aus den Ergebnissen lässt sich für die Aufgabenklasse der ‚operativen Aufgaben' schlussfolgern, dass eine alleinige Bereitstellung echtzeitnaher Informationen die Zufriedenheit in der ‚Aktualität der Informationen' nicht erhöht. Dies gilt insb. für die unternehmensweiten Informationen.

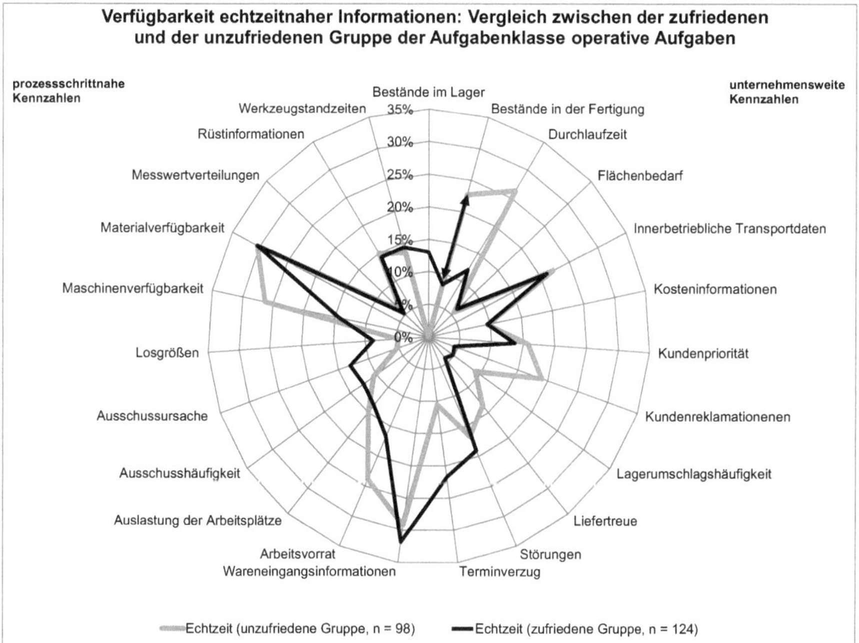

Abbildung 57: Verfügbarkeit echtzeitnaher Informationen: Vergleich zwischen der zufriedenen und der unzufriedenen Gruppe der Aufgabenklasse operative Aufgaben

Analog zur obigen Untersuchung der Aufgabenklasse der ‚operativen Aufgaben' wird die Untersuchung für die Aufgabenklasse der ‚operativen Aufgaben mit strategischen Auswirkungen' durchgeführt (vgl. Abbildung 58).

Bezogen auf die Bereitstellung von Echtzeitinformationen ergeben sich deutliche Unterschiede in den Informationen zu den Beständen im Lager und der Liefertreue. Diese stehen der zufriedenen Gruppe in größerem Umfang echtzeitnah zur Verfügung. Für die Aufgabenklasse ‚operative Aufgaben mit strategischen Auswirkungen' lässt sich demnach festhalten, dass der zufriedenen Gruppe mehr echtzeitnahe Informationen als der zufriedenen operativen Aufgabenklasse zur Verfügung stehen.

Analog zum operativen Bereich erfolgt die Untersuchung für den dispositiven Bereich, differenziert nach den identifizierten Aufgabenklassen ‚dispositive Aufgaben mit operativen Auswirkungen' und ‚dispositive Aufgaben'. Abbildung 59 stellt die Untersuchungsergebnisse für die Aufgabenklasse ‚dispositive Aufgaben mit operativer Auswirkung' dar.

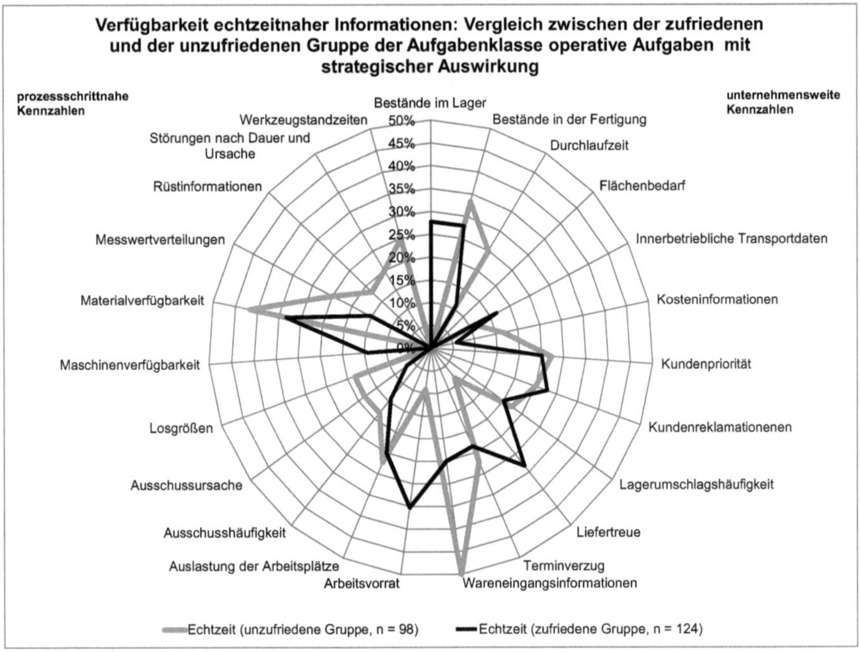

Abbildung 58: Verfügbarkeit echtzeitnaher Informationen: Vergleich zwischen der zufriedenen und der unzufriedenen Gruppe der Aufgabenklasse operative Aufgaben mit strategischer Auswirkung

Besonders deutlich wird hierbei, dass der zufriedenen Gruppe vermehrt echtzeitnahe Informationen bereitgestellt werden. Dies gilt insb. für die produktionsschrittnahen Informationen. Insgesamt ist für die Aufgabenklasse ‚dispositive Aufgaben mit operativen Auswirkungen' festzuhalten, dass mit Anstieg des dispositiven Anteils der zufriedenen Gruppe vermehrt echtzeitnahe Informationen im Bereich der prozessschrittnahen Informationen zur Verfügung stehen. In der unzufriedenen Gruppe hingegen ist der Anteil an echtzeitnahen Informationen geringer.

In Abbildung 60 sind die Ergebnisse der Untersuchung für die dispositiven Aufgaben dargestellt. Im Bereich der echtzeitnahen Informationen ist festzustellen, dass der unzufriedenen Gruppe deutlich mehr echtzeitnahe Analysen zur Verfügung gestellt werden.

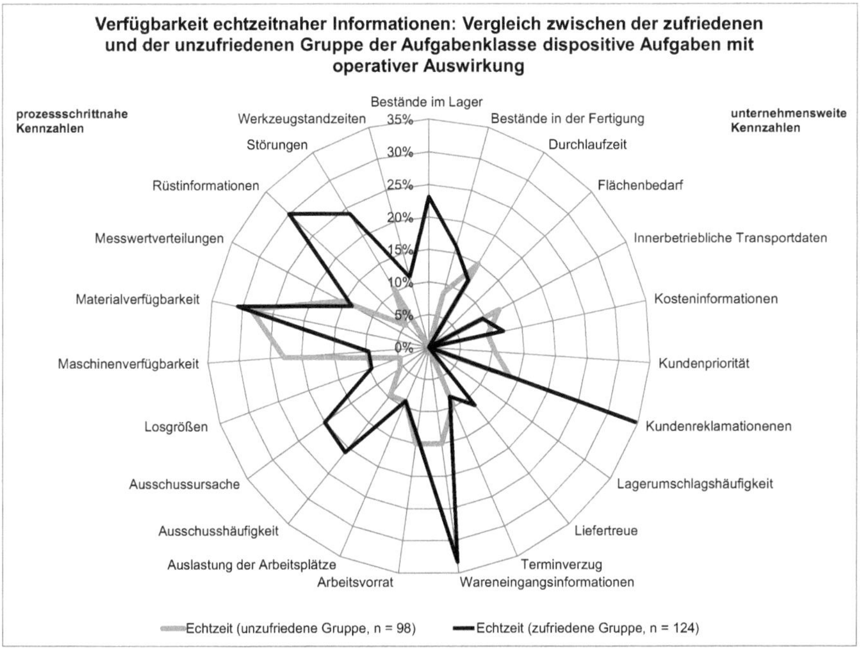

Abbildung 59: Verfügbarkeit echtzeitnaher Informationen: Vergleich zwischen der zufriedenen und der unzufriedenen Gruppe der Aufgabenklasse dispositive Aufgaben mit operativer Auswirkung

Als zentrales Ergebnis der oben beschriebenen Untersuchung in Bezug auf die Echtzeitversorgung im Produktionsbereich lässt sich festhalten, dass eine echtzeitnahe Informationsversorgung nicht pauschal zu einer Erhöhung der Zufriedenheit führt. Die Untersuchung zeigt deutlich, dass eine differenzierte Betrachtung in den einzelnen Aufgabenklassen notwendig ist. Im operativen Bereich weist die unzufriedene Gruppe eine höhere Informationsversorgung mit echtzeitnahen Informationen auf. Besonders auffallend ist die echtzeitnahe Informationsversorgung der Aufgabenklasse ‚dispositive Aufgaben mit operativen Auswirkungen' der zufriedenen Gruppe. Dies lässt auf die Befriedigung des Informationsbedarfs in Bezug auf den operativen Aufgabenteil schließen. Die oben aufgestellte Annahme ist aufgrund der Ergebnisse in der empirischen Untersuchung damit wie folgt zu modifizieren:

$A_{10\text{-}1}$: Die Bereitstellung echtzeitnaher Informationen kann bei einigen Aufgaben die Zufriedenheit im Produktionsbereich erhöhen. Die Bereitstellung echtzeitnaher Informationen muss auf einer zuvor durchgeführten Informationsbedarfsanalyse beruhen.

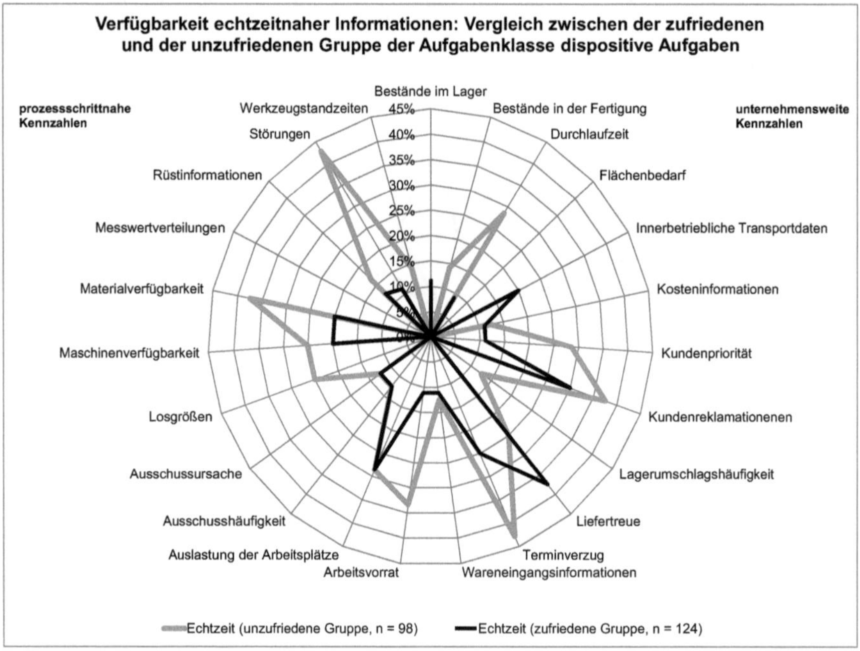

Abbildung 60: Verfügbarkeit echtzeitnaher Informationen: Vergleich zwischen der zufriedenen und der unzufriedenen Gruppe der Aufgabenklasse dispositive Aufgaben

5.1.5.3 Empirische Ergebnisse zu den Annahmen (Zugriff und Verteilung)

Dieser Abschnitt fokussiert den Zugriff und die Verteilung der Informationen im Produktionsbereich. Die Annahme, die der folgenden Untersuchung zugrunde liegt, wurde in erster Linie aus den theoretischen Grundlagen zu MES abgeleitet. Der primäre Fokus liegt bei MES in der Integration betriebswirtschaftlicher und technischer Daten. Dies wurde bereits mit der Annahme A_7 in Kapitel 5.1.4.1 untersucht. Dies bedeutet im Umkehrschluss, dass dem Produktionsbereich bislang eher technische Informationen zur Verfügung stehen. In der Voruntersuchung wurde zudem deutlich, dass den Aufgabenträgern, vor allem aufgrund technischer Restriktionen, nicht alle notwendigen Informationen zur Verfügung gestellt werden können. Basierend auf diesen Erkenntnissen wird die nachfolgende Annahme zur empirischen Untersuchung abgeleitet:

A_{11-0}: Der Produktionsbereich wird vorwiegend mit produktionsnahen/technischen Informationen versorgt. Unternehmensweite Informationen stehen im Produktionsbereich nicht ausreichend zur Verfügung. Die Aufgaben des Produktionsmanagements werden anhand weniger zur Verfügung gestellter Informationen unterstützt.

Zur Untersuchung der oben aufgestellten Annahme wurde die Verfügbarkeit von Informationen bzw. Kennzahlen erhoben.[644] Im ersten Schritt werden die zur Verfügung gestellten Informationen unabhängig von der Aufgabenklasse und den Dimensionen der Informationsqualität untersucht. In der empirischen Untersuchung wurde hierzu zum einen erhoben, welche Informationen zur Verfügung stehen und zum anderen, welche Bedeutung diese für das betreffende Unternehmen haben. Alle Teilnehmer[645] der Studie geben an, alle in der Literatur als relevant identifizierten Kennzahlen mit einer Wahrscheinlichkeit von mind. 65% im Unternehmen zur Steuerung der Produktion zur Verfügung zu haben. Als erstes zentrales Ergebnis kann daher festgehalten werden, dass nahezu alle Informationen/Kennzahlen in Industriebetrieben erfasst werden.[646] Die von den Probanden als am bedeutendsten[647] eingestuften Kennzahlen sind hierbei die Durchlaufzeit, die Liefertreue, die Materialverfügbarkeit, die Kundenpriorität, die Bestände im Lager, der Terminverzug nach Aufträgen, die Kundenreklamationen, die Maschinenverfügbarkeit, die Auslastung der Arbeitsplätze (Maschinen) sowie der Arbeitsvorrat (Anzahl der Aufträge an den einzelnen Arbeitsplätzen). Diese sind in der untenstehenden Abbildung 61 dargestellt. Die schwarzen Balken stellen die prozessübergreifenden, die grauen Balken die prozessschrittnahen Informationen/Kennzahlen dar. Aus der Abbildung ersichtlich ist die prozentuale Verteilung der zur Verfügung stehenden Kennzahlen. Die bedeutendsten Informationen/Kennzahlen sind zu mind. 88% in den Unternehmen der befragten Teilnehmer des Samples vorhanden.

In Kapitel 5.1.5.2 wurde bereits untersucht, wie die Informationsversorgung der Aufgabenklassen der zufriedenen und unzufriedenen Gruppe ausgeprägt ist. Zusammen mit

---

644 Der Untersuchung lagen dieselben Informationen zugrunde wie bei der Untersuchung der Annahme A_{10}.

645 n=285-322

646 Ergebnis wurde auf der WI 2011 vorgestellt, vgl. Koch, M. u.a. (2011)

647 Die Bedeutung wurde auf einer Ordinalskala von 1 (unbedeutend) bis 5 (sehr bedeutend) erhoben. Als bedeutendste Kennzahlen wurden alle mit einem Mittelwert größer 4 eingestuft.

der obigen Erkenntnis, dass nahezu alle Informationen im Unternehmen vorhanden sind, kann auf ein *Verteilungsproblem* geschlossen werden.[648]

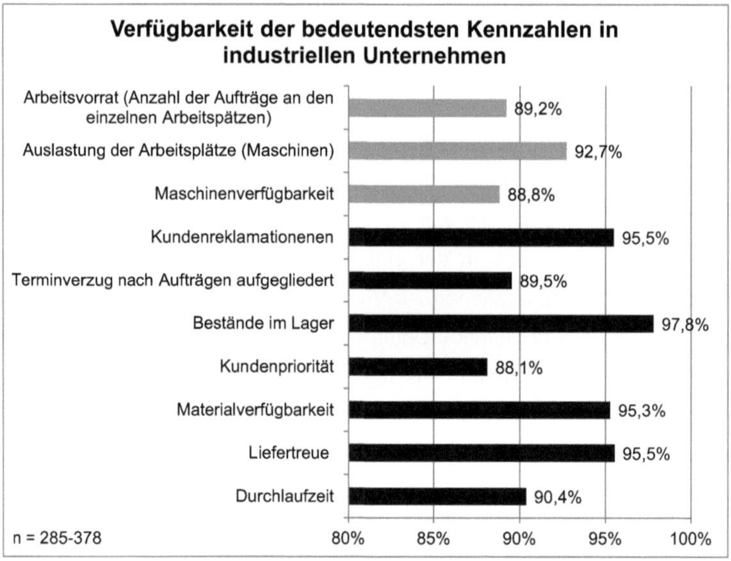

Abbildung 61: Verfügbarkeit der bedeutendsten Kennzahlen in industriellen Unternehmen

Im Weiteren wird untersucht, welche Auswirkungen der MES-Einsatz auf die Informationsversorgung bzgl. der Informationsart aufweist. Hierzu wurde in der empirischen Untersuchung erhoben, welche Informationen bzw. Kennzahlen seit der Einführung des MES bei den befragten Teilnehmern verfügbar sind.[649]

In Abbildung 62 ist die prozentuale Verteilung der Informationen dargestellt, die mit Einführung eines MES in den Unternehmen der befragten Teilnehmer zur Verfügung standen. Dunkel hervorgehoben sind Informationen mit einem prozentualen Wert über 30%. Informationen, die durch ein MES verfügbar gemacht werden, sind zumeist den pro-

[648] Weitere Untersuchungen in Zusammenhang mit der in der Literatur identifizierten Informationen/Kennzahlen: 1. Zusammenhang zwischen der Bedeutung der Kennzahlen und Branche: Der Zusammenhang variiert mit der Branche. Mittelwertvergleich (abhängige Variablen Kennzahlen, unabhängige Variable Branche, n=284-321). Beispiel: Bestände in der Fertigung bei Lebensmittel- und Chemieindustrie mit 3,3 und 3,5 wesentlich unbedeutender als Fahrzeugbau mit 4,3. 2. Zusammenhang zwischen der Fertigungsart und Bedeutung der Kennzahlen: Bedeutung der Kennzahlen variiert mit Fertigungsart (Mittelwertvergleich unabhängig Fertigungsart, abhängig Kennzahlen) Keine Unterschiede bei unternehmensweiten Kennzahlen wie der Liefertreue, Kosteninformationen oder der Kundenpriorität. Unterschiede ergeben sich vor allem bei eher prozessschrittnahen Kennzahlen wie Rüstinformationen, Messwertverteilungen oder Ausschussursache. Bei der Lagerumschlagshäufigkeit bspw. wächst die Bedeutung mit dem Wiederholungsgrad.

[649] Filter Probanden, die ein MES im Einsatz haben. Mehrfachantwort: Bilden eines Mehrfachantworten-Sets, gezählt dichotome Werte 1 (n=73).

zessschrittnahen bzw. maschinenbezogenen Informationen zuzurechnen. So geben 49,3% die Verfügbarkeit der Auslastung der Arbeitsplätze und die Maschinenverfügbarkeit (57,5%) seit der MES-Einführung an. Eine weitere Untersuchung[650], die analysiert, ob die Teilnehmer, die durch das MES vermehrt Informationen zur Verfügung haben, zufriedener sind als die anderen Teilnehmer, ergab keine erhöhten Zufriedenheitswerte. Dies bestätigt die bereits zuvor genannte Erkenntnis, dass nicht das alleinige Vorhandensein einer Information bzw. Kennzahl zur Steigerung der Zufriedenheit in der Informationsversorgung führt, sondern eine entsprechende Verteilung und Aufbereitung notwendig ist.

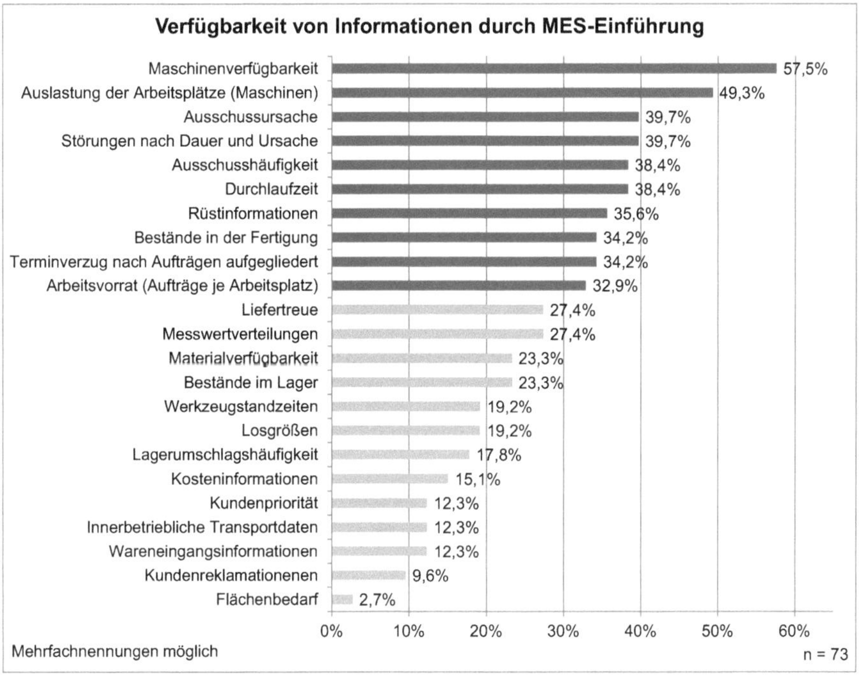

Abbildung 62: Verfügbarkeit von Informationen durch MES-Einführung

Zudem wurde untersucht, welche Gründe vorherrschen, dass Kennzahlen bzw. Informationen nicht erhoben werden. Die Gründe, die von den Probanden genannt wurden, sind zu 25,6% technische Restriktionen, zu 20,5% organisatorische Gründe/mangelndes Fachwissen; 43,6% sehen keine Notwendigkeit, wobei hier als Begrün-

[650] Vergleich der Mittelwerte der Gruppe, die durch MES-Einsatz vermehrte Informationen zur Verfügung hat und der übrigen Teilnehmer.

dung die Fertigungsart/ bzw. das -prinzip genannt wird sowie sonstige Gründe zu 11,5%.[651] Somit gibt nahezu die Hälfte der Befragten an, bestimmte Informationen zu benötigen, diese jedoch aus organisatorischen und technischen Gründen nicht zur Verfügung gestellt zu bekommen.

Bezogen auf die zuvor erstellte Annahme ist diese daher wie folgt zu modifizieren:

> $A_{11\text{-}1}$: In industriellen Unternehmen werden nahezu alle Informationen bzw. Kennzahlen erhoben, diese werden jedoch nicht zufriedenstellend verteilt und aufbereitet.

Im Weiteren erfolgt eine Untersuchung, auf welche Art und Weise die Informationen den Aufgabenträgern zur Verfügung gestellt werden.

Die nachfolgende Annahme wurde basierend auf den Erkenntnissen aus der Voruntersuchung abgeleitet. In Bezug auf die Fragestellung, wie die Aufgabenträger mit den notwendigen Informationen versorgt werden, wurden größtenteils push-basierte Verfahren genannt. Somit leitet sich die zweite Annahme im Bereich des Zugriffs und der Verteilung ab:

> $A_{12\text{-}0}$: Die Informationsversorgung der Aufgabenträger erfolgt hauptsächlich über standardisierte Berichte (Push-Versorgung).

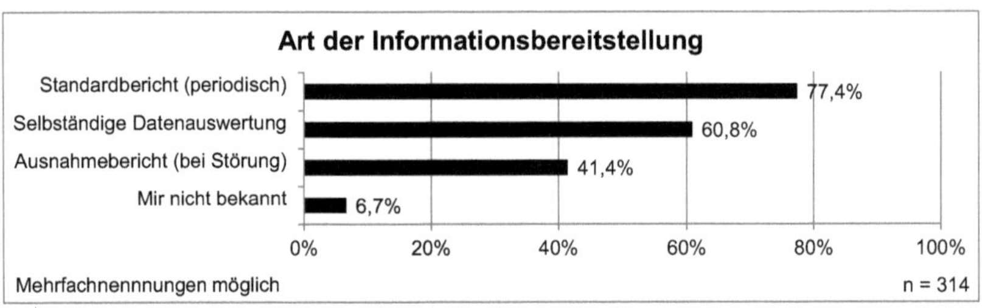

Abbildung 63: Art der Informationsbereitstellung

Zur Untersuchung der oben aufgestellten Annahme wurde erhoben, auf welche Art und Weise den Befragten die Informationen zur Lösung der Aufgaben zur Verfügung stehen. Hierbei wurde zwischen periodischen Standardberichten, einer selbständigen Datenauswertung sowie Ausnahmeberichten unterschieden. Die Ergebnisse sind in Abbildung

[651] Freie Textantwort. Sinngemäße Einteilung in Kategorien durch den Autor (n=92).

63 dargestellt. Eine Differenzierung in die Aufgabenklassen hat hierbei keine nennenswerten Unterschiede ergeben.

Über 77% der Befragten bekommen standardisierte Berichte zur Verfügung gestellt. Der Mehrheit der Probanden ist eine selbständige Datenauswertung möglich.[652] 41,4% der Befragten erhalten Ausnahmeberichte bei zuvor definierten Soll-Ist-Abweichungen. Ein Zusammenhang zur Zufriedenheit in den Dimensionen der Informationsqualität und Informationsart konnte nicht festgestellt werden. Somit lässt sich als Erkenntnis festhalten, dass nicht eine Dimension der Informationsqualität (hier selbständiger Informationszugriff) zur Erhöhung der Zufriedenheit in der Informationsversorgung führt. Die zuvor aufgestellte Annahme ist wie folgt zu modifizieren:

> $A_{12\text{-}1}$: Die Informationsversorgung der Aufgabenträger erfolgt sowohl nach dem Push- als auch nach dem Pull-Ansatz.

Die großzahlige Durchdringung des Themenbereichs macht deutlich, dass der Untersuchungsbereich der Produktion durch heterogene Strukturen und eine unzureichende Integration geprägt ist. Die Informationsversorgung erfolgt nicht zur vollsten Zufriedenheit der Aufgabenträger, was somit eine Top-down-Vorgehensweise bei der Gestaltung der Informationsversorgung notwendig macht.

Die Ergebnisse der empirischen Studie 1 machen zudem deutlich, dass die in den theoretischen Grundlagen beschriebene Digitalisierung ebenfalls im Untersuchungsbereich stattgefunden hat. Nahezu alle als bedeutend eingestuften Informationen sind in industriellen Unternehmen verfügbar, jedoch werden diese nicht adäquat verteilt und aufbereitet.

Aus den Ergebnissen wird zudem deutlich, dass MES insb. zur Unterstützung des operativen Bereichs eingesetzt werden, mit der Intention, die ‚operative' Planung und Steuerung zu verbessern. Hierbei besteht der Integrationsbeitrag im Wesentlichen in der Zusammenführung betriebswirtschaftlicher Daten aus dem ERP-/PPS-System und den technischen Daten aus der BDE/MDE. MES können also nicht als Integrationsplattform des Produktionsbereichs angesehen werden.

Zur Entwicklung eines Informationsversorgungskonzepts ist es im Weiteren zweckmäßig, auf Basis des entwickelten informationellen Schichtenmodells die konkreten Aus-

[652] Keine Rückschlüsse auf die Nutzungsintensität.

prägungen der Aufgabenbündel der Aufgabenträger empirisch zu untersuchen. Hierzu wurde eine weitere empirische Studie 2 konzipiert, die im nachfolgenden Kapitel 5.2 erläutert und deren Ergebnisse dargestellt werden.

5.2 Ergebnisse der empirischen Untersuchung ‚Studie zur Aufgabenzuordnung' (Studie 2)

Das Ziel der Studie 2 ist zum einen die Evaluation des informationellen Schichtenmodells und zum anderen die Identifikation typischer Aufgabenbündel zur Ableitung des Informationsbedarfs. Dies entspricht der in der Literatur vorgeschlagenen Vorgehensweise, zur Gestaltung einer Informationsversorgung homogene Gruppen zu bilden (vgl. Kapitel 2.2.1.2). Aus diesem Grund wurden in einer empirischen Erhebung die Aufgabenzuordnungen in industriellen Unternehmen erhoben.

Hierzu werden die Aufgaben aus dem Aufgabenkatalog (vgl. Anhang B: Literaturbasierter Aufgabenkatalog) dem in der vorhergegangenen Studie 1 entwickelten Schichtenmodell zugeordnet.

Die empirische Erhebung erfolgte im Zeitraum von Februar 2012 bis Juni 2012. Die Grundgesamtheit sind, analog der vorangegangenen Studie 1, industrielle Unternehmen. Die empirische Erhebung wurde im Rahmen einer umfassenden Studie zum Prozessmanagement der Produktion[653] in einem abgeschlossenen Teilbereich (n=67) durchgeführt. Dieser Teilbereich wurde vom Verfasser der vorliegenden Arbeit konzipiert und für die vorliegende Arbeit ausgewertet. Die Teilnehmer der Studie waren Fachexperten aus dem Untersuchungsbereich der Produktion.[654]

Der Fragegogen besteht zum einen aus einem Teil, in dem über halboffene Fragen standardisiert die unabhängigen Variablen[655] erhoben wurden und zum anderen aus einem Teil, in dem die Teilnehmer der Studie aufgefordert wurden, Produktionsaufgaben[656] auf das zuvor entwickelte Schichtenmodell per Drag und Drop abzulegen. Das Ergebnis der Studie sind 67 modellierte Aufgabenzuordnungen, die zur Auswertung zur

[653] Der ausführende Verfasser dieser Studie zum Prozessmanagement und Dank an Herrn Jens Lachenmaier, Lehrstuhl für Wirtschaftsinformatik I, Prof. Kemper, Universität Stuttgart. Der Verfasser dieser Arbeit konnte einen abgetrennten Fragenblock an die Studie zum Prozessmanagement anhängen. Wie in der vorangegangenen Studie hat auch hier ein Pretest mit entsprechenden Fachexperten stattgefunden.

[654] Die Teilnehmeraquise erfolgte wie in der Studie 1 über eine Online-Plattform für Business-Kontakte nicht zufallsgesteuertes Auswahlverfahren).

[655] vgl. Abbildung 29

[656] In der Studie wurde aufgrund der Komplexität ein Auszug der Aufgaben aus dem Aufgabenkatalog (vgl. Anhang B: Literaturbasierter Aufgabenkatalog) abgefragt. Die Ergebnisse dieser Studie 2 wurden mit Fachexperten auf einer Wirtschaftsinformatiktagung diskutiert und validiert (vgl. Koch, M. u.a. (2013)).

Verfügung standen. Zur Umsetzung des zu modellierenden Fragebogenteils wurden die standardisierten Webtechnologien Asynchronous JavaScript and XML (AJAX), PHP: Hypertext Preprocessor (PHP) und Structured Query Language (SQL) verwendet.[657]

In Abbildung 64 sind das Ausgangsbild der Studie 2 und ein beispielhafter Screenshot einer Modellierung eines Teilnehmers ersichtlich.

Im Folgenden werden die Charakteristika der Teilnehmer der Studie 2 aufgezeigt. Die Charakteristika gelten für die Teilnehmer des vom Verfasser dieser Arbeit erstellten und abgeschlossenen Fragenblocks.

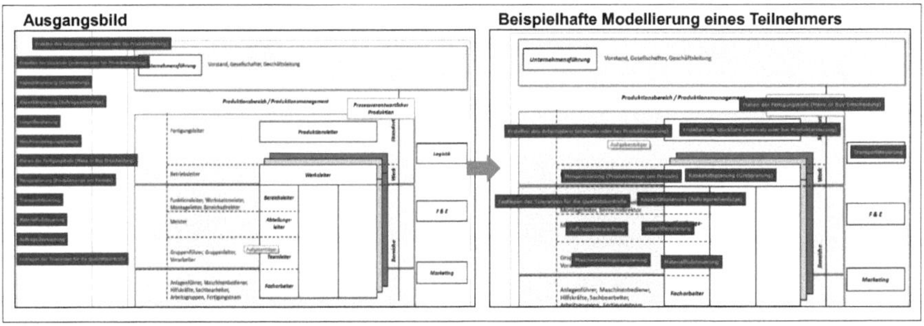

Abbildung 64: Modellierung der Aufgabenzuordnung in der Studie 2 (vorher/nachher)

Bezüglich der Unternehmensgröße ergibt sich hinsichtlich der Mitarbeiterzahl die nachfolgende Verteilung (n = 67):

- 12% der Teilnehmer geben an, in einem Unternehmen mit unter 49 Mitarbeitern,
- 52% in einem Unternehmen mit 50 bis 499 Mitarbeitern,
- und 36% in einem Unternehmen mit über 500 Mitarbeitern beschäftigt zu sein.

Hinsichtlich der Umsätze ergibt sich folgende Verteilung (n = 67):

- Unter 10 Mio. € Umsatz geben 16% der befragten Teilnehmer an,
- 10 bis 50 Mio. € Umsatz 30%,
- 50 bis 100 Mio. € Umsatz 18%
- und 36% geben einen Umsatz über 100 Mio. € an.

[657] Die Auswahl der Technologien erfolgte aufgrund der Kompatibilität zu den gängigen Webbrowsern. Die Webanwendung wurde zum Teil auf einem Webserver ausgeführt (PHP-Code) und zum Teil im Webbrowser (JavaScript-Befehle). Die Verbindung erfolgt über AJAX. Dank an Herrn Jens Lachenmaier, Lehrstuhl für Wirtschaftsinformatik 1, Universität Stuttgart für die technische Realisierung.

In der Studie sind somit Teilnehmer mittlerer und großer Unternehmen gleichgewichtig vertreten.

Die Branchenzugehörigkeit der Teilnehmer ist in Abbildung 65 ersichtlich. Fahrzeugzulieferer sind mit 23,9% am häufigsten vertreten. Die restlichen Teilnehmer der Studie sind gleichmäßig über die anderen Branchen verteilt.

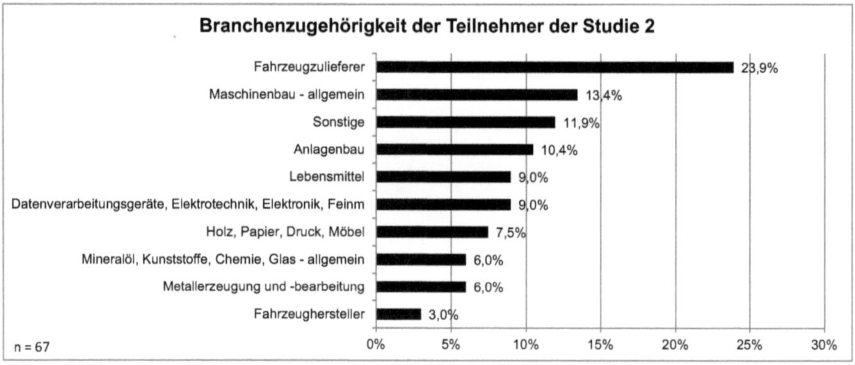

Abbildung 65: Branchenzugehörigkeit der Teilnehmer der Studie 2

Basierend auf den theoretischen Grundlagen zur Dezentralisierung (vgl. Kapitel 3.2) und den Erkenntnissen aus der zuvor durchgeführten Studie (Kapitel 5.1.3.1, $A_{4\text{-}1}$), wird die folgende Annahme untersucht:

> $A_{13\text{-}0}$: Industrielle Unternehmen weisen einen hohen Verbreitungsgrad dezentralisierter Organisationsformen auf.

Zunächst wurden die 67 von den Teilnehmern modellierten Aufgabenzuordnungen visuell gruppiert.[658] Die Aufgabenverteilung wurde hierbei nach der hierarchischen Zuordnung (Grad der Dezentralisierung) unterschieden. Es konnten drei mögliche Ausprägungen identifiziert werden, die Abbildung 66 verdeutlicht. Die folgenden Verteilungsformen können unterschieden werden: die ‚Starke Dezentralisierung', die ‚Dezentralisierung' sowie die ‚Zentralisierte Verteilung'.

Innerhalb der ‚Starken Dezentralisierung' wird die überwiegende Anzahl der ausgewählten Aufgaben[659] von der Ausführungsschicht ausgeführt. Diese Form der Aufgabenver-

[658] Die visuelle Gruppierung basiert auf der Anzahl der Aufgaben je Schicht.

[659] Der Aufgabenkatalog in der Studie 2 war bewusst ein Auszug aus dem im Anhang (vgl. Anhang B: Literaturbasierter Aufgabenkatalog) dargestellten Aufgabenkatalog. Die Reduzierung der Aufgaben erfolgte zur Komplexitäts- und Aufwandsreduzierung bei der Beantwortung der Fragen in Studie 2.

teilung ist im Sample mit 1,5% vertreten und wird nachfolgend aus der Betrachtung ausgeklammert. Die ‚zentralisierte Verteilung' tritt bei 43,3% der befragten Unternehmen auf. Die verbleibenden Unternehmen weisen die Verteilungsform 'Dezentralisierung' (55,2%) auf. Die Zentralisierte Verteilung tritt vermehrt bei kleinen Unternehmen auf. Bei der dezentralisierten Form konnten keine Abhängigkeiten von den unabhängigen Variablen festgestellt werden.[660]

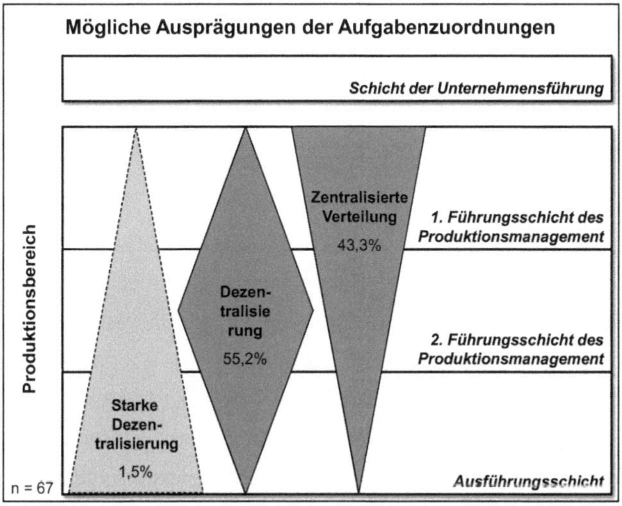

Abbildung 66: Mögliche Ausprägungen der Aufgabenzuordnungen[661]

Die zuvor aufgestellte Annahme kann basierend auf den empirischen Ergebnissen daher wie folgt modifiziert werden:

> A_{13-1}: In industriellen Unternehmen lassen sich idealtypisch drei Organisationsformen der Aufgabenverteilung unterscheiden: eine ‚stark dezentralisierte', eine ‚dezentralisierte' und eine ‚zentralisierte' Aufgabenverteilung. Dezentralisierte Organisationsformen weisen über die Hälfte der befragten Unternehmen auf.

In den theoretischen Grundlagen wurde der Bedarf der Identifizierung homogener Gruppen zur Bestimmung des Informationsbedarfs identifiziert. Basierend auf dem aus

---

[660] Die unabhängigen Variablen sind im Bezugsrahmen in Kapitel 4.3.2 ersichtlich.
[661] In Anlehnung an Koch, M. u.a. (2013)

den empirischen Ergebnissen in Kapitel 5.1.2.2 entwickelten informationellen Schichtenmodell wird die nachfolgende Annahme untersucht.

> $A_{14\text{-}0}$: Die Bildung homogener Gruppen zur Herleitung von Informationsbedarfsprofilen kann anhand des informationellen Schichtenmodells erfolgen.

Die Analyse der modellierten Aufgabenzuordnungen konnte keine eindeutige Zuordnung der Aufgaben zu den Aufgabenträgern über alle Teilnehmer der Studie identifizieren. Eine anschließende Untersuchung mit dem Versuch der Identifikation von Aufgabenbündeln, differenziert nach den unabhängigen Variablen (z.B. Branche, Fertigungsart), blieb ohne Erfolg. Die Aufgabenzuordnung ist als unternehmensindividuell einzustufen. Es konnten keine Aufgabenbündel zur Bildung homogener Gruppen identifiziert werden.

Die Untersuchung der Aufgabenzuordnung zeigt, dass die Aufgabensynthese in industriellen Unternehmen unternehmensindividuell erfolgt. Eine mögliche Typisierung kann daher (nur) nach dem Grad der Dezentralisierung erfolgen. Die Aufgabenzuordnung der ausgewählten Aufgaben legt den Schluss nahe, dass diese von den unternehmensspezifischen Rahmenbedingungen determiniert werden. Daraus kann geschlussfolgert werden, dass eine Änderung dieser Rahmenbedingungen zugleich zu einer Änderung in der Aufgabenzuordnung führt. Eine Erhebung der Aufgabenzuordnungen muss daher im Rahmen einer Informationsbedarfserhebung in regelmäßigen Abständen erfolgen.

Die oben erstellte Annahme ist damit, basierend auf den empirischen Ergebnissen, wie folgt zu erweitern.

> $A_{14\text{-}1}$: Die Bildung von Aufgabenbündeln kann basierend auf dem informationellen Schichtenmodell unter Berücksichtigung des Grads der Dezentralisierung erfolgen. Die Aufgabenzuordnung zu den informationellen Schichten kann sich mit den Rahmenbedingungen eines industriellen Unternehmens ändern und bedarf damit einhergehend einer regelmäßigen Überprüfung.

Als zentrale Erkenntnis der Studie 2 kann festgehalten werden, dass

- die Aufgabenzuordnung zu Aufgabenträgern unternehmensindividuell erfolgt,
- die keinen abgeschlossenen Prozess darstellt und
- eine Dezentralisierung bei der Mehrzahl der Unternehmen erfolgt bzw. erfolgt ist

- und somit ein *dynamisches Informationsbedarfsprofil*[662] erforderlich ist.

Im Hinblick auf die Zielsetzung der Studie kann zum einen das informationelle Schichtenmodell in seiner Eignung als Hilfestellung zur Entwicklung eines unternehmensindividuellen Informationsversorgungskonzepts bestätigt werden. Nahezu alle Teilnehmer der Studie konnten anhand des Schichtenmodells die Aufgabenzuordnung vornehmen. Zum anderen bestand die Zielsetzung in der Identifikation von typischen Aufgabenbündeln. Typische Aufgabenbündel, bspw. für die Position des Meisters, konnten nicht identifiziert werden. Zur konkreten Ermittlung des Informationsbedarfs ist demnach eine unternehmensindividuelle, aufgabenträgerbasierte Vorgehensweise notwendig.

Basierend auf den Erkenntnissen beider empirischer Studien wird im nachfolgenden Kapitel 6 das Informationsversorgungskonzept hergeleitet. Basis hierfür sind die überarbeiteten Annahmen beider Studien.

[662] Zur Definition vgl. Kapitel 7.2.4

6. Informationsversorgungskonzept für den Produktionsbereich auf der Ebene des Managements der Informationswirtschaft

Mit den theoretischen Grundlagen und den empirischen Ergebnissen konnte gezeigt werden, dass zur Gestaltung einer Informationsversorgung eine Top-Down-Vorgehensweise ausgehend von den Aufgabenträgern in der Produktion notwendig ist. Durch die Digitalisierung der Prozesse stehen in industriellen Unternehmen die wesentlichen Informationen zur Steuerung der Produktion zur Verfügung, die bislang nicht aufgabenträgergerecht verteilt wurden. ‚Typische' Aufgabenbündel für die Aufgabenträger in der Produktion konnten empirisch nicht identifiziert werden, was eine unternehmensindividuelle Vorgehensweise notwendig macht. Das informationelle Schichtenmodell (vgl. Kapitel 5.1.2.2) kann hierzu als Hilfestellung zur unternehmensindividuellen Identifikation der Aufgabenbündel eingesetzt werden.

Ein Konzept, das eine adäquate Informationsversorgung zum Ziel hat, muss

- erstens eine strukturierte Dokumentation des zu befriedigenden Informationsbedarfs nach Informationsart und -qualität (Informationsbedarfsprofiltemplates, 1. Teilbereich des Konzepts),
- zweitens ein Vorgehen zur Erhebung der Informationsbedarfe (2. Teilbereich des Konzepts) und
- drittens eine informationstechnische Realisierung (3. Teilbereich des Konzepts) beinhalten.

Werden die Teilbereiche des Konzepts der vorliegenden Arbeit in das Ebenenmodell des Informationsmanagements eingeordnet, so befinden sich die Informationsbedarfsprofiltemplates sowie das Vorgehen zur Erhebung der Informationsbedarfe auf der Ebene des Managements der Informationswirtschaft und die informationstechnische Realisierung auf der Ebene des Managements der Informationssysteme (vgl. Abbildung 67).

In den nachfolgenden Abschnitten des Kapitels 6 wird das Informationsversorgungskonzept auf der Ebene des Managements der Informationswirtschaft entwickelt.[663] Hierfür werden die Anforderungen an das Konzept auf der Ebene des Managements der Informationswirtschaft hergeleitet.

[663] Auf die Ebene Management der Informationssysteme geht Kapitel 2 ein.

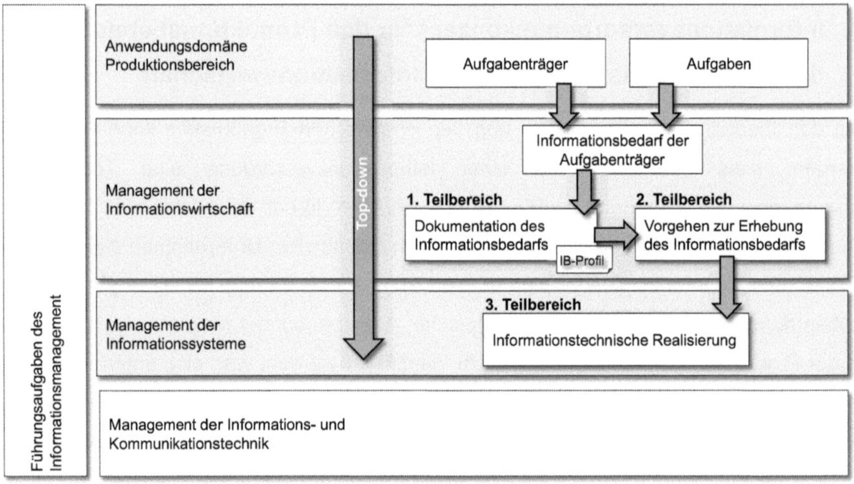

Abbildung 67: Einordnung der Teilbereiche des Informationsversorgungskonzepts in das Ebenenmodell des Informationsmanagements[664]

In Kapitel 6.2 wird der erste Teilbereich des Konzepts, die Informationsbedarfsprofiltemplates, entwickelt. Es handelt es sich um Templates[665], die aufgabenträgerspezifisch erstellt werden. Kapitel 6.3 widmet sich dem zweiten Teilbereich des Konzepts, der Entwicklung des Vorgehens zur Erhebung der Informationsbedarfe. Anschließend wird in Kapitel 6.4 die fallstudienbasierte Evaluation der entwickelten Informationsbedarfsprofiltemplates und das Vorgehen zur Erhebung der Informationsbedarfe beschrieben.

Auf die Entwicklung des 3. Konzeptteilbereichs der informationstechnischen Realisierung auf der Ebene des Managements der Informationssysteme geht Kapitel 7 ein.

6.1 Anforderungen an die Konzeptteilbereiche auf der Ebene des Managements der Informationswirtschaft

Gemäß dem methodischen Vorgehen, welches in Kapitel 4.6 beschrieben wurde, werden, basierend auf den analysierten Annahmen der empirischen Untersuchung[666], die Anforderungen an das Informationsversorgungskonzept abgeleitet. Die Annahmen wurden hierbei aufgrund der empirischen Erkenntnisse in ihrer ursprünglichen Formulierung belassen, modifiziert bzw. ergänzt. Die Anforderungen werden differenziert: zum einen

[664] In Anlehnung an Wollnik, M. (1988), S. 38, Krcmar, H. (2010), S. 50
[665] Im Nachfolgenden als Informationsbedarfsprofiltemplates bezeichnet.
[666] Die empirische Untersuchung umfasst die Studie 1 (vgl. Kapitel 1) und die Studie 2 (vgl. Kapitel 5.2).

in Anforderungen an die Ebene des Managements der Informationswirtschaft und zum anderen in Anforderungen an die Ebene des Managements der Informationssysteme.

Tabelle 18 stellt die identifizierten Anforderungen zusammenfassend dar. Der Tabelle zu entnehmen sind, neben den Anforderungen an die strukturierte Dokumentation des Informationsbedarfs (Informationsbedarfsprofiltemplates) sowie an das Vorgehen zur Informationsbedarfserhebung, die Annahmen der empirischen Untersuchung, aus denen die Anforderungen abgeleitet wurden.[667]

Anforderungen an die strukturierte Dokumentation des Informationsbedarfs und das Vorgehen zur Erhebung des Informationsbedarfs im Produktionsbereich		
Bezeichnung		**Annahmen**
1-1	Aufgabenträgerbasiertes Vorgehen	A_1, A_2, A_3, A_{11}
1-2	Berücksichtigung des Aufgabentyps	A_2, A_4
1-3	Berücksichtigung der Arbeitsteilung	A_3, A_4
1-4	Berücksichtigung der Informationsart und der Informationsqualität	A_1, A_{11}
1-5	Dynamische Anpassung des Informationsbedarfs	A_{13}, A_{14}

Tabelle 18: Anforderungen an die Ebene des Managements der Informationswirtschaft

Auf jede der oben genannten Anforderungen wird im Folgenden näher eingegangen.

- Anforderung 1-1: Aufgabenträgerbasiertes Vorgehen

Die empirischen Ergebnisse legen aufgrund der Zufriedenheitswerte der Teilnehmer den Schluss nahe, dass die vorhandenen Informationen in industriellen Unternehmen den Aufgabenträgern nicht bzw. nicht in adäquater Weise zur Verfügung gestellt werden. In den theoretischen Grundlagen wurden zur Identifikation des Informationsbedarfs die Identifikation der Aufgaben und der Aufgabenträger sowie die Bildung der Aufgabenbündel für jeden Aufgabenträger als sinnvolle Schritte eines aufgabenträgerbasierten Vorgehens identifiziert .

Anforderung 1-1: Eine Informationsbedarfserhebung sollte einen Ansatz zur Identifikation der Aufgaben sowie der Aufgabenträger beinhalten. Hier sind die Aufgabenbündel für die einzelnen Aufgabenträger zu untersuchen. Durch die Betrachtung auf

[667] In der Tabelle dargestellt sind die Anforderungen, die sich insb. aus den empirischen Studien ergeben. Daneben sind die Anforderungen aus den theoretischen Grundlagen zu berücksichtigen, wie die Strukturiertheit von Aufgaben, die Bildung von Aufgabenbündeln oder auch die Dezentralisierung. Diese Anforderungen werden berücksichtigt, jedoch nicht explizit aufgeführt.

Aufgabenbündelebene können bspw. Wechselwirkungen der betrachteten Aufgaben identifiziert werden.

- Anforderung 1-2: Berücksichtigung des Aufgabentyps

Durch die beschriebene Dezentralisierung besitzen die Aufgabenbündel der Aufgabenträger im Produktionsbereich semi- und unstrukturierte Aufgaben, die bei deren Ausführung weitreichende Bedeutung bei der Unternehmenszielerreichung haben können. Zur Identifikation und Berücksichtigung dieser veränderten Aufgabenbündel und damit Informationsbedarfe ist bei der Entwicklung eines Informationsversorgungskonzepts die Berücksichtigung des Aufgabentyps notwendig. Die Aufgabentypisierung ist um Kriterien der strategischen Relevanz zu erweitern.

Anforderung 1-2: Ein Vorgehen zur Informationsbedarfserhebung muss daher die Strukturiertheit sowie die strategische Relevanz einer Aufgabe erheben und berücksichtigen.

- Anforderung 1-3: Berücksichtigung der Arbeitsteilung

Dezentralisierung führt zu veränderten Formen der Arbeitsteilung im Produktionsbereich industrieller Unternehmen. Diese veränderten Formen der Arbeitsteilungen führen zu einer veränderten Koordination zwischen den Aufgabenträgern und einem daraus resultierenden veränderten Informationsbedarf. Dieser Informationsbedarf muss bei der Gestaltung einer Informationsversorgung berücksichtigt werden.

Anforderung 1-3: Aufgrund der Bedeutung der Dezentralisierung für den Produktionsbereich sollte ein Vorgehen zur Informationsbedarfserhebung die Veränderungen in der Koordination bzw. Arbeitsteilung berücksichtigen.

- Anforderung 1-4: Berücksichtigung der Informationsart und der Informationsqualität

Zur Gestaltung einer Informationsversorgung für den Produktionsbereich industrieller Unternehmen ist die Erhebung des Informationsbedarfs notwendig. Hierzu sind die Informationsart und -qualität zu erheben.

Anforderung 1-4: Bei der Dokumentation sowie bei der Erhebung des Informationsbedarfs sind sowohl die Informationsart als auch die Informationsqualität zu berücksichtigen. Hierbei sind die in der vorliegenden Arbeit identifizierten Kriterien der Informationspräsentation und -güte sowie des Informationszugangs einzubeziehen.

- Anforderung 1-5: Dynamische Anpassung des Informationsbedarfs

Im Verlauf der Arbeit konnte gezeigt werden, dass der Informationsbedarf von der Arbeitsteilung sowie von den betrieblichen Rahmenbedingungen abhängig ist. Bei der Erhebung des Informationsbedarfs in industriellen Unternehmen handelt es sich daher um eine kontinuierliche Aufgabe.

Anforderung 1-5: Zur Berücksichtigung von Änderungen in der Aufgabenzuordnung ist ein Vorgehen zu entwickeln, welches ein erstmaliges Durchlaufen sowie ein Durchlaufen nach Änderungen bestimmter Faktoren beinhaltet. Hierfür ist eine Identifikation geeigneter Trigger zweckmäßig, die eine notwendige Anpassung der Informationsbedarfe anzeigen.[668]

Die synoptische Untersuchung (vgl. Kapitel 1.4) zeigt, dass keine der untersuchten Arbeiten zur Anforderungs- bzw. Informationsbedarfserhebung den Produktionsbereich bzw. dessen Spezifika explizit nennt. Daher werden im Folgenden die bestehenden Ansätze anhand der erläuterten Anforderungen 1-1 bis 1-5 dahingehend untersucht, inwieweit sie die Anforderungen an ein Vorgehen im gegebenen Kontext berücksichtigen. Tabelle 19 zeigt das Ergebnis der Überprüfung auf Erfüllung der identifizierten Anforderungen an ein Vorgehen bisheriger Arbeiten auf.

Die Einstufung des Erfüllungsgrads der Anforderungen erfolgt auf einer dreistufigen Skala. Hierbei werden die Werte ‚+' für erfüllt, ‚o' für teilweise erfüllt und ‚-' für nicht erfüllt unterschieden. Im Nachfolgenden wird beschrieben, wie die Einstufung der einzelnen Anforderung erfolgt ist:

- Anforderung 1-1: Die Anforderung wird als erfüllt eingestuft, wenn in der untersuchten Forschungsarbeit explizit auf die Aufgabenträger in der Informationsbedarfserhebung eingegangen wird. Teilweise erfüllt ist die Anforderung, wenn eine Aufgabenträgerorientierung erkennbar ist.
- Anforderung 1-2: Die Anforderung der Berücksichtigung des Aufgabentyps wird als erfüllt eingestuft, wenn in der betreffenden Arbeit eine Operationalisierung des Aufgabentyps erfolgt. Teilweise erfüllt ist die Anforderung, wenn betriebliche Aufgaben in der Informationsbedarfserhebung thematisiert werden.

[668] Die Notwendigkeit einer dynamischen Anpassung deuten auch andere Arbeiten im Umfeld der Informationsbedarfsanalyse an, so z.B. Holten, R. (1999), S. 63, der von einem permanenten Entwicklungs- und Gestaltungsprozess spricht.

- Anforderung 1-3: Die Anforderung 1-3 gilt als erfüllt, wenn hierzu Kriterien vorgeschlagen werden, den daraus resultierenden Informationsbedarf zu identifizieren. Die Anforderung ist teilweise erfüllt, wenn die Koordination der Aufgabenträger thematisiert wird.
- Anforderung 1-4: Die Anforderung ist teilweise erfüllt, wenn zur Bestimmung des Informationsbedarfs in Informationsart und -qualität unterschieden wird. Als erfüllt wird die Anforderung eingestuft, wenn zusätzlich eine Operationalisierung der Informationsqualität erfolgt.
- Anforderung 1-5: Die Anforderung der dynamischen Anpassung wird als erfüllt eingestuft, wenn konkrete Handlungsempfehlungen nach dem erstmaligen Erheben des Informationsbedarfs gegeben werden. Teilweise erfüllt ist die Anforderung, wenn eine Anpassung nach der Informationsbedarfserhebung thematisiert wird.

Die Überprüfung zeigt deutlich, dass keine der bisherigen Arbeiten alle Anforderungen berücksichtigt (vgl. Tabelle 19).

Ein aufgabenträgerbasiertes Vorgehen ist bei *Bonifati*, *Goeken*, *Strauch* und *Stroh* erkennbar, jedoch wird hier nicht auf die betreffenden Aufgabenbündel eingegangen und somit nicht der Informationsbedarf thematisiert, der sich aus der Arbeitsteilung ergibt. Die betrachteten Arbeiten fokussieren außerdem bei der Erhebung der Informationsbedarfe nicht ausreichend den Aufgabentyp oder die Thematik der Arbeitsteilung. So findet bspw. in keiner der Arbeiten eine Operationalisierung des Aufgabentyps oder der Koordination statt. Ähnlich verhält es sich mit der dynamischen Anpassung der Informationsbedarfe. In den Arbeiten zum RE wird unter dem Begriff „RE Management" die spätere Pflege der erhobenen Anforderungen thematisiert, jedoch sind diese nicht auf die betrieblichen Rahmenbedingungen industrieller Unternehmen spezifiziert. Die Unterscheidung in Informationsart und -qualität findet in zahlreichen Arbeiten statt (z.B. *Goeken* oder *Strauch*).

Daher kann keine der Arbeiten ohne größere Anpassung portiert werden. Die Entwicklung des Vorgehens in der vorliegenden Arbeit erfolgt unter Berücksichtigung der Erkenntnisse aus den untersuchten Arbeiten.

Autor(en)	Anforderungen an die Informationsbedarfserhebung im Produktionsbereich				
	1-1 Aufgabenträgerbasiertes Vorgehen	**1-2** Berücksichtigung des Aufgabentyps	**1-3** Arbeitsteilung, Koordination	**1-4** Berücksichtigung der Informationsart und der -qualität	**1-5** Dynamische Anpassung des Informationsbedarfs
Kotonya/Sommerville (1998)[669]	o	o	o	o	o
Pohl (2008)[670]	o	-	-	o	o
Bonifati u.a. (2001)[671]	+	o	o	-	-
Davis (1982)[672]	-	o	-	-	-
Goeken (2006)[673]	+	-	-	+	-
Kivijärvi (1997)[674]	-	o	-	-	-
Munro/Wheeler (1980)[675]	o	o	o	-	-
Prakash/Gosain (2008)[676]	-	o	o	o	-
Strauch (2002)[677]	+	o	-	+	-
Stroh (2010)[678]	+	o	o	o	o
+ erfüllt, o teilweise erfüllt, - nicht erfüllt					

Tabelle 19: Überprüfung angrenzender Arbeiten auf Erfüllung der identifizierten Anforderungen an ein Vorgehen im Produktionsbereich

6.2 Informationsbedarfsprofiltemplates zur strukturierten Dokumentation des Informationsbedarfs

Im Folgenden werden zur strukturierten Dokumentation des Informationsbedarfs Templates für Informationsbedarfsprofile entwickelt. Hierzu ist es zunächst notwendig, die Zusammensetzung des Informationsbedarfs detailliert zu untersuchen. Aus diesem Grund werden in Kapitel 6.2.1 Komponenten des Informationsbedarfs entwickelt. Anschließend werden in Kapitel 6.2.2 die Templates für die Informationsbedarfsprofile auf-

[669] vgl. Kotonya, G. und Sommerville, I. (1998)
[670] vgl. Pohl, K. (2008)
[671] vgl. Bonifati, A. u.a. (2001), S. 452ff.
[672] vgl. Davis, G. B. (1982), S. 4ff.
[673] vgl. Goeken, M. (2006)
[674] vgl. Kivijärvi, H. (1997), S. 215ff.
[675] vgl. Munro, M. C. und Wheeler, B. R. (1980), S. 27ff.
[676] vgl. Prakash, N. und Gosain, A. (2008), S. 49ff.
[677] vgl. Strauch, B. und Winter, R. (2002), S. 359ff.
[678] vgl. Stroh, F. (2010)

gabenträgerindividuell konzipiert, die die identifizierten Komponenten des Informationsbedarfs zur Lösung der Aufgabenbündel zusammenfassen. Bei den Informationsbedarfsprofiltemplates handelt es sich um eine strukturierte, aufgabenträgerspezifische Übersicht über die zu erhebenden Komponenten des Informationsbedarfs, die gefüllt die Grundlage zur Gestaltung einer Informationsversorgung sind.

Informationsbedarfsprofile stellen somit das Ziel und Ergebnis der Informationsbedarfserhebung dar und dienen im weiteren Vorgehen als Grundlage für die informationstechnische Realisierung.

6.2.1 Konzeption der Komponenten des Informationsbedarfs in der Produktion

Die detaillierte Zusammensetzung des Informationsbedarfs wird hier aus unterschiedlichen Ansätzen der theoretischen Grundlagen abgeleitet. Die detaillierte Zusammensetzung wird in Form sog. *Komponenten* des Informationsbedarfs beschrieben. Die Komponenten gehen anschließend in die Entwicklung der Informationsbedarfsprofiltemplates (1. Teilbereich des Konzepts) und die Entwicklung des Vorgehens zur Informationsbedarfserhebung (2. Teilbereich des Konzepts) ein.

Der Informationsbedarf eines Aufgabenträgers ist die Summe aus objektivem und subjektivem Informationsbedarf. Die Differenzierung in objektiven und subjektiven Informationsbedarf erfolgt in Abhängigkeit vom Aufgabentyp. Der objektive Informationsbedarf leitet sich aus strukturierten, der subjektive Informationsbedarf aus unstrukturierten Aufgaben ab.

Ergänzend hierzu wurden in Kapitel 2.2.1 die folgenden für die Arbeit relevanten Determinanten des Informationsbedarfs identifiziert:

- die Unternehmensziele,
- die Ziele der Führungskräfte
- sowie der Umfang der Arbeitsteilung.

Abbildung 68 verdeutlicht den Entwicklungsprozess zur Identifikation der Komponenten des Informationsbedarfs eines Aufgabenträgers.

Die Determinanten werden in der Literatur in Zusammenhang mit der Informationsbedarfserhebung thematisiert, jedoch bleibt eine konkrete Operationalisierung, die in der vorliegenden Arbeit für eine strukturierte Dokumentation in Informationsbedarfsprofilen und eine anschließende Informationsbedarfserhebung notwendig ist, aus.

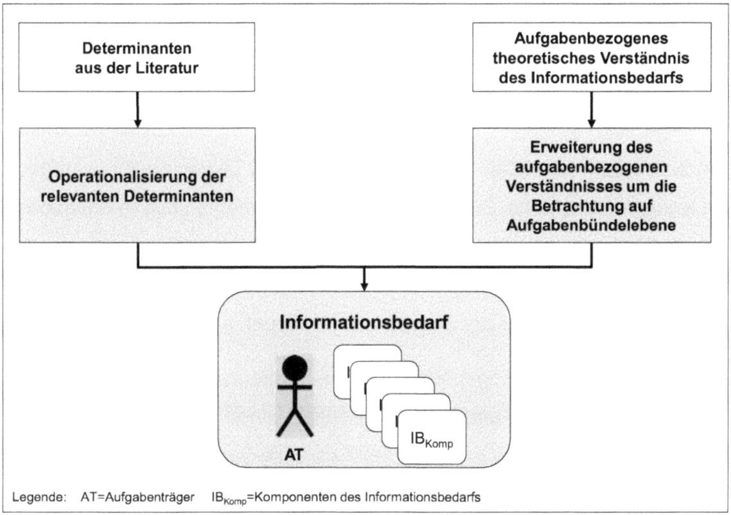

Abbildung 68: Entwicklungsprozess zur Herleitung der Konzeption der Komponenten des Informationsbedarfs eines Aufgabenträgers

Die Operationalisierung der Determinanten wird mit dem in Kapitel 2.2.1 dargestellten theoretischen aufgabenbezogenen Verständnis des Informationsbedarfs zusammengeführt. Das aufgabenbezogene Verständnis beinhaltet den aus *einer einzelnen* Aufgabe abgeleiteten objektiven und subjektiven Informationsbedarf, der von dem jeweiligen Aufgabentyp dieser einzelnen Aufgabe abhängt. Die Aufgabentypisierung erfolgt hierbei nach dem Merkmal der Strukturiertheit. Diese Betrachtung auf Aufgabenebene wird um eine *aufgabenträgerbasierte* Betrachtung der Aufgabenbündel erweitert.

Im Nachfolgenden wird die Operationalisierung der Determinanten erläutert.

Unternehmensziele

Durch die Verschiebung der Verantwortungsbereiche in die unteren Hierarchieebenen können Aufgabenträger dieser Ebenen mit Aufgaben betraut sein, die Einfluss auf die Erreichung der Unternehmensziele bzw. die Strategie haben können.[679] Beispielsweise hat die Festlegung der Produktionsreihenfolge unter Umständen Auswirkungen auf eine in der Unternehmensstrategie formulierte Zielsetzung der Priorisierung von Aufträgen

[679] Die empirische Studie 1 zeigt, dass insb. jene Aufgabenträger, die operative Aufgaben mit strategischen Auswirkungen im Produktionsbereich ausführen, unzufrieden mit der Informationsversorgung sind (vgl. Kapitel 5.1.2.1). Daraus kann geschlussfolgert werden, dass ein strategiebezogener Informationsbedarf bei der Gestaltung der Informationsversorgung bislang nicht berücksichtigt wurde.

anhand des Kundenwerts. Zur adäquaten Unterstützung der Aufgabenträger im Produktionsbereich werden daher zur Aufgabenerfüllung Informationen benötigt, die den Einfluss auf die Unternehmenszielerreichung (Strategie) beschreiben, damit Aufgabenträger in der Lage sind, strategisch konform handeln zu können. Zur Identifikation dieser – im weiteren Verlauf der Arbeit als *strategisch relevant* bezeichneten – Aufgaben sind geeignete Kriterien notwendig. Zur Ableitung der Komponenten des Informationsbedarfs eines Aufgabenträgers wird eine Berücksichtigung der Unternehmensziele über eine Operationalisierung der strategischen *Relevanz* erreicht und anschließend die Aufgabentypisierung, die bislang auf der Strukturiertheit beruht, erweitert.[680]

Eine Aufgabe wird in der vorliegenden Arbeit als *strategisch relevant* eingestuft, wenn diese Einfluss auf die *Markt- und Ressourcenbasis* eines Unternehmens besitzt.[681] In dieser Betrachtung werden die Ansätze des *Resource-based View*[682] und des *Market-based* View[683] berücksichtigt. Die Ressourcenbasis eines Unternehmens ist unabdingbare Voraussetzung, um die in der Unternehmensstrategie festgelegten Ziele durch wertschöpfende Aktivitäten zu erreichen.[684] Zur Aufgabentypisierung sind konkrete Kriterien notwendig. Hierzu liefern *De Wit & Meyer* eine mögliche Einteilung der Ressourcenbasis. Hierbei erfolgt eine Einteilung in materielle und immaterielle Ressourcen. Bei materiellen Ressourcen wird Kapital in Form von Land, Gebäuden, Maschinen, Material und Finanzen unterschieden. Immaterielle Ressourcen lassen sich in Beziehungsressourcen, Kompetenzen sowie das Image eines Unternehmens unterscheiden. Innerhalb der Beziehungsressourcen wird der Wert, der aus den Interaktionen eines Unternehmens mit der Unternehmensumwelt resultiert, beschrieben. Kompetenzen umfassen das innerhalb eines Unternehmens vorhandene Wissen über Märkte, Prozesse, umweltbezogene Rahmenbedingungen und Fähigkeiten, bspw. bestimmte Methoden in der

[680] Die Operationalisierung leitet sich aus der Definition der Strategie ab, die der vorliegenden Arbeit zugrunde liegt. Strategie wird anlehnend an Bea und Schweitzer (vgl. Bea, F. X. und Schweitzer, M. (2011), S. 57) nicht mit der Langfristigkeit von Entscheidungen gleichgesetzt. Eine Diskussion über die verschiedenen Sichtweisen zur Strategie bzw. zum strategischen Management ist nicht Gegenstand der Arbeit (vgl. vertiefend Wöhe, G. und Döring, U. (2010b), Steinmann, H. und Schreyögg, G. (2005), Bea, F. X. und Haas, J. (2009), Schweitzer, M. (2005), Grant, R. M. und Nippa, M. (2006), Chandler, A. D. Jr. (1990), Mintzberg, H. u.a. (2004), Porter, M. E. (2010)).

[681] vgl. Hungenberg, H. (2012), S. 6ff.

[682] vgl. z.B. Barney, J. (1991), vgl. Wernerfelt, B. (1984), vgl. Freiling, J. (2001)

[683] vgl. z.B. Bain, J. S. (1956), vgl. Porter, M. E. (2010), vgl. Mason, E. S. (1957)

[684] Beispiele hierfür sind die Motivation der Mitarbeiter, das Know-how oder das unternehmerische Kapital (vgl. Müller, H.-E. (2010), S. 97f.).

Produktion anzuwenden, sowie die Einstellung, bspw. die Unternehmenskultur, eines Unternehmens.[685]

Strategische Relevanz		**Kriterien der strategischen Relevanz**
Marktbasis	Rivalität auf dem Markt	Preispolitik
		Produktpolitik
		Time-to-Market
	Kundenanforderungen	Produktanforderungen
		Prozessanforderungen
		Flexibilität
Ressourcenbasis	Materielle Ressourcen	Kapital in Form von Gebäuden und Land
		Kapital in Form von Maschinen
		Kapital in Form von Material
		Finanzkapital
	Immaterielle Ressourcen	Reputation/Image
		Beziehungen in der Wertschöpfungskette
		Kompetenz

Tabelle 20: Kriterien zur Operationalisierung der strategischen Relevanz[686]

Die Kriterien zur Marktbasis werden in Anlehnung an das Fünf-Kräfte-Modell von *Porter* bzw. aus der Umweltanalyse abgeleitet. Zunächst wird die Kundenperspektive mit den darin enthaltenen Kundenanforderungen betrachtet. Dies sind Anforderungen, die sich auf das Produkt, den Prozess und die Flexibilität beziehen. Des Weiteren wird die Auswirkung einer Entscheidung auf die Rivalität auf dem Markt berücksichtigt. Dazu werden die Auswirkungen auf die Produkt- und Preispolitik sowie auf das Time-to-Market in Betracht gezogen.[687] Tabelle 20 stellt die Kriterien zur strategischen Relevanz einer Aufgabe zusammenfassend dar.

Eine Aufgabe wird in der vorliegenden Arbeit als umso strategisch relevanter eingestuft, je mehr Kriterien beeinflusst werden. In Abhängigkeit von der Stärke des Einflusses ei-

[685] vgl. De Wit, B. und Meyer, R. (2010), S. 247f.

[686] vgl. De Wit, B. und Meyer, R. (2010), S. 247f., vgl. Porter, M. E. (2010), S. 28ff, in Anlehnung an Koch, M. u.a. (2013)

[687] vgl. Porter, M. E. (2010), S. 28ff. Kriterien sind unternehmensindividuell anzupassen.

ner Aufgabe auf die Markt- und Ressourcenbasis, werden in der vorliegenden Arbeit Aufgaben mit *geringer*, *mittlerer* und *hoher strategischer* Relevanz unterschieden.

Für die vorliegende Arbeit wird daher die nachfolgende Definition festgelegt:

> Unter strategisch relevanten Aufgaben werden solche verstanden, deren strategisch konforme Ausführung unterstützend zur Erreichung der Unternehmensstrategie beiträgt. Aufgaben mit strategischer Relevanz werden über Kriterien identifiziert, die den Einfluss auf die Markt- und Ressourcenbasis beschreiben.

Ziele der Führungskräfte

Vor dem Hintergrund der Dezentralisierung können Aufgabenträger aller Hierarchiestufen Aufgaben ausführen, die das Erreichen der im Zielsystem formulierten Ziele beeinflussen. Bei der Konzeption der Komponenten des Informationsbedarfs werden daher die Zielsysteme der Aufgabenträger berücksichtigt.

Umfang der Arbeitsteilung

Aufgabenträger im Produktionsbereich arbeiten nicht isoliert voneinander, sondern sind in eine Aufbauorganisation integriert und erfüllen Aufgaben innerhalb von Produktionsprozessen zur Erreichung der Unternehmensziele. Dies bedingt zum einen den Bedarf an Informationen bezogen auf die Koordination der Aufgaben mit anderen Aufgabenträgern. Die Koordination betrifft insb. die Determinante der *Arbeitsteilung*. Hier ist eine Identifizierung derjenigen Aufgaben erforderlich, die einer Koordination mit anderen Aufgabenträgern bedürfen. In der vorliegenden Arbeit erfolgt diese Identifizierung über die Aufgabenanalyse. Kapitel 3.3.2 beschreibt die durchgeführte Aufgabenanalyse im Produktionsbereich. Im letzten Schritt der Aufgabenanalyse der vorliegenden Arbeit werden die Aufgaben über das Merkmal *Rang* in Entscheidungs- und Ausführungsaufgaben zerlegt. Erfolgt in der Aufgabensynthese eine Zuordnung dieser Aufgaben zu unterschiedlichen Aufgabenträgern, entsteht ein Koordinationsbedarf für die entsprechende Teilaufgabe (vgl. Abbildung 69).[688]

Dieser durch die Arbeitsteilung entstandene Koordinationsbedarf führt zu einer erhöhten Kommunikation. Die Notwendigkeit der Kommunikation ist in dem durch die Aufgaben-

---

[688] Weiterhin zu berücksichtigen ist die fachliche Koordination, die sich aus der Arbeitsteilung ergibt. Dies wird in der vorliegenden Arbeit zur Komplexitätsreduktion nicht explizit betrachtet.

trennung entstandenen koordinationsbezogenen Informationsbedarf[689] zu sehen. Dieser Informationsbedarf wird in der vorliegenden Arbeit als *koordinativer Informationsbedarf* (IB_{koord}) bezeichnet.

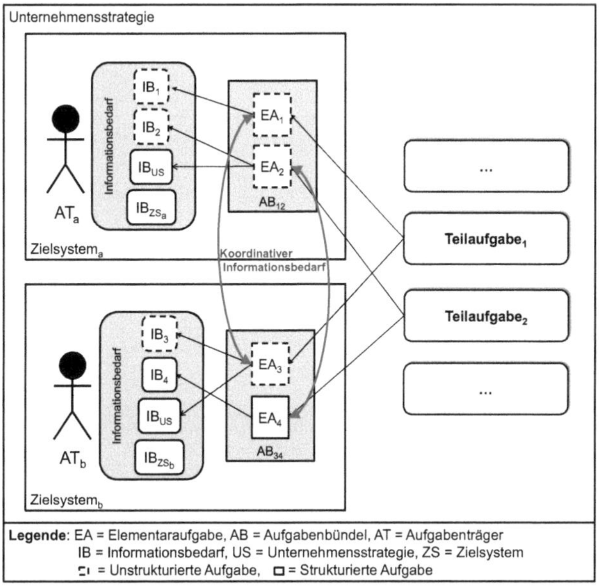

Abbildung 69: Koordinationsbedarf aus einer Teilaufgabe[690]

Im Folgenden wird der Informationsbedarf eines Aufgabenträgers anhand eines Beispiels detailliert erläutert. Hierzu werden die einzelnen Aspekte des Informationsbedarfs als *Komponenten* berücksichtigt. Abbildung 70 zeigt zunächst den Informationsbedarf eines einzelnen Aufgabenträgers *ohne Arbeitsteilung*[691].

Der Aufgabenträger AT_a führt in einem industriellen Unternehmen die produktionsbezogenen Elementaraufgaben (EA) EA_1 bis EA_4 aus.[692] Die Aufgaben bilden zusammen das Aufgabenbündel (AB) AB_{1234}. Die Aufgaben EA_1 bis EA_3 sind unstrukturierte Aufgaben bzw. Aufgaben, die einen unstrukturierten Aufgabenteil enthalten (gestrichelt um-

[689] vgl. hierzu vgl. Kapitel 2.2.1

[690] In Anlehnung an Koch, M. u.a. (2013)

[691] Hierbei handelt es sich um ein beispielhaftes Szenario zur Verdeutlichung und Erläuterung der einzelnen Komponenten unter dem Einfluss der Arbeitsteilung.

[692] Die Koordination mit Aufgaben anderer Funktionsbereiche wird im Rahmen dieser Arbeit nicht betrachtet.

randet), zu deren Lösung es der subjektiven Informationsbedarfs(IB)komponenten IB_1 bis IB_3 bedarf.[693]

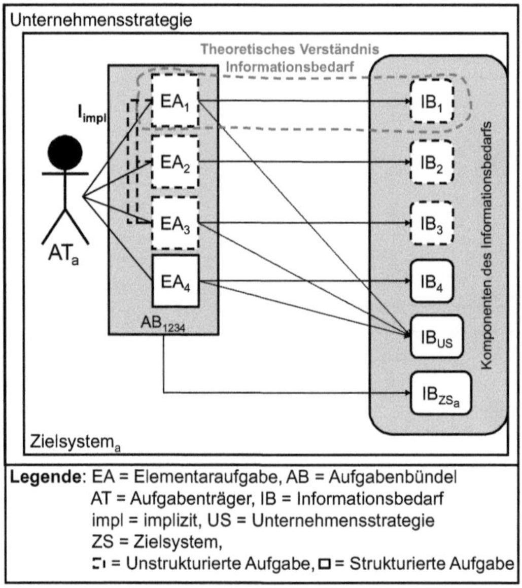

Abbildung 70: Informationsbedarf eines Aufgabenträgers ohne Arbeitsteilung

Aufgabe EA_4 ist eine strukturierte Aufgabe, für die die objektive Informationsbedarfskomponente IB_4 notwendig ist. Die aufgabenbezogene Betrachtung, nach der einer Aufgabe ein bestimmter Informationsbedarf zugeordnet wird, entspricht dem oben beschriebenen theoretischen aufgabenbezogenen Verständnis des Informationsbedarfs. In der vorliegenden Arbeit wird dieses Verständnis durch eine Betrachtung auf Aufgabenbündelebene erweitert. Zwischen den unstrukturierten Aufgaben EA_1 bis EA_3 existiert ein impliziter subjektiver Informationsbedarf, der von dem Aufgabenträger nicht artikuliert wird.[694] Dies können Informationen in Bezug auf die Reihenfolge der Aufgaben sein oder Abhängigkeiten, die zwischen den Aufgaben bestehen. Dieser implizite Informationsbedarf ist bei strukturierten Aufgaben nicht gegeben. Notwendige Informationen werden im Lösungsweg vorgegeben. Bezogen auf das Beispiel der Abhängigkeiten gilt:

---

693 Bei lediglich einem unstrukturierten Aufgabenanteil besteht der Informationsbedarf aus einem objektiven und subjektiven Informationsangebot.

694 Ein impliziter oder in der Literatur z.T. auch als unbewusster Informationsbedarf bezeichnet (vgl. Leßweng, H.-P. (2003), S.431-433). Betrachtet wird lediglich der implizite subjektive Informationsbedarf. Der in Kapitel 2.1 beschriebenen Sichtweise folgend, wäre ein impliziter objektiver Informationsbedarf im Lösungsweg der betreffenden Aufgaben abgedeckt.

Sind in einer strukturierten Aufgabe Abhängigkeiten zu einer anderen Aufgabe zu berücksichtigen, dann ist dies im Lösungsweg enthalten.

Die Aufgaben EA_1, EA_3 und EA_4 besitzen eine durch die vorhergegangene Aufgabenstrukturierung identifizierte strategische Relevanz, die in einer strategiebezogenen Informationsbedarfskomponente IB_{US}[695] resultiert.[696]

Der Aufgabenträger befindet sich in einem Zielsystem, welches in der Regel, wie oben beschrieben, aus der Unternehmensstrategie abgeleitet und bis zur Arbeitsplatzebene heruntergebrochen wird.[697]

Der Aufgabenträger berücksichtigt in seiner Aufgabenlösung das $Zielsystem_a$.[698] In diesem Zielsystem sind die für seinen Bereich definierten Ziele enthalten, an denen der Aufgabenträger seine Entscheidungen und seine Handlungen innerhalb des Aufgabenbündels orientiert. Diese Ziele werden auf die Unternehmensstrategie ausgerichtet, beeinflussen sich wechselseitig, werden gezielt aufeinander abgestimmt und können sich auch widersprechen.[699]

In industriellen Unternehmen werden die im Produktionsbereich zu lösenden Aufgaben in der Regel von mehreren Aufgabenträgern ausgeführt. Das eingangs dargestellte Szenario ohne Arbeitsteilung wird im Folgenden vor dem Hintergrund der Arbeitsteilung betrachtet.

Unter der vereinfachten Annahme, dass die Aufgaben im Produktionsbereich von drei Aufgabenträgern gelöst werden, ergibt sich die in Abbildung 71 beispielhaft dargestellte Situation.

Der Aufgabenträger AT_a führt nach der Arbeitsteilung weiterhin die Aufgaben EA_1 und EA_2 aus, zu deren Lösung der Aufgabenträger die Informationsbedarfskomponenten IB_1 sowie IB_{US} aus Aufgabe EA_1 und IB_2 aus Aufgabe EA_2 benötigt. Die subjektiven Informationsbedarfskomponenten aus den Aufgaben EA_1 sowie EA_2 bleiben hierbei unverändert, da diese weiterhin von Aufgabenträger AT_a ausgeführt werden und dieser zu deren Lösung den bisherigen Lösungsweg beibehält. Die Arbeitsteilung kann ein diffe-

[695] Unternehmensstrategie (US)

[696] Die Aufgaben in der Produktion sind analog der Aufgaben anderer Geschäftsbereiche an der Unternehmensstrategie auszurichten (vgl. Seeger, K. (2008), S. 122).

[697] vgl. Kricsfalussy, A. (2008), S. 12 und 31. Innerhalb des Managements by Objectives werden die Ziele für jeden einzelnen Mitarbeiter festgelegt.

[698] Häufig ist ein Zielsystem an ein Anreizsystem gekoppelt (zu Anreizsystemen vgl. Küpper, H.-U. u.a. (2013), S. 239f., vgl. Jost, P.-J. (2008), S. 79, 453)

[699] vgl. Eyer, E. und Haussmann, T. (2011), S. 13-15, 35

renziertes Zielsystem$_{a'}$ für den Aufgabenträger AT_a mit sich führen. Dies betrifft daraufhin auch die zielbezogene Informationsbedarfskomponente $IB_{ZSa'}$[700].

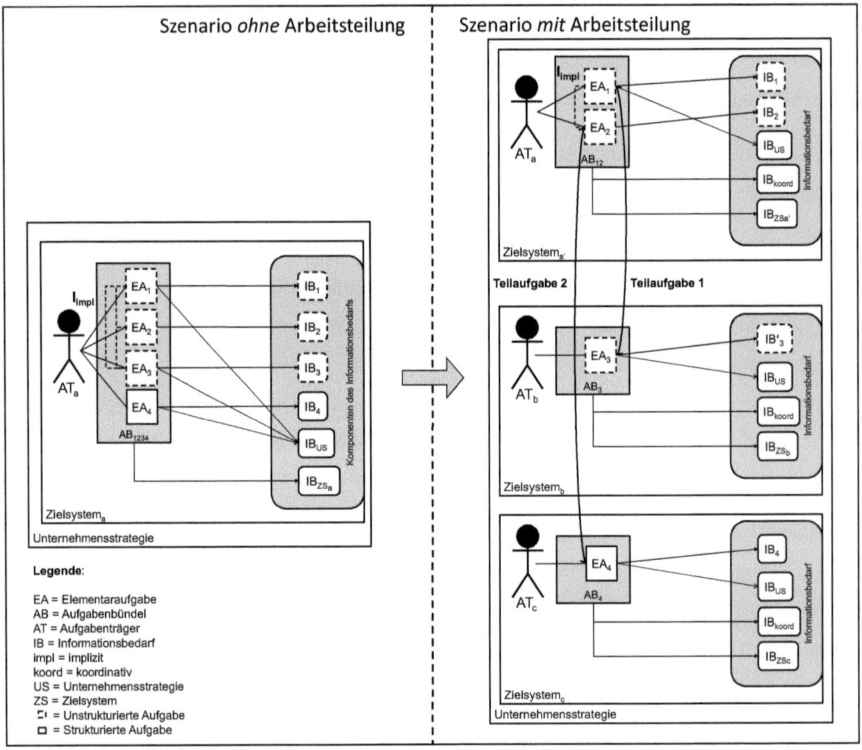

Abbildung 71: Konzeption der Komponenten des Informationsbedarfs

Der Aufgabenträger AT_b ist nun für die Aufgabe EA_3 verantwortlich. Zur Lösung der unstrukturierten Aufgabe hat der Aufgabenträger AT_b die subjektive Informationsbedarfskomponente IB'_3. Dieser Informationsbedarf kann aufgrund des veränderten Wissens, der veränderten Erfahrung und der veränderten Qualifikation der Aufgabenträger AT_b und AT_a vom Informationsbedarf IB_3 abweichen, indem der Aufgabenträger AT_b bspw. einen anderen Lösungsweg zur Bewältigung der Aufgabe einsetzt. Weiterhin ist die Aufgabe EA_3 strategisch relevant und resultiert daher in der Informationsbedarfskomponente IB_{US}. Der Aufgabenträger AT_b orientiert sich bei der Lösung seiner Aufgaben am Zielsystem$_b$, was zu einem IB_{ZSb} des Aufgabenbündels AB_3 führt.

700 Zielsystem (ZS)

Wie in Abbildung 69 dargestellt, bedarf es durch die Trennung zusammengehöriger Elementaraufgaben der koordinativen Informationsbedarfskomponente. Die Elementaraufgaben EA_1 und EA_3 sollen beispielhaft weiterhin zu Teilaufgabe 1 gehören sowie analog Elementaraufgabe EA_2 und EA_4 zu Teilaufgabe 2. Dies wird in Abbildung 71 mit den beschriebenen Informationsbedarfskomponenten der Aufgabenträger AT_a, AT_b sowie AT_c zusammengeführt.

Weiterhin wird dem Aufgabenträger AT_c die strukturierte Aufgabe EA_4 in der Aufgabensynthese zugeordnet. Aufgrund der Strukturiertheit dieser Aufgabe ist der Lösungsweg sowie die Ursache-Wirkungs-Beziehung vorgegeben und somit der Informationsbedarf IB_4 und IB_{US} festgelegt. Analog zu den Aufgabenträgern AT_a und AT_b befindet sich der Aufgabenträger AT_c in einem Zielsystem. Die Orientierung am Zielsystem ist im Lösungsweg vorgegeben und resultiert im Informationsbedarf IB_{ZSc}.

Das obige Beispiel illustriert, wie die Determinanten in den Komponenten des Informationsbedarfs berücksichtigt werden. Aus den Komponenten des Informationsbedarfs kann zusammenfassend der Informationsbedarf eines Aufgabenträgers im Produktionskontext wie folgt formuliert werden:

Der Informationsbedarf eines Aufgabenträgers leitet sich aus den Aufgaben seines Aufgabenbündels ab und ist die Summe aus objektiven, subjektiven, zielsystembezogenen, koordinativen und strategiebezogenen Informationsbedarfskomponenten.[701, 702]

Tabelle 21 fasst als Ergebnis die aufgabenträgerbasierten Komponenten des Informationsbedarfs zusammen.

Die Betrachtung des Informationsbedarfs in Komponenten verdeutlicht, dass eine Änderung einer Determinante eine gleichzeitige Änderung in den Komponenten des aufgabenträgerbasierten Informationsbedarfs zur Folge hat, was eine (erneute) Erhebung und Aktualisierung in den Informationsbedarfsprofilen sowie eine anschließende Anpassung der Informationsversorgung nach sich zieht.[703]

[701] Es wird im weiteren Verlauf der Arbeit angenommen, dass zur Erhebung des Informationsbedarfs der zielsystembezogenen, koordinativen und strategiebezogenen Informationsbedarfskomponenten Methoden zur Erhebung des subjektiven Informationsbedarfs notwendig sind.

[702] Im weiteren Verlauf der Arbeit wird unter dem Begriff „Informationsbedarf" der Informationsbedarf eines Aufgabenträgers verstanden. Dies entspricht der Summe aller Komponenten.

[703] Das aufgabenträgerbasierte Konzept der Komponenten des Informationsbedarfs wurde auf einer Wirtschaftsinformatiktagung präsentiert, diskutiert und somit validiert (vgl. Koch, M. u.a. (2013)).

Determinante	**Berücksichtigung in der Konzeption der Komponenten des Informationsbedarfs**
Strategische Ziele/Unternehmensziele	Berücksichtigung im IB_{US} (strategiebezogener Informationsbedarf)
Ziele der Führungskräfte	Berücksichtigung im IB_{ZS} (Zielsystembezogener Informationsbedarf)
Umfang der Arbeitsteilung	Berücksichtigung im IB_{koord} (Koordinativer Informationsbedarf)
Theoretisches, aufgabenbezogenes Verständnis des Informationsbedarfs	**Berücksichtigung in der Konzeption der Komponenten des Informationsbedarfs**
Strukturiertheit einer Aufgabe	Unterscheidung in eine objektive und eine subjektive Informationsbedarfskomponente

Tabelle 21: Komponenten des Informationsbedarfs

In Kapitel 6.2.2 wird auf die Dokumentation des Informationsbedarfs in Form von Informationsbedarfsprofilen eingegangen.

6.2.2 Konzeption der Informationsbedarfsprofiltemplates

Im Nachfolgenden werden die Informationsbedarfsprofiltemplates zum einen auf den Anforderungen an die Ebene des Managements der Informationswirtschaft basierend und zum andern auf den hergeleiteten Komponenten des Informationsbedarfs konzipiert.

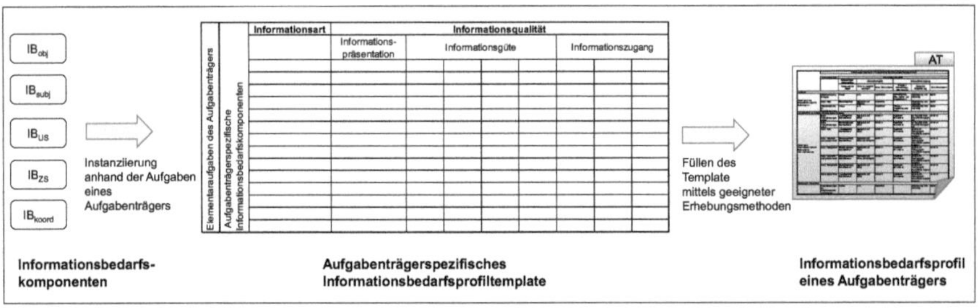

Abbildung 72: Herleitung der aufgabenträgerspezifischen Informationsbedarfsprofile

Informationsbedarfsprofiltemplates werden gemäß der komponentenbasierten Informationsbedarfsdefinition aufgabenträgerspezifisch instanziiert. Die sog. Informationsbedarfsprofile, d.h. die gefüllten aufgabenträgerspezifischen Templates, stellen in ihrer betrieblichen Anwendung eine strukturierte Übersicht der *erhobenen* Komponenten des Informationsbedarfs der Aufgabenträger dar. Als Ergebnis der Informationsbedarfserhebung dienen die Informationsbedarfsprofile zur Unterstützung der Informationsmanagementaufgabe, d.h. eine adäquate Informationsversorgung zu gewährleisten. Abbildung 72 verdeutlicht den Zusammenhang.

Hierzu wird für die vorliegende Arbeit die nachfolgende Definition formuliert:

> Unter einem *Informationsbedarfsprofil* wird eine strukturierte, aufgabenträgerindividuelle, unternehmensspezifische Darstellung des *erhobenen* Informationsbedarfs zur Gestaltung einer wirksamen betrieblichen Informationsversorgung verstanden. Ein Informationsbedarfsprofil beinhaltet hierbei die Elementaraufgaben eines Aufgabenbündels sowie die notwendigen Informationsbedarfskomponenten, spezifiziert nach Informationsart und Informationsqualität.[704]

Abbildung 73 stellt beispielhaft das Informationsbedarfsprofiltemplate für den Aufgabenträger AT_a (vgl. Kapitel 6.2.1) dar, das in einem nächsten Schritt zu füllen ist. Dargestellt ist das beispielhafte Szenario mit Arbeitsteilung, in dem der Aufgabenträger AT_a die Elementaraufgaben EA_1 und EA_2 ausführt (vgl. Abbildung 71).

Zur Lösung der Elementaraufgabe EA_1 sind die folgenden Komponenten des Informationsbedarfs nach der Herleitung in Kapitel 6.2.1 notwendig: die aufgabenbezogene, subjektive Informationsbedarfskomponente IB_1, die koordinative Informationsbedarfskomponente IB_{koord}, die sich aus der Koordination zur Elementaraufgabe EA_3 ergibt, sowie die strategiebezogene Informationsbedarfskomponente IB_{US}, die aus der Aufgabentypisierung der strategisch relevanten Aufgabe EA_1 resultiert. Analog sind zur Lösung der Elementaraufgabe EA_2 die aufgabenbezogene, subjektive Informationsbedarfskomponente IB_2 sowie die koordinative Informationsbedarfskomponente IB_{koord} (Koordination zur Elementaraufgabe EA_4) notwendig.

Die Elementaraufgabe EA_2 ist in dem vorliegenden Beispiel in der Aufgabentypisierung als eine Aufgabe mit geringer strategischer Relevanz eingestuft worden, daher ist hier zur Lösung der Aufgabe keine strategiebezogene Informationsbedarfskomponente zu erheben. Neben den genannten Komponenten wird der Aufgabenträger AT_a die Elementaraufgaben EA_1 und EA_2 an den für ihn relevanten Zielen des $Zielsystems_a$ ausrichten (IB_{ZSa}).

[704] Informationsart und -qualität wurden in Kapitel 2.2.1 behandelt.

Aufgabenträger ATa										
		Informationsart	Informationsqualität							
			Informationspräsentation	Informationsgüte				Informationszugang		
Elementaraufgabe	Informationsbedarfskomponente		Darstellung der Ergebnisse sowie graphische Aufbereitung	Detaillierungsgrad der Informationen	Qualität der Informationen (Richtigkeit)	Verfügbarkeit sowie Vollständigkeit	Aktualität der Informationen	Flexible Analysemöglichkeiten	Zeitaufwand der Informationsbeschaffung	Zugriff auf historische Informationen
EA1	Objektive IB-Komponente									
	Subjektive IB-Komponente									
	Koordinative IB-Komponente									
	Strategiebezogene IB-Komponente									
EA2	Subjektive IB-Komponente									
Aufgabenbündel ATa	Zielsystembezogene IB-Komponente									

Abbildung 73: Beispiel eines aufgabenträgerspezifischen (AT_a) Informationsbedarfsprofiltemplates (Auszug)

Für alle Komponenten des Informationsbedarfs werden sowohl die Informationsart als auch die Informationsqualität erhoben. Die Informationsart kann hierbei quantitative und qualitative Informationen umfassen. Dies können bspw. die Durchlaufzeit, Kosten oder Wartungsanleitungen sein. Für jede Komponente des Informationsbedarfs sind die Dimensionen der Darstellung der Ergebnisse, der Detaillierungsgrad der Informationen, die Aktualität der Informationen, die Notwendigkeit flexibler Analysemöglichkeiten wie auch der Zugriff auf historische Informationen zu erheben.[705]

Die Dimensionen der Qualität der Informationen, die Verfügbarkeit und Vollständigkeit der Daten sowie der Zeitaufwand der Informationsbeschaffung werden nicht explizit erhoben, sondern müssen in einer adäquaten Form für alle Informationsarten vorliegen.

Das beschriebene AT_a-spezifische Informationsbedarfsprofiltemplate ist in Abbildung 73 dargestellt. Das Template ist in einem nächsten Schritt entsprechend zu füllen.

Informationsbedarfsprofile sind in ihrer Anwendung dynamisch in die Unternehmensorganisation zu verankern.[706] Eine Aktualisierung des aufgabenträgerindividuellen Informationsbedarfsprofils sollte, wie zuvor in Kapitel 6.2.1 beschrieben, bei Änderung der Determinanten erfolgen. Dies entspricht der Anforderung 1-5 aus dem Kapitel 6.1, worin die Notwendigkeit einer dynamischen Anpassung des Informationsbedarfs beschrieben wurde.

Das Informationsbedarfsprofil(-template) wurde mit dem Ziel konzipiert, als Grundlage zur Entwicklung einer adäquaten Informationsversorgung für den Produktionsbereich zu dienen. Die Füllung und die Aktualisierung der Informationsbedarfsprofile bedingt ein Vorgehen zur Erhebung der Informationsbedarfe, auf das das nachfolgende Kapitel 6.3 eingeht.

6.3 Vorgehen zur Erhebung des Informationsbedarfs im Produktionsbereich

Das zu entwickelnde Informationsversorgungskonzept besteht auf der Ebene des Managements der Informationswirtschaft, neben den entwickelten Informationsbedarfsprofiltemplates, aus dem Vorgehen zur Erhebung der Informationsbedarfe. Im Nachfolgenden wird das Vorgehen erarbeitet, welches zur Füllung und Aktualisierung der Informationsbedarfsprofiltemplates notwendig ist. Zunächst werden in Kapitel 6.3.1 die notwen-

[705] Die Dimensionen der Informationsqualität wurden in Kapitel 2.2.1 hergeleitet.
[706] Die konkrete betriebliche Nutzung und Anwendung ist nicht Gegenstand der vorliegenden Arbeit.

digen Teilschritte eines Vorgehens identifiziert und in Kapitel 6.3.2 eine Gesamtdarstellung des Vorgehensmodells erarbeitet.

6.3.1 Teilschritte des Vorgehens

Abbildung 74 stellt die Teilschritte des entwickelten Vorgehens zur Erhebung der Informationsbedarfe sowie deren notwendige Reihenfolge dar.[707]

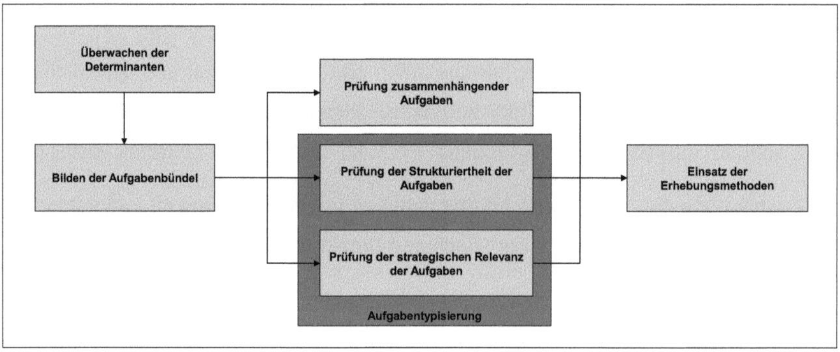

Abbildung 74: Teilschritte des Vorgehens zur Erhebung der Informationsbedarfe im Produktionskontext

Zunächst wird im Folgenden auf die notwendige Reihenfolge der Teilschritte des Vorgehens eingegangen. Bei Änderung der Determinanten des Informationsbedarfs kann sich der Informationsbedarf der Aufgabenträger ändern. Daher wird als erster Schritt des Vorgehens die *Überwachung der genannten Determinanten* festgelegt. Tritt eine Änderung in der Arbeitsteilung (wie bspw. durch Job Enrichement), eine Änderung im Zielsystem, in den strategischen Zielen bzw. in den Umweltbedingungen eines Unternehmens oder eine Änderung im Wissenstand, bzw. in der Qualifikation eines Mitarbeiters (bspw. durch Mitarbeiterwechsel) auf, wird dies im entwickelten Vorgehen als ein *Trigger* zum (erneuten) Durchlaufen des Vorgehens zur Informationsbedarfserhebung gesehen. Abhängig von der Anzahl und Art der Änderungen wird das Vorgehen im Anschluss vollständig oder teilweise durchlaufen. Die Überwachung der Trigger gewährleistet somit eine adäquate[708] Informationsversorgung und ist als eine permanente Aufgabe anzusehen.

---

[707] Für die konkrete Anwendung ist das Vorgehen an die unternehmensindividuellen Gegebenheiten anzupassen.

[708] Adäquat meint in diesem Zusammenhang die im Produktionsbereich als relevant identifizierten Determinanten angepasste Informationsversorgung eines Aufgabenträgers.

Ein nächster notwendiger Teilschritt ist die *Bildung der Aufgabenbündel.* Im Verlauf der Arbeit konnte gezeigt werden, dass die in der Literatur vorzufindenden *aufgabenorientierten* Ansätze[709] zu kurz greifen. Die Identifikation bzw. Bildung der Aufgabenbündel ist daher ein notwendiger Schritt in dem Vorgehen zur Erhebung der Informationsbedarfe.

Sobald die Aufgabenbündel vorliegen, schließen die *Teilschritte der Aufgabentypisierung* sowie die *Prüfung zusammenhängender Elementaraufgaben* an. In dem Teilschritt der Prüfung zusammenhängender Aufgaben ist zu untersuchen, welche Aufgabenträger welche Elementaraufgaben einer Teilaufgabe ausführen, um die koordinative Informationsbedarfskomponente zu identifizieren. Im Weiteren ist zur Bestimmung der um die strategische Relevanz erweiterte Aufgabentyp der Elementaraufgaben zu bestimmen. Je nach identifiziertem Aufgabentyp bzw. identifizierter Informationsbedarfskomponente kann eine geeignete Erhebungsmethode zur Informationsbedarfsanalyse bestimmt werden (Teilschritt *Einsatz der Erhebungsmethoden*).[710]

Im obigen Abschnitt wurde die notwendige Reihenfolge der Teilschritte des Vorgehens erläutert. Im Folgenden wird auf die einzelnen Teilschritte eingegangen.

Überwachen der Determinanten

Abbildung 75 veranschaulicht den Teilschritt der Überwachung der Determinanten. Das hier entwickelte Vorgehen unterscheidet zunächst, ob die Informationsbedarfe im Produktionsbereich erstmalig erhoben werden oder ob es sich um eine permanente Überprüfung[711] der Determinanten handelt. Bei Änderung mind. einer Determinante werden bestimmte Teilschritte des Vorgehens durchlaufen. Die permanente Überprüfung ist notwendig, um in der beschriebenen dynamischen Aufgabenumwelt[712] eine adäquate Informationsversorgung gewährleisten zu können.

Innerhalb der permanenten Überprüfung der Determinanten wird die Änderung des Zielsystems, der strategischen Ziele und der internen und externen Umweltbedingungen, der Arbeitsteilung sowie die Änderung des Wissenstands, der Qualifikation oder der Erfahrung der Aufgabenträger überwacht. Treten Änderungen in den strategischen

[709] vgl. Kapitel 2.2.1
[710] Zu den Methoden zur Erhebung des objektiven und subjektiven Informationsbedarfs vgl. Kapitel 2.2.1.2.
[711] Hierunter wird in der vorliegenden Arbeit die Phase nach der erstmaligen Erhebung der Informationsbedarfe verstanden. Es handelt es sich hierbei um eine *permanente* Informationsmanagementaufgabe.
[712] vgl. Kapitel 3.2

Zielen und den Umweltbedingungen auf, sind die strategiebezogenen Informationsbedarfskomponenten zu überprüfen. Wie in den informationellen Grundlagen der Produktion beschrieben, treten, ausgelöst durch die Dezentralisierung, Verschiebungen in den Aufgabenzuordnungen auf, die im Hinblick auf den Informationsbedarf zu überprüfen sind (Teilschritt ‚Bilden der Aufgabenbündel').

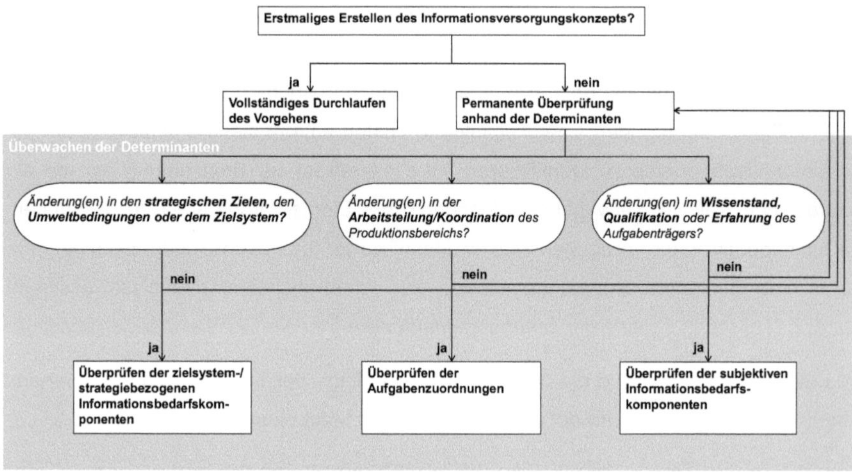

Abbildung 75: Teilschritt ‚Überwachen der Determinanten'

Änderungen im Wissenstand, der Erfahrung oder der Motivation eines Mitarbeiters haben gegebenenfalls veränderte subjektive Informationsbedarfskomponenten zur Folge, die daraufhin erneut zu erheben sind. Abhängig von der Änderung der Determinante werden bestimmte Teilschritte des Vorgehens durchlaufen. Auf die betreffenden Folgeläufe geht Kapitel 6.3.2.2 ein.

Bilden der Aufgabenbündel

Im Rahmen der Arbeit konnte gezeigt werden, dass nicht von *typischen* Aufgabenbündeln für bestimmte Positionen in industriellen Unternehmen (z.B. Meister) ausgegangen werden kann. Die Aufgabenzuordnung zu Aufgabenträgern erfolgt unternehmensindividuell und muss in einem Vorgehen zur Erhebung der Informationsbedarfe einen (ersten) Teilschritt darstellen. In einer Literaturanalyse (vgl. Anhang B: Literaturbasierter Aufgabenkatalog) wurden die in der Literatur häufig genannten (Elementar-)Aufgaben identifiziert und in einem Aufgabenkatalog zusammengeführt. Dieser kann als Hilfestellung zur Ausführung dieses Teilschritts dienen. Eine weitere Hilfestellung stellt das informationelle Schichtenmodell dar, womit die die unternehmensindividuellen Aufgabenzuordnungen visualisiert werden können.

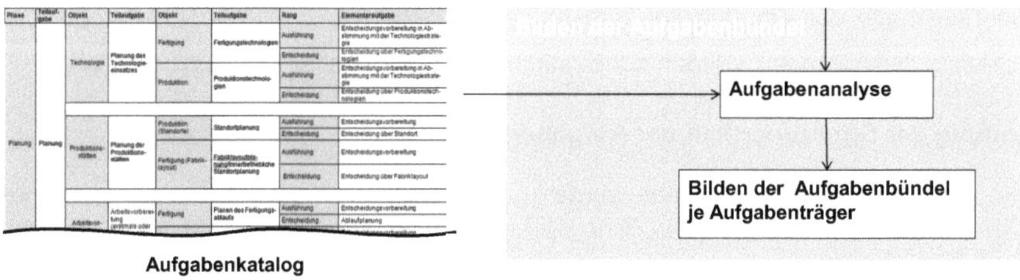

Abbildung 76: Teilschritt ‚Bilden der Aufgabenbündel'

Abbildung 76 veranschaulicht den Teilschritt ‚Bilden der Aufgabenbündel'. Dieser Teilschritt wird beim erstmaligen Erheben der Informationsbedarfe sowie bei Änderung der Determinante der Arbeitsteilung durchlaufen, wie dies bspw. durch Job Enrichement der Fall ist.

Prüfung zusammenhängender Aufgaben

Voraussetzung zur Durchführung des Teilschritts der ‚Prüfung zusammenhängender Aufgaben' (vgl. Abbildung 77) ist das Vorliegen der den Aufgabenträgern zugeordneten Elementaraufgaben (Aufgabenbündel).

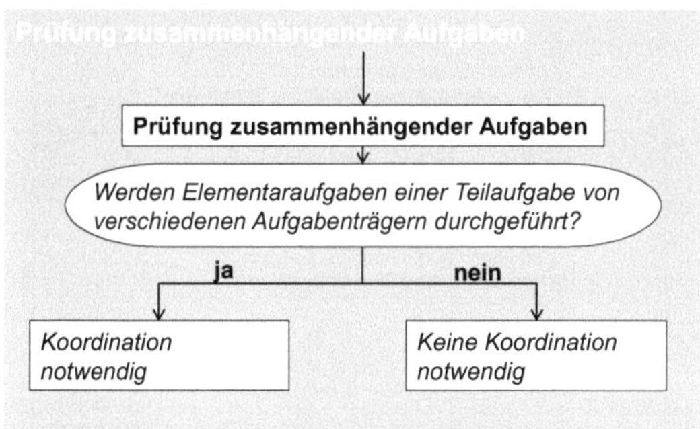

Abbildung 77: Teilschritt ‚Prüfung zusammenhängender Aufgaben'

Innerhalb der Aufgabenanalyse ist eine Zerlegung der Aufgaben über die Merkmale Phase, Objekt und Rang erfolgt.[713] Die ‚Prüfung zusammenhängender Aufgaben' erfolgt

[713] Die Wahl der Merkmale zur Aufgabenanalyse erfolgt unternehmensindividuell. Die beschriebene Reihenfolge hat in der vorliegenden Forschungsarbeit Anwendung gefunden (vgl. hierzu 3.3.2)

unmittelbar im Anschluss an den Teilschritt ‚Bilden der Aufgabenbündel', da Änderungen in den koordinativen Informationsbedarfskomponenten die Folge sein können.

Die Teilschritte der ‚Prüfung der Strukturiertheit' sowie die ‚Prüfung der strategischen Relevanz der Aufgaben' werden zur Bestimmung des Aufgabentyps durchgeführt.

Prüfung der Strukturiertheit der Aufgaben

Die Strukturiertheit einer Aufgabe wurde in Kapitel 2.2.1 mit dem Vorhandensein eines Lösungswegs und der Bekanntheit der Ursache-Wirkungs-Beziehung operationalisiert. Abbildung 78 stellt den Teilschritt der ‚Prüfung der Strukturiertheit der Aufgaben' dar.

Sind der Lösungsweg und die Ursache-Wirkungs-Beziehung vorhanden, handelt es sich um eine strukturierte Aufgabe, deren Informationsbedarfskomponente mit Methoden zur Erhebung des objektiven Informationsbedarfs zu bestimmen ist. Sind im Gegensatz hierzu der Lösungsweg und die Ursache-Wirkungs-Beziehung unbekannt, ist die subjektive Informationsbedarfskomponente zu erheben. Semi-strukturierte Aufgaben liegen vor, wenn entweder der Lösungsweg oder die Ursache-Wirkungs-Beziehung unbekannt ist. Hier kommen Methoden zur Erhebung des objektiven und subjektiven Informationsbedarfs in Kombination zum Einsatz.

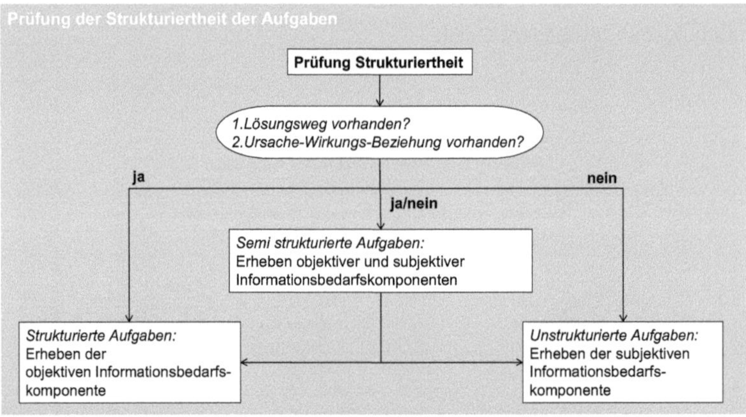

Abbildung 78: Teilschritt ‚Prüfung der Strukturiertheit der Aufgaben'

Prüfung der strategischen Relevanz der Aufgaben

Zur Bestimmung strategisch relevanter Aufgaben wurden in Kapitel 6.2.1 Kriterien identifiziert. Diese dienen in diesem Teilschritt dazu, die Aufgaben als ‚hoch, mittel oder gering strategisch relevant' einzustufen. Bei hoher und mittlerer strategischer Relevanz ist bei der Erhebung des aufgabenträgerbezogenen Informationsbedarfs die strategiebezogene Informationsbedarfskomponente zu berücksichtigen (vgl. Abbildung 79).

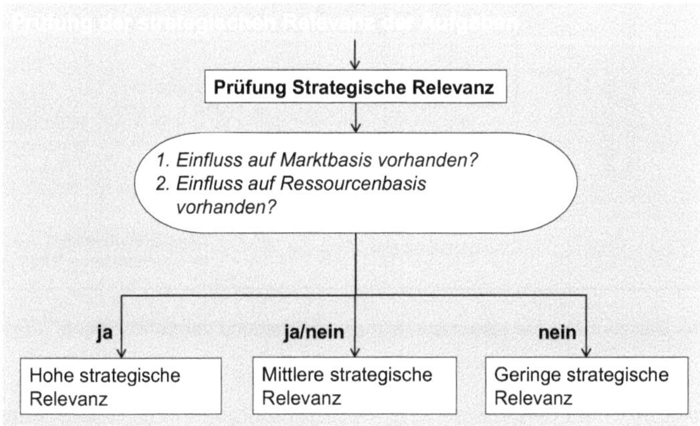

Abbildung 79: Teilschritt ‚Prüfung der strategischen Relevanz der Aufgaben'

Einsatz der Erhebungsmethoden

Im letzten Teilschritt des Vorgehens werden diejenigen Komponenten des Informationsbedarfs eines Aufgabenträgers erhoben, die in den vorangegangenen Teilschritten bestimmt wurden. Beim erstmaligen Durchlaufen des Vorgehens sind alle identifizierten Komponenten des Informationsbedarfs zu erheben.[714]

Für diesen Teilschritt sind die Ergebnisse aus den anderen Teilschritten wesentliche Voraussetzung. Aus der ‚Prüfung der zusammenhängenden Aufgaben' und somit aus dem Koordinationsbedarf resultiert der Bedarf der Erhebung der koordinativen Informationsbedarfskomponente. Die Strukturiertheit der Aufgabe bestimmt, ob zu deren Lösung die objektive und/oder subjektive Informationsbedarfskomponente zu erheben ist und determiniert damit einhergehend die Erhebungsmethoden. Die strategische Relevanz zeigt den Bedarf der Erhebung der strategie- und zielsystembezogenen Informationsbedarfskomponenten auf. An dieser Stelle wird das aufgabenträgerspezifische Informationsbedarfsprofiltemplate erstellt. Abbildung 80 veranschaulicht, wie die Ergebnisse der zuvor durchlaufenen Teilschritte den ‚Einsatz der Erhebungsmethoden' bestimmen.

[714] Das Vorgehen hat nicht zum Ziel eine Wahl konkreter Erhebungsmethoden (vgl. Kapitel 2.2.1) vorzugeben. Hierzu wird auf die einschlägige Literatur verwiesen.

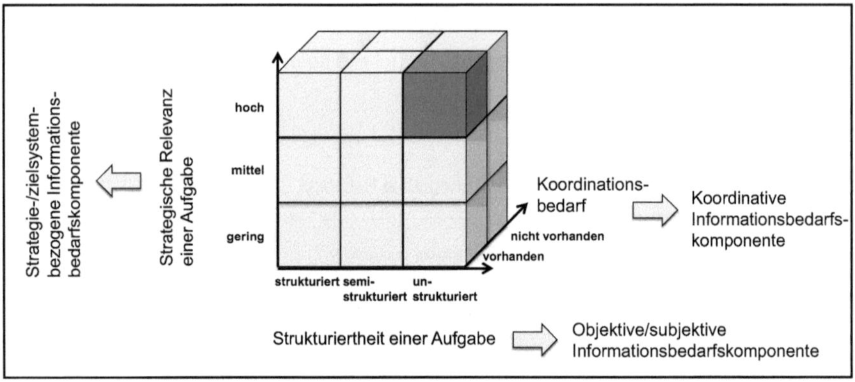

Abbildung 80: Beispielhafte Aufgabentypisierung und Erhebung der notwendigen Komponenten des Informationsbedarfs

In der Abbildung 80 ist beispielhaft eine mögliche Einordnung einer Elementaraufgabe dunkel hinterlegt. Hierbei handelt es sich um eine unstrukturierte Aufgabe, die eine hohe strategische Relevanz besitzt, d.h., dass dem Aufgabenträger die notwendigen Informationen zur Verfügung gestellt werden müssen, damit dieser die Aufgabe strategisch konform ausführen kann. Nicht alle Elementaraufgaben der zugehörigen Teilaufgabe werden von dem betreffenden Aufgabenträger ausgeführt; aufgrund dessen ist hier ein Koordinationsbedarf vorhanden. Zur Lösung dieser Aufgabe im Aufgabenbündel des Aufgabenträgers ist die Erhebung der subjektiven, strategie- und zielsystembezogenen sowie koordinativen Informationsbedarfskomponenten notwendig. Zur Lösung dieser beispielhaften Aufgabe wäre die Erhebung der objektiven Informationsbedarfskomponente nicht notwendig.

Zur Erhebung der subjektiven, strategie- sowie zielsystembezogenen und koordinativen Informationsbedarfskomponente sind Erhebungsmethoden, die den Aufgabenträger involvieren, wie bspw. Interviews, anzuwenden.[715] Zur Erhebung der objektiven Informationsbedarfskomponente werden entsprechende Methoden angewendet, wie bspw. Dokumentenanalysen. Den letzten Teilschritt visualisiert Abbildung 81.

Innerhalb der Erhebung der Komponenten des Informationsbedarfs sind, wie dieser in den theoretischen Grundlagen operationalisiert wurde, die Informationsart und -qualität zu erheben.

---

[715] Zu den Erhebungsmethoden vgl. Kapitel 2.2.1.2

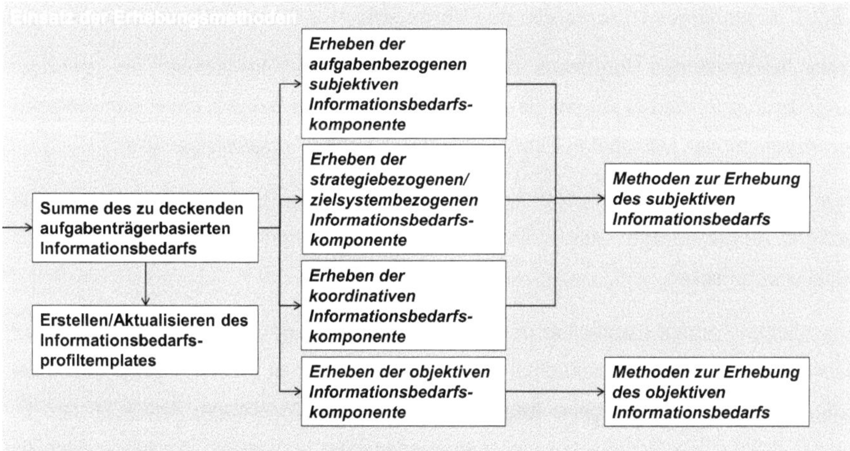

Abbildung 81: Teilschritt ‚Einsatz der Erhebungsmethoden'

6.3.2 Gesamtdarstellung des Vorgehens

In diesem Abschnitt werden die Teilschritte zu einem Vorgehensmodell zur Informationsbedarfserhebung zusammengeführt. Hierbei wird sowohl auf das erstmalige Durchlaufen des Vorgehens als auch auf die dynamische Anpassung mit den anschließenden Folgeläufen des Vorgehens eingegangen. Ziel des entwickelten Vorgehens ist eine aufgabenträgerorientierte Gestaltung der Informationsversorgung im Produktionsbereich. Bei dem entwickelten Vorgehen handelt es sich um ein systemunabhängiges Vorgehen. Im Fokus steht die Identifikation des zu deckenden Informationsbedarfs, welcher in Form der ausgefüllten Informationsbedarfsprofiltemplates strukturiert dargestellt wird. Abbildung 82 veranschaulicht das Vorgehensmodell zur Erhebung der Informationsbedarfe im Produktionskontext. Grau hervorgehoben sind die im vorangegangenen Kapitel entwickelten Teilschritte.

Die Unterscheidung in erstmaliges Durchlaufen oder Folgelauf kommt an zwei Stellen des Vorgehens zum Tragen: Zum einen zu Beginn des Vorgehens sowie zum anderen vor der Aufgabentypisierung (‚Prüfung der Strukturiertheit und der strategischen Relevanz der Aufgaben'). In der vorliegenden Arbeit wird angenommen, dass eine erneute Aufgabentypisierung nicht von Nöten ist und die Teilschritte zur Aufgabentypisierung in den partiellen Durchläufen übersprungen werden können. Im Folgenden wird zunächst auf das erstmalige Durchlaufen eingegangen.

6.3.2.1 Erstmaliges Durchlaufen des Vorgehens

Erster Teilschritt des Vorgehens ist die ‚*Bildung der Aufgabenbündel*' der jeweiligen Aufgabenträger. Hierbei kommt die Aufgabenanalyse zum Einsatz, die in der vorliegenden Arbeit mit den Merkmalen Phase, Objekt und Rang[716] angewendet wird.[717]

Das *Ergebnis* des ersten Teilschritts ist eine Übersicht der Elementaraufgaben der jeweiligen Aufgabenträger, die durch die zu gestaltende Informationsversorgung unterstützt werden sollen.

Anschließend erfolgt unmittelbar der Teilschritt der ‚*Prüfung zusammenhängender Aufgaben*' an. Ziel ist es, den Koordinationsbedarf zwischen den Elementaraufgaben in den Aufgabenbündeln der Aufgabenträger zu identifizieren. Zu diesem Zweck ist das Ergebnis des letzten Schritts aus der Aufgabenanalyse notwendig. Hierbei wurden die Elementaraufgaben nach dem Rang in Entscheidungs- und Ausführungsaufgaben gegliedert.

Das *Ergebnis* des zweiten Teilschritts ist die Kenntnis darüber, zu welcher Aufgabe eine Erhebung der koordinativen Informationsbedarfskomponente notwendig ist. Beim erstmaligen Durchlaufen schließen direkt die Teilschritte der Aufgabentypisierung an.

Innerhalb der Aufgabentypisierung erfolgt zunächst der Teilschritt der ‚*Prüfung der Strukturiertheit*' der Aufgaben. Dieser Teilschritt wird mit dem Ziel ausgeführt, die objektiven und subjektiven Informationsbedarfskomponenten zu identifizieren.[718] Die Bestimmung der objektiven und subjektiven Informationsbedarfskomponenten hat insb. das Ziel, geeignete Erhebungsmethoden zur Durchführung der Informationsbedarfsanalyse[719] zu identifizieren.[720]

Das *Ergebnis* dieses Teilschritts sind die zu erhebenden objektiven und subjektiven Informationsbedarfskomponenten, die zuvor als notwendig identifiziert worden sind.

---

[716] vgl. Kapitel 2.2.1, 3.3.2

[717] In der Regel ist in industriellen Unternehmen die Aufgabenanalyse und -synthese Aufgabe der Organisation und bereits durchgeführt worden. Hier sollten die Aufgabenträger nach ihrem Aufgabenbündel befragt werden und die Aufgaben nach den Merkmalen Phase, Objekt und Rang strukturiert werden. Dies ist zur Identifikation der koordinativen Informationsbedarfskomponente notwendig.

[718] vgl. Kapitel 6.2.1

[719] Unter der Informationsbedarfsanalyse wird in der vorliegenden Arbeit die eigentliche Erhebung des Informationsbedarfs verstanden. Hierzu werden Erhebungsmethoden wie bspw. Interviews oder Dokumentenanalysen angewendet. Eine Übersicht über die Instrumente vgl. Kapitel 2.2.1. Die Informationsbedarfsanalyse entspricht in der vorliegenden Arbeit dem Teilschritt ‚Einsatz der Erhebungsmethoden'.

[720] vgl. Kapitel 2.2.1 und Kapitel 6.2.1

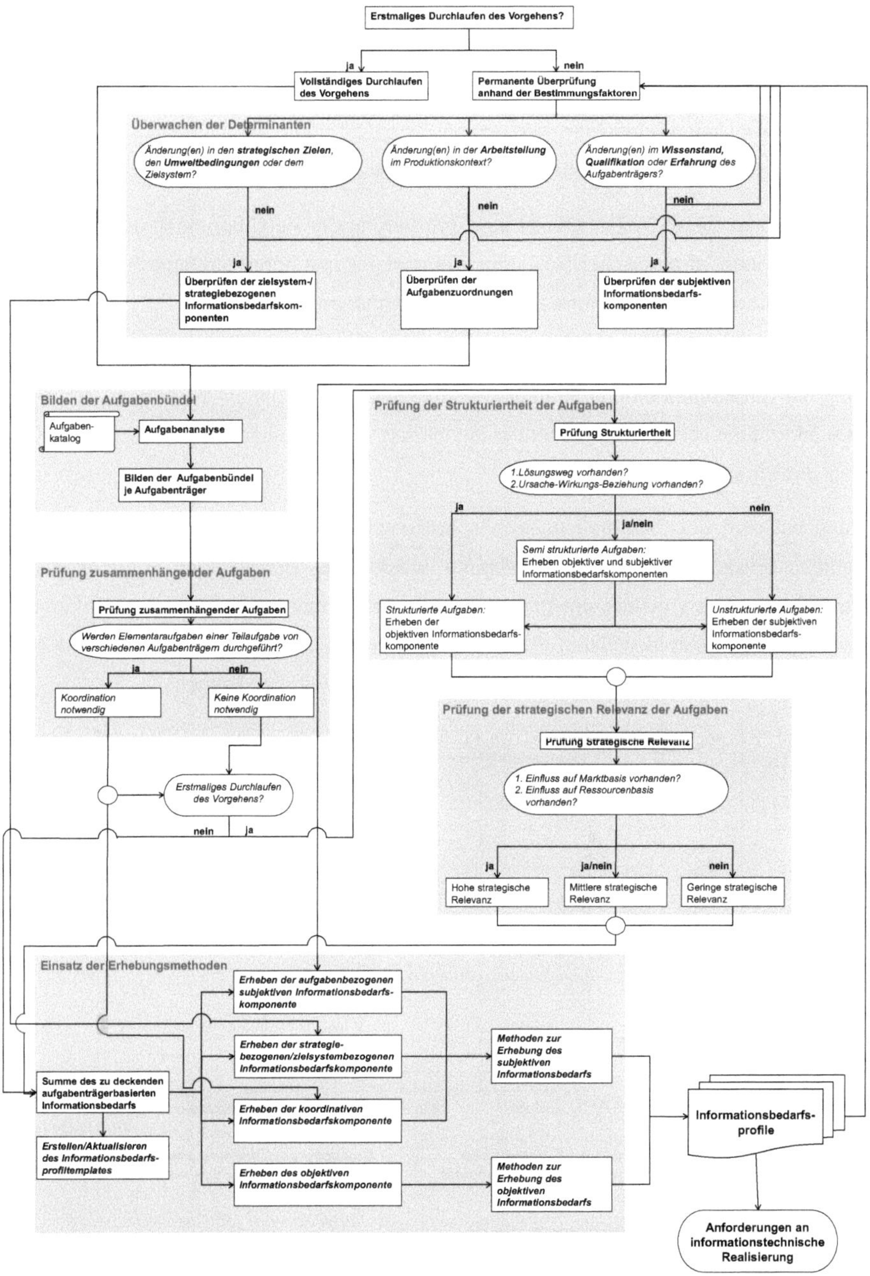

Abbildung 82: Vorgehensmodell zur Erhebung aufgabenträgerorientierter Informationsbedarfe

Hieran schließt die *‚Prüfung der strategischen Relevanz‘* der Aufgaben. Dieser Teilschritt schließt direkt an den vorangegangenen Teilschritt an. Es wird angenommen, dass alle Kombinationen zwischen der Strukturiertheit und der strategischen Relevanz möglich sind. Aufgrund dessen wird sowohl für strukturierte, semi-strukturierte als auch für unstrukturierte Aufgaben die strategische Relevanz bestimmt.

Das *Ergebnis* dieses Teilschritts ist eine Typisierung der Aufgaben nach geringer, mittlerer und hoher strategischer Relevanz. Bei mittlerer und hoher strategischer Relevanz ist die strategiebezogene Informationsbedarfskomponente zu erheben.

Nach Durchführung der Teilschritte ‚Prüfung zusammenhängender Aufgaben‘ und ‚Prüfung der Strukturiertheit und strategische Relevanz der Aufgaben‘ sind die zu erhebenden Informationsbedarfskomponenten identifiziert und der nachfolgende Teilschritt ‚Einsatz der Erhebungsmethoden‘ folgt.

Zunächst wird das Informationsbedarfsprofiltemplate erstellt und innerhalb des Teilschritts *‚Einsatz der Erhebungsmethoden‘* werden die identifizierten Informationsbedarfskomponenten mittels geeigneter Erhebungsmethoden detailliert nach Informationsart und -qualität identifiziert. Aus der Aufgabentypisierung sind potentiell neun Aufgabentypen möglich, die die Wahl der Erhebungsmethoden bestimmen.

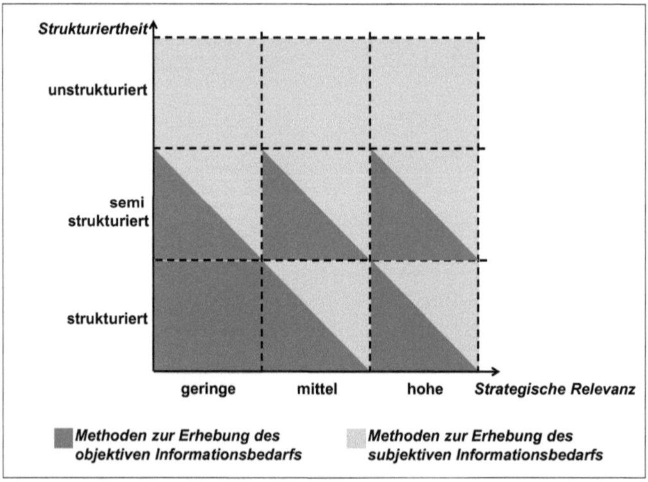

Abbildung 83: Wahl einer Erhebungsmethode

Abbildung 83 stellt die potentiellen Aufgabentypen in Zusammenhang mit der Wahl einer geeigneten Erhebungsmethode dar.

Zur Lösung von Aufgaben mittlerer und hoher strategischer Relevanz ist die strategiebezogene Informationsbedarfskomponente notwendig. Im Rahmen der Arbeit wird angenommen, dass diese mittels Methoden zur Erhebung des subjektiven Informationsbedarfs ermittelt wird. Dies liegt darin begründet, dass die Beurteilung der Auswirkungen auf die Strategie vom jeweiligen Aufgabenträger abhängig ist, da hier kein Lösungsweg sowie keine Ursache-Wirkungs-Beziehung vorgegeben werden kann. Dies spielt insb. im Produktionskontext eine wesentliche Rolle, da vor dem beschriebenen Hintergrund der etablierten Informationsversorgung[721] ein Zugriff auf die notwendigen Informationen nicht angenommen werden kann.

Zur Erhebung des Informationsbedarfs unstrukturierter Aufgaben sind Methoden zur Erhebung des subjektiven Informationsbedarfs notwendig, d.h. alle Werkzeuge, bei deren Durchführung der Aufgabenträger involviert ist.[722] Dies ist in der Definition der subjektiven Informationsbedarfskomponente begründet. Zur Lösung unstrukturierter Aufgaben sind unterschiedliche Lösungswege möglich, die je nach Aufgabenträger eines differenzierten Informationsbedarfs bedürfen. Semi-strukturierte Aufgaben bedürfen zu ihrer Lösung einer subjektiven und einer objektiven Informationsbedarfskomponente. Zu deren Ermittlung kommen sowohl Methoden zur Erhebung des objektiven als auch des subjektiven Informationsbedarfs in Kombination zum Einsatz. Für semi-strukturierte Aufgaben mit mittlerer und hoher strategischer Relevanz wird die strategiebezogene Informationsbedarfskomponente mittels Methoden zur Erhebung des subjektiven Informationsbedarfs bestimmt.

Ergebnis des Teilschrittes ‚Einsatz der Erhebungsmethoden' ist ein für alle identifizierten Komponenten nach Informationsart und -qualität bestimmter aufgabenträgerorientierter Informationsbedarf, der im nächsten Schritt in Form der beschriebenen *Informationsbedarfsprofile* festgehalten werden soll.

Nach erstmaligem Durchlaufen des Vorgehens bzw. nach Erstellung und Füllung der Informationsbedarfsprofiltemplates, schließt der Teilschritt der ‚Überwachung der Determinanten' an. Das in der vorliegenden Arbeit entwickelte Vorgehen hat zum Ziel, *dynamische Informationsbedarfsprofile* zu realisieren. Dies schließt somit eine etwaige

[721] Unter der etablierten Informationsversorgung wird in der vorliegenden Arbeit die Trennung operativer und dispositiver Informationssysteme verstanden (vgl. Kapitel 2.3.1)

[722] Eine Übersicht der Methoden zur Erhebung des subjektiven Informationsbedarfs ist in Kapitel 2.2.1 dargestellt.

Aktualisierung bei Änderung der Determinanten ein. Hierzu werden in Kapitel 6.3.2.2 die Folgeläufe des Vorgehens bei Änderung einer Determinante erläutert.

6.3.2.2 Folgeläufe des Vorgehens

Zu Folgeläufen kommt es, wenn Änderungen in den Determinanten zu verzeichnen sind.

- *Änderung der Determinante Zielsystem, strategische Ziele bzw. Umweltbedingungen des Unternehmens:* Unternehmen wirtschaften heute in turbulenten Märkten, die durch eine internationale Konkurrenz sowie die sich verknappenden Ressourcen geprägt sind. Dies verlangt von industriellen Unternehmen, ihre strategischen Ziele stets an die Unternehmensumwelt anzupassen, um wettbewerbsfähig bleiben zu können.[723] Diese Entscheidungen auf strategischer Ebene haben Einfluss auf die Lösung aller Aufgaben mit mittlerer und hoher strategischer Relevanz.[724] Eine Änderung in den strategischen Zielen hat Auswirkungen auf die strategiebezogene Informationsbedarfskomponente und eine Änderung im Zielsystem des betreffenden Aufgabenträgers in der zielsystembezogenen Informationsbedarfskomponente. In dem entwickelten Vorgehen wird eine Änderung dadurch berücksichtigt, dass innerhalb des Teilschritts ‚Einsatz der Erhebungsmethoden' die strategie- und zielsystembezogene Informationsbedarfskomponente überprüft werden muss. Sind Änderungen sowohl in der Informationsart als auch in der Aufbereitung (Informationsqualität) identifiziert worden, so sind die jeweiligen Informationsbedarfsprofile anzupassen und daraufhin die Anforderungen an die informationstechnische Realisierung zu überprüfen. Durch diesen Folgelauf soll sichergestellt werden, dass Aufgaben, die mittlere oder hohe strategische Auswirkungen besitzen, bei Änderungen der strategischen Ziele weiterhin mit einer adäquaten Informationsversorgung unterstützt werden, damit die Aufgabenträger strategisch konform handeln können.
- *Änderung der Determinante Arbeitsteilung:* Organisatorische Entscheidungen, wie die Dezentralisierung, haben einen direkten Einfluss auf den Informationsbedarf. Tritt eine Änderung in der Arbeitsteilung auf, so sind in einem ersten Schritt

[723] vgl. z.B. Westkämper, E. und Zahn, E. (2009), S. 1, vgl. Gronau, N. und Lindemann, M. (2007), S. 148, vgl. Picot, A. u.a. (2003), S. 2.
[724] In der vorliegenden Arbeit wird angenommen, dass die in der Aufgabentypisierung durch die Kriterien identifizierte Typisierung nach der strategischen Relevanz durch eine Änderung des Determinantes strategische Ziele bzw. Umweltbedingungen nicht verändert wird. Der Einfluss auf die Markt- und Ressourcenbasis eines Unternehmens bleibt hierbei unverändert.

die Veränderungen durch die durchgeführte Aufgabensynthese in den Aufgabenbündeln zu überprüfen. Nach Identifikation der veränderten Aufgabenbündel ist es notwendig, den veränderten Koordinationsbedarf zwischen den Aufgabenträgern zu identifizieren. Im Gegensatz zum erstmaligen Durchlaufen des Vorgehens ist eine erneute Aufgabentypisierung nicht notwendig. In der vorliegenden Arbeit wird angenommen, dass der Aufgabentyp nach Strukturiertheit und strategischer Relevanz bei Verschiebung der Aufgaben unverändert bleibt. Zur Aktualisierung der Informationsbedarfsprofile ist es notwendig, die Informationsbedarfskomponenten zu überprüfen. Es sollten aufgrund der Verschiebung der semi-strukturierten und unstrukturierten Elementaraufgaben die betreffenden subjektiven Informationsbedarfskomponenten mittels geeigneter Erhebungsmethoden (erneut) ermittelt werden. Bei einem veränderten Koordinationsbedarf ist die koordinative Informationsbedarfskomponente ebenso durch Methoden zur Erhebung des subjektiven Informationsbedarfs zu ermitteln. Hat bei der veränderten Arbeitsteilung eine Verschiebung strukturierter Elementaraufgaben stattgefunden, so ist die objektive Informationsbedarfskomponente im Profil anzupassen, indem die notwendigen Informationen in der notwendigen Aufbereitung in das Informationsbedarfsprofil aufgenommen werden. Eine erneute Erhebung ist jedoch nicht notwendig. Aus den aktualisierten Informationsbedarfsprofilen sind wiederum die Anforderungen an eine informationstechnische Realisierung zu überarbeiten und gegebenenfalls die Informationsversorgung anzupassen.

- *Änderung der Determinante Wissensstand, Qualifikation und Erfahrung der Aufgabenträger:* Eine Veränderung dieser Determinante hat mögliche Auswirkungen auf die subjektive Informationsbedarfskomponente, da die Aufgabenträger durch den veränderten Wissensstand, die Qualifikation und die Erfahrung in der Lage sind, sowohl die semi-strukturierten als auch die unstrukturierten Aufgaben, bspw. anhand eines anderen Lösungswegs bzw. Verfahrens, zu lösen oder die Ursache-Wirkungs-Beziehung anders einzuschätzen. Dies kann bspw. nach einer Weiterbildung oder einem Mitarbeiterwechsel der Fall sein. Um hier eine adäquate Informationsversorgung gewährleisten zu können, sind die Informationsbedarfsprofile der betreffenden Aufgabenträger zu aktualisieren. Analog zu den zuvor beschriebenen Folgeläufen werden im Anschluss die Anforderungen an eine informationstechnische Realisierung überprüft und gegebenenfalls die Informationsversorgung an die veränderten Anforderungen angepasst. Aufgabenträger in industriellen Unternehmen durchlaufen einen permanenten Lernprozess, welcher fortwährend zu einem veränderten Wissensstand, zu einer veränderten Qualifikation und zu einer veränderten Erfahrung der Aufgabenträger führt. In welchen Abständen der vorgestellte Folgelauf stattfinden soll, muss unternehmensindividuell festgelegt werden. Es ist es denkbar, eine periodische Überprüfung sowie eine Überprüfung nach gegebenen Anlässen wie bspw. nach einer Weiterbildung einzurichten.

6.3.3 Berücksichtigung der Anforderungen auf der Ebene des Managements der Informationswirtschaft

Im Nachfolgenden wird aufgezeigt, wie die Anforderungen auf der Ebene des Managements der Informationswirtschaft in die Teilbereiche der Informationsbedarfsprofiltemplates und des Vorgehens umgesetzt wurden. Tabelle 22 stellt die Berücksichtigung der Anforderungen zusammenfassend dar.

Anforderungen auf der Ebene des Managements der Informationswirtschaft		**Berücksichtigung im Konzept**
1-1	Aufgabenträgerbasiertes Vorgehen	Aufgabenträgerbasiertes Informationsbedarfsprofil(-template), Teilschritt ‚Bilden der Aufgabenbündel'; Konzeption des gesamten Vorgehen
1-2	Berücksichtigung des Aufgabentyps	Komponenten des Informationsbedarfs, Teilschritte: ‚Prüfung der Strukturiertheit der Aufgaben'; ‚Prüfung der strategischen Relevanz der Aufgaben'
1-3	Berücksichtigung der Arbeitsteilung	Koordinative Informationsbedarfskomponente, ‚Prüfung zusammenhängender Aufgaben'
1-4	Berücksichtigung der Informationsart und der Informationsqualität	Dokumentation der Informationsart und Informationsqualität je Informationsbedarfskomponente im Informationsbedarfsprofil(-template)
1-5	Dynamische Anpassung des Informationsbedarfs	Dynamisches Informationsbedarfsprofil, Überwachen der Determinanten, Definition von Folgeläufen

Tabelle 22: Berücksichtigung der Anforderungen auf der Ebene des Managements der Informationswirtschaft

Die Anforderung des aufgabenträgerbasierten Vorgehens findet insb. durch die Anwendung der Informationsbedarfskomponenten im Konzept Berücksichtigung. Zentrale Voraussetzung zur Durchführung des Vorgehens ist die Identifikation der aufgabenträgerorientierten Aufgabenbündel, für die jeweils ein Informationsbedarfsprofil(-template) erstellt wird. Anforderung 1-2 (Berücksichtigung des Aufgabentyps) wurde in dem Vorgehen zunächst durch eine Identifikation geeigneter Kriterien zur Bestimmung der Strukturiertheit sowie der strategischen Relevanz umgesetzt, die in den Teilschritten ‚Prüfung der Strukturiertheit und der strategischen Relevanz' der Aufgaben Anwendung finden. Die Anforderung 1-3 (Berücksichtigung der Arbeitsteilung) wurde zunächst in der koordinationsbezogenen Informationsbedarfskomponente berücksichtigt. Im Teilschritt ‚Prüfung zusammenhängender Aufgaben' wird mithilfe der Aufgabenanalyse das Ziel verfolgt, die koordinative Informationsbedarfskomponente zu identifizieren. Zur vollständigen Erhebung des Informationsbedarfs ist es notwendig, sowohl die Informationsart als auch die -qualität zu erheben. Dies wird im Teilschritt ‚Einsatz der Erhebungsmethoden' sowie in den Informationsbedarfsprofiltemplates berücksichtigt, um der Anforderung 1-4 nachzukommen. Anforderung 1-5 beinhaltet die dynamische Anpassung des Informationsbedarfs. Dieser Anforderung wurden insb. durch den Teilschritt der ‚Überwachung der Determinanten' und den damit zusammenhängenden Folgeläufen des Vorgehens Rechnung getragen. Die Anforderung spiegelt sich zudem in dem Ergebnis des Vorgehens, den dynamischen Informationsbedarfsprofilen, wider.

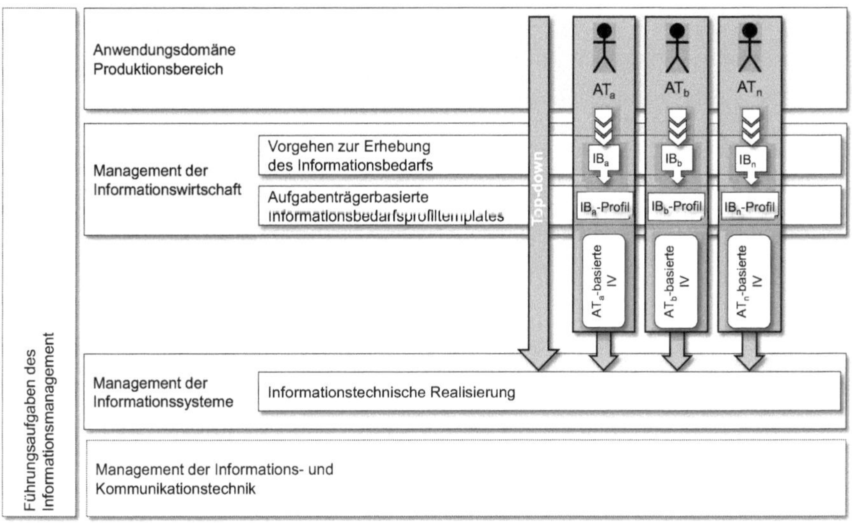

Abbildung 84: Entwicklung der Konzeption des Informationsbedarfs

Bei dem vorgestellten Vorgehensmodell handelt es sich um ein generisches, systemunabhängiges Vorgehen zur Erhebung der Informationsbedarfe im Produktionsbereich, bei dem eine Top-Down-Vorgehensweise umgesetzt wird. In einem nachfolgenden Schritt wären das vorhandene Informationsangebot sowie die potentiellen Informationsquellen mit der aus den Informationsbedarfsprofilen abgeleiteten notwendigen Informationsversorgung zu prüfen.[725] Dies ist jedoch nicht Gegenstand der vorliegenden Arbeit.

Abbildung 84 stellt die entwickelten Konzeptteilbereiche auf der Ebene des Managements der Informationswirtschaft überblickartig dar.

Mit der Entwicklung der Konzeption des Informationsbedarfs wurde die Entwurfsphase auf der Ebene der Informationswirtschaft abgeschlossen (vgl. Abbildung 27). Um den gesamten Erkenntnisprozess, wie er in der gestaltungsorientierten Wirtschaftsinformatik dargestellt ist, zu durchlaufen, ist eine Evaluation der entwickelten Artefakte notwendig. Im nachfolgenden Kapitel erfolgt daher eine Evaluation der entwickelten Informationsbedarfsprofiltemplates und des Vorgehens zur Erhebung der Informationsbedarfe.

6.4 Evaluation der Informationsbedarfsprofiltemplates und des Vorgehens zur Erhebung von Informationsbedarfen

Im Nachfolgenden wird die fallstudienbasierte Evaluation der Informationsbedarfsprofiltemplates und des Vorgehens zu Erhebung der Informationsbedarfe zur Erstellung und Füllung der Templates beschrieben.

Die Evaluation stützt sich auf zwei Fallstudien sowie einen Workshop. Die Fallstudien wurden in *forschungsbegleitenden Arbeiten* unter Aufsicht des Autors im Zeitraum von Juni 2012 bis April 2013 durchgeführt.[726] Zur Durchführung der Evaluation wurden die Informationsbedarfsprofiltemplates prototypisch, in Form einer Excel-basierten Lösung[727], umgesetzt. Im Folgenden werden zunächst das Evaluationsdesign, anschließend die prototypische Umsetzung sowie die Fallstudien beschrieben. Innerhalb der Beschreibung der Fallstudien werden die zentralen Erkenntnisse dargestellt sowie im Anschluss ein Fazit in Bezug auf das Evaluationsziel gezogen.

---

[725] Die Prüfung und anschließende Anpassung des Informationsangebots, um eine adäquate Informationsversorgung gewährleisten zu können, ist nicht Gegenstand der vorliegenden Arbeit.

[726] Im Folgenden als die *Durchführenden* der Fallstudie bezeichnet. Die Fallstudien wurden im Rahmen von Abschlussarbeiten durchgeführt. In einem Workshop wurden die Vorgehensweisen und Ergebnisse mit allen Durchführenden diskutiert.

[727] In der Excel-basierten Lösung, im Nachfolgenden auch Excel-basiertes Template genannt, wurden die Teilschritte des Vorgehens prototypisch umgesetzt und eine dynamische Erstellung der aufgabenträgerorientierten Informationsbedarfsprofiltemplates realisiert. Die Durchführenden der Fallstudien konnten zudem unternehmensspezifische, situative Anpassungen der prototypischen Realisierung vornehmen.

6.4.1 Evaluationsdesign

Zur Evaluation[728] der Informationsbedarfsprofiltemplates und des Vorgehens zur Erhebung der Informationsbedarfe werden zunächst das Evaluationsobjekt, das -ziel und die -methode(n) bestimmt sowie ein Bezugsrahmen erstellt.

In der Evaluation sind die *Evaluationsobjekte* die entwickelten Informationsbedarfsprofiltemplates und das entwickelte Vorgehen zur Erhebung der Informationsbedarfe. Die Evaluation verfolgt das *Ziel*, die Anwendbarkeit und Eignung der Informationsbedarfsprofiltemplates sowie des entwickelten Vorgehens zur Gestaltung der Informationsversorgung im Produktionskontext zu prüfen. Hierbei haben die *Evaluationsmethoden* der Fallstudie sowie des Workshops Anwendung gefunden.[729] Die Durchführung der Fallstudien erfolgte in Form von Interviews unter Verwendung der realisierten prototypischen Umsetzung der Informationsbedarfsprofiltemplates bzw. des Vorgehens. Der Workshop erfolgte unter Leitung des Autors mit dem Ziel, die Erfahrungen aus den Fallstudien mit den Durchführenden zu diskutieren. Der *Bezugsrahmen* zur Evaluation ist in der nachfolgenden Abbildung 85 dargestellt.

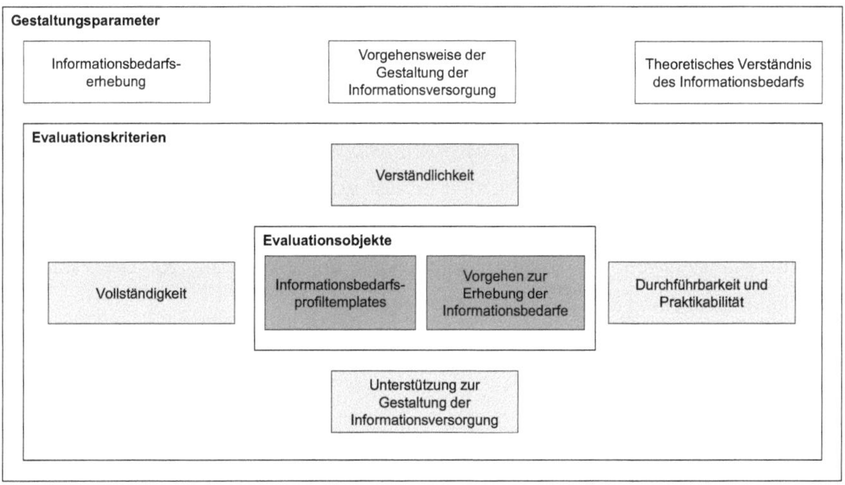

Abbildung 85: Bezugsrahmen der Evaluation [730]

[728] Die Evaluation kann als eine ‚Evaluation gegen den Realitätsabschnitt' eingeordnet werden (vgl. Riege, C. u.a. (2009), S. 75).
[729] Zur Eignung bestimmter Methoden zur Evaluation entwickelter Artefakte gegen den Realitätsabschnitt, Riege, C. u.a. (2009), S. 79ff.
[730] Die Evaluationskriterien, die in der hier dargestellten Evaluation des Vorgehens sowie der Informationsbedarfsprofiltemplates Anwendung gefunden haben, erheben keinen Anspruch auf Vollständigkeit.

In der obigen Abbildung sind, neben den beschriebenen Evaluationsobjekten, die *Evaluationskriterien* dargestellt. Diese beschreiben die Eigenschaften der Evaluationsobjekte, anhand derer geprüft wird, ob das Evaluationsziel erreicht worden ist.[731] Zur Durchführung des vorliegenden Evaluationsprozesses wurden die Evaluationskriterien Verständlichkeit, Durchführbarkeit und Praktikabilität, Vollständigkeit und Unterstützung zur Gestaltung der Informationsversorgung gewählt. Nachfolgend wird kurz auf deren Ausprägung eingegangen.

- *Verständlichkeit*: Mit dem Kriterium der Verständlichkeit soll untersucht werden, ob zum einen vom Durchführenden und zum anderen vom Befragten der Inhalt vollständig und richtig nachvollzogen werden kann.

- *Durchführbarkeit und Praktikabilität*: Das Kriterium der Durchführbarkeit und Praktikabilität zielt darauf ab, zu untersuchen, ob das entwickelte Vorgehen und die Dokumentation im Informationsbedarfsprofiltemplate zeitlich, technisch, organisatorisch sowie konzeptionell realisierbar sind.

- *Vollständigkeit*: Mit dem Evaluationskriterium der Vollständigkeit soll beleuchtet werden, ob wesentliche Schritte im Vorgehen zur Erhebung des Informationsbedarfs oder Dimensionen des Informationsbedarfs fehlen und ergänzt werden sollten.

- *Unterstützung zur Gestaltung der Informationsversorgung*: Mit diesem Kriterium soll eine allgemeine Einschätzung erfasst werden, wie geeignet die Informationsbedarfsprofiltemplates und das Vorgehen vor dem Hintergrund der unternehmensindividuellen Rahmenbedingungen der Fallstudien zur Unterstützung einer Gestaltung der Informationsversorgung sind.

Anhand der beschriebenen Kriterien wird diskutiert, inwieweit das Evaluationsziel erreicht worden ist.[732]

Die in Abbildung 85 ersichtlichen *Gestaltungsparameter* dienen zur Charakterisierung der Fallstudien. Diese sind in der vorliegenden Evaluation die Art der Informationsbedarfserhebung, die Art der Informationsbedarfsprofile, die Vorgehensweise der Gestal-

[731] vgl. Heinrich, L. (2000), S. 17

[732] Eine Gewichtung der Evaluationskriterien, wie z.T. in der Literatur (vgl. z.B. Heinrich, L. (2000), S. 18) verlangt wird, erfolgt nicht, da in der vorliegenden Arbeit nicht verschiedene Vorgehen miteinander verglichen werden.

tung der Informationsversorgung sowie das theoretische Verständnis des Informationsbedarfs.

- Unter der Art der Informationsbedarfserhebung wird verstanden, ob es sich um ein strukturiertes oder unstrukturiertes Vorgehen der Erhebung handelt.
- Wie in Kapitel 2.4 dargestellt, können die Top-Down- und Bottom-Up-Vorgehensweisen bei der Gestaltung einer Informationsversorgung unterschieden werden. Zum einen wird vom bestehenden Informationsangebot (Bottom-Up) und zum anderen vom Informationsbedarf (Top-Down) ausgegangen.
- Das theoretische Verständnis des Informationsbedarfs wurde in Kapitel 2.2.1 dargestellt. Unterschieden werden kann zum einen zwischen dem Verständnis, dass der Informationsbedarf objektiv für alle Aufgaben, zumeist definiert über Rollen, bestimmt werden kann und zum anderen dem aufgaben-/aufgabenträgerbezogenen Verständnis der vorliegenden Arbeit.

Im Nachfolgenden wird die *Vorgehensweise* der Evaluation zur Erreichung des Evaluationsziels beschrieben. Das Evaluationsziel wurde zunächst in Teilziele zerlegt, durch die nach deren Erreichung auf das Evaluationsziel geschlussfolgert werden kann. In den Fallstudien bestand von Seiten der beteiligten Unternehmen die Aufgabenstellung, Informationsbedarfsprofile zu erstellen. Aus den Vorgehensweisen, wie die jeweiligen Informationsbedarfsprofile erstellt wurden, wird auf die Evaluationsteilziele geschlussfolgert.

Die Informationsbedarfserhebung erfolgte in der *Fallstudie A* strukturiert unter Verwendung des Excel-basierten Templates. Zu dessen Füllung wurde von Seiten des Durchführenden ein detaillierter Fragenkatalog erstellt und in Form von strukturierten Interviews angewendet (strukturiertes Vorgehen). Das Ziel der Informationsbedarfserhebung bei dem Praxispartner bestand darin, den Informationsbedarf unabhängig vom derzeitigen Informationsangebot zu erheben, dies entspricht einer Top-Down-Vorgehensweise. Mit der Anwendung der prototypischen Umsetzung wird das theoretische, aufgabenträgerorientierte Verständnis des Informationsbedarfs verfolgt. Aus *Fallstudie A* kann das vorrangige Evaluationsteilziel, die Inhalte und die Durchführbarkeit der Informationsbedarfsprofile bzw. des Vorgehens zu bestätigen, abgeleitet werden. Evaluationsobjekte sind sowohl das Informationsbedarfsprofiltemplate als auch das Vorgehen zur Erhebung der Informationsbedarfe.

Der Fokus in *Fallstudie B* lag insb. auf der komponentenbasierten Betrachtung des Informationsbedarfs. Analog zur Fallstudie A wurde das Ziel verfolgt den Informationsbedarf unabhängig vom aktuellen Informationsangebot zu erheben (Top-Down-Vorgehensweise). Der durch das strukturierte Vorgehen erhobene Informationsbedarf soll in den strukturierten Informationsbedarfsprofiltemplates dokumentiert werden. Zunächst wurden von dem Durchführenden der Fallstudie die Aufgaben der betreffenden Mitarbeiter analysiert und dokumentiert. Zur Erhebung des Informationsbedarfs wurden leitfadengestützte, semi-strukturierte Interviews geführt. Die Interviews erfolgten mehrstufig. Zunächst wurde in einer ersten Interviewreihe, basierend auf den zuvor identifizierten Aufgaben, die objektive und subjektive Informationsbedarfskomponente nach der Informationsart erfasst.[733] In einer zweiten Interviewreihe erfolgte die Erhebung der zielsystembezogenen, koordinativen und strategiebezogenen Informationsbedarfskomponenten. Innerhalb der *Fallstudie B* kann das Evaluationsteilziel abgeleitet werden, die komponentenbasierte, aufgabenträgerorientierte Dokumentation des Informationsbedarfs zu bestätigen. Evaluationsobjekte sind sowohl die Informationsbedarfsprofiltemplates als auch das Vorgehen zur Füllung derselben.

Tabelle 23 fasst die Gestaltungsparameter und Evaluationsteilziele zusammen.

	Fallstudie A	**Fallstudie B**
Evaluationsteilziel	Inhalte und Durchführbarkeit des Vorgehens bzw. der Informationsbedarfsprofile	Komponentenbasierte, aufgabenträgerorientierte Betrachtung des Informationsbedarfs koordinationsbezogene Informationsbedarfskomponente
Evaluationsobjekt(e)	Informationsbedarfsprofiltemplates und Vorgehen	Informationsbedarfsprofiltemplates und Vorgehen
Informationsbedarfserhebung	strukturiert	strukturiert
Informationsbedarfsprofile	strukturiert (Prototypische Umsetzung)	strukturiert (Prototypische Umsetzung)
Vorgehensweise der Gestaltung der Informationsversorgung	Top-Down-Vorgehensweise	Top-Down-Vorgehensweise
Theoretisches Verständnis des Informationsbedarfs	aufgabenträgerorientiert	aufgabenträgerorientiert

Tabelle 23: Gestaltungsparameter, Evaluationsteilziele und Evaluationsobjekte der Fallstudien

[733] Die Informationsqualität wurde aus zeitlichen Gründen im Rahmen der Fallstudie nicht erhoben.

Durch Erfüllung der beschriebenen Evaluationsteilziele wird die Anwendbarkeit und Eignung der Informationsbedarfsprofiltemplates und des Vorgehens zur Erhebung der Informationsbedarfe zur Verbesserung der Informationsversorgung als bestätigt angenommen.

Innerhalb eines Workshops wurden mit den Durchführenden der Fallstudien deren Erfahrungen mit den Evaluationsobjekten diskutiert. Die Ergebnisse aus der Diskussion werden in Kapitel 6.4.3 beschrieben. Die nachfolgende Graphik stellt den Evaluationsprozess mit den angewendeten Methoden und Teilzielen zusammenfassend dar.

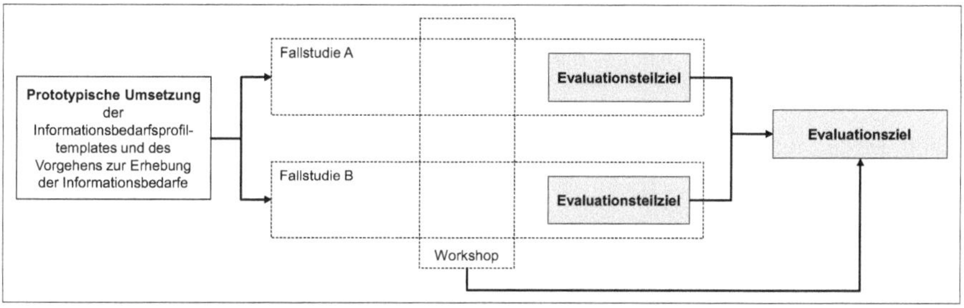

Abbildung 86: Evaluationsprozess

Im nachfolgenden Abschnitt wird auf die prototypische Umsetzung der Informationsbedarfsprofiltemplates und die Teilschritte des entwickelten Vorgehens eingegangen.

6.4.2 Prototypische Umsetzung

Zur Durchführung der oben beschriebenen Evaluation wurden die Informationsbedarfsprofiltemplates und das entwickelte Vorgehen prototypisch umgesetzt. Hierfür wurden die einzelnen Teilschritte des Vorgehens Excel-basiert umgesetzt mit dem Ziel, die aufgabenträgerorientierten Informationsbedarfsprofiltemplates zu erstellen. Im Weiteren wird nun auf die einzelnen Teilschritte des Vorgehens, die in Kapitel 6.3.1 hergeleitet und in Kapitel 6.3.2 zu einem Vorgehen zusammengeführt wurden, eingegangen und deren prototypische Realisierung beschrieben. Abbildung 87 stellt die prototypische Umsetzung dar.

Innerhalb der Fallstudien erfolgt ein *erstmaliges Durchlaufen* des *Vorgehens*, aufgrund dessen wurde der Teilschritt ‚Überwachen der Determinanten‘, welcher dazu dient, nach der erstmaligen Erhebung Änderungen in den Determinanten aufzuzeigen, nicht prototypisch realisiert.

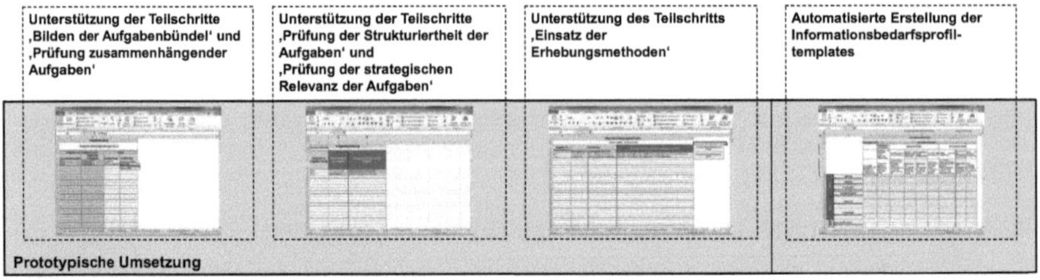

Abbildung 87: Prototypische Umsetzung

Die Teilschritte des Vorgehens wurden jeweils in einem Tabellenblatt realisiert. Die Beschreibung der prototypischen Umsetzung basiert auf dem durchgängigen Beispiel des Aufgabenträgers AT_a aus Kapitel 6.2. Die Excel-basierte Umsetzung ist so gestaltet, dass zur Erstellung des Informationsbedarfsprofiltemplates alle Tabellenblätter durchlaufen werden müssen – hiermit soll eine strukturierte Vorgehensweise erzielt werden. Änderungen sind durch die Benutzer des Templates jederzeit möglich und erwünscht. Die prototypische Umsetzung wird nachfolgend erläutert.

‚Bilden der Aufgabenbündel' sowie ‚Prüfung zusammenhängender Aufgaben'

Die Teilschritte ‚Bilden der Aufgabenbündel' sowie ‚Prüfung zusammenhängender Aufgaben' wurden in einem Tabellenblatt realisiert, da diese durch die Aufgabenanalyse eng miteinander verzahnt sind.

In diesem Tabellenblatt sind die Ergebnisse der Aufgabenanalyse zu dokumentieren. Erfasst werden die Elementaraufgaben und die zugehörigen Teilaufgaben. Bei den jeweiligen Aufgaben ist anzugeben, ob der entsprechende Aufgabenträger jeweils für die Entscheidung und/oder Ausführung zuständig ist. Zu diesem Zweck wurde eine entsprechende Auswahlliste erstellt (vgl. Abbildung 88). Letztgenannter Schritt ist, wie in Kapitel 6.2.1 beschrieben, notwendig zur Identifikation des Koordinationsbedarfs und somit zur Identifikation der koordinationsbezogenen Informationsbedarfskomponente. Im vorliegenden Beispiel des Aufgabenträgers AT_a ist dieser für die Entscheidung (EA_1) der Teilaufgabe 1 sowie für die Ausführung bzw. die Entscheidungsvorbereitung (EA_2) der Teilaufgabe 2 zuständig. In diesem Beispiel besteht der Aufgabenkatalog aus den Elementaraufgaben EA_1 und EA_2. Abbildung 88 zeigt das Tabellenblatt für die beiden Teilschritte ‚Bilden der Aufgabenbündel' sowie ‚Prüfung zusammenhängender Aufgaben' am Beispiel des Aufgabenträgers AT_a.

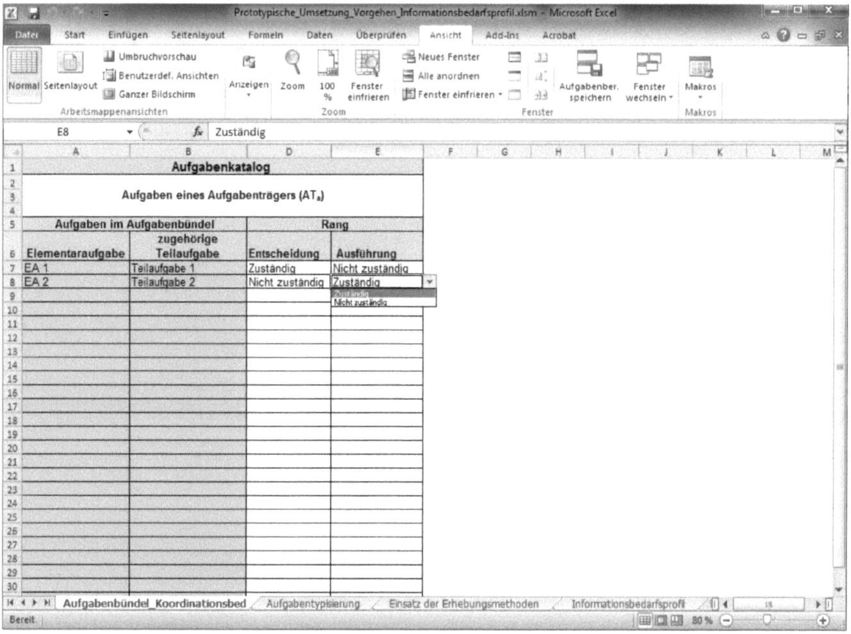

Abbildung 88: Prototypische Realisierung der Teilschritte ‚Bilden der Aufgabenbündel' sowie ‚Prüfung zusammenhängender Aufgaben'

Aufgabentypisierung (‚Prüfung der Strukturiertheit sowie der strategischen Relevanz der Aufgaben')

Die Aufgabentypisierung besteht aus den Teilschritten der ‚Prüfung der Strukturiertheit' sowie der ‚Prüfung der strategischen Relevanz'. Für beide Teilschritte wurden zur Bestimmung des Aufgabentyps in der vorliegenden Arbeit Kriterien identifiziert (vgl. Kapitel 2.2.1 sowie Kapitel 6.2.1). Abbildung 89 zeigt den prototypisch realisierten Teilschritt der Aufgabentypisierung. Für die zuvor identifizierten Elementaraufgaben des Aufgabenkatalogs, hier im Beispiel EA_1 und EA_2, des entsprechenden Aufgabenträgers, hier AT_a, sind jeweils die Strukturiertheit als auch die strategische Relevanz über die Kriterien zu bestimmen.

In der prototypischen Umsetzung erfolgt die Typisierung automatisch (formelbasiert) in die Kategorien ‚strukturiert', ‚semi-strukturiert' und ‚unstrukturiert' bzw. in die Kategorien ‚geringe, mittlere und hohe strategische Relevanz'. Zu diesem Zweck sind die in der Gruppierung befindlichen Kriterien auszufüllen, auf die nachfolgend eingegangen wird.

In Abbildung 90 ist die prototypische Realisierung für die die Strukturiertheit dargestellt. Hier sind jeweils Angaben für jede der Elementaraufgaben zu den Kriterien der Strukturiertheit zu machen: Anzugeben ist, ob der Lösungsweg ‚vorhanden' oder ‚nicht vorhanden' ist und ob die Ursache-Wirkungs-Beziehung ‚bekannt' bzw. ‚unbekannt' ist.

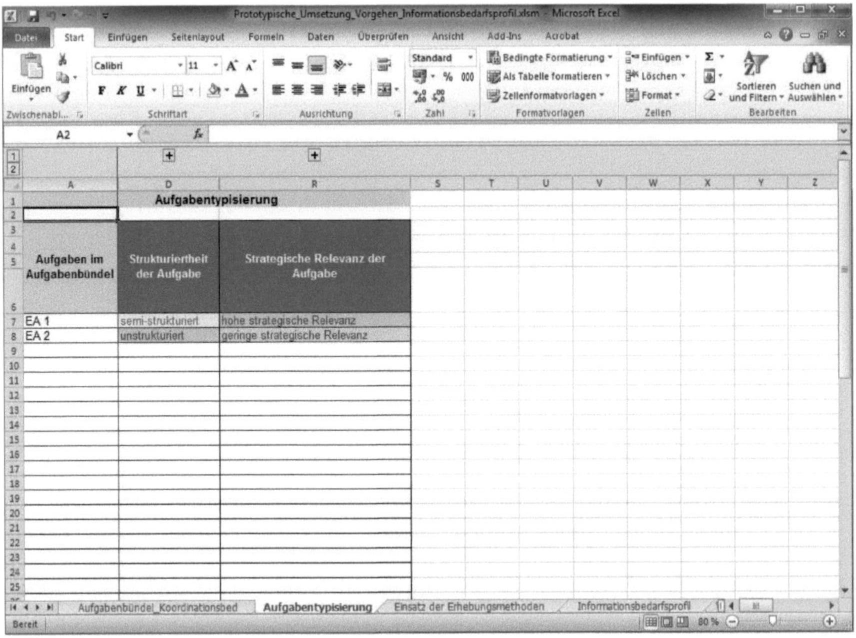

Abbildung 89: Prototypische Realisierung der Aufgabentypisierung

Wie in Kapitel 2.2.1 dargestellt, ist bei Vorliegen beider Kriterien eine Aufgabe ‚strukturiert', bei Vorliegen eines Kriteriums die Aufgabe ‚semi-strukturiert' und ansonsten ‚unstrukturiert'. Im vorliegenden Beispiel des Aufgabenträgers AT_a ist beispielhaft der Lösungsweg der Elementaraufgabe EA_1 ‚nicht vorhanden' sowie die Ursache-Wirkungs-Beziehung ‚bekannt'. Zur Lösung der Elementaraufgabe EA_2 ist sowohl der Lösungsweg ‚nicht vorhanden' als auch die Ursache-Wirkungs-Beziehung ‚nicht bekannt'. Durch Bestimmung der Kriterien der Strukturiertheit für den Aufgabenträger AT_a wird die Strukturiertheit der Elementaraufgabe EA_1 als ‚semi-strukturiert' und die Elementaraufgabe EA_2 als ‚unstrukturiert' bestimmt.

Analog zur Strukturiertheit sind in der Gruppierung zur strategischen Relevanz die hierzu identifizierten Kriterien zusammengefasst. Es ist bei dem jeweiligen Kriterium anzugeben, ob eine Auswirkung, bspw. auf das Time-to-Market oder auf das Finanzkapital, vorliegt (Auswahlliste ‚ja'/'nein'). Nach Anzahl der identifizierten Einzelauswirkungen wird die strategische Relevanz bestimmt.[734]

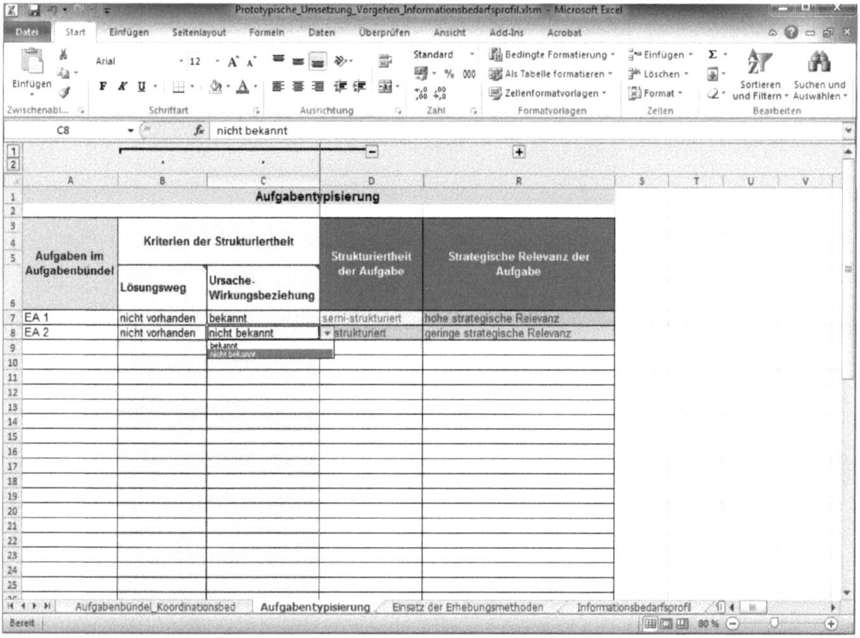

Abbildung 90: Prototypische Realisierung des Teilschritts ‚Prüfung der Strukturiertheit der Aufgaben'

Im Falle des Aufgabenträger AT_a wird angenommen, dass die Elementaraufgabe EA_1 Auswirkungen auf die Preispolitik, das Time-to-Market, die Prozessanforderungen, die Flexibilität und auf das Kapital in Form von Gebäuden und Maschinen hat; aufgrund dessen wird die Elementaraufgabe als eine Aufgabe mit ‚hoher strategischer Relevanz' typisiert. Die Elementaraufgabe EA_2 hat annahmegemäß keine Auswirkungen auf die einzelnen Kriterien der strategischen Relevanz und wird dementsprechend als Aufgabe mit ‚geringer strategischer Relevanz' eingestuft (vgl. Abbildung 91).

[734] In dem hier beschriebenen Template wurde die strategische Relevanz wie folgt bestimmt: keinmal ‚ja' entspricht ‚geringe strategische Relevanz', bis zu sechs Mal ‚ja' ‚mittlere strategische Relevanz' sowie über sechs Mal ‚ja' ‚hohe strategische Relevanz'. Die Gewichtung erfolgte in dem Template beispielhaft. Die Gewichtung ist unternehmensindividuell vorzunehmen.

‚Einsatz der Erhebungsmethoden‘

Innerhalb des Teilschritts ‚Einsatz der Erhebungsmethoden‘ steht die Wahl der geeigneten Erhebungsmethoden im Mittelpunkt. Aus dem vorangegangenen Schritt der Aufgabentypisierung kann die Art der Erhebungsmethoden bestimmt werden.

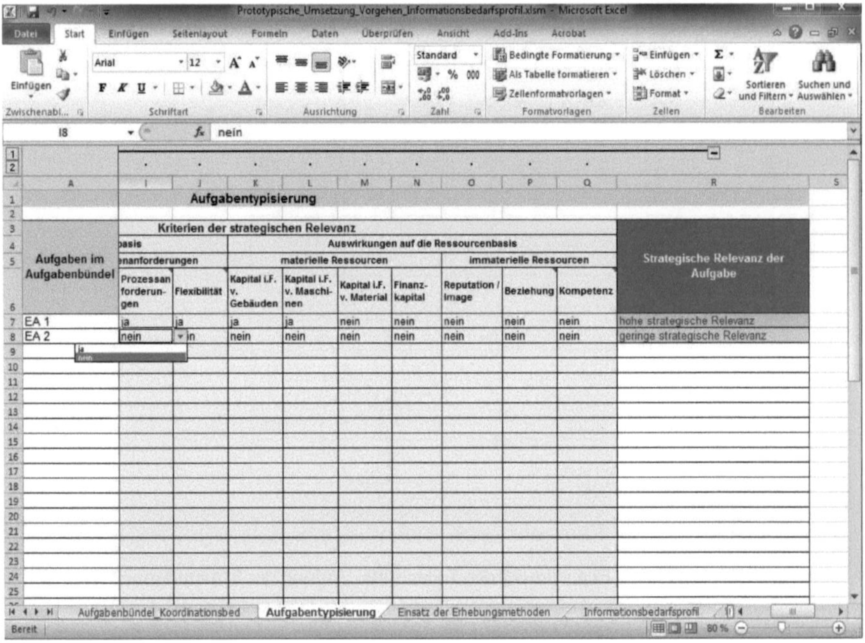

Abbildung 91: Prototypische Realisierung des Teilschritts ‚Prüfung der strategischen Relevanz der Aufgaben‘

In der prototypischen Umsetzung erfolgt dies über eine Übersicht, in der dem Benutzer[735] des Templates die notwendigen Erhebungsmethoden angezeigt werden (vgl. Abbildung 92). Im vorliegenden Beispiel des Aufgabenträgers AT_a sind im Falle der semistrukturierten Elementaraufgabe EA_1 mit hoher strategischer Relevanz Methoden zur Erhebung des objektiven und subjektiven Informationsbedarfs einzusetzen. Zur Bestimmung des Informationsbedarfs der Elementaraufgabe EA_2 sind Methoden zur Erhebung des subjektiven Informationsbedarfs einzusetzen.[736]

[735] Durchführender der Informationsbedarfserhebung

[736] Zur Wahl der geeigneten Erhebungsmethode vgl. Kapitel 6.3.2

Nach Durchlaufen der vorangegangenen Abschnitte liegen die aufgabenträgerorientierten Informationsbedarfskomponenten vor. Diese werden in der prototypischen Umsetzung auf Basis der zuvor getätigten Annahmen automatisch zu einem aufgabenträgerorientierten Informationsbedarfsprofiltemplate zusammengestellt. Hierzu ist die in der Abbildung 92 ersichtliche Schaltfläche ‚Informationsbedarfsprofiltemplate erstellen'[737] zu betätigen. Somit kann im nächsten Schritt das Informationsbedarfsprofiltemplate erstellt und in einem weiteren Schritt gefüllt werden.

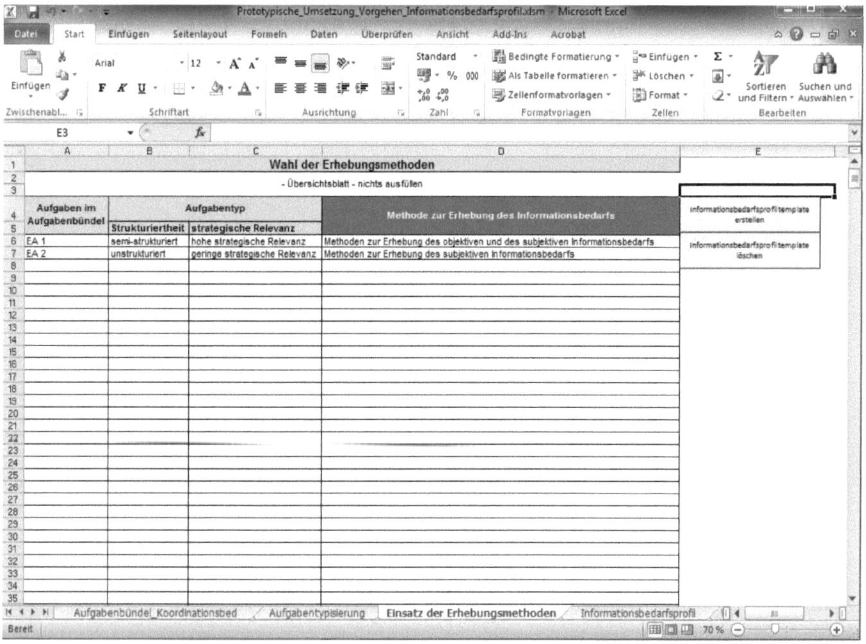

Abbildung 92: Prototypische Realisierung des Teilschritts ‚Einsatz der Erhebungsmethoden'

Informationsbedarfsprofiltemplates

Definitionsgemäß ist das Ziel der Informationsbedarfsprofile, den erhobenen Informationsbedarf strukturiert aufgabenträger- sowie unternehmensindividuell darzustellen. Zu diesem Zweck sind die notwendigen Informationsbedarfskomponenten nach Informationsart und -qualität zu erfassen. Nachfolgend ist das Informationsbedarfsprofiltemplate für den Aufgabenträger AT_a aus dem Beispiel dargestellt. Ein Beispiel für ein ausgefüll-

[737] Zudem wurde eine Schaltfläche ‚Informationsbedarfsprofiltemplate löschen' eingerichtet um ggf. Korrekturen vornehmen zu können.

tes Informationsbedarfsprofiltemplate wird in den Ergebnissen der Fallstudien dargestellt (vgl. Kapitel 6.4.3).

Zur Befriedigung des Informationsbedarfs des Aufgabenträgers AT_a sind die durch die vorangegangenen Teilschritte identifizierten Informationsbedarfskomponenten zu erheben.

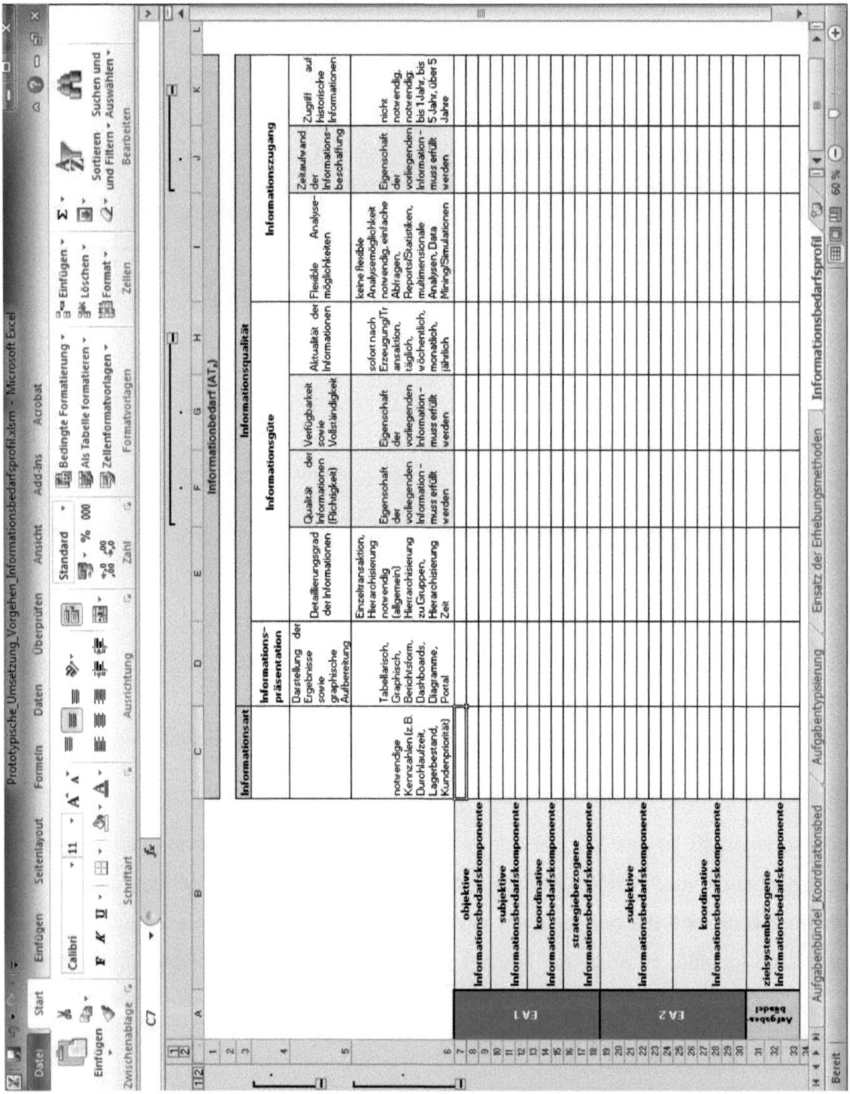

Abbildung 93: Prototypische Realisierung des Informationsbedarfsprofils

Zur Lösung der Elementaraufgabe EA_1 sind die koordinative, die aufgabenbezogene, subjektive und objektive sowie die strategiebezogene Informationsbedarfskomponente notwendig; zur Lösung der Elementaraufgabe EA_2 die koordinative sowie die aufgabenbezogene, subjektive Informationsbedarfskomponente. Daneben befindet sich der Aufgabenträger AT_a in einem Zielsystem. Aufgrund dessen ist die zielsystembezogene Informationsbedarfskomponente, bezogen auf das Aufgabenbündel, zu erheben. Zu allen Komponenten sind mittels der identifizierten Erhebungsmethoden sowohl die Informationsart als auch die Informationsqualität zu bestimmen. Hierzu wurden in der prototypischen Umsetzung als Hilfestellung beispielhafte Ausprägungen der Dimensionen aufgeführt.

Die beschriebene prototypische Umsetzung bildete die Grundlage für die Evaluation der Fallstudien. Im Nachfolgenden wird auf die Beschreibung und die Ergebnisse der Fallstudien eingegangen.

6.4.3 Beschreibung und Ergebnisse der Fallstudien

Die nachfolgenden Ergebnisse der Fallstudien wurden im Rahmen eines Workshops mit den Durchführenden der Informationsbedarfserhebung erhoben.

Fallstudie A

Die Informationsbedarfserhebung in Fallstudie A erfolgte in einem großen Unternehmen der Automobilbranche. Zur Informationsbedarfserhebung wurde die Excel-basierte, prototypische Realisierung eingesetzt. Hierzu hat der Durchführende einen Fragebogen entwickelt, mit dem Ziel die konzipierten Informationsbedarfsprofiltemplates zu füllen. Der Fragebogen wurde bei der Befragung der Aufgabenträger eingesetzt. Das Ziel der Befragung war es, unabhängig vom bestehenden Informationsangebot, den Informationsbedarf zu erheben. Befragt wurden verstärkt Sachbearbeiter unterer Hierarchieebenen, die nahezu keine strukturierten Aufgaben ausführen. Im Folgenden werden die Ergebnisse zu den Evaluationskriterien vorgestellt:

- *Verständlichkeit*: Die Informationsbedarfserhebung erfolgte in Form von strukturierten Interviews. Dafür wurden die zu füllenden Inhalte des Templates von dem Durchführenden in einen Fragenkatalog überführt. Die Aufgabenträger wurden erstmals mit Fragestellungen zur strategischen Relevanz konfrontiert und konnten hier keine vertiefenden Aussagen treffen.

- *Durchführbarkeit und Praktikabilität*: In Fallstudie A wurde es als große Herausforderung empfunden, den aufgabenträgerbasierten Aufgabenkatalog zu erstellen. Die Herausforderung lag insb. in der Trennung von komplexen Aufgaben und der Zuordnung zu den Aufgabenträgern. Die Durchführung der nachfolgenden Teilschritte des Vorgehens sowie die Füllung der Informationsbedarfsprofiltemplates konnte ohne Einschränkungen vorgenommen werden. Die Durchführbarkeit sowie Praktikabilität können somit bestätigt werden.

- *Vollständigkeit*: Innerhalb der Informationsbedarfsprofiltemplates sind Angaben zur quantitativen und qualitativen Informationsart zu machen. Dies wurde als hilfreich empfunden, da qualitative Informationen bislang nicht erfasst wurden. So wurden hier insb. Kontaktinformationen anderer Fachbereiche genannt, die Hinweise auf die koordinative Informationsbedarfskomponente geben. Die Dimensionen zur Informationsqualität wurden von dem Durchführenden als ausreichend empfunden und wurden z.T. unternehmensindividuell bzw. situativ angepasst. Zur Füllung der Informationsart sowie der -qualität der zielsystembezogenen Informationsbedarfskomponente wurde explizit nach dem Zielsystem und dem damit verbunden Informationsbedarf gefragt. Dieser konnte von den Aufgabenträgern bestätigt werden.

- *Unterstützung zur Gestaltung der Informationsversorgung*: Die Informationsbedarfserhebung in dem betrachteten Unternehmen erfolgte vor dem Hintergrund, die Informationsversorgung zu verbessern und Anforderungen an diese abzuleiten. Hierbei sollten aufgabenträgerindividuelle Informationsbedarfsprofile erstellt werden. Es kann festgehalten werden, dass sich aufgrund der detaillierten, strukturierten Befragung unterschiedliche Profile für die Aufgabenträger ergeben haben. Die Aufgabenträger führen in dem betreffenden Unternehmen zum größten Teil die gleiche Rolle aus. Ein Standardberichtwesen erscheint vor diesem Hintergrund als schwierig. Aus den erstellten Informationsbedarfsprofilen wurden die Anforderungen an die Informationsversorgung abgeleitet. Somit kann deren Eignung bestätigt werden.

Aus der Fallstudie A können die folgenden Erkenntnisse formuliert werden:

E1: Zur Ableitung von Anforderungen an eine Informationsversorgung sind strukturierte Informationsbedarfsprofile notwendig.

E2: Innerhalb der Informationsbedarfserhebung ist eine Differenzierung nach Informationsart und -qualität sinnvoll.
E3: Zur Befriedigung des Informationsbedarfs ist die Erstellung aufgabenträgerorientierter Informationsbedarfsprofile notwendig.
E4: Zur Befriedigung des Informationsbedarfs unstrukturierter Aufgaben ist eine Pull-Informationsversorgung sinnvoll.

Fallstudie B

Die Informationsbedarfserhebung in Fallstudie B erfolgte in einem großen Unternehmen der IT-Branche[738], das sowohl Hardware herstellt als auch damit verbundene Dienstleistungen anbietet. Grundlage der Informationsbedarfserhebung war die Excel-basierte, prototypische Realisierung. In der Fallstudie B wurde von dem Durchführenden zu diesem Zweck eine mehrstufige Interviewreihe konzipiert. Zunächst wurde eine Aufgabenanalyse und – zum besseren Verständnis – eine Prozessanalyse durchgeführt, um die Aufgaben der Aufgabenträger zu identifizieren. Dieser aufgabenträgerbezogene Aufgabenkatalog wurde in einem ersten Interview mit den Beteiligten besprochen und anschließend wurden die Aufgaben nach der Strukturiertheit und strategischen Relevanz typisiert. Darauf folgend wurde in weiteren Interviews die Informationsart, vorerst ohne Berücksichtigung der koordinativen, zielbezogenen und strategischen Informationsbedarfskomponente, für die identifizierten Aufgaben erhoben. Abschließend wurde in weiteren Interviews auf die weiteren Informationsbedarfskomponenten eingegangen. Das Ziel der Informationsbedarfserhebung in Fallstudie B war es, rollenbasierte Informationsbedarfsprofile zu erstellen, die in dem Unternehmen zur Einarbeitung neuer Mitarbeiter eingesetzt werden sollen. Die Erhebung erfolgte losgelöst von einem derzeitigen und zukünftigen Informationsangebot (Top-Down-Vorgehensweise). Befragt wurden Aufgabenträger der untersten Hierarchieebene, die sowohl strukturierte als auch unstrukturierte Aufgaben ausführen. Im Folgenden werden die Ergebnisse zu den Evaluationskriterien vorgestellt:

- *Verständlichkeit*: Von dem Durchführenden und von den befragten Aufgabenträgern wurde die Vorgehensweise zur Erhebung der Informationsbedarfe verstanden. Erhoben wurde aus zeitlichen Gründen lediglich die Informationsart, weshalb zur Verständlichkeit der Dimensionen der Informationsqualität an dieser

[738] Die IT-Branche wird der Branche ‚Datenverarbeitungsgeräte, Elektrotechnik, Elektronik, Feinmechanik, Optik' zugerechnet.

Stelle keine Aussage getroffen werden kann. Die Typisierung nach der strategischen Relevanz wurde in der Fallstudie B von dem Durchführenden vorgenommen und mit den Befragten diskutiert. Dies erwies sich als herausfordernd, da in dem betreffenden Unternehmen eine mangelnde Kommunikation der Strategie in die unteren Hierarchieebenen besteht.[739] Als problematisch hat sich die Typisierung nach Strukturiertheit erwiesen. Diese wurde von dem Durchführenden und den jeweiligen Aufgabenträgern verschieden eingestuft.

- *Durchführbarkeit und Praktikabilität*: Die größte Herausforderung – in organisatorischer und zeitlicher Hinsicht – wurde von dem Durchführenden in der Identifikation der Aufgaben gesehen. Von dem Durchführenden wurde an dieser Stelle eine Prozessanalyse als hilfreich empfunden, die als Gesprächsgrundlage mit den Aufgabenträgern angewendet wurde. Das Vorgehen einschließlich der Erstellung der Informationsbedarfsprofile wird als machbar und notwendig empfunden. Insbesondere ist dies im Rahmen von Zielvereinbarungsgesprächen organisatorisch verankerbar.
- *Vollständigkeit*: Das Vorgehen und das Informationsbedarfsprofiltemplate werden von dem Durchführenden als vollständig empfunden.
- *Unterstützung zur Gestaltung der Informationsversorgung*: Dazu kann aufgrund der Zielsetzung Informationsbedarfsprofile zur Einarbeitung neuer Mitarbeiter zu erstellen, keine Aussage getroffen werden.

Die Erkenntnisse E3 und E4[740] aus der zuvor beschriebenen Fallstudie können ebenfalls durch die Fallstudie B bestätigt werden, darüber hinaus können die folgenden zentralen Erkenntnisse ergänzt werden:

E5: Ein rollenbasierter Informationsbedarf erscheint lediglich für strukturierte Aufgaben sinnvoll. Rollenbasierte Informationsbedarfsprofile müssen in einem weiteren Schritt um den aufgabenträgerbezogenen Informationsbedarf der unstrukturierten Aufgaben ergänzt werden.

E6: Eine komponentenbasierte, aufgabenträgerorientierte Betrachtung des Informationsbedarfs ist sinnvoll.

---

[739] Die Umsetzung der Strategie wird in dem betreffenden Unternehmen über ein zielbezogenes Entlohnungssystem realisiert (40% des Einkommens).

[740] Die Erkenntnisse E1 und E2 wurden in der Fallstudie nicht thematisiert.

Die nachfolgenden Abbildungen zeigen exemplarisch und anonymisiert Ergebnisse aus den Fallstudien.

Aufgaben im Aufgabenbündel	Strukturiertheit der Aufgabe	Strategische Relevanz der Aufgabe	Methode zur Erhebung des Informationsbedarfs
Funnel angeben	semi strukturiert	geringe strategische Relevanz	Methoden zur Erhebung des objektiven und subjektiven Informationsbedarfs
Commit angeben	semi strukturiert	geringe strategische Relevanz	Methoden zur Erhebung des objektiven und subjektiven Informationsbedarfs
Forecast analysieren	semi strukturiert	geringe strategische Relevanz	Methoden zur Erhebung des objektiven und subjektiven Informationsbedarfs
Ziele definieren	unstrukturiert	mittlere strategische Relevanz	Methoden zur Erhebung des subjektiven Informationsbedarfs
Time&Labor pflegen	strukturiert	geringe strategische Relevanz	Methoden zur Erhebung des objektiven Informationsbedarfs
Urlaubsplanung vornehmen	strukturiert	geringe strategische Relevanz	Methoden zur Erhebung des objektiven Informationsbedarfs

Abbildung 94: Beispiel einer Aufgabentypisierung aus einer Fallstudie der Evaluation (anonymisiert)

In Abbildung 94 ist ein Aufgabenkatalog mit der entsprechenden Aufgabentypisierung ersichtlich. Abbildung 95 zeigt ein exemplarisches Informationsbedarfsprofil für einen Projektleiter aus der Produktentwicklung.

Mit der Durchführung der Evaluation konnte anhand der Evaluationskriterien die Zielsetzung, die Anwendbarkeit und Eignung des entwickelten Vorgehens sowie der Informationsbedarfsprofiltemplates zur Gestaltung der Informationsversorgung bestätigt werden.

Neben den zwei Fallstudien, die im Rahmen der Evaluation durchgeführt wurden, konnte in einem weiteren Unternehmen der Prozess der Informationsbedarfsprofilerstellung begleitet werden.[741] In dem betreffenden Unternehmen erfolgte die Erhebung des Informationsbedarfs mittels semi-strukturierter Interviews. Zu diesem Zweck wurde von dem betrachteten Unternehmen ein Interviewleitfaden mit wenigen, offenen und allgemeinen Fragen eingesetzt. Das vorrangige Ziel bei dem industriellen Unternehmen bestand darin, die gewachsene IT-Landschaft und die hierdurch entstandene Informationsüberflutung der Aufgabenträger und den Administrationsaufwand des bestehenden rollenbasierten Berichtswesens zu reduzieren. Gleichzeitig bestand das Ziel, die Infor-

[741] Hierbei handelt es sich ebenfalls um eine forschungsbegleitende Arbeit, die von dem Autor der vorliegenden Arbeit mitbegleitet wurde.

mationsqualität der Berichte zu erhöhen.[742] Es wurde bottom-up von dem verfügbaren Informationsangebot ausgegangen.

	Informationbedarf: Projektleiter Produktentwicklung						
	Informationsart	Informationsqualität					
		Informations-präsentation	Informationsgüte		Informationszugang		
		Darstellung der Daten	Detaillierungsgrad der Daten	Aktualität der Daten	Analyse- / Aufbereitungs-möglichkeiten	Dauer der Historisierung	Bereitstellungszeit
Aufgabe							
Koordination von Produktänderungen im Änderungsjahr	Teileinformationen, Reifegrad	Tabelle	je Teil	tagesaktuell	Kommentarfeld; Filter-, Sortier- und Gruppierfunktion	Historisierung nicht notwendig	täglich
	Anzahl Teile	Säulendiagramm	Aggregation auf Reifegrad	tagesaktuell	-	Historisierung nicht notwendig	täglich
	Teileinformationen der Produktänderungen	Tabelle	je Teil	tagesaktuell	Filterung / Gruppierung nach Phase	Historisierung nicht notwendig	täglich
Koordination zu anderen Phasen dieser Aufgabe							
Koordination Produktänderungen im Änderungsjahr (Berichtserstattung)	Anzahl Produktänderungen gesamt	Liniendiagramm; über Zeitverlauf	Aggregation auf Monat	monatlich	Angabe der Meilensteine	ab Projektstart bzw. Produktänderungspflicht	monatlich
	Anzahl Produktänderungen erstellt	Säulendiagramm; über Zeitverlauf	Aggregation auf Monat	monatlich	Angabe der Meilensteine	ab Projektstart bzw. Produktänderungspflicht	monatlich
	Anzahl Teile	Liniendiagramm; über Zeitverlauf	Aggregation auf Monat	monatlich	Angabe der Meilensteine	ab Zeitpunkt Festlegung der Produktänderungsmaßnahmen	monatlich
	Anzahl Teile Reife-grad produktionsreif	Säulendiagramm; über Zeitverlauf	Aggregation auf Monat und Reifegrad	monatlich	Angabe der Meilensteine	ab Zeitpunkt Festlegung der Produktänderungsmaßnahmen	monatlich
	Anzahl Teile gesamt	Säulendiagramm; über Zeitverlauf	Aggregation auf Monat	monatlich	Angabe der Meilensteine	ab Zeitpunkt Festlegung der Produktänderungsmaßnahmen	monatlich
	Anzahl Teile Reife-grad produktionsreif	Säulendiagramm; über Zeitverlauf	Aggregation auf Monat und Reifegrad	monatlich	Angabe der Meilensteine	ab Zeitpunkt Festlegung der Produktänderungsmaßnahmen	monatlich
	Anzahl Teile gesamt	Säulendiagramm; über Zeitverlauf	Aggregation auf Monat	monatlich	Angabe der Meilensteine	ab Zeitpunkt Festlegung der Produktänderungsmaßnahmen	monatlich
	Anzahl Maßnahmen	Liniendiagramm; über Zeitverlauf	Aggregation auf Monat	monatlich	Angabe der Meilensteine	ab Zeitpunkt Festlegung der Produktänderungsmaßnahmen	monatlich
Bezug zum Zielsystem							
	Produktänderungen mit Teileinformationen und Reifegrad	Tabelle	je Teil	tagesaktuell	-	Historisierung nicht notwendig	täglich

Abbildung 95: Beispiel eines Informationsbedarfsprofils aus einer Fallstudie der Evaluation (anonymisiert)

Als problematisch erwies es sich im Anschluss an die Informationsbedarfserhebung, vergleichbare Informationsbedarfsprofile zu erstellen und Anforderungen an eine IT-basierte Informationsversorgung abzuleiten. Als Konsequenz war es im beschriebenen Fall notwendig, eine zweite Erhebung durchzuführen. Hierbei handelte es sich insb. um aufgabenträgerbasierte Informationen.

Der letztgenannte Fall unterstreicht nochmals die Notwendigkeit sowohl einer strukturierten, aufgabenträgerorientierten Dokumentation des Informationsbedarfs als auch

[742] Zur Erhöhung der Qualität der rollenbasierten Berichte, werden diese durch eine aufgabenträgerindividuelle Aufbereitung, wie bspw. durch Veränderung des Detaillierungsgrads, modifiziert.

eines strukturiertes Vorgehen mit konkreter Zielsetzung, um hieraus konkrete Anforderungen an eine informationstechnische Realisierung ableiten zu können.

7. Informationsversorgungskonzept für den Produktionsbereich auf der Ebene des Managements der Informationssysteme

Im vorangegangenen Kapitel wurden der 1. und 2. Teilbereich des Konzepts auf der Ebene des Managements der Informationswirtschaft entwickelt und evaluiert. Mit der Evaluation des Informationsbedarfsprofiltemplates und dem Vorgehen zur Erhebung der Informationsbedarfe konnte die Notwendigkeit einer aufgabenträgerbasierten Informationsversorgung in industriellen Unternehmen untermauert werden.

Die Informationsbedarfsprofiltemplates zeigen zum einen, dass der Informationsbedarf von Aufgabenträgern dynamisch ist. Zum anderen wurde bestätigt, dass Aufgabenträger individuelle Informationsbedarfe haben. Hierbei konnte gezeigt werden, dass dies sowohl in der Informationsart als auch in der Informationsqualität zu berücksichtigen ist. Aus den Informationsbedarfen der Aufgabenträger werden die Anforderungen an eine notwendige Informationsversorgung abgeleitet. Im Folgenden wird daher der dritte Bestandteil des Informationsversorgungskonzepts, die BI-basierte informationstechnische Realisierung, auf der Ebene des Managements der Informationssysteme (vgl. Abbildung 67) erarbeitet. Dafür werden, basierend auf den theoretischen Grundlagen und den empirischen Ergebnissen, Anforderungen an eine informationstechnische Realisierung abgeleitet (Kapitel 7.1) und anschließend in Kapitel 7.2 die hierfür notwendigen Bestandteile einer BI-basierten informationstechnischen Realisierung identifiziert. In Kapitel 7.3 wird ein Ansatz ausgearbeitet, der die Überführung der entwickelten Informationsbedarfsprofiltemplates in eine BI-basierte informationstechnische Realisierung thematisiert.

7.1 Anforderungen an den Konzeptteilbereich auf der Ebene des Managements der Informationssysteme

Im Verlauf der Arbeit konnte gezeigt werden, dass eine Trennung des operativen und dispositiven Bereichs in Bezug auf die Informationsversorgung aufgrund der beschriebenen Dezentralisierung nicht sinnvoll ist. Aufgabenträger operativer Bereiche führen nach den organisatorischen Neustrukturierungen dispositive Aufgaben von potentiell weitreichender Bedeutung zur Unternehmenszielerreichung aus, deren Informationsbedarf durch eine adäquate informationstechnische Realisierung befriedigt werden muss.

Aktuelle Bestrebungen, die die informationstechnische Trennung der betriebswirtschaftlichen sowie der technischen Anwendungssysteme überbrücken wollen, zeigen zudem die Notwendigkeit, die etablierte Form der Informationsversorgung zu überprüfen. Hier sind insb. die in Kapitel 1.4 und 3.4 thematisierten MES zu nennen.

Basierend auf den bisherigen Erkenntnissen werden die Anforderungen an eine informationstechnische Realisierung abgeleitet. Die Anforderungen basieren auf den theoretischen Grundlagen sowie den empirischen Ergebnissen und sind mit den jeweiligen Annahmen der empirischen Studie, aus denen diese abgeleitet wurden, in Tabelle 24 dargestellt. Auf jede der Anforderungen wird im Folgenden eingegangen.

Anforderungen an eine informationstechnische Realisierung		
Bezeichnung		**Annahme(n)**
2-1	Bereitstellen einer Integrationsschicht	A_5, A_7, A_8
2-2	Historisierung für Analysezwecke	A_9
2-3	Bereitstellen echtzeitnaher Informationen	A_{10}
2-4	Bereitstellen einer Push- und Pull-Informationsversorgung	A_{12}

Tabelle 24: Anforderungen an die Ebene des Managements der Informationssysteme

- Anforderung 2-1: Bereitstellen einer Integrationsschicht

Zur Unterstützung der Aufgabenträger bei der Ausführung semi- und unstrukturierter Aufgaben mit potentiell weitreichender Bedeutung zur Unternehmenszielerreichung ist eine Informationsversorgung notwendig, die technisch operative und betriebswirtschaftliche Daten integriert.

Anforderung 2-1: Zur Befriedigung des Informationsbedarfs der Aufgabenträger im Produktionsbereich ist die Bereitstellung einer Integrationsschicht notwendig.

- Anforderung 2-2: Historisierung für Analysezwecke

Die empirischen Ergebnisse zeigen, dass historische Daten bislang nicht für Analysezwecke eingesetzt werden.[743] Zur Unterstützung der Aufgabenträger bei der Lösung von Aufgaben mit einem dispositiven Anteil spielen historische Informationen eine elementare Rolle, um die Auswirkungen von Entscheidungen anhand von vergangenheitsbezogenen Daten beurteilen zu können.

[743] In den befragten Unternehmen wird bislang eine, zumeist gesetzlich vorgeschriebene, Archivierung durchgeführt. Mit der Archivierung wird das Ziel verfolgt, im Bedarfsfall Datenbereiche mittels Sicherungskopien wiederherstellen zu können (vgl. Kemper, H.-G. u.a. (2010), S. 71).

Anforderung 2-2: Insb. vor dem Hintergrund der Dezentralisierung ist zur Unterstützung der Aufgabenträger im Produktionsbereich eine Historisierung und Bereitstellung von historischen Informationen notwendig.

- Anforderung 2-3: Bereitstellen echtzeitnaher Informationen

Eine Bereitstellung echtzeitnaher Informationen muss in Abhängigkeit des identifizierten Informationsbedarfs erfolgen. Eine informationstechnische Realisierung sollte alle Anforderungen aus den aufgabenträgerorientierten Informationsbedarfsprofilen befriedigen können.

Anforderung 2-3: Eine informationstechnische Realisierung für den Produktionsbereich muss eine Bereitstellung echtzeitnaher, relevanter Informationen ermöglichen.

- Anforderung 2-4: Bereitstellen einer Push- und Pull-Informationsversorgung

Die Informationsbereitstellung, die nach dem Push- oder Pull-Ansatz gestaltet werden kann, muss entsprechend dem identifizierten Informationsbedarf erfolgen.

Anforderung 2-4: Eine informationstechnische Realisierung für den Produktionsbereich muss eine Bereitstellung sowohl nach dem Push- als auch nach dem Pull-Ansatz ermöglichen.

Die Anforderungen auf der Ebene des Managements der Informationssysteme zeigen deutlich, dass im Vorfeld der Gestaltung der informationstechnischen Realisierung die entsprechenden Informationsbedarfe erhoben und dokumentiert worden sein müssen, um die Anforderungen an die informationstechnische Realisierung umsetzen zu können.

Dispositive Systeme, insb. BI/DWH-Lösungen, können die oben beschriebenen Anforderungen an eine informationstechnische Realisierung erfüllen. DWH-Lösungen zeichnen sich durch eine Integrationsfunktion verteilter und verschieden strukturierter Daten aus (Anforderung 2-1). Des Weiteren liefern BI/DWH-Lösungen etablierte Historisierungskonzepte, die im dispositiven Bereich erfolgreich zu Analysezwecken eingesetzt werden (Anforderung 2-2). Eine Echtzeitinformationsversorgung (Anforderung 2-3) sowie eine Informationsbereitstellung nach dem Push- bzw. Pull-Ansatz (Anforderung 2-4) können mit geeigneten DWH-Architekturen ebenfalls umgesetzt werden.

Aufgrund der obigen Ausführungen wird eine informationstechnische Lösung erarbeitet, welche basierend auf BI konzipiert wird.

7.2 Bestandteile einer BI-basierten informationstechnischen Realisierung

Im Nachfolgenden werden in Anlehnung an den in Kapitel 2.3.2 vorgestellten BI-Ordnungsrahmen die für eine mögliche informationstechnische Realisierung notwendigen Bestandteile hergeleitet.

Dies erfolgt strukturiert nach der Unterteilung des Gestaltungsbereichs der vorliegenden Arbeit in die Gestaltungsebenen ‚Zugriff/Verteilung', ‚Analyse/Aufbereitung' sowie ‚Datenbasis'.

Notwendige Bestandteile der Gestaltungsebene ‚Zugriff/Verteilung'

Im Rahmen der Arbeit konnte bislang gezeigt werden, dass die Erstellung aufgabenträgerindividueller Informationsbedarfsprofile notwendig ist. Dies erfordert eine auf die Aufgabenträger abgestimmte, flexible Informationsversorgung. Eine Möglichkeit ist die Einrichtung aufgabenträgerindividueller Analysepfade. Mit der Einrichtung eines *BI-Portals* können den Aufgabenträgern personalisierte Benutzeroberflächen zur Verfügung gestellt werden, die einen zentralisierten und strukturierten Informationszugriff auf das – durch die Informationsbedarfsprofile identifizierte – notwendige Informationsangebot ermöglichen. Die Grundlage des aufgabenträgerindividuellen Portalzugriffs bilden die aus dem Informationsbedarfsprofil abgeleiteten Anforderungen. Je nach Anforderung werden externe sowie interne Datenquellen integriert, ein Zugriff auf bestimmte Analysesysteme eingerichtet und vorgefertigte Berichte zur Verfügung gestellt.

Notwendige Bestandteile der Gestaltungsebene ‚Analyse/Aufbereitung'

Weiterhin gilt es zu überprüfen, ob eine Reporting-Lösung im Sinne eines Standardberichtswesens für den Produktionsbereich vor dem Hintergrund der identifizierten Informationsbedarfskomponenten hinreichend ist. Subjektive Informationsbedarfskomponenten können sich bei Veränderungen des Wissensstands, der Qualifikation oder der Erfahrung des betreffenden Aufgabenträgers ändern. Da es sich hier um einen kontinuierlichen Lernprozess handeln kann, der jeweilige Änderungen in der Reporting-Lösung nach sich ziehen würde, bietet sich aufgrund dessen zur Lösung unstrukturierter Aufgaben die Einrichtung von *Ad-hoc Analysesystemen*, wie bspw. *OLAP*, an. Weitere Datenzugriffe über freie Datenrecherchen oder modellgestützte Analysesysteme sind denkbar[744], jedoch wird angenommen, dass die Aufgabenträger im Produktionsbereich den Analytikern bzw. den Informationskonsumenten zuzuordnen sind. Hier steht die

[744] vgl. Kemper, H.-G. u.a. (2010), S. 89

fachliche Problemstellung und ein benutzerfreundlicher Informationszugriff im Mittelpunkt (vgl. Kapitel 2.3.2.3).

Mittels eines selbständigen Daten- bzw. Informationszugriffs wird der Aufgabenträger in die Lage versetzt, nach Änderungen der subjektiven Informationsbedarfskomponente selbständig und flexibel die notwendigen Informationen abzufragen (Pull-Informationsversorgung). Die Informationsversorgung der objektiven Informationsbedarfskomponente kann über eine entsprechende Reporting-Lösung hinreichend sein (Push-Informationsversorgung).[745] Die strategiebezogene sowie die zielsystembezogene Informationsbedarfskomponente haben insb. Einfluss auf die Gestaltungsebene der ‚Datenbasis'.

Notwendige Bestandteile der Gestaltungsebene ‚Datenbasis'

Zur Lösung von Aufgaben, bei deren Ausführung strategische Konformität von Bedeutung ist, sind in der Regel vergangenheitsbezogene Informationen zweckmäßig, um aus vergangenen Entscheidungen und deren Auswirkungen Rückschlüsse auf die jetzige Situation ziehen zu können. Daneben sind üblicherweise unternehmensweite, interne sowie ggf. externe Informationen notwendig. Der Fokus operativer Systeme besteht zumeist darin, die für die operative Anwendung notwendigen Informationsquellen zu integrieren. Dies erschwert jedoch die beschriebene unternehmensweite Abschätzung der strategischen Auswirkungen. Zu diesem Zweck können etablierte *DWH*-Konzepte eingesetzt werden. Diese erlauben es den Aufgabenträgern, Analysen über die integrierten, dauerhaft abgelegten Daten auszuführen.

Auf Basis der in den Informationsbedarfsprofilen enthaltenen Anforderungen in Bezug auf die Informationsqualität sind geeignete Aktualisierungszyklen und Implementierungsansätze (DWHousing) zu wählen, die eine geforderte *Echtzeitinformationsversorgung* gewährleisten können. Insb. kommt in diesem Zusammenhang eine *ODS*-erweiterte DWH-Architektur zum Tragen. Ein ODS beinhaltet in der Regel aktuelle, transaktionsorientierte Daten, die es ermöglichen, zeitkritische Entscheidungssituationen zu unterstützen.[746]

---

[745] Zum Push-/Pull-Ansatz der Informationsversorgung vgl. Kapitel 2.2.2

[746] Neben den genannten Bestandteilen, werden Anforderungen durch die aufgabenträgerorientierte Informationsversorgung an die BI-Governance gestellt, dies ist jedoch nicht Gegenstand der vorliegenden Arbeit.

Tabelle 25 stellt die Anforderungen an eine informationstechnische Realisierung und die Bestandteile einer BI-beinhaltenden Lösung zusammenfassend dar.

Bestandteile einer informationstechnischen Realisierung		
Anforderung		**Berücksichtigung in der informationstechnischen Realisierung**
2-1	Bereitstellen einer Integrationsschicht	DWH
2-2	Historisierung für Analysezwecke	DWH, OLAP
2-3	Bereitstellen echtzeitnaher Informationen	DWHousing, ODS
2-4	Bereitstellen einer Push- und Pull-Informationsversorgung	OLAP, Reporting

Tabelle 25: Berücksichtigung der Anforderungen an eine informationstechnische Realisierung im Produktionskontext

7.3 Ansatz zur Ableitung von Anforderungen aus den Informationsbedarfsprofiltemplates zur Gestaltung einer BI-basierten Informationsversorgung

Aus den aufgabenträgerorientierten Informationsbedarfen werden fachliche, produktionsbezogene Anforderungen an eine BI-basierte Informationsversorgung abgeleitet. Abbildung 96 stellt die Top-Down-Vorgehensweise der vorliegenden Arbeit dar.

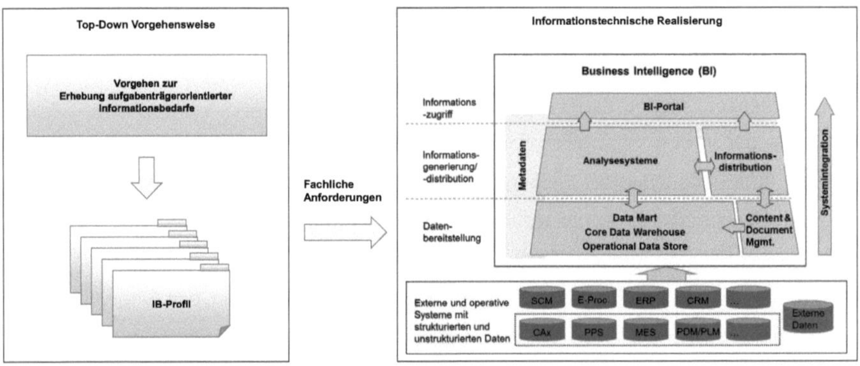

Abbildung 96: Top-Down-Vorgehensweise zur Ableitung der aufgabenträgerorientierten Anforderungen an eine informationstechnische Realisierung[747]

Im Nachfolgenden wird ein Ansatz entwickelt, wie aus den Informationsbedarfsprofiltemplates Anforderungen an eine BI-basierte informationstechnische Realisierung ab-

[747] In Anlehnung an den Ordnungsrahmen nach Kemper, H.-G. u.a. (2010), S. 11; vgl. Kapitel 2.3.2.1

geleitet werden können. In einem aufgabenträgerorientierten Informationsbedarfsprofiltemplate enthalten sind die Informationsbedarfskomponenten sowie zu jeder Komponente die Informationsart und -qualität.

Ableitung der Anforderungen aus den Informationsbedarfskomponenten an eine BI-basierte informationstechnische Realisierung

In einem aufgabenträgerbezogenen Informationsbedarfsprofiltemplate können je nach Aufgabenbündel die objektive, die subjektive, die koordinative, die strategiebezogene und die zielsystembezogene Informationsbedarfskomponente enthalten sein (vgl. Abbildung 97). Auf die einzelnen Komponenten und den Zusammenhang zur BI-basierten informationstechnischen Realisierung wird im Folgenden eingegangen.

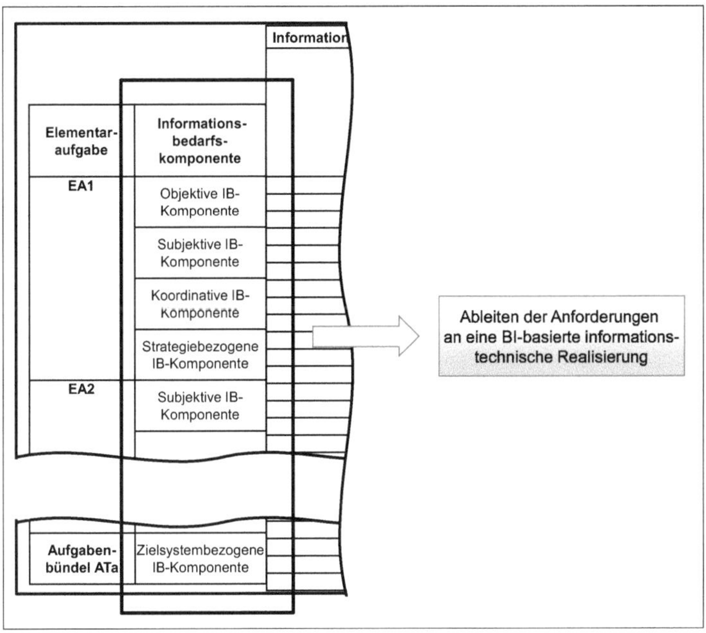

Abbildung 97: Informationsbedarfskomponenten und Gestaltung einer informationstechnischen Realisierung

- Ableiten der Anforderungen aus der objektiven Informationsbedarfskomponente: Durch die aufgabenträgerunabhängige Bestimmung der notwendigen Informationsart und -qualität, wird zur Befriedigung des objektiven Informationsbedarfs eine Push-Informationsversorgung, z.B. durch ein Standardberichtswesen, eingerichtet.

- Ableiten der Anforderungen aus der subjektiven Informationsbedarfskomponente: Subjektive Informationsbedarfskomponenten können, wie die Folgeläufe des entwickelten Vorgehens verdeutlichen, häufigen Änderungen unterliegen. Vor diesem Hintergrund würde eine Push-Informationsversorgung häufigen Änderungen unterliegen. Aufgrund dessen wird in der vorliegenden Arbeit zur Deckung der subjektiven Informationsbedarfskomponente eine Pull-Informationsversorgung, z.B. in Form eines flexiblen Informationszugriffs, vorgeschlagen. Die sich ergebenden Veränderungen in Informationsart und/oder -qualität können somit vom Aufgabenträger angepasst werden.

- Ableiten der Anforderungen aus der koordinativen Informationsbedarfskomponente: Koordinative Informationsbedarfskomponenten bedingen einen Wissensaustausch zwischen den Aufgabenträgern. Hierzu kann sowohl eine Pull- als auch eine Push-Informationsversorgung realisiert werden. Eine weitere Möglichkeit bietet die Unterstützung durch Wissensmanagementsysteme. Die entsprechende Lösung ist abhängig von den Dimensionen der erhobenen Informationsqualität, auf die weiter unten eingegangenen wird.

- Ableiten der Anforderungen aus der strategie- und zielsystembezogenen Informationsbedarfskomponente: Aufgaben mit mittlerer und hoher strategischer Relevanz bedürfen in der Regel zur Abschätzung der strategischen Auswirkungen historischer, unternehmensweiter Daten. Eine mögliche Lösung ist eine Pull-Informationsversorgung, wie z.B. ein flexibler Zugriff auf dispositive, historische Daten. Die Informationen sind zumeist in den dispositiven Systemen industrieller Unternehmen zu finden. Bei der informationstechnischen Realisierung ist darauf zu achten, dass den Aufgabenträgern operativer Bereiche ein Zugriff auf die als notwendig identifizierten Informationen der dispositiven Systeme ermöglicht wird.

Die Ausführungen zu den Informationsbedarfskomponenten machen deutlich, dass aus der Zusammensetzung der Informationsbedarfskomponenten im Informationsbedarfsprofiltemplate Anforderungen an die Gestaltung der Informationsversorgung abgeleitet werden können. Insb. wird die Art – Push- oder Pull-Ansatz – der Informationsbereitstellung bestimmt. In der Abbildung 98 wurde das Lebenszyklusmodell um die beschriebenen Erkenntnisse erweitert.

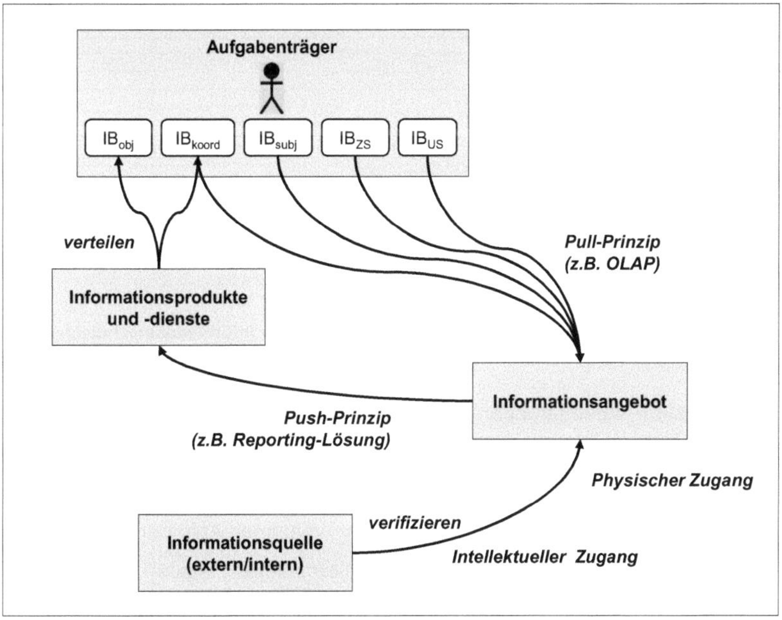

Abbildung 98: Ableiten der Art der Informationsbereitstellung aus den Informationsbedarfskomponenten[748]

Im Nachfolgenden wird auf den Zusammenhang zwischen den Inhalten des Informationsbedarfsprofils zur Informationsart und -qualität und der BI-basierten informationstechnische Realisierung eingegangen.

Ableitung der Anforderungen aus der Informationsart und der -qualität an eine BI-basierte informationstechnische Realisierung

In einem Informationsbedarfsprofiltemplate ist zu jeder Informationsbedarfskomponente sowohl die Informationsart als auch die Informationsqualität zu erheben (vgl. Abbildung 99). Nachfolgend wird der Zusammenhang zwischen der Informationsart sowie den Kategorien der Informationsqualität, der Informationspräsentation, der -güte und dem -zugang und der BI-basierten informationstechnischen Realisierung dargelegt.

[748] In Anlehnung an das Lebenszyklusmodell vgl. Picot, A. u.a. (2003), S. 194, vgl. Levitan, K. B. (1982), S. 47. Zum Lebenszyklusmodell vgl. Kapitel 2.2.2. Legende: IB_{obj}=objektive Informationsbedarfskomponente; IB_{subj}=subjektive Informationsbedarfskomponente; IB_{koord}=koordinative Informationsbedarfskomponente; IB_{ZS}=zielsystembezogene Informationsbedarfskomponente; IB_{US}=strategiebezogene Informationsbedarfskomponente.

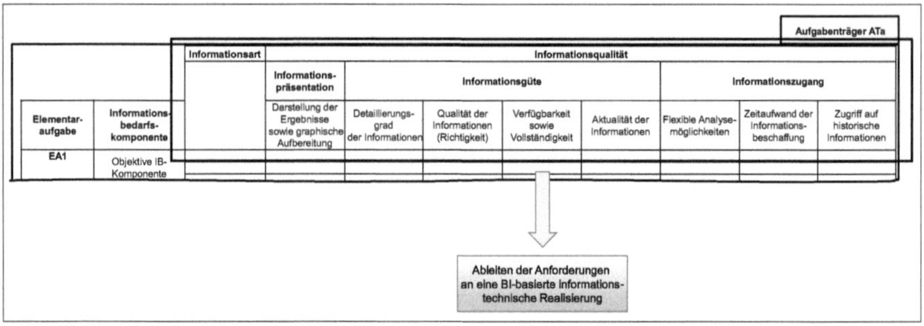

Abbildung 99: Informationsart und -qualität und Gestaltung einer informationstechnischen Realisierung

- Ableiten der Anforderungen aus der Informationsart: Aus der Informationsart können die notwendigen Informationsquellen identifiziert werden. Die Informationsquellen können aus dem operativen oder dispositiven Bereich stammen. Weiterhin lassen sich aus den quantitativen Informationen Anforderungen an die Datenmodellierung ableiten. Quantitative Informationen werden in der Regel in Form von Kennzahlen angegeben. Hieraus lassen sich die notwendigen Fakten und Dimensionen ableiten. In einem weiteren Schritt können die notwendigen Quellsysteme identifiziert werden.

Die Informationsqualität wird in der vorliegenden Arbeit über die Kategorien Informationspräsentation, -güte sowie -zugang beschrieben.

- Ableiten der Anforderungen aus der Informationspräsentation: Aus den Angaben zur Dimension ‚Darstellung der Ergebnisse sowie graphische Aufbereitung' werden die Anforderungen an die Gestaltung des BI-Portals bzw. der Reporting-Lösung abgeleitet.

- Ableiten der Anforderungen aus der Informationsgüte: Die Informationsgüte wird durch die vier Qualitätsdimensionen ‚Detaillierungsgrad der Informationen', ‚Qualität der Informationen (Richtigkeit)', ‚Verfügbarkeit sowie Vollständigkeit' sowie ‚Aktualität der Informationen' bestimmt. Der ‚Detaillierungsgrad der Informationen' gibt an, wie granular bzw. auf welcher Aggregationsebene die jeweilige Informationsart zur Verfügung gestellt werden soll. Daraus werden die oben aufgeführten Anforderungen an die Datenmodellierung durch die notwendigen Hierarchisierungen der Dimensionen ergänzt. Die ‚Qualität der Informationen (Richtigkeit)', ‚Verfügbarkeit sowie Vollständigkeit' wird innerhalb des Vorgehensmodells nicht explizit betrachtet, da diese Dimensionen stets erfüllt werden müssen und hier bewährte Konzepte vorliegen. Beide Dimensionen stellen zum einen Anforderungen an den ETL-Prozess und zum anderen an die Metadaten. Innerhalb des ETL-Prozesses in der Phase der Filterung sind bei gegebenen Fehlern die Bereinigungsregeln hinsichtlich syntaktischer und/oder semantischer Mängel anzupassen. Fachliche Metadaten erlauben es dem Aufgabenträger, sich über deren Bedeutung und Bildung zu informieren. Aus der Dimension ‚Aktualität der Informationen' werden die Anforderungen an die Aktualisierungszyklen formuliert. Unter ‚Aktualität der Informationen' wird die Zeitspanne der Informationsbereitstellung nach deren Entstehen verstanden. Die Anforderungen betreffen die Implementierungsansätze sowie die Architekturkomponenten (z.B. die Realisierung einer ODS-erweiterten Architektur).

- Ableiten der Anforderungen aus dem Informationszugang: Der Informationszugang wird mit den Dimensionen ‚Flexible Analysemöglichkeiten', ‚Zeitaufwand der Informationsbeschaffung' und ‚Zugriff auf historische Informationen' beschrieben. Innerhalb der Informationsbedarfskomponenten wurde bereits die Art der Informationsversorgung (Push-/Pull-Ansatz der Informationsbereitstellung) diskutiert. Innerhalb der Dimension ‚Flexible Analysemöglichkeiten' wird die Pull-Informationsversorgung konkretisiert. Aus den Angaben werden die Anforderungen an die Gestaltung des BI-Portals sowie die notwendigen Analysewerkzeuge abgeleitet. Je nach Versiertheit des Aufgabenträgers[749] können ihm geführte oder fortgeschrittene Analysewerkzeuge, wie die freie Datenrecherche, zur Verfügung gestellt werden. Die Dimension ‚Zeitaufwand der Informationsbeschaffung' wird ebenfalls wie die zuvor aufgeführten Dimensionen der Informationsgüte (‚Qualität der Informationen (Richtigkeit)', ‚Verfügbarkeit sowie Vollständigkeit') innerhalb des Vorgehensmodells nicht detailliert betrachtet. Auch hier können Anforderungen an die Gestaltung des BI-Portals abgeleitet werden. Durch die Dimension ‚Zugriff auf historische Informationen' werden die Anforderungen an die Datenmodellierung weiter konkretisiert. Aus den Angaben lassen sich Rückschlüsse auf die notwendigen Historisierungskonzepte schließen.

Abbildung 100 visualisiert die beschriebenen Zusammenhänge zwischen dem Informationsbedarfsprofil(-template) und der BI-basierten informationstechnischen Realisierung.

[749] vgl. hierzu bspw. Gluchowski, P. u.a. (2008), S. 105ff.

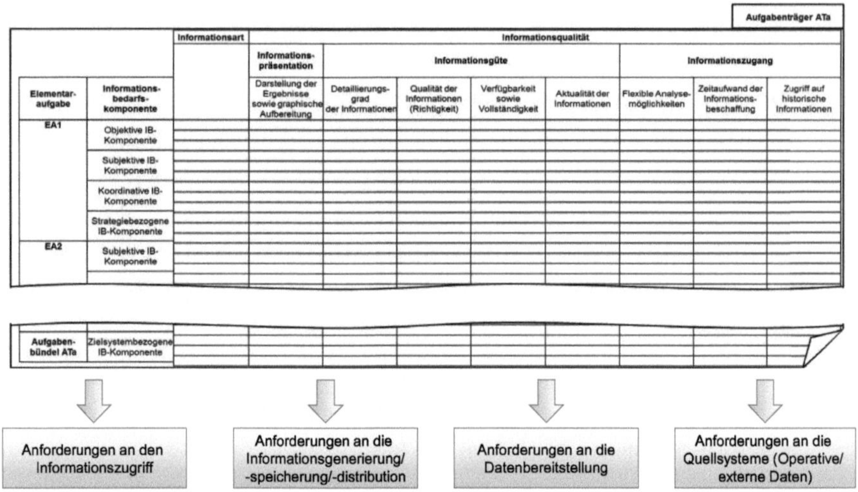

Abbildung 100: Zusammenhang zwischen dem Informationsbedarfsprofil und der BI-basierten informationstechnischen Realisierung

Stehen notwendige Informationsquellen nicht zur Verfügung, besteht die Möglichkeit einer (weiteren) Digitalisierung von Produktionsprozessen. Die beschriebenen Anforderungen werden in einem nächsten Schritt gebündelt und konkreten Informations- bzw. Anwendungssystemen zugeordnet. Daraufhin setzen die in der Literatur detailliert untersuchten Ansätze und Methoden der Systementwicklung an, die nicht Gegenstand der vorliegenden Arbeit sind.[750]

[750] vgl. Untersuchungsbereich in Abbildung 2

8. Fazit und weiterer Forschungsbedarf

Es ist heute unumstritten, dass industrielle Unternehmen auf die Veränderungen des Wettbewerbs reagieren müssen, um langfristig wettbewerbsfähig bleiben zu können. Eine mögliche Reaktion auf das veränderte Marktumfeld ist die Umsetzung dezentraler Organisationsstrukturen zur Erhöhung der Flexibilität betrieblicher Entscheidungsprozesse. Im Produktionsbereich haben sich hier Konzepte wie Lean Production, Fraktale Fabrik, Modularisierung oder ‚Fabriken in der Fabrik' etabliert. Die mit diesen organisatorischen Umstrukturierungen einhergehenden Aufgabenverschiebungen führen zu einem veränderten Informationsbedarf von Aufgabenträgern,[751] der durch adäquate und leistungsfähige Lösungen und Konzepte des Informationsmanagements befriedigt werden muss. Als Forschungslücke konnte hier der Mangel an Konzepten identifiziert werden, die eine adäquate Informationsversorgung vor dem Hintergrund der Dezentralisierung im Produktionsbereich thematisieren.[752]

Daraus wurde die *zentrale Forschungsfrage* der vorliegenden Arbeit abgeleitet, die die Entwicklung eines generischen Informationsversorgungskonzepts zur Unterstützung des Produktionsbereichs industrieller Unternehmen thematisiert, um eine adäquate Informationsversorgung gewährleisten zu können. Die vorliegende Forschungsarbeit leistet mit empirischen Ergebnissen und der Entwicklung eines Informationsversorgungskonzepts einen Beitrag zur Schließung dieser Forschungslücke.

Im nachfolgenden Kapitel 8.1 werden der Lösungsweg der vorliegenden Arbeit aufgezeigt, die entwickelten Konzeptteilbereiche zusammenfassend dargestellt und ein Fazit gezogen. Kapitel 8.2 gibt abschließend einen Überblick über einen weiteren Forschungsbedarf und einen Ausblick.

8.1 Lösungsweg und Fazit

Die Entwicklung des Informationsversorgungskonzepts erfolgte basierend auf einer empirischen Exploration, die sich aus zwei quantitativen, onlinebasierten Studien zusammensetzt. Mit der ersten Studie wurde der Stand der Informationsversorgung industrieller Unternehmen empirisch erhoben. In der nachfolgenden zweiten Studie wurden empirische Aussagen in Bezug auf konkrete Aufgabenzuordnungen industrieller Unter-

[751] vgl. Kapitel 3.2
[752] vgl. Kapitel 1.2

nehmen getroffen. Beruhend auf den empirischen Ergebnissen, wurden die Anforderungen an ein Informationsversorgungskonzept abgeleitet.

Im einleitenden Kapitel 1.2 wurden die Teilforschungsfragen der vorliegenden Forschungsarbeit identifiziert und im Verlauf der Arbeit behandelt. Die erste Teilforschungsfrage fokussiert die Identifikation der Determinanten, die bei der Bestimmung des Informationsbedarfs eine Rolle spielen. Die wesentlichen Determinanten, die literaturbasiert identifiziert werden konnten, sind die Unternehmensziele, die Ziele der Führungskräfte, der Umfang der Arbeitsteilung, die Umweltbedingungen eines Unternehmens sowie die Qualifikation, die Erfahrung und der Wissensstand der betreffenden Aufgabenträger. Bei Änderungen der Determinanten ist der Informationsbedarf entsprechend anzupassen.

Die zweite Teilforschungsfrage thematisiert eine geeignete Dokumentation des Informationsbedarfs, um Anforderungen an eine Informationsversorgung ableiten zu können. Aus diesem Grund wurde das aufgabenträgerorientierte Informationsbedarfsprofiltemplate entwickelt, welches die notwendigen Informationsbedarfskomponenten strukturiert nach der Informationsart und -qualität enthält.

Die dritte Teilforschungsfrage widmet sich der strukturierten Ermittlung des Informationsbedarfs im Produktionsbereich. Zu diesem Zweck wurde das Vorgehensmodell erarbeitet, welches die strukturierte Erhebung der Informationsbedarfe in industriellen Unternehmen beschreibt.

Der Fokus der vierten Forschungsfrage liegt auf einer möglichen informationstechnischen Realisierung zur Unterstützung des Produktionsbereichs. In diesem Zusammenhang wurde eine Lösung basierend auf BI entwickelt. Hierzu wurden die notwendigen Bestandteile einer informationstechnischen Realisierung identifiziert sowie ein Ansatz zur Ableitung der Anforderungen aus dem Informationsbedarfsprofil(-template) an eine BI-basierte Informationsversorgung konzipiert.

Einen zusammenfassenden Überblick über das entwickelte Informationsversorgungskonzept gibt Abbildung 101. Den Ausgangspunkt bilden die Aufgabenträger der Anwendungsdomäne des Produktionsbereichs. Mit dem entwickelten Vorgehen werden zunächst die aufgabenträgerorientierten Informationsbedarfskomponenten identifiziert und zu aufgabenträgerindividuellen Informationsbedarfsprofiltemplates zusammengeführt. Diese werden in einem nächsten Schritt gefüllt und sind Ausgangspunkt für eine aufgabenträgerbasierte Informationsversorgung, um die Aufgabenträger bei der Lösung ihrer

Aufgaben adäquat zu unterstützen. Daraus werden die Anforderungen an eine BI-basierte informationstechnische Realisierung (bzw. an die Ebene des Managements der Informationssysteme) abgeleitet. Diese Anforderungen müssen auf den Schichten des Informationszugriffs, der Informationsgenerierung und der -distribution sowie der Datenbereitstellung umgesetzt werden. Aus der notwendigen Datenbereitstellung werden die hierfür benötigten Anwendungssystemkategorien[753] identifiziert.

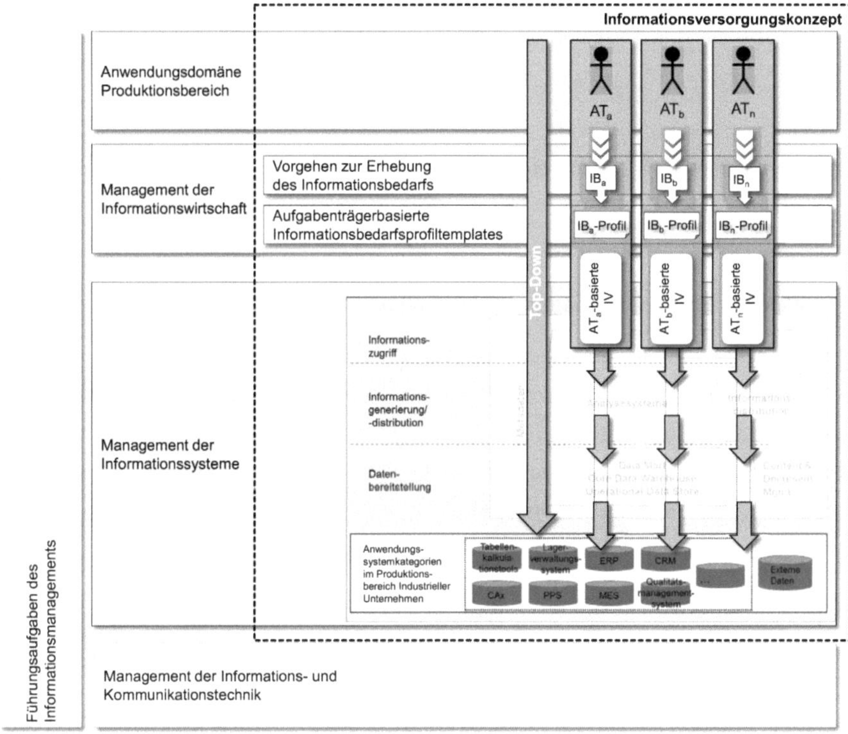

Abbildung 101: Informationsversorgungskonzept für den Untersuchungsbereich der Produktion industrieller Unternehmen[754]

Mit der Entwicklung und Erprobung des Konzepts liefert die vorliegende Forschungsarbeit einen Beitrag zur Gestaltung der Informationsversorgung industrieller Unternehmen.

[753] In Abbildung 101 sind die in Kapitel 5.1.4.2 empirisch identifizierten Anwendungssystemkategorien industrieller Unternehmen abgetragen.

[754] BI-Ordnungsrahmen in Anlehnung an Kemper, H.-G. u.a. (2010), S. 11; vgl. Kapitel 2.3.2.1, Ebenenmodell des Informationsmanagements in Anlehnung an Wollnik, M. (1988), S. 38, Krcmar, H. (2010), S. 50.

Zusammenfassend kann geschlussfolgert werden, dass die Informationsversorgung in industriellen Unternehmen die Informationsbedarfe von Aufgabenträgern nur unzureichend befriedigt. Dies ist insofern von großer Bedeutung, da Unternehmen sich vermehrt zu wissensintensiven Organisationen wandeln, in denen komplexer werdende Aufgaben zu lösen sind. In den Mittelpunkt sollte deshalb das Individuum gestellt werden, das durch eine individuelle Informationsversorgung bei der Lösung der Aufgaben unterstützt werden muss. In diesem Zusammenhang sind bestehende Konzepte zu überdenken, die eine Trennung operativer und dispositiver Informationssysteme propagieren.

Des Weiteren konnte im Rahmen der Arbeit gezeigt werden, dass es sich bei der Gestaltung der Informationsversorgung, insb. bei der Erhebung des Informationsbedarfs, um eine kontinuierliche Aufgabe handelt, die eine geeignete Verankerung in die betrieblichen Prozesse notwendig macht.

8.2 Weiterer Forschungsbedarf und Ausblick

Selbstverständlich kann die vorliegende Arbeit mit ihren Ergebnissen zur Informationsversorgung industrieller Unternehmen lediglich als ein erster Ansatz zur Schließung der identifizierten Forschungslücke verstanden werden. Die vorgenommenen Limitationen des Untersuchungsbereichs sowie der explorativen Forschung können als zukünftige Forschungsaufgaben gesehen werden.

Die Limitation des Untersuchungsbereichs auf die Ebenen des Managements der Informationswirtschaft und der Informationssysteme grenzt die Aufgaben des Informationsmanagements auf den Ebenen des Managements der IuK-Technik und die Führungsaufgaben aus. In weiteren Forschungsarbeiten sind die notwendigen IuK-Technik basierten Voraussetzungen zur Umsetzung des entwickelten Informationsversorgungskonzepts zu untersuchen. Hierfür sind insb. Lösungen zu erarbeiten, um die permanente Anpassung der Informationsversorgung mit einem angemessenen Aufwand realisieren zu können. Dies betrifft auch die Ebene der Führungsaufgaben. Zu diesem Zweck sind Regelungsstrukturen zu identifizieren, die diese permanente Anpassung der Informationsversorgung unterstützen und ermöglichen.

Zur Umsetzung der Anforderungen an das Informationsversorgungskonzept wurde in der Arbeit eine BI-basierte informationstechnische Realisierung diskutiert. Lösungen bzgl. der Führungsaufgaben können aus dem Bereich der BI-Governance kommen. Aktuell wird verstärkt die Thematik der Agilität diskutiert, die zum einen die Zusammenarbeit zwischen Fachbereich und IT-Bereich fokussiert und zum anderen geeignete Front-End- bzw. Portallösungen thematisiert. Letztgenanntes soll es den Aufgabenträgern ermöglichen, selbständig auf die notwendigen Informationen zugreifen zu können. Diese Thematik wird u.a. unter dem Begriff Self-service-BI bzw. Agile-BI[755] behandelt. Diese Konzepte sind auf den Produktionsbereich zu portieren.

Weiterhin bedarf es Forschungstätigkeiten, die die konkrete Ausgestaltung der Bestandteile einer BI-basierten Informationsversorgung entlang des Wertschöpfungsprozesses fokussieren. Hier sind Fragestellungen zu beantworten, welche Daten wie modelliert in einem DWH-System oder einem Konglomerat von DWH-Systemen vorgehalten werden müssen, um eine adäquate Informationsversorgung gewährleisten zu können. Dies wird u.a. unter dem Begriff Industrial Intelligence behandelt.[756]

In der vorliegenden Arbeit wird der Produktionsbereich beleuchtet. Weiterhin bietet es sich an, die Anwendbarkeit des Konzepts in weiteren Funktionsbereichen industrieller Unternehmen sowie entlang der Wertschöpfungskette zu untersuchen.[757]

Die Arbeit konzentriert sich auf industrielle Unternehmen. In einer weitergehenden Untersuchung empfiehlt es sich, das Konzept auf Dienstleistungsunternehmen zu übertragen. An dieser Stelle wäre zunächst zu überprüfen, ob und inwieweit bereits eine Dezentralisierung stattgefunden hat und welche Einflussfaktoren auf den Informationsbedarf bei nicht produzierenden Unternehmen im Besonderen zu berücksichtigen sind. Nachfolgend wären dann die Artefakte der Arbeit entsprechend anzupassen.

Üblicherweise wird die betriebliche Informationsversorgung häufig auf Basis sog. Rollenkonzepte realisiert. Dies beruht auf der in Kapitel 2.2.1 dargestellten Annahme, dass Aufgabenträger mit gleichem bzw. ähnlichem Informationsbedarf in homogenen Gruppen zusammengefasst werden können. Die empirischen Ergebnisse der Forschungsarbeit können diese Annahme nicht stützen. In einem nächsten Schritt sind Lösungen zu finden, wie in den bisherigen Rollenkonzepten der aufgabenträgerbasierte Informationsbedarf umgesetzt werden kann. Als Hilfestellung kann das entwickelte informationelle Schichtenmodell dienen. Für jede Schicht können die Anforderungen aus den Infor-

[755] hierzu z.B. folgende Arbeiten: vgl. Imhoff, C. und White, C. (2011), URL siehe Literaturverzeichnis, vgl. Baars, H. und Zimmer, M. (2013), vgl. Zimmer, M. u.a. (2012), vgl. Baars, H. (2010), vgl. Zimmer, M. u.a. (2012)

[756] vgl. Hollstein, P. (2010), Kemper, H.-G. u.a. (2012), URL siehe Literaturverzeichnis, Lasi, H. (2012a), Lasi, H. (2012b), Lachenmaier, J. (2012), URL siehe Literaturverzeichnis vgl. Kemper, H.-G. u.a. (2013), S. 13ff., vgl. Kemper, H. G. u.a. (2011), S. 117ff.

[757] So illustrieren *Baars, Burow und Kemper* anhand einer Fallstudie, wieso eine Trennung von Systemen für das Top- und das Middle-Management nicht mehr zielführend ist (vgl. Baars, H. u.a. (2011)).

mationsbedarfsprofilen an die Informationsversorgung gebündelt werden und so Anforderungen an die Unternehmensarchitektur abgeleitet werden.

Ein weiterer wesentlicher Forschungsbedarf besteht in der Identifikation von möglichen Konzepten zur organisatorischen Verankerung des Informationsversorgungskonzepts in industriellen Unternehmen. Hierzu sind Lösungen zu finden, die die Umsetzung des Konzepts in die organisatorischen Prozesse einbetten.

Eine mögliche organisatorische Verankerung des Informationsbedarfsprofils wäre die Erhebung und Aktualisierung der Informationsbedarfsprofile im Rahmen von Zielvereinbarungs- bzw. Personalgesprächen. Zu diesem Zweck bedarf es jedoch einer Unternehmenskultur, die es den Aufgabenträgern erlaubt, ihren Informationsbedarf äußern zu können.

Die in der vorliegenden Arbeit vorgestellte Vorgehensweise zur Gestaltung einer Informationsversorgung in industriellen Unternehmen entspricht einer Top-Down-Vorgehensweise, bei der ausgehend vom Informationsbedarf die Informationsversorgung geplant und realisiert wird. Daneben werden Bottom-Up-Vorgehensweisen unterschieden, die von einem potentiellen Informationsangebot ausgehen. In Kapitel 1.2 konnte gezeigt werden, dass sich im Untersuchungsbereich der Produktion zahlreiche Arbeiten mit dem potentiellen Informationsangebot beschäftigen. In einem nächsten Schritt sind die beiden Vorgehensweisen zusammenzuführen.

In industriellen Unternehmen werden üblicherweise im Rahmen des Informationsmanagements Fachbereiche – in der vorliegenden Arbeit der Produktionsbereich – und der IT-Bereich unterschieden. Idealerweise werden Anforderungen vom Fachbereich an die Informationsversorgung gestellt, die vom IT-Bereich umgesetzt werden sollen. Zur Unterstützung dieser Kommunikation kann das entwickelte Informationsbedarfsprofil Anwendung finden. Die Informationsbedarfe werden aufgabenträgerbasiert in den Informationsbedarfsprofilen dokumentiert. Auf dieser Basis kann der IT-Bereich anschließend eine entsprechende Informationsversorgung realisieren.

Das in der vorliegenden Arbeit entwickelte strukturierte Vorgehen zur Erhebung der Informationsbedarfe zeigt detailliert auf, welche Informationen in welcher Beschaffenheit zur Deckung des Informationsbedarfs notwendig sind. Nach Abgleich mit dem Informationsangebot wird deutlich, ob und in welchem Umfang eine weitere Digitalisierung von Prozessen notwendig ist.

Trotz der dargestellten Limitationen zeigen die Erkenntnisse der Arbeit und der weitere Forschungsbedarf, dass die Beschäftigung mit dem Themenbereich des Informationsmanagements im Anwendungsgebiet der Produktion industrielle Unternehmen in die Lage versetzt, bisher nicht genutzte Potentiale zu identifizieren und auszuschöpfen.

Anhang

Anhang A: Interviewleitfaden der Voruntersuchung

Universität Stuttgart

Betriebswirtschaftliches Institut Abt VII
Lehrstuhl für Wirtschaftsinformatik I, insb. Informationsmanagement
Prof. Hans-Georg Kemper

Universität Stuttgart

Betriebswirtschaftliches Institut
Abt VII - Wirtschaftsinformatik
Dipl.-Kffr. techn. Margarete Hannich
Breitscheidstraße 2c
70174 Stuttgart
Telefon (0711) 685 - 83193
Telefax (0711) 685 - 83197
E-Mail hannich@wi.uni-stuttgart.de
Internet www.wi.uni-stuttgart.de

Interviewleitfaden Voruntersuchung

Datum:____________ Dauer:____________

Name des Interviewten: ________________

Themenblock	Fragen
Unternehmen	▪ Branche, Unternehmensgröße, Produkte, Position des Befragten
Prozesse	▪ Produktionsverfahren (Push oder Pull, Kanban, etc.) ▪ Produktionsart und –typ (Massenproduktion, Serienproduktion etc.)

IT-Systeme	▪ Welche Systeme werden vornehmlich in der Produktion eingesetzt? Wie sind diese verknüpft?
	  ▪ Leitstand
	  ▪ MES
	  ▪ ERP (SAP)
	  ▪ Qualitätsmanagement
	▪ Welcher Informationsaustausch findet zwischen den Systemen statt?
	▪ Wie werden die Daten erfasst? Welche Identifikationssysteme setzen Sie ein? (Begleitschein, manuell, RFID, Barcode)
	▪ Wie ist die Organisation in der Produktion aufgestellt? (Schichtleiter/Werksleiter/Leiter Standort)

Informationsversorgung	▪ Welche Berichte werden heute generiert? Was ist deren Inhalt?
	▪ Erstellen die Fachbereiche jeweils einen Bericht? Kann es vorkommen, dass inhaltlich gleiche Berichte mit unterschiedlichen Ergebnissen zu Tage treten?
	▪ Was sind Inhalte der Standardberichte? Welche Typen von Daten werden erfasst? (Qualitätsdaten, Produktivitätsdaten, Warenströme, etc.)
	▪ Wer sind die Adressaten?
	▪ Wie zeitnah sind die Berichte?
	▪ Berichte über
	  ▪ Betriebsmittel (LT, Werkzeuge, Maschinen)
	  ▪ MA
	  ▪ Produktion (Qualität, Performance)
	▪ Wer ist verantwortlich für die Informationsversorgung der Produktion und der anderen Fachbereiche mit den Daten aus der Produktion?
	▪ Versorgung nach dem Push oder Pull-Ansatz?

Informationsbedarf	▪ Welche Informationen hätten Sie gerne noch? Haben die Adressaten/Fachbereiche einen Informationsbedarf geäußert? War dieser technisch umsetzbar? ▪ Wir hätten gerne, können aber nicht...
Geplante Projekte	▪ Sind neue IT-Systeme geplant? Warum? Was sind derzeitige Projekte? Welche sind geplant? ▪ Haben Sie Datenqualitätsprobleme? Fehlerbereinigung? ▪ Harmonisierung? Einheitliche Standards?

1

	▪ Sind die Daten konsistent und vergleichbar? ▪ Werden diese zentral gehalten?
Unternehmensspeziell	▪ Müssen Sie spezielle Anforderungen in der Branche erfüllen? ▪ Fertigen Sie hoch- oder niedrigpreisige Produkte? ▪ Standardprodukte oder Produkte nach Kundenwunsch? Wo liegt die Wertschöpfung? ▪ Systemlieferant? Warum? Wird das von den Kunden verlangt oder liegt auch hier die Wertschöpfung? Dienstleistungen?
Zusammenhang ERP und MES	▪ Wie waren die IT-Systeme/Berichte vor der Einführung des MES? Wann haben Sie das MES eingeführt? ▪ Warum jetzt SAP BW direkt auf das MES-System nicht mit Umweg über das SAP R/3? Welche Probleme gab es da?
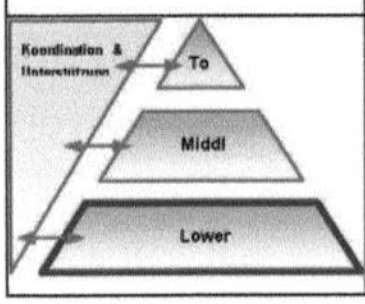	Für welche Ebene sind die Informationen aus dem Produktionsbereich besonders interessant?

2

Abbildung 102: Interviewleitfaden der Voruntersuchung

Anhang B: Literaturbasierter Aufgabenkatalog

Phase	Teilaufgabe	Objekt	Teilaufgabe	Objekt	Teilaufgabe	Rang	Elementaraufgabe
Planung	Planung	Technologie	Planung des Technologieeinsatzes	Fertigung	Fertigungstechnologien	Ausführung	Entscheidungsvorbereitung in Abstimmung mit der Technologiestrategie
						Entscheidung	Entscheidung über Fertigungstechnologien
				Produktion	Produktionstechnologien	Ausführung	Entscheidungsvorbereitung in Abstimmung mit der Technologiestrategie
						Entscheidung	Entscheidung über Produktionstechnologien
		Produktionsstätten	Planung der Produktionsstätten	Produktion (Standorte)	Standortplanung	Ausführung	Entscheidungsvorbereitung
						Entscheidung	Entscheidung über Standort
				Fertigung (Fabriklayout)	Fabriklayoutplanung/ Innerbetriebliche Standortplanung	Ausführung	Entscheidungsvorboroitung
						Entscheidung	Entscheidung über Fabriklayout
		Arbeitsvorbereitung	Arbeitsvorbereitung (erstmals oder bei Produktänderung)	Fertigung	Planen des Fertigungsablaufs	Ausführung	Entscheidungsvorbereitung
						Entscheidung	Ablaufplanung
				Ressourcen	Planen des Materialbedarfs	Ausführung	Entscheidungsvorbereitung
						Entscheidung	Materialbedarfsplanung (Grobplanung)
		Produktionsprogramm	Produktionsprogrammplanung	Produkt	Planen des Produktportfolios	Ausführung	Bestimmen der zu produzierenden Produktarten in einer Periode
						Entscheidung	Absatzplanung (Bestimmen der Produkt-/Markt-Kombinationen)

Phase	Teilaufgabe	Objekt	Teilaufgabe	Objekt	Teilaufgabe	Rang	Elementaraufgabe
				Fertigung	Planen der internen Rahmenbedingungen	Ausführung	Bestimmung der zu treffenden Handlungen zur Umsetzung der internen Rahmenbedingungen
						Entscheidung	Festlegung der internen Rahmenbedingungen (Produktionsart, Produktionsprinzip)
				Produktion	Planen der Fertigungstiefe	Ausführung	Mengenplanung (Feinplanung)
						Entscheidung	Mengenplanung (Grobplanung), Festlegen der Fertigungstiefe
				Ressourcen	Kapazitätsplanung	Ausführung	Feinplanung (Reihenfolgeplanung)
						Entscheidung	Grobplanung Kapazitätsplanung, Festlegen des Kapazitätsrahmens
		Produktionsablauf	Ablaufplanung (wiederholte Fertigung gleicher Produke)	Produkt (Aufträge)	Terminplanung der Aufträge (Termin und Kapazitätsplanung)	Ausführung	Reihenfolge- und Maschinenbelegungsplanung
						Entscheidung	Terminplanung, Durchlaufterminierung
				Material	Materialplanung	Ausführung	Materialbedarfsplanung, Lieferabruf
						Entscheidung	Festlegen der Materialmengen
				Fertigung	Losgrößenplanung	Ausführung	Losgrößenplanung
						Entscheidung	Festlegen der Losgröße
		Entsorgung	Entsorgung	Produkte am Ende des Lebenszyklus	Planen der Recyclingprozesse	Ausführung	Steuerung und Überwachung der Entsorgungsprozesse der Recyclingprozesse
						Entscheidung	Definition der Entsorgungsprozesse das Recycling betreffend

Phase	Teilaufgabe	Objekt	Teilaufgabe	Objekt	Teilaufgabe	Rang	Elementaraufgabe
				Neben- und Kuppelprodukte	Planen der Entsorgungsstrategie	Ausführung	Steuerung und Überwachung der Entsorgungsprozesse während der Produktion
						Entscheidung	Festlegen der Entsorgungsstrategie während dem Produktionsprozess, Nachhaltigkeitsvorgaben etc.
Realisation	Realisation	Auftrag	Auftragsfreigabe	Produktion	Produktionsauftragsfreigabe	Ausführung	Verfügbarkeitsprüfung Produktion
						Entscheidung	Festlegen des Prinzips
				Fertigung	Fertigungsauftragsfreigabe	Ausführung	Verfügbarkeitsprüfung Fertigung
						Entscheidung	Festlegen des Prinzips
		Fertigung	Fertigung	Ressourcen	Instandhaltung	Ausführung	Instandhaltungsdurchführung
						Entscheidung	Festlegen der Richtlinien der Instandhaltung
				Ressourcen	Rüsten	Ausführung	Rüstaktivität durchführen
						Entscheidung	Festlegen der Rüstvorschriften
				Produkt (Auftrag)	Fertigung	Ausführung	Anwenden der Fertigungsverfahren
						Entscheidung	Soll-Ist-Abgleich und Reaktion
		Material	Lenkung der Materialflüsse	Material	Materialfluss	Ausführung	Materialflußsteuerung
						Entscheidung	Strategische Materialflußplanung
				Transport	Transportablauf	Ausführung	Transportsteuerung
						Entscheidung	Transportablaufplanung

Phase	Teilaufgabe	Objekt	Teilaufgabe	Objekt	Teilaufgabe	Rang	Elementaraufgabe
		Lager	Lagerung	Lager	Lagerarten und Lagerablauf	Ausführung	Lagersteuerung, Feinterminierung
						Entscheidung	Festlegen des Steuerungsverfahrens, Lagerprinzip, Festlegen der Lagerarten
Kontrolle	Kontrolle	Auftrag	Auftragsüberwachung	Fertigung	Fertigungsauftrag	Ausführung	Soll-Ist-Abgleich durchführen
						Entscheidung	Festlegen der Reaktion bei Abweichungen
				Produktion	Produktionsauftrag	Ausführung	Soll-Ist-Abgleich durchführen
						Entscheidung	Festlegen der Reaktion bei Abweichungen
				Kunde	Kundenauftrag	Ausführung	Soll-Ist-Abgleich durchführen
						Entscheidung	Festlegen der Reaktion bei Abweichungen
		Qualität	Qualitätskontrolle	Fertigung	Festlegen der Fertigungskontrolle	Entscheidung	Fertigungsprozesskontrolle
						Ausführung	Festlegen von Standards und Normen, Toleranzen
				Produktion	Festlegen der Produktionskontrolle	Entscheidung	Produktionsprozesskontrolle
						Ausführung	Festlegen von Standards und Normen, Toleranzen

Tabelle 26: Literaturbasierter Aufgabenkatalog[758]

[758] Kein Anspruch auf Vollständigkeit. Verwendete Literatur u.a.: Braun, J. (2003), Günther, H.-O. und Tempelmeier, H. (2012), Hahn, D. und Laßmann, G. (1999), Kiener, S. u.a. (2009), Kletti, J. (2006), Syska, A. (2006), Wannenwetsch, H. (2010), Wöhe, G. und Döring, U. (2010a), Zäpfel, G. (2001), Bloech, J. und Lücke, W. (2006), Schuh, G. und Gierth, A. (2006), Voigt, K.-I. (2008), Töpfer, A. (2007), Dyckhoff, H. und Spengler, T. S. (2010), Corsten, H. (2007)

Anhang C: Empirische Studie ‚Stand der Informationsversorgung in industriellen Unternehmen' (Studie 1)

Sehr geehrte(r) Frau/Herr <Name>,

ich bin auf der Suche nach Fachexperten aus dem Produktions- bzw. Produktionslogistikbereich und bin auf Sie über Ihr Profil aufmerksam geworden.

Warum ich Sie anschreibe: Zurzeit forsche ich an der Universität Stuttgart (Lehrstuhl für Wirtschaftsinformatik I) im Bereich IT-Systeme in der Produktion. In diesem Kontext wird untersucht, welche Lösungen von Unternehmen bereits erfolgreich eingesetzt werden, welche Erwartungen sie an diese Lösungen stellen und welche Potentiale damit erschlossen werden können.

Hierzu interessiert mich Ihre Meinung. Es würde mich freuen, wenn Sie sich ca. 20 Minuten Zeit nehmen und Ihre Erfahrung in der Befragung einbringen.

Weitere Hinweise und den Onlinefragebogen finden Sie unter: http://www.bwi.uni-stuttgart.de/prodit2

Selbstverständlich wird Ihnen als Teilnehmer absolute Diskretion zugesichert. Die Auswertungen erfolgen ausschließlich anonymisiert und werden in keinem Falle einzelnen Unternehmen zuzuordnen sein.

Als Befragungsteilnehmer erhalten Sie kostenfrei eine aufbereitete Analyse der Befragung, die eine Basis für aussagekräftige Benchmark-Tests bietet.

Mit freundlichen Grüßen

Margarete Koch

Dipl.-Kffr. Margarete Koch
Universität Stuttgart
Betriebswirtschaftliches Institut
Lehrstuhl für ABWL & Wirtschaftsinformatik I
Keplerstraße 17
70174 Stuttgart
Telefon: +49 (711) 685-83193
E-Mail: koch@wi.uni-stuttgart.de
Internet: www.wi-im.uni-stuttgart.de

Abbildung 103: Anschreiben der Umfrage ‚Stand der Informationsversorgung in industriellen Unternehmen' (Studie 1)

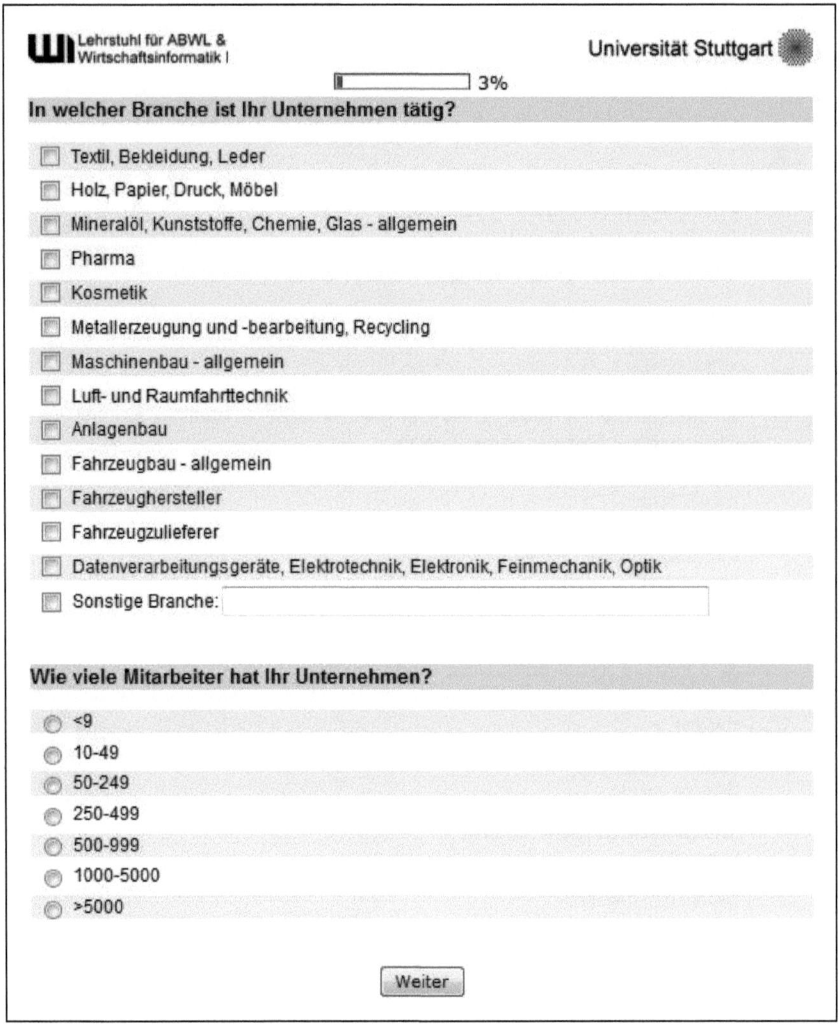

Lehrstuhl für ABWL & Wirtschaftsinformatik I

Universität Stuttgart

3%

In welcher Branche ist Ihr Unternehmen tätig?

- [ ] Textil, Bekleidung, Leder
- [ ] Holz, Papier, Druck, Möbel
- [ ] Mineralöl, Kunststoffe, Chemie, Glas - allgemein
- [ ] Pharma
- [ ] Kosmetik
- [ ] Metallerzeugung und -bearbeitung, Recycling
- [ ] Maschinenbau - allgemein
- [ ] Luft- und Raumfahrttechnik
- [ ] Anlagenbau
- [ ] Fahrzeugbau - allgemein
- [ ] Fahrzeughersteller
- [ ] Fahrzeugzulieferer
- [ ] Datenverarbeitungsgeräte, Elektrotechnik, Elektronik, Feinmechanik, Optik
- [ ] Sonstige Branche:

Wie viele Mitarbeiter hat Ihr Unternehmen?

- <9
- 10-49
- 50-249
- 250-499
- 500-999
- 1000-5000
- >5000

Weiter

Abbildung 104: Screenshot der Umfrage ‚Stand der Informationsversorgung in industriellen Unternehmen' (Studie 1)

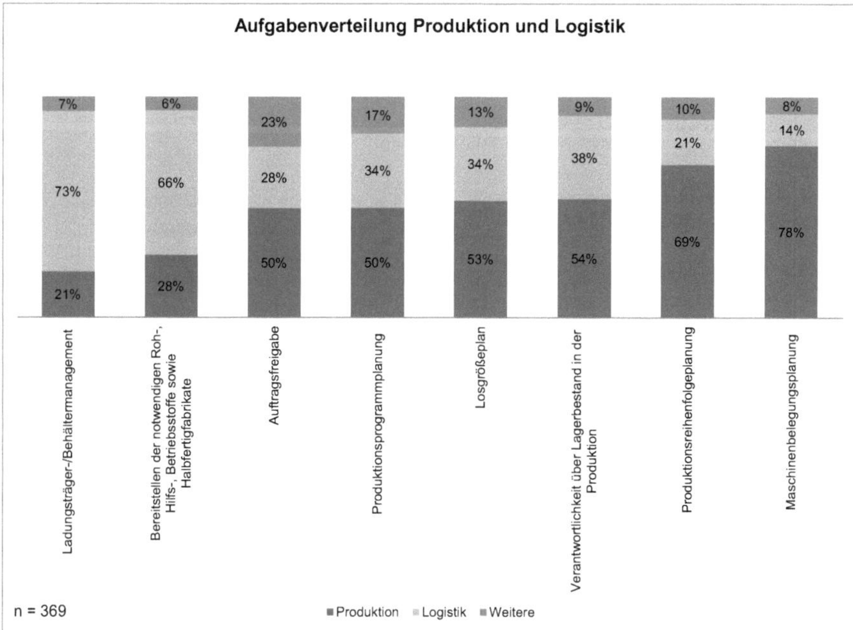

Abbildung 105: Aufgabenverteilung Produktion und Logistik[759]

[759] n zwischen 349 und 369, da die Teilnehmer der Studie die Möglichkeit hatten, ‚Keine Antwort' zu wählen.

Anhang D: Empirische Erhebung ‚Studie zur Aufgabenzuordnung' (Studie 2)

Fertigungstyp der Produktion der befragten Teilnehmer:

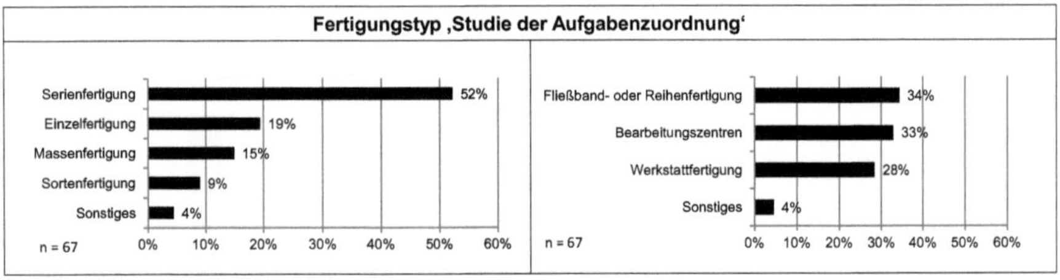

Abbildung 106: Fertigungstyp ‚Studie der Aufgabenzuordnung'

Literaturverzeichnis

AAPOR (2009), Standard Definitions: Final Dispositions of Case Codes and Outcome Rates for Surveys, AAPOR, URL: http://www.aapor.org/AM/Template.cfm?Section=Standard_Definitions&Template=/CM/ContentDisplay.cfm&ContentID=1819, Zugriff am 06.04.2010

Ackoff, R. (1967), Management Misinformation Systems in: Management Science, 14, 1967, 4, S. 147-156

Arnold, D. und Furmans, K. (2007), Materialfluss in Logistiksystemen, 5. Aufl., Berlin und Heidelberg 2007

Atteslander, P. (2008), Methoden der empirischen Sozialforschung, 12. Aufl., Berlin 2008

Baars, H. (2010), Business Intelligence im Spannungsfeld von Agilität und Effizienz, in: Controlling, 22, 2010, 12, S. 664-671

Baars, H., Burow, L. und Kemper, H. G. (2011), Führungsinformationssysteme im Kontext der Business Intelligence: Das Beispiel bms:roi der Bayer MaterialScience, in: Reinheimer, S., Winter, R. (Hrsg.), Führungssysteme für eine neue Manager-Generation, HMD - Praxis der Wirtschaftsinformatik, 48, 2011, 282, S. 46-54

Baars, H. und Kemper, H.-G. (2008), Management Support with Structured and Unstructured Data – An Integrated Business Intelligence Framework, in: Information Systems Management, 25, 2008, 2, S. 132-148

Baars, H. und Lasi, H. (2010), Innovative Business-Intelligence-Anwendungen in Logistik und Produktion, in: Chamoni, P. und Gluchowski, P. (Hrsg.), Analytische Informationssysteme: Business Intelligence-Technologien und -Anwendungen, 4. Aufl., Berlin und Heidelberg 2010, S. 419-438

Baars, H. und Zimmer, M. (2013), A Classification for Business Intelligence Indicators, in: Proceedings of the 21st European Conference on Information Systems (ECIS 2013), 2013

Bain, J. S. (1956), Barriers to new competition, Cambridge 1956

Ballou, D. P. und Pazer, H. L. (1985), Modeling Data and Process Quality in Multi-Input, Multi-Output Information Systems, in: Management Science, 31, 1985, 2, S. 150-162

Banker, R. D., Bardhan, I. R., Chang, H. und Lin, S. (2006), Plant Information Systems, Manufacturing Capabilities, and Plant Performance, in: Management Information Systems (MIS) Quarterly, 30, 2006, 2, S. 315-337

Barney, J. (1991), Firm Resources and Sustained Competitive Advantage, in: Journal of Management 17, 1991, 1, S. 99-120

Barton, D. und Court, D. (2012), Keine Angst vor Analytik, in: Harvard Business manager, November, 2012, S. 44-51

Batinic, B. (2000), Internet für Psychologen, 2. Aufl., Göttingen u.a. 2000

Baukrowitz, A., Boes, A. und Schmiede, R. (2000), Die Entwicklung der Arbeit aus der Perspektive ihrer Informatisierung, in: kommunikation@gesellschaft, 1, 2000, 5, S. 1-17

Bea, F. X. und Göbel, E. (2010), Organisation, 4. Aufl., Stuttgart 2010

Bea, F. X. und Haas, J. (2009), Strategisches Management, 5. Aufl., Stuttgart 2009

Bea, F. X. und Schweitzer, M. (2011), Allgemeine Betriebswirtschaftslehre: Band 2: Führung, 10. Aufl., Stuttgart 2011

Becker, F. (2006), Einführung in die Betriebswirtschaftslehre, Berlin und Heidelberg 2006

Becker, J. (2010), Prozess der gestaltungsorientierten Wirtschaftsinformatik, in: Österle, H., Winter, R. und Brenner, W. (Hrsg.), Gestaltungsorientierte Wirtschaftsinformatik: Ein Plädoyer für Rigor und Relevanz, St. Gallen 2010, S. 13-18

Becker, J., Serries, T. und Knackstedt, R. (2005), OLAP-Techniken aus Sicht der industriellen Auftragsabwicklung, in: Schelp, J. und Winter, R. (Hrsg.), Auf dem Weg zur Integration Factory: Proceedings der DW2004 – Data Warehousing und EAI, Heidelberg 2005, S. 253-275

Becker, W. und Baltzer, B. (2009), Controlling: Eine instrumentelle Perspektive, Bamberger Betriebswirtschaftliche Beiträge 162, Auf den Seiten der Universität Bamberg, URL: http://www.uni-bamberg.de/fileadmin/uni/fakultaeten/sowi_lehrstuehle/unternehmensfuehrung/Download-Bereich/BBB_162_Becker_Baltzer_Controlling_Instrumentelle_Perspektive_v17_hp.pdf, Zugriff am 05.04.2013

Behnke, J. und Behnke, N. (2006), Grundlagen der statistischen Datenanalyse: Eine Einführung für Politikwissenschaftler, Wiesbaden 2006

Berndt, R., Altobelli, C. F. und Sander, M. (2005), Internationales Marketing-Management, 3. Aufl., Berlin und Heidelberg 2005

Berthel, J. (1975), Betriebliche Informationssysteme, Stuttgart 1975

Berthel, J. (1992), Informationsbedarf, in: Frese, E. (Hrsg.), Handwörterbuch der Organisation: Band 2, 3. Aufl., 1992, S. 872-886

Biethahn, J. und Huch, B. (1994), Informationssysteme für das Controlling: Konzepte, Methoden und Instrumente zur Gestaltung von Controlling-Informationssystemen, Berlin und Heidelberg 1994

Bleicher, K. (1966), Zentralisation und Dezentralisation von Aufgaben in der Organisation der Unternehmungen, Berlin 1966

Bloech, J. und Lücke, W. (2006), Produktionswirtschaft, in: Bea, F.X., Friedl, B. und Schweitzer, M. (Hrsg.), Allgemeine Betriebswirtschaftslehre, Band 3: Leistungsprozess, 9. Aufl., 2006, S. 183-252

Böge, A. (2007), Vieweg Handbuch Maschinenbau: Grundlagen und Anwendungen der Maschinenbau-Technik, 18. Aufl., Wiesbaden 2007

Böhnlein, M. und Ulbrich-vom Ende, A. (2000), Business Process Oriented Development of Data Warehouse Structures, in: Proceedings of Data Warehousing 2000 – Methoden, Anwendungen, Strategien (DW 2000) 2000, S. 3-22

Bonifati, A., Cattaneo, F., Ceri, S., Fuggetta, A. und Paraboschi, S. (2001), Designing Data Marts for Data Warehouses, in: Association for Computing Machinery (ACM) Transactions on Software Engineering and Methodology, 10, 2001, 4, S. 452-483

Bortz, J. und Döring, N. (2006), Forschungsmethoden und Evaluation für Human- und Sozialwissenschaftler, 4. Aufl., Heidelberg 2006

Braun, J. (2003), Grundlagen der Organisationsgestaltung, in: Bullinger, H.-I., Warnecke, H.I. und Westkämper, E. (Hrsg.), Neue Organisationsformen im Unternehmen: Ein Handbuch für das moderne Management, 2. Aufl., Berlin u.a. 2003, S. 1-68

Brockhoff, K. (1983), Informationsverarbeitung in Entscheidungsprozessen: Skizze einer Taxonomie, in: Zeitschrift für Betriebswirtschaft (ZfB), 53, 1983, 1, S. 53-62

Buck, H. (2009), Aktuelle Unternehmenskonzepte und die Entwicklung der Arbeitsorganisation: Visionen und Leitbilder, in: Bullinger, H.-J., Spath, D., H.-J. Warnecke und Westkämper, E. (Hrsg.), Handbuch Unternehmensorganisation: Strategien, Planung, Umsetzung, 3. Aufl., Berlin und Heidelberg 2009, S. 87-107

Bühner, R. (2004), Betriebswirtschaftliche Organisationslehre, 10. Aufl., München 2004

Burmester, L. und Goeken, M. (2005), Benutzerorientierter Entwurf von unternehmensweiten Data-Warehouse-Systemen, in: Ferstl, O.K., Sinz, E.J., Eckert, S. und Isselhorst, T. (Hrsg.), Wirtschaftsinformatik 2005, eEconomy, eGovernment, eSociety, Heidelberg 2005, S. 1421-1440

Byström, K. und Järvelin, K. (1995), Task complexity affects information seeking and use, in: Information Processing & Managemet, 31, 1995, 2, S. 191-213

Chamoni, P. und Gluchowski, P. (2000), On-Line Analytical Processing (OLAP), in: Mucksch, H. und Behme, W. (Hrsg.), Das Data Warehouse-Konzept: Architektur – Datenmodelle – Anwendungen, Mit Erfahrungsberichten, 4. Aufl., Wiesbaden 2000, S. 333-376

Chamoni, P. und Gluchowski, P. (2010), Analytische Informationssysteme – Einordnung und Überblick, in: Chamoni, P. und Gluchowski, P. (Hrsg.), Analytische Informationssysteme: Business Intelligence-Technologien und -Anwendungen, 4. Aufl., Berlin und Heidelberg 2010, S. 3-16

Chamoni, P., Gluchowski, P. und Hahne, M. (2005), Business Information Warehouse: Perspektiven betrieblicher Informationsversorgung und Entscheidungsunterstützung auf der Basis von SAP-Systemen, Berlin und Heidelberg 2005

Chandler, A. D. Jr. (1990), Strategy and Structure: Chapters in the History of the American Industrial Enterprise, Cambridge 1990

Cho, H. und Jung, M. (1996), Enabling technologies of agile manufacturing and its related activities in Korea, in: Computers & Industrial Engineering 30, 1996, 3, S. 323-334

Codd, E. F., Codd, S. B. und Salley, C. T. (1993), Providing OLAP to User-Analysts: An IT Mandate, E.F. Codd Associates, 1993

Coronado M., A. E., Sarhadi, M. und Millar, C. (2002), Defining a framework for information systems requirements for agile manufacturing, in: International Journal of Production Economics, 75, 2002, 1-2, S. 57-68

Corsten, H. (2007), Produktionswirtschaft: Einführung in das industrielle Produktionsmanagement, 11. Aufl., München und Wien 2007

Couper, M. P. und Miller, P. V. (2008), Web Survey Methods: Introduction, in: Public Opinion Quarterly, 72, 2008, 5, S. 831–835

Dangelmaier, W. (2001), Fertigungsplanung: Planung von Aufbau und Ablauf der Fertigung, 2. Aufl., Berlin und Heidelberg 2001

Davis, A., Dieste, O., Hickey, A., Juristo, N. und Moreno, A. M. (2006), Effectiveness of Requirements Elicitation Techniques: Empirical Results Derived from a Systematic Review, in: Proceedings of the 14th IEEE International Requirements Engineering Conference (RE'06), 2006, S. 179 - 188

Davis, G. B. (1982), Strategies for information requirements determination, in: IBM Systems Journal, 21, 1982, 1, S. 4-30

De Wit, B. und Meyer, R. (2010), Strategy: Process, Content, Context: An international perspective, 4. Aufl., Andover 2010

Dervin, B. und Nilan, M. (1986), Information Needs and Uses, in: Annual review of Information Science and Technology (ARIST), 21, 1986, S. 3-33

Detlor, B. (2010), Information management, in: International Journal of Information Management, 30, 2010, 2, S. 103-108

Deutsche Gesellschaft für Soziologie (DGS) und Berufsverband Deutscher Soziologen (BDS) (1993), Ethik-Kodex., in: Kölner Zeitschrift für Soziologie und Sozialpsychologie, 45, 1993, 1, S. 190-194

Dhinesh Kumar, K., Karunamoorthy, L., Roth, H., Mirnalinee, T.T. (2005), Computers in manufacturing: towards successful implementation of integrated automation system, in: Technovation, 25, 2005, 5, S. 477-488

Diekmann, A. (2008), Empirische Sozialforschung: Grundlagen, Methoden, Anwendungen, 19. Aufl., Reinbek bei Hamburg 2008

DIN (2003), DIN 8580, Fertigungsverfahren: Begriffe, Einteilung, Deutsche Norm, Berlin 2003

Dori, D., Feldman, R. und Sturm, A. (2005), Transforming an Operational System Model to a Data Warehouse Model: A Survey of Techniques, in: Proceedings of the IEEE International Conference on Software - Science, Technology & Engineering (SwSTE'05), 2005, S. 47-56

Drumm, H.-J. (2004), Delegation (Zentralisation und Dezentralisation), in: Schreyögg, G. und Werder, A. (Hrsg.), Handwörterbuch Unternehmensführung und Organisation, 4. Aufl., Stuttgart 2004, S. 179-189

Dürrschmidt, S. (2001), Planung und Betrieb wandlungsfähiger Logistiksysteme in der variantenreichen Serienproduktion, Diss. an der Technischen Universität München 2001, München 2001

Dyckhoff, H. (2006), Produktionstheorie: Grundzüge industrieller Produktionswirtschaft, 5. Aufl., Berlin und Heidelberg 2006

Dyckhoff, H. und Spengler, T. S. (2010), Produktionswirtschaft: Eine Einführung, 3. Aufl., Berlin und Heidelberg 2010

Eckerson, W. W. (2007), Best Practices in Operational BI: Converging Analytical and Operational Processes, The Data Warehouse Institute (TDWI) BEST PRACTICES REPORT, URL: http://tdwi.org/research/2007/07/bpr-3q-best-practices-in-operational-bi.aspx?tc=page0, Zugriff am 21.12.2012

Engelmann, F. und Großmann, C. (2008), Was wissen wir über Information?, in: Hildebrand, K., Gebauer, M., Hinrichs, H. und Mielke, M. (Hrsg.), Daten- und Informationsqualität - Auf dem Weg zur Information Excellence, Wiesbaden 2008, S. 3-24

English, L. P. (1999), Improving data warehouse and business information quality methods for reducing costs and increasing profits, New York u.a. 1999

Eppler, M. J. (2006), Managing information quality: Increasing the value of information in knowledge-intensive products and processes, 2. Aufl., Berlin und Heidelberg 2006

Eyer, E. und Haussmann, T. (2011), Zielvereinbarung und variable Vergütung: Ein praktischer Leitfaden – nicht nur für Führungskräfte, 5. Aufl., Wiesbaden 2011

Fandel, G., Fistek, A. und Stütz, S. (2011), Produktionsmanagement, 2. Aufl., Berlin und Heidelberg 2011

Ferraiolo, D., Cugini, J. und Kuhn, R. (1995), Role-based Access Control (RBAC): Features and Motivations., in: Proceedings of the Annual Computer Security Applications Conference, IEEE Press, Los Alamitos, 1995, S. 1-8

Ferstl, O. K. und Sinz, E. (2008), Grundlagen der Wirtschaftsinformatik, 6. Aufl., München 2008

Fink, A., Schneidereit, G. und Voß, S. (2005), Grundlagen der Wirtschaftsinformatik, 2. Aufl., Heidelberg 2005

Frank, U. (2000), Evaluation von Artefakten in der Wirtschaftsinformatik, in: Heinrich, L. und Häntschel, I. (Hrsg.), Evaluation und Evaluationsforschung in der Wirtschaftsinformatik, München 2000, S. 35-48

Frank, U. (2010), Zur methodischen Fundierung der Forschung in der Wirtschaftsinformatik, in: Österle, H., Winter, R. und Brenner, W. (Hrsg.), Gestaltungsorientierte Wirtschaftsinformatik: Ein Plädoyer für Rigor und Relevanz, St. Gallen 2010, S. 35-44

Freiling, J. (2001), Resource-based View und ökonomische Theorie: Grundlagen und Positionierung des Resourcenansatzes, Wiesbaden 2001

Frendi, M. und Salinesi, C. (2003), Requirements engineering for data warehousing, in: Proceddings of the 9th International Workshop on Requirements Engineering : Foundations of Software Quality (REFSQ'03), 2003, S. 1-8

Frese, E., Graumann, M. und Theuvsen, L. (2012), Grundlagen der Organisation: Entscheidungsorientiertes Konzept der Organisationsgestaltung, 10. Aufl., Wiesbaden 2012

Friedli, T. und Schuh, G. (2012), Wettbewerbsfähigkeit der Produktion an Hochlohnstandorten, 2. Aufl., Berlin und Heidelberg 2012

Friedrichs, J. (1990), Methoden empirischer Sozialforschung, 14. Aufl., Opladen 1990

Gam, I. und Salinesi, C. (2006), A Requirement-driven Approach for Designing Data Warehouses, in: International Working Conference on Requirements Engineering: Foundation for Software Quality (REFSQ) 2006, Luxembourg, 2006, S. 1-14

Gemünden, H. G. (1993), Information: Bedarf, Analyse und Verhalten, in: Wittmann, W. (Hrsg.), Handwörterbuch der Betriebswirtschaft, 5. Aufl., Stuttgart 1993, S. 1725-1736

Gerberich, T. (2011), Lean oder MES in der Automobilzulieferindustrie: Ein Vorgehensmodell zur fallspezifischen Auswahl, Diss. an der Technischen Universität Chemnitz 2010, Wiesbaden 2011

Gienke, H. (2007), Ziele, Strategien und Aufgaben des Produktionscontrollings, in: Gienke, H. und Kämpf, R. (Hrsg.), Handbuch Produktion: Innovatives Produktionsmanagement: Organisation, Konzepte, Controlling, München 2007, S. 745-848

Giorgini, P., Rizzi, S. und Garzetti, M. (2005), Goal-Oriented Requirement Analysis for Data Warehouse Design, in: Proceedings of the 8th Association for Computing Machinery (ACM) international workshop on Data warehousing and OLAP (DOLAP '05), 2005, S. 47 - 56

Glazer, R. (1991), Marketing in an Information-Intensive Environment: Strategic Implications of Knowledge as an Asset, in: Journal of Marketing, 55, 1991, 4 S. 1-19

Gluchowski, P. (2001), Business Intelligence: Konzepte, Technologien und Einsatzbereiche, in: Handbuch der maschinellen Datenverarbeitung (HMD) Praxis der Wirtschaftsinformatik, 38, 2001, 222, S. 5-15

Gluchowski, P. (2010), Techniken und Werkzeuge zur Unterstützung des betrieblichen Berichtswesens, in: Chamoni, P. und Gluchowski, P. (Hrsg.), Analytische Informationssysteme: Business Intelligence-Technologien und -Anwendungen, 4. Aufl., Berlin und Heidelberg 2010, S. 259-280

Gluchowski, P., Gabriel, R. und Dittmar, C. (2008), Management Support Systeme und Business Intelligence: Computergestützte Informationssysteme für Fach- und Führungskräfte, 2. Aufl., Berlin und Heidelberg 2008

Goeken, M. (2006), Entwicklung von Data-Warehouse-Systemen: Anforderungsmanagement, Modellierung, Implementierung, Diss. an der Philipps-Universität Marburg 2005, Wiesbaden 2006

Goguen, J. A. und Linde, C. (1993), Techniques for Requirements Elicitation, in: Proceedings of IEEE International Symposium on Requirements Engineering, 4-6 Jan, 1993, S. 152-164

Golfarelli, M., Maio, D. und Rizzi, S. (1998), Conceptual Design of Data Warehouses from E/R Schemes, in: Proceedings of the 31st Hawaii International Conference on System Sciences (HICSS), 7, 1998, S. 334 - 343

Golfarelli, M. und Rizzi, S. (1998), A Methodological Framework for Data Warehouse Design, in: Proceedings of the 1st Association for Computing Machinery (ACM) international workshop on Data warehousing and OLAP (DOLAP '98) 1998, S. 3-9

Golfarelli, M. und Rizzi, S. (1999), Designing the Data Warehouse: Key Steps and Crucial Issues, in: Journal of Computer Science and Information Management, 2, 1999, 3, S. 1-14

Gómez, J. M., Rautenstrauch, C. und Cissek, P. (2009), Einführung in Business Intelligence mit SAP NetWeaver 7.0, Berlin und Heidelberg 2009

Gosain, A. und Singh, J. (2008), Towards Data Warehouse Business Quality through Requirements Elicitation, in: Proceedings of the First International Conference on the Applications of Digital Information and Web Technologies (ICADIWT 2008) 2008, S. 464 - 469

Grant, R. M. und Nippa, M. (2006), Strategisches Management: Analyse, Etwicklung und Implementierung von Unternehmensstrategien, München 2006

Greschner, J. und Zahn, E. (1992), Strategischer Erfolgsfaktor Information, in: Krallmann, H., Papke, J. und Rieger, B. (Hrsg.), Rechnergestützte Werkzeuge für das Management: Grundlagen, Methoden, Anwendungen, Berlin 1992, S. 9-28

Gronau, N. (1994), Führungsinformationssysteme für das Management der Produktion, Diss. an der Technischen Universität Berlin, München 1994

Gronau, N. und Lindemann, M. (2007), Ableitung von IT-Strategien für die Produktion, in: Specht, D. (Hrsg.), Strategische Bedeutung der Produktion – Tagungsband der Herbsttagung 2006 der Wissenschaftlichen Kommission Produktionswirtschaft im VHB, Wiesbaden 2007, S. 147-162

Gunasekaran, A. (2002), Information technology/information systems in 21st century manufacturing, in: International Journal of Production Economics, 75, 2002, 1-2, S. 1-6

Günther, H.-O. und Tempelmeier, H. (2012), Produktion und Logistik, 9. Aufl., Berlin und Heidelberg 2012

Gutenberg, E. (1983), Grundlagen der Betriebswirtschaftslehre: Erster Band: Die Produktion, 24. Aufl., Berlin und Heidelberg 1983

Gutierrez, O. (1989), Experimental Techniques for Information Requirements Analysis, in: Information & Management, 16 1989, 1, S. 31-43

Hahn, D. und Laßmann, G. (1999), Produktionswirtschaft: Controlling industrieller Produktion: Bd.1/2, 3, 1999

Hegmanns, T., Hellingrath, B., Maaß, J.-C. und Toth, M. (2008), Prozesse in Logistiknetzwerken – Supply Chain Management, in: Arnold, D., Isermann, H., Kuhn, A., Tempelmeier, H. und Furmans, K. (Hrsg.), Handbuch Logistik, Berlin und Heidelberg 2008, S. 459-486

Heinrich, L. (2000), Bedeutung von Evaluation und Evaluationsforschung in der Wirtschaftsinformatik, in: Heinrich, L. und Häntschel, I. (Hrsg.), Evaluation und Evaluationsforschung in der Wirtschaftsinformatik: Handbuch für Praxis, Lehre und Forschung, München und Wien 2000, S. 7-22

Heinrich, L., Heinzl, A. und Riedl, R. (2011), Wirtschaftsinformatik: Einführung und Grundlegung, 4. Aufl., Heidelberg u.a. 2011

Heinrich, L. und Stelzer, D. (2011), Informationsmanagement: Grundlagen, Aufgaben, Methoden, 10. Aufl., München 2011

Helbing, K. W. (2010), Handbuch Fabrikprojektierung, Berlin und Heidelberg 2010

Henneböle, J. (1995), Executive Information Systems für Unternehmensführung und Controlling: Strategie – Konzeption – Realisierung, Diss. an der Westfälischen Wilhelms-Universität Münster 1994, Wiebaden 1995

Herden, O., Völlinger, H. und Zeh, T. (2009), Basisdatenbank in: Bauer, A. und Günzel, H. (Hrsg.), Data-Warehouse-Systeme: Architektur – Entwicklung – Anwendung, 3. Aufl., Heidelberg 2009, S. 53-58

Herzwurm, G. und Pietsch, W. (2009), Management von IT-Produkten, Heidelberg 2009

Herzwurm, G. und Stelzer, D. (2008), Wirtschaftsinformatik versus Information Systems – Eine Gegenüberstellung, in: Ilmenauer Beiträge zur Wirtschaftsinformatik, Technische Universität Ilmenau, 2008-01, 2008

Hess, T. (2010), Erkenntnisgegenstand der (gestaltungsorientierten) Wirtschaftsinformatik, in: Österle, H., Winter, R. und Brenner, W. (Hrsg.), Gestaltungsorientierte Wirtschaftsinformatik: Ein Plädoyer für Rigor und Relevanz, St. Gallen 2010, S. 7-12

Hinrichs, H. (2002), Datenqualitätsmanagement in Data Warehouse-Systemen, Diss. an der Universität Oldenburg 2002, URL: http://oops.uni-oldenburg.de/279/1/309.pdf, Zugriff am 10.02.2013

Hirsch-Kreinsen, H. (1995), Dezentralisierung: Unternehmen zwischen Stabilität und Desintegration, in: Zeitschrift für Soziologie, 24, 1995, 6, S. 422-435

Hirsch, B., Gunkel, J.-D. und Lambrecht, S. (2007), Die wertorientierte Steuerung konglomerater Familienunternehmen, in: Letmathe, P., Eigler, J., Welter, F., Kathan, D. und Thomas, H. (Hrsg.), Management kleiner und mittlerer Unternehmen Stand und Perspektiven der KMU-Forschung, Wiesbaden 2007, S. 635-656

Hollaus, M. (2007), Der Einsatz von Online-Befragungen in der empirischen Sozialforschung, Diss. an der Universität Erlangen-Nürnberg, 2007, Aachen 2007

Hollstein, P. (2010), Konzeption eines maschinenorientierten Data-Warehouses zur Unterstützung von Managemententscheidungen, in: Baars, H. (Hrsg.), Tagungsband des Forschungskolloquiums Business Intelligence (FKBI10) an der TU Dresden am 17. und 18.09.2010, 2010

Holtbrügge, D. (2010), Personalmanagement, 4. Aufl., Berlin und Heidelberg 2010

Holten, R. (1999), Entwicklung von Führungsinformationssystemen: Ein methodenorientierter Ansatz, Diss. an der Westfälischen Wilhelms-Universität Münster 1998, Wiesbaden 1999

Holten, R. (2003), Specification of management views in information warehouse projects, in: Information Systems, 28, 2003, 7, S. 709-751

Holthuis, J. (1999), Der Aufbau von Data Warehouse-Systemen: Konzeption – Datenmodellierung – Vorgehen, 2. Aufl., Wiesbaden 1999

Horváth, P. (2011), Controlling, 12. Aufl., München 2011

Humm, B. und Wietek, F. (2005), Architektur von Data Warehouses und Business Intelligence Systemen, in: Informatik Spektrum, 28, 2005, 1, S. 3-14

Hummeltenberg, W. (2010), Vom Content Management zum Enterprise Decision Management – eine Chronologie der Business Intelligence-Systeme, in: Chamoni, P. und Gluchowski, P. (Hrsg.), Analytische Informationssysteme: Business Intelligence-Technologien und -Anwendungen, 4. Aufl., Berlin und Heidelberg 2010, S. 17-36

Hungenberg, H. (2012), Strategisches Management in Unternehmen: Ziele – Prozesse – Verfahren, 7. Aufl., Wiesbaden 2012

Hungenberg, H. und Wulf, T. (2007), Grundlagen der Unternehmensführung, 3. Aufl., Berlin und Heidelberg 2007

IEEE (1990), IEEE Standard Glossary of Software Engineering Terminology, IEEE Std 610.12-1990, URL: http://www.idi.ntnu.no/grupper/su/publ/ese/ieee-se-glossary-610.12-1990.pdf, Zugriff am 20.12.2012

ifM Bonn (2010), KMU-Definition des IfM Bonn, Auf den Seiten des Instituts für Mittelstandsforschung (ifM) Bonn, URL: http://www.ifm-bonn.org/index.php?id=89, Zugriff am 05.03.2010

IHK Deutschland (2009), Industriereport 2009: Ergebnisse einer DIHK-Umfrage bei den Industrie- und Handelskammern Herbst 2009, 2009

Imhoff, C. und White, C. (2011), Self-Service Business Intelligence: Empowering Users to Generate Insights, TDWI Research, Auf den Seiten der SAS Institute Inc., URL: http://www.sas.com/resources/asset/TDWI_BestPractices.pdf, Zugriff am 21.03.2013

Inmon, W. H. (2005), Building the Data Warehouse, 4. Aufl., Indianapolis 2005

Janssen, H. (1997), Informationsbedarfsanalyse, in: Küpper, H.-U. und Weber, J. (Hrsg.), Taschenlexikon Controlling, Stuttgart 1997, S. 149-151

Janssen, J. und Laatz, W. (2007), Statistische Datenanalyse mit SPSS für Windows: Eine anwendungsorientierte Einführung in das Basissystem und das Modul Exakte Tests, 6. Aufl., Berlin und Heidelberg 2007

Jarke, M. und Vassiliou, Y. (1997), Data Warehouse Quality: A Review of the DWQ Project, in: Proceedings of the 2nd Conference on Information Quality, 1997, S. 1-13

Jost, P.-J. (2008), Organisation und Motivation: Eine ökonomisch-psychologische Einführung, 2. Aufl., Wiesbaden 2008

Kahn, B. K., Strong, D. M. und Wang, R. Y. (2002), Information Quality Benchmarks: Product and Service Performance, in: Communications of the Association for Computing Machinery (ACM), 45, 2002, April 2002, S. 184-192

Kämpf, R. (2007a), Strukturplanung zur Festlegung der Produktionsorganisation, in: Gienke, H. und Kämpf, R. (Hrsg.), Handbuch Produktion: Innovatives Produktionsmanagement: Organisation, Konzepte, Controlling, München 2007a, S. 56-68

Kämpf, R. (2007b), Ziele, Strategien und Aufgaben der Produktionsorganisation, in: Gienke, H. und Kämpf, R. (Hrsg.), Handbuch Produktion: Innovatives Produktionsmanagement: Organisation, Konzepte, Controlling, München 2007b, S. 41-55

Kappel, G. und Vieweg, S. (1995), Database Requirements of CIM Applications, in: Adelsberger, H.H., Lazansky, J. und Marik, V. (Hrsg.), Information Management in Computer Integrated Manufacturing: A Comprehensive Guide to State-of-the-Art CIM Solutions, Berlin u.a. 1995, S. 136-164

Kemper, H.-G. (1999), Architektur und Gestaltung von Management-Unterstützungs-Systemen: Von isolierten Einzelelementen zum integrierten Gesamtansatz, Stuttgart 1999

Kemper, H.-G., Baars, H. und Lasi, H. (2013), An Integrated Business Intelligence Framework: Closing the Gap Between IT Support for Management and for Production, in: Rausch, P., Sheta, A.F. und Ayesh, A. (Hrsg.), Business Intelligence and Performance Management: Theory, Systems and Industrial Applications, London 2013, S. 13-26

Kemper, H.-G., Baars, H. und Mehanna, W. (2010), Business Intelligence – Grundlagen und praktische Anwendungen: Eine Einführung in die IT-basierte Managementunterstützung, 3. Aufl., Wiesbaden 2010

Kemper, H.-G. und Finger, R. (2010), Transformation operativer Daten: Konzeptionelle Überlegungen zur Filterung, Harmonisierung, Aggregation und Anreicherung im Data Warehouse, in: Chamoni, P. und Gluchowski, P. (Hrsg.), Analytische Informationssysteme: Business Intelligence-Technologien und -Anwendungen, 4. Aufl., Berlin und Heidelberg 2010, S. 159-174

Kemper, H.-G., Lasi, H., Haussmann, C., Hollstein, P., Koch, M. und Lachenmaier, J. (2012), Industrial Intelligence: Aus historischen Daten lernen, Auf den Seiten der IT&Production, URL: http://www.it-production.com/index.php?seite=einzel_artikel_ansicht&id=59234, Zugriff am 21.03.2013

Kemper, H. G. und Baars, H. (2009), From Data Warehouses to Transformation Hubs – A Conceptual Architecture, Auf den Seiten der 17th European Conference on Information Systems 2009, URL: http://www.ecis2009.it/papers/ecis2009-0404.pdf, Zugriff am 09.04.2013

Kemper, H. G., Baars, H. und Lasi, H. (2011), Business-Intelligence-Ansätze in produzierenden Unternehmen – Neue Ansätze einer ganzheitlichen Informationsversorgung, in: Kemper, H.G., Pedell, B. und Schäfer, H. (Hrsg.), Management vernetzer Produktionssysteme: Innovation, Nachhaltigkeit und Riskomanagement, München 2011, S. 117-130

Khadjavi, K. (2005), Wertmanagement im Mittelstand, Diss. an der Universität St. Gallen 2005, URL: http://www1.unisg.ch/www/edis.nsf/SysLkpByIdentifier/3088/$FILE/dis3088.pdf, Zugriff am 10.03.2013

Kiechel, W. (2013), Das Jahrhundert des Managements, in: Harvard Business manager, 2013, Januar, S. 26-41

Kiener, S., Maier-Scheubeck, N., Obermaier, R. und Weiß, M. (2009), Produktions-Management: Grundlagen der Produktionsplanung und -steuerung, 9. Aufl., München 2009

Kimball, R. und Ross, M. (2002), The Data Warehouse Toolkit: The Complete Guide to Dimensional Modeling, 2. Aufl., New York u.a. 2002

Kinkel, S. (2009), Management Summary, in: Kinkel, S. (Hrsg.), Erfolgsfaktor Standortplanung: In- und ausländische Standorte richtig bewerten, 2. Aufl., Berlin und Heidelberg 2009, S. 3-22

Kivijärvi, H. (1997), A substance-theory-oriented approach to the implementation of Organizational DSS, in: Decision Support Systems 20, 1997, 3, S. 215-241

Kletti, J. (2006), MES Manufacturing Execution System: Moderne Informationstechnologie zur Prozessfähigkeit der Wertschöpfung, Berlin und Heidelberg 2006

Kletti, J. (2007), Konzeption und Einführung von MES-Systemen, Berlin und Heidelberg 2007

Kluck, M. (2004), Methoden der Informationsanalyse: Einführung in die empirischen Methoden für die Informationsbedarfsanalyse und die Markt- und Benutzerforschung, in: Kuhlen, R., Seeger, T. und Strauch, D. (Hrsg.), Grundlagen der praktischen Information und Dokumentation: Band 1: Handbuch zur Einführung in die Informationswissenschaft und -praxis, 5. Aufl., München 2004, S. 271-288

Koch, M., Baars, H., Lasi, H., Kemper, H.-G. (2010), Manufacturing Execution Systems and Business Intelligence for Production Environments, in: Americas Conference on Information Systems (AMCIS) 2010 Proceedings: Paper 436, Lima, Peru, 2010

Koch, M., Lasi, H. und Kemper, H.-G. (2011), Informationsmanagement in der Produktion: Empirische Ableitung eines Konzepts zur Ermittlung produktionsspezifischer Informationsbedarfe, in: Proceedings of the 10th International Conference on Wirtschaftsinformatik (WI2.011), 2011, S. 456-465

Koch, M., Lasi, H. und Kemper, H.-G. (2013), Bestimmung aufgabenträgerorientierter Informationsbedarfe in industriellen Unternehmen, in: Proceedings der 11. Internationalen Tagung Wirtschaftsinformatik, 2013, S. 213-228

Königer, P. und Reithmayer, W. (1998), Management unstrukturierter Informationen: Wie Unternehmen die Informationsflut beherrschen können, Frankfurt am Main und New York 1998

Koreimann, D. S. (1976), Methoden der Informationsbedarfsanalyse, Berlin und New York 1976

Kosiol, E. (1962), Organisation der Unternehmung, Wiesbaden 1962

Kotonya, G. und Sommerville, I. (1998), Requirements engineering: Processes and Techniques, Chichester u.a. 1998

Krcmar, H. (2010), Informationsmanagement, 5. Aufl., Berlin und Heidelberg 2010

Kricsfalussy, A. (2008), Das Zielsystem des Unternehmens, Wiesbaden 2008

Kromrey, H. (2002), Empirische Sozialforschung: Modelle und Methoden der standardisierten Datenerhebung und Datenauswertung, 10. Aufl., Opladen 2002

Kubicek, H. (1977), Heuristische Bezugsrahmen und heuristisch angelegte Forschungsdesigns als Elemente einer Konstruktionsstrategie empirischer Forschung, in: Köhler, R. (Hrsg.), Empirische und handlungstheoretische Forschungskonzeptionen in der Betriebswirtschaftslehre, Bericht über die Tagung in Aachen, März 1976, Stuttgart 1977, S. 3-36

Küpper, H.-U., Friedl, G., Hofmann, C., Hofmann, Y. und Pedell, B. (2013), Controlling: Konzeption, Aufgaben und Instrumente, 6. Aufl., Stuttgart 2013

Kurbel, K. und Strunz, H. (1990), Wirtschaftsinformatik – eine Einführung, in: Kurbel, K. und Strunz, H. (Hrsg.), Handbuch Wirtschaftsinformatik, Stuttgart 1990, S. 1-28

Lachenmaier, J. (2012), Development of a Concept to integrate technical Product Data and Business Data: Motivation, conceptual Framework, and consecutive Research, in: Baars, H. (Hrsg.), Tagungsband des 3. Workshops Business Intelligence (WSBI11) der GI-Fachgruppe Business Intelligence, Auf den Seiten von CEUR Workshop Proceedings, URL: http://ceur-ws.org/Vol-831/paper4.pdf, Zugriff am 21.03.2013

Lamnek, S. (2005), Qualitative Sozialforschung, 4. Aufl., Weinheim und Basel 2005

Lasi, H. (2012a), Decision Support within Knowledge-Based Engineering – a Business Intelligence-Based Concept, in: Proccedings of the 18th Americas Conference on Information Systems (AMCIS), Paper 12, 2012a

Lasi, H. (2012b), Industrial Intelligence – a BI-based approach to enhance manufacturing engineering in industrial companies, in: Proceedings of the 8th CIRP Conference on Intelligent Computation in Manufacturing Engineering (CIRP ICME), 2012b

Lasi, H., Koch, M., Kemper, H.-G. (2010), Prozesstransparenz: Erfolgsfaktor für produzierende Unternehmen in: Productivity Management, 2010, 1, S. 29-31

Lassmann, W. (2006), Wirtschaftsinformatik: Nachschlagewerk für Studium und Praxis, Wiesbaden 2006

Latniak, E. (2003), Schlank schon, aber auch fit? Dezentralisierung in der deutschen Investitionsgüterindustrie, URL: http://iat-info.iatge.de/iat-report/2003/report2003-03.pdf, Zugriff am 22.01.2013

Laudon, K. C., Laudon, J. P. und Schoder, D. (2010), Wirtschaftsinformatik: Eine Einführung, 2. Aufl., München 2010

Laux, H. und Liermann, F. (2005), Grundlagen der Organisation: Die Steuerung von Entscheidungen als Grundproblem der Betriebswirtschaftslehre, 6. Aufl., Berlin und Heidelberg 2005

Lee, Y. W., Strong, D. M., Kahn, B. K. und Wang, R. Y. (2002), AIMQ: a methodology for information quality assessment, in: Information & Management, 40, 2002, 2, S. 133-146

Leßweng, H.-P. (2003), Einsatz der Internet-Technologie im betrieblichen Berichtswesen: Eine prozessbezogene Analyse unter besonderer Berücksichtigung der Empfängerorientierung, Diss. an der Universität Kaiserslautern 2003, Lohmar 2003

Levitan, K. B. (1982), Information Resources as 'Goods' in the Life Cycle of Information Production, in: Journal of the American Society for Information Science, 33, 1982, 1, S. 44-54

Levy, Y. und Ellis, T. J. (2006), Towards a Framework of Literature Review Process in Support of Information Systems Research, in: Proceedings of the 2006 Informing Science and IT Education Joint Conference, 2006, S. 171-181

Lindemann, M., Schmid, S., Gronau, N. und Schumacher, J. (2006), Manufacturing Execution Systems – Marktstudie zur kundenorientierten Weiterentwicklung von MES, in: PPS Management 11, 2006, 2, S. 32-36

Lödding, H. (2005), Verfahren der Fertigungssteuerung: Grundlagen, Beschreibung, Konfiguration, Berlin und Heidelberg 2005

Louis, P. (2009), Manufacturing Execution Systems: Grundlagen und Auswahl, Diss. an der Universität Marburg 2008, Wiesbaden 2009

Maiden, N. A. M. und Rugg, G. (1996a), ACRE: selecting methods for requirements acquisition, in: Software Engineering Journal 11, 1996a, 3, S. 183-192

Maiden, N. A. M. und Rugg, G. (1996b), ACRE: selecting methods for requirements acquisition, in: Software Engineering Journal, 11, 1996b, 3, S. 183-192

Martin, H. (2009), Transport- und Lagerlogistik: Planung, Struktur, Steuerung und Kosten von Systemen der Intralogistik, 7. Aufl., Wiesbaden 2009

Mason, E. S. (1957), Economic concentration and the monoply problem, Cambridge 1957

Mayring, P. (2002), Einführung in die qualitative Sozialforschung: Eine Anleitung zu qualitativem Denken, 5. Aufl., Weinheim und Basel 2002

McGovern, T. (1983), Information Resource Management, in: Computers, Environment and Urban Systems, 8, 1983 1, S. 21-23

McLeod Jr., R. und Schell, G. P. (2007), Management Information Systems, 10. Aufl., New Jersey 2007

Mertens, P. (2002), Business Intelligence – ein Überblick, Arbeitspapier an der Universität Erlangen-Nürnberg 2/2002, Nürnberg 2002

Mertens, P. (2005), Gefahren für die Wirtschaftsinformatik – Risikoanalyse eines Faches, in: Ferstl, O.K., Sinz, E.J., Eckert, S. und Isselhorst, T. (Hrsg.), Wirtschaftsinformatik 2005: eEconomy, eGovernment, eSociety, Heidelberg 2005, S. 1733-1754

Mertens, P. (2013), Integrierte Informationsverarbeitung 1: Operative Systeme in der Industrie, 18. Aufl., Wiesbaden 2013

Mertens, P. und Meier, M. (2009), Integrierte Informationsverarbeitung 2: Planungs- und Kontrollsysteme in der Industrie, 10. Aufl., Wiesbaden 2009

Meyer, C. (2008), Betriebswirtschaftliche Kennzahlen und Kennzahlen-Systeme, 5. Aufl., Sternenfels 2008

Michelson, M. (2001), Betriebliche Informationswirtschaft, in: Riekert, W.-F. und Michelson, M. (Hrsg.), Informationswirtschaft: Innovation für die Neue Ökonomie, Wiesbaden 2001, S. 19-38

Miller, M. und Hurd, R. (1982), Conformity to AAPOR Standards in Newspaper Reporting of Public Opinion Polls, in: Public Opinion Quarterly, 46, 1982, 2, S. 243-249

Mintzberg, H., Ahlstrand, B. und Lampel, J. (2004), Strategy Safari: Eine Reise durch die Wildnis des strategischen Managements, New York 2004

Mucksch, H. (2006), Das Data Warehouse als Datenbasis analytischer Informationssysteme: Architektur und Komponenten, in: Chamoni, P. und Gluchowski, P. (Hrsg.), Analytische Informationssysteme: Business Intelligence-Technologien und -Anwendungen, 3. Aufl., Berlin und Heidelberg 2006, S. 129-142

Mucksch, H. und Behme, W. (2000), Das Data Warehouse-Konzept als Basis einer unternehmensweiten Informationslogistik, in: Mucksch, H. und Wolfgang Behme (Hrsg.), Das Data Warehouse-Konzept: Architektur – Datenmodelle – Anwendungen: Mit Erfahrungsberichten, 4. Aufl., Wiesbaden 2000, S. 3-82

Müller-Böling (1993), Methodik der empirischen Organisationsforschung, in: Frese, E. (Hrsg.), Handwörterbuch der Organisation, 3. Aufl., Stuttgart 1993, S. 1491-1505

Müller, H.-E. (2010), Unternehmensführung: Strategien – Konzepte – Praxisbeispiele, München 2010

Munro, M. C. und Wheeler, B. R. (1980), Critical Success Factors, and Management's Information Requirements, in: Management Information Systems (MIS) Quarterly, 4, 1980, 4, S. 27-38

Navrade, F. (2008), Strategische Planung mit Data-Warehouse-Systemen, Diss. an der Universität Duisburg-Essen 2007, Wiesbaden 2008

Nebl, T. (2011), Produktionswirtschaft, 7. Aufl., München 2011

Negash, S. (2004), Business Intelligence, in: Communications of the Association for Information Systems 13, 2004, S. 177-195

Nicolai, C. (2009), Betriebliche Organisation, Stuttgart 2009

Nohr (2001), Management der Informationsqualität, in: Riekert, W.-F. und Michelson, M. (Hrsg.), Informationswirtschaft: Innovation für die Neue Ökonomie, Wiesbaden 2001, S. 57-77

North, K. (2005), Wissensorientierte Unternehmensführung: Wertschöpfung durch Wissen, 4.Aufl., Wiesbaden 2005

Nusselein, M. A. (2003), Inhaltliche Gestaltung eines Data Warehouse-Systems am Beispiel einer Hochschule, Diss. an der Uiversität München 2003, München 2003

Olfert, K. (2012), Personalwirtschaft, 15. Aufl., Herne 2012

Österle, H., Becker, J., Frank, U., Hess, T., Karagiannis, D., Krcmar, H., Loos, P., Mertens, P., Oberweis, A. und Sinz, E. (2010a), Memorandum zur gestaltungsorientierten Wirtschaftsinformatik, in: Österle, H., Winter, R. und Brenner, W. (Hrsg.), Gestaltungsorientierte Wirtschaftsinformatik: Ein Plädoyer für Rigor und Relevanz, St. Gallen 2010a, S. 1-6

Österle, H., Winter, R. und Brenner, W. (2010b), Gestaltungsorientierte Wirtschaftsinformatik: Ein Plädoyer für Rigor und Relevanz, St. Gallen 2010b

Panetto, H., Molina, A. (2008), Enterprise integration and interoperability in manufacturing systems: Trends and issues, in: Computers in Industry, 59, 2008, 7, S. 641-646

Petzold, H. J., Pöhlmann, J. und Haag, W. (1974), Modelle der innerbetrieblichen Informationsversorgung: Erläuterungen am Beispiel des technischen Bereichs, Berlin, Köln und Franfurt am Main 1974

Picot, A. (1990), Der Produktionsfaktor Information in der Unternehmensführung, in: Information Management, 5, 1990, 1, S. 6-14

Picot, A. (2005), Organisation, in: Bitz, M., Domsch, M., Ewert, R. und Wagner, F. (Hrsg.), Vahlens Kompendium der Betriebswirtschaftslehre: Band 2, 5. Aufl., München 2005, S. 43-122

Picot, A. und Franck, E. (1988a), Die Planung der Unternehmensressource Information (I), in: WISU - Das Wirtschaftsstudium, 17, 1988a, 10, S. 544-549

Picot, A. und Franck, E. (1988b), Die Planung der Unternehmensressource Information (II), in: WISU - Das Wirtschaftsstudium, 17, 1988b, 11, S. 608-614

Picot, A. und Franck, E. (1992), Informationsmanagement, in: Frese, E. (Hrsg.), Handwörterbuch der Organisation: Band 2, 3. Aufl., Stuttgart 1992, S. 886-900

Picot, A. und Maier, M. (1993), Information als Wettbewerbsfaktor, in: Preßmar, D. B. (Hrsg.), Schriften zur Unternehmensführung, Band 49, Wiesbaden 1993, S. 31-54

Picot, A., Reichwald, R. und Wigand, R. T. (2003), Die grenzenlose Unternehmung: Information, Organisation und Management, 5. Aufl., Wiesbaden 2003

Poe, V., Brobst, S. und Klauer, P. (1997), Building a Data Warehouse for Decision Support, 2. Aufl., Upper Saddle River 1997

Pohl, K. (2008), Requirements Engineering: Grundlagen, Prinzipien,Techniken, 2. Aufl., Heidelberg 2008

Porter, M. und Millar, V. (1985), How information gives you competitive advantage, in: Harvard Business Review, 29, 1985, July–August, S. 149-160

Porter, M. E. (1991), Towards a Dynamic Theory of Strategy, in: Strategic Management Journal, 12, 1991, Special Issue: Fundamental Research Issues in Strategy and Economics, S. 95-117

Porter, M. E. (2010), Wettbewerbsvorteile: Spitzenleistungen erreichen und behaupten, 7. Aufl., Frankfurt und New York 2010

Prakash, N. und Gosain, A. (2008), An approach to engineering the requirements of data warehouses, in: Requirements Engineering, 13, 2008, 1, S. 49-72

Preißler, P. R. (2007), Controlling: Lehrbuch und Intensivkurs, 13. Aufl., München und Wien 2007

Raithel, J. (2008), Quantitative Forschung ein Praxiskurs, 2. Aufl., Wiesbaden 2008

Redman, T. C. (1996), Data quality for the information age, Boston und London 1996

Rehäuser, J. und Krcmar, H. (1996), Wissensmanagement im Unternehmen, in: Schreyögg, G. und Conrad, P. (Hrsg.), Wissensmanagement, Band 6, Berlin und New York 1996, S. 1-40

Reichmann, T. (2006), Controlling mit Kennzahlen und Management-Tools: Die systemgestützte Controlling-Konzeption, 7. Aufl., München 2006

Reichwald, R. (1993), Der Mensch als Mittelpunkt einer ganzheitlichen Produktion: Innovative Organisationskonzepte aus betriebswirtschaftlicher Perspektive, Arbeitsbericht Nr. 2 (März 1993) des Lehrstuhls für Allgemeine und Industrielle Betriebswirtschaftslehre der Technischen Universität München, Auf den Seiten der Universität München, URL: http://www.aib.wiso.tu-muenchen.de

/neu/eng/content/publikationen/arbeitsberichte_pdf/TUM-AIB%20WP%20002 %20Reichwald%20Mensch%20als%20Mittelpunkt.pdf, Zugriff am 10.08.2012

Reinhart, G., Dürrschmidt, S., Hirschberg, A. und Selke, C. (1999), Reaktionsfähigkeit für Unternehmen – Eine Antwort auf turbulente Märkte, in: Zeitschrift für wirtschaftlichen Fabrikbetrieb (ZWF), 94, 1999, 1-2, S. 21-24

Reiß, M. und Höge, R. (1994a), Schlankes Controlling in segmentierten Unternehmen, in: Betriebswirtschaftliche Forschung und Praxis, 46, 1994a, 3, S. 210-224

Reiß, M. und Höge, R. (1994b), Strategien der organisatorischen Segmentierung, in: REFA-Nachrichten, 1994b, 1, S. 30-35

Riege, C., Saat, J. und Bucher, T. (2009), Systematisierung von Evaluationsmethoden in der gestaltungsorientierten Wirtschaftsinformatik, in: Becker, J., Krcmar, H. und Niehaves, B. (Hrsg.), Wissenschaftstheorie und gestaltungsorientierte Wirtschaftsinformatik, Heidelberg 2009, S. 69-86

Rinschede, M. (1995), Koordination dezentraler Leitstände auf Basis objektorientierter Softwaretechnologie, Diss. an der Westfälischen Wilhelms-Universität Münster 1995, Sinzheim 1995

Rockart, J. F. (1979), Chief executives define their own data needs, in: Harvard Business Review, 23, 1979, March-April, S. 81-93

Rohweder, J. P., Kasten, G., Malzahn, D., Piro, A. und Schmid, J. (2008), Informationsqualität: Definitionen, Dimensionen und Begriffe, in: Hildebrand, K., Gebauer, M., Hinrichs, H. und Michael, M. (Hrsg.), Daten- und Informationsqualität: Auf dem Weg zur Information Excellence, 2008, S. 25-46

Saenz de Ugarte, B., Artiba, A. und Pellerin, R. (2009), Manufacturing execution system – a literature review, in: Production Planning & Control, 20, 2009, 6, S. 525-539

Sandt, J. (2004), Management mit Kennzahlen und Kennzahlensystemen: Bestandsaufnahme, Determinanten und Erfolgsauswirkungen, Wiesbaden 2004

Schackmann, J. und Schü, J. (2001), Personalisierte Portale, in: WIRTSCHAFTSINFORMATIK, 43, 2001, 6, S. 623-625

Schaefer, S. und Lange, C. (2004), Informationsorientierte Controllingkonzeptionen – Ein Überblick und Ansatzpunkte der Weiterentwicklung, Auf den Seiten des Lehrstuhls für Betriebswirtschaftslehre, insb. Umweltwirtschaft und Controlling, Universität Duisburg-Essen, URL: http://www.uwcon.wiwi.uni-due.de/uploads/tx_itochairt3/publications/InformationsorientierteControllingkonzeptionen.pdf, Zugriff am 05.04.2013

Scheer, A.-W. (1995), Wirtschaftsinformatik: Referenzmodelle für industrielle Geschäftsprozesse, Berlin und Heidelberg 1995

Scherm, E. und Pietsch, G. (2007), Organisation: Theorie, Gestaltung, Wandel, München 2007

Schierenbeck, H. und Wöhle, C. B. (2012), Grundzüge der Betriebswirtschaftslehre, 18. Aufl., München 2012

Schmelzer, H. J. und Sesselmann, W. (2010), Geschäftsprozessmanagement in der Praxis: Kunden zufrieden stellen, Produktivität steigern, Wert erhöhen, 7. Aufl., München 2010

Schmidt, H. und Häntschel, I. (2000), Verbreitung von Evaluation und Evaluationsforschung in der Wirtschaftsinformatik in: Heinrich, L. und Häntschel, I. (Hrsg.), Evaluation und Evaluationsforschung in der Wirtschaftsinformatik, München und Wien 2000, S. 23-34

Schmidt, M., Nyhuis, P. und Wiendahl, H.-P. (2008), Produktionsplanung und -steuerung, in: Arnold, D., Isermann, H., Kuhn, A., Tempelmeier, H. und Furmans, K. (Hrsg.), Handbuch Logistik, Berlin und Heidelberg 2008, S. 323-342

Schneider, U. (1990), Kulturbewußtes Informationsmanagement: Ein organisationstheoretischer Gestaltungsrahmen für die Infrastruktur betrieblicher Informationsprozesse, München 1990

Schnell, R., Hill, P. und Esser, E. (2008), Methoden der empirischen Sozialforschung, 8. Aufl., München und Wien 2008

Scholz, D. (2010), Innerbetriebliche Standortplanung: Das Konzept der Slicing Trees bei der Optimierung von Layoutstrukturen, Diss. an der Technischen Universität Darmstadt 2010, Wiesbaden 2010

Schönsleben, P. (2011), Integrales Logistikmanagement: Operations und Supply Chain Management innerhalb des Unternehmens und unternehmensübergreifend, 6. Aufl., Berlin und Heidelberg 2011

Schuh, G. und Gierth, A. (2006), Einführung, in: Schuh G. (Hrsg.), Produktionsplanung und -steuerung: Grundlagen, Gestaltung und Konzepte, 3. Aufl., Berlin und Heidelberg 2006, S. 3-10

Schuh, G., Klappert, S. und Orilski, S. (2011), Technologieplanung in: Schuh, G. und Klappert, S.(Hrsg.), Handbuch Produktion und Management 2: Technologiemanagement, 2. Aufl., Berlin und Heidelberg 2011, S. 171-222

Schulz-Schaeffer, I. und Funken, C. (2008), Das Verhältnis von Formalisierung und Informalität betrieblicher Arbeits- und Kommunikationsprozesse und die Rolle der Informationstechnik, in: Funken, C. und Schulz-Schaeffer, I. (Hrsg.), Digitalisierung der Arbeitswelt: Zur Neuordnung formaler und informeller Prozesse in Unternehmen, Wiesbaden 2008, S. 11-39

Schwarz, S., Abecker, A., Maus, H. und Sintek, M. (2001), Anforderungen an die Workflow-Unterstützung für wissensintensive Geschäftsprozesse, Baden-Baden 2001

Schwarze, J. (1998), Informationsmanagement: Planung, Steuerung, Koordination und Kontrolle der Informationsversorgung im Unternehmen, Herne und Berlin 1998

Schweitzer, M. (2005), Planung und Steuerung, in: Bea, F.X., Friedl, B. und Schweitzer, M. (Hrsg.), Allgemeine Betriebswirtschaftslehre: Band 2: Führung, 9. Aufl., Stuttgart 2005, S. 16-139

Seeger, K. (2008), Zielorientierte Prozessgestaltung – Die Prozesse an der Strategie ausrichten, in: Seeger, K. und Liman, B. (Hrsg.) Zielorientierte Unternehmensführung: Festschrift für Univ.-Prof. Dr. Winfried Hamel, Wiesbaden 2008, S. 119-144

Seidenberg, U. (1998), Ist Information als eigenständiger Produktionsfaktor aufzufassen?, Auf den Seiten der Universität Siegen, Fakultät III, URL: http://www.wiwi.uni-siegen.de/wiwi/prod/downloads/pfaktinf.pdf, Zugriff am 28.11.2012

Seidenschwarz, B. (2003), Informationsbedarfsanalyse, in: Horváth, P. und Reichmann, T. (Hrsg.), Vahlens Großes Controlling Lexikon, München 2003, S. 286-288

Sigrist, H. U. (2007), MES – Rückgrat des Fabrikmanagements: Die nächste Welle für die Produktionssteuerung, in: it-production, 2007, 3

Silvers, F. (2008), Building and Maintaining a Data Warehouse, Boca Raton 2008

Sinz, E. J. (2010), Konstruktionsforschung in der Wirtschaftsinformatik: Was sind Erkenntnisziele gestaltungsorientierter Wirtschaftsinformatik-Forschung?, in: Österle, H., Winter, R. und Brenner, W.H., Gestaltungsorientierte Wirtschaftsinformatik: Ein Plädoyer für Rigor und Relevanz, St. Gallen 2010, S. 27-33

Sinz, E. J. und Ulbrich-vom Ende, A. (2010), Architektur von Data-Warehouse-Systemen, in: Chamoni, P. und Gluchowski, P. (Hrsg.), Analytische Informationssysteme: Business Intelligence-Technologien und -Anwendungen, 4. Aufl., Berlin und Heidelberg 2010, S. 175-196

Spath, D. (2009), Grundlagen der Organisationsgestaltung, in: Bullinger, H.-J., Spath, D., H.-J. Warnecke und Westkämper, E.(Hrsg.), Handbuch Unternehmensorganisation: Strategien, Planung, Umsetzung, 3. Aufl., Berlin und Heidelberg 2009, S. 3-24

Stahlknecht, P. und Hasenkamp, U. (2005), Einführung in die Wirtschaftsinformatik, 11. Aufl., Berlin und Heidelberg 2005

Stair, R. und Reynolds, G. (2012), Principles of Information Systems, 10. Aufl., Boston 2012

Statistisches Bundesamt (2008), Klassifikation der Wirtschaftszweige, Auf den Seiten des Statistischen Bundesamts, URL: http://www.destatis.de/jetspeed/portal/cms/

Sites/destatis/Internet/DE/Content/Klassifikationen/GueterWirtschaftklassifikationen/klassifikationwz2008__erl,property=file.pdf, Zugriff am 10.02.2010

Statistisches Bundesamt (2010), Kleine und mittlere Unternehmen (KMU) Auf den Seiten des Statistischen Bundesamts, URL: http://www.destatis.de/jetspeed/portal/cms/Sites/destatis/Internet/DE/Content/Statistiken/UnternehmenGewerbelnsolvenzen/KMUMittelstand/Aktuell,templateId=renderPrint.psml, Zugriff am 05.03.2010

Steinmann, H. und Schreyögg, G. (2005), Management Grundlagen der Unternehmensführung: Konzepte – Funktionen – Fallstudien, 6. Aufl., Wiesbaden 2005

Stelzer, D. (2001), Informationsbedarf, in: Mertens, P. (Hrsg.), Lexikon der Wirtschaftsinformatik, 4. Aufl., Berlin 2001, S. 193

Strauch, B. (2002), Entwicklung einer Methode für die Informationsbedarfsanalyse im Data Warehousing, Diss. an der Universität St. Gallen 2001, Bamberg 2002

Strauch, B. und Winter, R. (2002), Vorgehensmodell für die Informationsbedarfsanalyse im Data Warehousing, in: von Maur, E. und Winter, R. (Hrsg.), Vom Data Warehouse zum Corporate Knowledge Center: Proceedings der Data Warehousing 2002, Heidelberg 2002, S. 359-378

Stroh, F. (2010), Methodische Unterstützung von Informationsbedarfsanalysen für die Gestaltung und den Betrieb analytischer Informationssysteme, Diss. an der Universität St. Gallen 2010, München 2010

Stroh, F., Winter, R. und Wortmann, F. (2011), Methodenunterstützung der Informationsbedarfsanalyse analytischer Informationssysteme: Stand der Forschung, Anforderungen aus der Praxis und Erweiterungspotenziale, in: WIRTSCHAFTSINFORMATIK, 53, 2011, 1, S. 37-48

Struckmeier, H. (1997), Gestaltung von Führungsinformationssystemen: Betriebswirtschaftliche Konzeption und Softwareanforderungen, Diss. an der Universität Göttingen 1996, Wiesbaden 1997

Syska, A. (2006), Produktionsmanagement: Das A - Z wichtiger Methoden und Konzepte für die Produktion von heute, Wiesbaden 2006

Szyperski, N. (1980), Informationsbedarf, in: Grochla, E. (Hrsg.), Handwörterbuch der Organisation (Enzyklopädie der Betriebswirtschaftslehre 2), 2. Aufl., Stuttgart 1980, S. 904-1014

Taschner, A. (2013), Management Reporting: Erfolgsfaktor internes Berichtswesen, Wiesbaden 2013

Thommen, J.-P. und Achleitner, A.-K. (2012), Allgemeine Betriebswirtschaftslehre: Umfassende Einführung aus managementorientierter Sicht, 7. Aufl., Wiesbaden 2012

Töpfer, A. (2007), Betriebswirtschaftslehre: Anwendungs- und prozessorientierte Grundlagen, 2. Aufl., Berlin und Heidelberg 2007

Totok, A. (2010), Entwicklung einer Business-Intelligence-Strategie, in: Chamoni, P. und Gluchowski, P. (Hrsg.), Analytische Informationssysteme: Business Intelligence-Technologien und -Anwendungen, 4. Aufl., Berlin 2010, S. 51-70

Toutenburg, H. und Heumann, C. (2006), Deskriptive Statistik: Eine Einführung in Methoden und Anwendungen mit SPSS, 5. Aufl., Berlin und Heidelberg 2006

Vahs, D. (2012), Organisation: Ein Lehr- und Managementbuch, 8. Aufl., Stuttgart 2012

Vajna, S., Weber, C., Bley, H., Zeman, K. und Hehenberger, P. (2009), CAx für Ingenieure: Eine praxisbezogene Einführung, 2. Aufl., Berlin und Heidelberg 2009

VDI (2007), Fertigungsmanagementsysteme: Manufacturing Execution Systems (MES), VDI 5600, VDI Richtlinien, 2, 2007

VDI (2008), Digitale Fabrik: Grundlagen, VDI 4499, VDI Richtlinien, 2008

VDMA (2009), Manufacturing Execution Systems (MES) Kennzahlen, VDMA Einheitsblatt VDMA 66412-1, 1, 2009

Vieweg, I., Werner, C., Wagner, K.-P., Hüttl, T. und Backin, D. (2012), Einführung Wirtschaftsinformatik: IT-Grundwissen für Studium und Praxis, Heidelberg 2012

Voigt, K.-I. (2008), Industrielles Management: Industriebetriebslehre aus prozessorientierter Sicht, Berlin und Heidelberg 2008

Vom Brocke, J., Simons, A., Niehaves, B., Riemer, K., Plattfaut, R. und Cleven, A. (2009), Reconstructing the giant: on the importance of rigour in documenting the literature search process, in: Proceedings of the 17th European Conference on Information Systems (ECIS 2009), 2009

Voß, S. und Gutenschwager, K. (2001), Informationsmanagement, Berlin und Heidelberg 2001

Walther, G. (2010), Nachhaltige Wertschöpfungsnetzwerke: Überbetriebliche Planung und Steuerung von Stoffströmen entlang des Produktlebenszyklus, Habil. an der Technischen Universität Braunschweig 2009, Wiesbaden 2010

Walther, I. (2005), Rollen- und Situationsmodellierung bei betrieblichen Dispositions- und Planungssystemen, Diss. an der Friedrich-Alexander-Universität Erlangen-Nürnberg 2005, Auf den Seiten der Universitätsbibliothek Erlangen, URL: http://www.opus.ub.uni-erlangen.de/opus/volltexte/2005/137/pdf/dissertation%20iw.pdf, Zugriff am 18.03.2013

Wang, R. Y., Pierce, E. M., Madnick, S. E. und Fisher, C. W. (2005), Information Quality, Armonk 2005

Wang, R. Y. und Strong, D. M. (1996), Beyond Accuracy: What Data Quality Means to Data Consumers, in: Journal of Management Information Systems, 12, 1996, 4, S. 5-34

Wannenwetsch, H. (2010), Integrierte Materialwirtschaft und Logistik: Beschaffung, Logistik, Materialwirtschaft und Produktion, 4. Aufl., Berlin und Heidelberg 2010

Warnecke, H.-J. (1993), Revolution der Unternehmenskultur: Das Fraktale Unternehmen, 2. Aufl., Berlin und Heidelberg 1993

Weber, H. K. (1999), Industriebetriebslehre, 3. Aufl., Berlin und Heidelberg 1999

Webster, J. und Watson, R. T. (2002), Analyzing the past to prepare for the future: writing a literature review, in: Management Information Systems (MIS) Quarterly, 28, 2002, 2, S. xiii-xxiii

Wernerfelt, B. (1984), A Resource-based View of the Firm, in: Strategic Management Journal, 5, 1984, 2, S. 171-180

Weseloh, F. C. (2004), Strategisches Verhalten kleiner und mittlerer Unternehmen der deutschen Ernährungsindustrie, Diss. an der der Christian-Albrechts-Universität zu Kiel 2004, Auf den Seiten der Universität Kiel, URL: eldiss.uni-kiel.de/macau/servlets/MCRFileNodeServlet/dissertation_derivate_00001121/d1121.pdf, Zugriff am 18.03.2013

Westkämper, E. (2006), Einführung in die Organisation der Produktion, Berlin und Heidelberg 2006

Westkämper, E., Wiendahl, H.-H. und Balve, P. (1998), Dezentralisierung und Autonomie in der Produktion: Eine systematische Betrachtung der Klassifizierungsmerkmale, in: Zeitschrift für wirtschaftlichen Fabrikbetrieb : ZWF / Organschaft: Fachgruppe Rechnerunterstütztes Entwerfen und Konstruieren in der Gesellschaft für Informatik e.V., 93, 1998, 9, S. 407-410

Westkämper, E. und Zahn, E. (2009), Wandlungsfähige Produktionsunternehmen: Das Stuttgarter Unternehmensmodell, Berlin und Heidelberg 2009

Westkämper, E., Zahn, E., Balve, P. und Tilebein, M. (2000), Ansätze zur Wandlungsfähigkeit von Produktionsunternehmen: Ein Bezugsrahmen für die Unternehmensentwicklung im turbulenten Umfeld, in: wt Werkstattstechnik 90, 2000, 1/2, S. 22-26

White, C. (2006), The Next Generation of Business Intelligence: Operational BI, Auf den Seiten der BI Research, URL: http://student.bus.olemiss.edu/files/conlon/others/Others/BusinessIntelligence/The%20Next%20Generation%20of%20Business%20Intelligence_Operational%20BI.pdf, Zugriff am 21.11.2012

Wildemann, H. (2009), Dezentralisierung von Kompetenz und Verantwortung, in: Bullinger, H.-J., Spath, D., Warnecke, H.-J. und Westkämper, E. (Hrsg.), Handbuch Unternehmensorganisation, Berlin und Heidelberg 2009, S. 182-197

Wöhe, G. und Döring, U. (2010a), Einführung in die Allgemeine Betriebswirtschaftslehre, 24. Aufl. , München 2010a

Wöhe, G. und Döring, U. (2010b), Einführung in die Allgemeine Betriebswirtschaftslehre, 24. Aufl., München 2010b

Wollnik, M. (1988), Ein Referenzmodell des Informations-Management, in: Information Management, 22, 1988, 3, S. 34-43

Wrona, T. (2006), Fortschritts- und Gütekriterien im Rahmen qualitativer Sozialforschung, in: Zelewski, S. und Akca, N. (Hrsg.), Fortschritt in den Wirtschaftswissenschaften, Wiesbaden 2006, S. 189-216

Yin, R. K. (2009), Case Study Research, Design and Methods, 4. Aufl., Los Angeles 2009

Zahn, E., Nowak, M. und Schön, M. (2005), Flexible Strategien für wandlungsfähige Unternehmen, in: Kaluza, B. und Blecker, T. (Hrsg.), Erfolgsfaktor Flexibilität: Strategien und Konzepte für wandlungsfähige Unternehmen, Berlin 2005, S. 71-104

Zäpfel, G. (2001), Grundzüge des Produktions- und Logistikmanagement, 2. Aufl., München und Wien 2001

Zaugg, R. (2002), Bezugsrahmen als Heuristik der explorativen Forschung: Grundlagen – Bezugsrahmen – Forschungsstrategien – Forschungsmethoden, Arbeitsbericht Nr. 57 des Institut für Organisation und Personal der Universität Bern, Bern 2002

Zelewski, S., Hohmann, S. und Hügens, T. (2008), Produktionsplanungs- und -steuerungssysteme: Konzepte und exemplarische Implementierungen mithilfe von SAP® R/3®, München 2008

Zijlker, A. W. (1986), Strategy of Information Management (?), in: Information & Management, 11, 1986, 5, S. 211-216

Zimmer, M., Baars, H. und Kemper, H.-G. (2012), The Impact of Agility Requirements on Business Intelligence Architectures, in: Proceedings of the 45th Hawaii International Conference on System Science (HICSS), 2012, S. 4189 - 4198

Zimmer, M., Krawatzeck, R., Trahasch, S. und Gansor, T. (2012), Definition und Herausforderung: Standards für Agile BI in der BI-Community durch den TDWI, in: BI-Spektrum, 7, 2012, 5, S. 12-15

Zowghi, D. und Coulin, C. (2005), Requirements Elicitation: A Survey of Techniques, Approaches, and Tools, in: Aurum, A. und Wohlin, C. (Hrsg.), Engineering and managing software requirements, Berlin und Heidelberg 2005, S. 19-46